天然气水合物开采基础

Fundamentals of Natural Gas Hydrates Exploitation

宋永臣　赵佳飞　杨明军　著

科学出版社

北京

内 容 简 介

本书是对作者近 20 年研究成果的总结，系统地介绍了天然气水合物开采涉及的基本原理与方法。全书共 11 章，内容主要集中在四个方面：天然气水合物热力学与相变动力学特征、天然气水合物储层基础特性、天然气水合物开采方法及管道输运安全、天然气水合物储层力学特性与稳定性；重点阐释了天然气水合物相平衡热力学及生成与分解特性，开采过程储层导热、渗流与力学特性变化规律，降压、注热、置换三种方法下天然气水合物开采产气特性和管道流动安全保障，以及天然气水合物开采过程储层稳定性和安全评价。

本书主要面向油气资源开发和天然气工程领域专业人士，重点读者群为天然气水合物从业人员，可以作为天然气水合物的入门书以及相关专业本科生、研究生和科技人员的参考书。

图书在版编目（CIP）数据

天然气水合物开采基础＝Fundamentals of Natural Gas Hydrates Exploitation / 宋永臣，赵佳飞，杨明军著. —北京：科学出版社，2021.3

　ISBN 978-7-03-068017-4

　Ⅰ. ①天… Ⅱ. ①宋… ②赵… ③杨… Ⅲ. ①天然气-水合物-采气 Ⅳ. ①TE37

中国版本图书馆 CIP 数据核字（2021）第 023461 号

责任编辑：吴凡洁　崔元春 / 责任校对：韩　杨
责任印制：师艳茹 / 封面设计：蓝正设计

科 学 出 版 社 出版
北京东黄城根北街 16 号
邮政编码：100717
http://www.sciencep.com

北京九天鸿程印刷有限责任公司 印刷
科学出版社发行　各地新华书店经销
＊

2021 年 3 月第 一 版　开本：787×1092　1/16
2021 年 3 月第一次印刷　印张：21 1/4
字数：486 000
定价：288.00 元
（如有印装质量问题，我社负责调换）

序

天然气水合物是一种清洁高效的新能源，被视为石油和天然气之后最佳的新型替代能源之一，是世界各国力争的未来能源发展的战略制高点。我国南海天然气水合物储量约达 800 亿 t 油当量，是我国石油与天然气已探明储量的总和。天然气水合物作为我国第 173 个矿种，对其的开发是我国重大战略需求。

天然气水合物是由天然气与水在低温高压条件下形成的类冰状固体物质，在全球分布广泛，包括大陆永久冻土、岛屿的斜坡地带、活动和被动大陆边缘隆起处、极地大陆架及海底沉积层等。我国天然气水合物 90% 以上赋存于南海海底沉积层中。与传统海洋油气储层特性不同，南海天然气水合物储层具有非成岩、泥质低渗、弱胶结等特征。要实现南海天然气水合物高效安全开采，必须开创新理论、新方法和新技术。

该书围绕天然气水合物开采的关键科学问题，从天然气水合物的热力学与相变动力学特征、储层基础特性及开采方法、储层力学性质与稳定性、管道输运安全等多个方面，系统总结了作者团队近年来取得的研究成果。主要包括：天然气水合物相平衡热力学及生成与分解特性；开采过程储层导热、渗流、力学特性的变化规律及其与水合物相变的相互影响机制；降压、注热、置换三种开采方法下天然气水合物分解特性及其控制因素的作用机制；天然气水合物开采过程储层稳定性及管道输运安全。旨在为我国天然气水合物高效安全开采提供系统的理论基础。

宋永臣教授曾在日本学习工作多年，2004 年回国后组建了大连理工大学天然气水合物研究团队，围绕天然气水合物开采国家重大需求与国际科学前沿，在基础理论、开采方法、安全调控等方面开展长期探索研究，取得了系统性、创新性的研究成果。主持完成国家重点研发计划项目、国家自然科学基金重点项目等国家级重大科研项目 20 余项，发表了系列研究论文，在全球天然气水合物研究领域产生了重要影响。团队获得国家自然科学奖二等奖、教育部自然科学奖一等奖、海洋工程科学技术奖特等奖、海洋工程科学技术奖一等奖等科技奖励。相关成果为促进我国海洋天然气水合物研究发展做出了重要贡献。

该书是作者及其团队近 20 年来在天然气水合物方面研究工作的总结，涵盖了天然气水合物高效、安全开采涉及的基础理论、调控方法和装置技术的多维度创新，对于天然气水合物开采基础理论和技术创新具有重要科学价值，为推动我国南海天然气水合物商业化开发提供了重要的理论指导和技术支撑。

中国工程院院士

2020 年 12 月

前言

天然气水合物是自然界中存在的一种新型清洁能源，全球分布广泛。我国南海海域是天然气水合物的重要富集区，资源量相当于我国已探明油气储量的总和。近年来，我国天然气水合物的理论研究和技术攻关进展迅速：2007年我国首次在南海神狐海域钻获天然气水合物实物样品；2013年和2015年的钻探工作，进一步证实了我国南海丰富的天然气水合物资源前景；2017年我国南海神狐海域天然气水合物试采成功。这一系列成果，标志着我国海洋天然气水合物开发已迈入世界前列。然而，天然气水合物开发仍然是世界性难题，离实现其商业化开采还有较大距离，需要相关基础理论与关键技术突破。本书汇集大连理工大学天然气水合物研究团队多年的理论与技术研究成果，旨在与广大科研工作者及工程技术人员共同探讨，以促进天然气水合物基础理论发展，推动我国天然气水合物开采技术进步。

本书涉及天然气水合物开采的基础研究领域，其内容主要集中在以下四个方面：天然气水合物热力学与相变动力学特征、天然气水合物储层基础特性、天然气水合物开采方法及管道输运安全、天然气水合物储层力学特性与稳定性。天然气水合物的热力学与动力学特性是天然气水合物开采的基础。天然气水合物储层导热、渗流、力学特性是天然气水合物开采产出特性与储层安全特性的关键因素，是开采方案设计及工程实施的理论基础。本书详尽阐述了本团队上述几个方面的研究内容及国内外最新进展，期望能为天然气水合物从业人员提供参考。

本书共分为11章：第1章为绪论；第2章介绍了天然气水合物相平衡热力学知识，是天然气水合物的研究基础；第3章详细阐述了天然气水合物生成与分解动力学特性，包括孔隙尺度气体水合物赋存规律及微观相变等；第4章重点介绍了天然气水合物储层赋存结构特征及其导热特性；第5章主要介绍了储层特征对渗透率的影响及开采过程渗透率的变化特性；第6章主要阐述不同特征储层的力学参数演化规律，为储层安全性评价提供理论基础；第7~9章介绍了天然气水合物几种主要开采方法，包括降压开采、注热开采和置换法开采等；第10章为天然气水合物开采储层稳定性；第11章为天然气水合物开采管道输运安全。

本书是团队成员共同努力的成果，感谢团队教师和研究生提供基础数据和素材。大连理工大学海洋能源利用与节能教育部重点实验室为本书的研究工作提供了重要的科研平台。此外，本书工作得到了国家重点研发计划"南海多类型天然气水合物成藏原理与开采基础研究"（2017YFC0307300）、国家科技重大专项子课题（2008ZX05026-004-09、2011ZX05026-004-07、2016ZX05028-004-004）、国家自然科学基金重点项目"天然气水合物开采关键基础科学问题研究"（51436003）、国家自然科学基金项目仪器专项"高压、低温天然气水合物三轴仪装置研制"（51227005）、科技部国际科技合作项目"天然气水合物高效、安全开采技术研究"（2008DFA61240）等的大力支持，在此表示感谢。

　　由于水平有限，难免存在不足之处，希望各位读者不吝赐教。

作　者

2020 年 10 月于大连

目录

第 1 章

绪　　论

人类社会的发展建立在大量能源消耗的基础上。目前，资源匮乏和环境破坏已经成为两大全球性问题，寻找、开发与利用清洁高效、潜力巨大的新能源，是世界各国解决未来能源问题的主要出路。天然气水合物(以下若无特别说明，水合物是指天然气水合物)作为一种理想的后续能源，被列为我国第 173 个矿种，是未来重要的清洁高效能源。

1.1　天然气水合物研究意义与进展

天然气水合物作为一种气体水合物，是气体分子与水分子形成的非化学计量笼形晶体物质，其中气体分子(客体分子)被束缚在水分子通过氢键连接形成的笼形结构内。作为一种晶体，气体水合物的简化分子式为 $M \cdot nH_2O$，M 代表水合物中的气体分子，n 为水合值。常见的甲烷、乙烷、丙烷和二氧化碳等都可形成气体水合物，自然界中水合物内的气体组成及成因复杂，通常包含甲烷、乙烷、二氧化碳等气体组分，其中 90%以上为甲烷。

目前全球能源短缺问题已日益凸显，尤其是油气资源的匮乏，将对人类未来发展产生显著影响。单纯依靠技术变革提升传统油气资源产量，已经无法满足人们对未来能源的需求，需要进一步探索新型能源。在此背景下，水合物逐渐受到人类的关注。首先，水合物是一种新型的、能量密度大的清洁能源，是水分子与甲烷等天然气组成的类冰状固体化合物，当天然气从水合物中被释放出来以后，每一单位体积水合物会生成 150～180 体积的天然气(主要成分为甲烷)和 0.8 体积的水。水合物能量密度较大，单位体积的水合物燃烧所释放的能量远远大于煤、石油和常规天然气。同时，其相对于常规天然气，杂质更少，燃烧产生的环境污染更小。其次，水合物储量丰富、分布广泛。据估计，水合物中存在的有机碳储量相当于全球已探明矿物燃料(煤、石油、天然气)的两倍，分布在全球各个区域的永久冻土区和海底沉积物中。实现水合物资源开发，是解决人类能源问题的重要途径之一，是我国重大能源战略需求。

人类对气体水合物的最早认识发生在伦敦皇家研究院，研究人员人工合成了氯气水合物。随后科研人员对气体水合物的化学组分和物质结构等开展研究。从工程应用背景分析气体水合物的发展历程，主要包含油气管道流动安全、水合物技术应用、水合物资源利用。上述三个方面的研究都得到了比较全面的发展，同时也都面临相应的前沿挑战。

在水合物被作为一种新型资源之前，水合物在油气管道中引发的流动安全问题和抑制方法以及气体水合物技术应用一直都是水合物研究的热点。20 世纪 60 年代，苏联在俄罗斯西伯利亚西部的麦索亚哈气田发现水合物，随后研究目标转向水合物资源开发，并在 21 世纪初步进入了水合物钻井试验开采、开发的新阶段。截至目前，国际上已经完成 10 次水合物试采工程，包括陆地冻土区 4 次和海域 6 次，中国、日本、美国、加拿大、德国等超过 30 个国家参与了水合物勘探与试采工作。

1. 油气管道流动安全

伴随着天然气输气管道内水合物堵塞问题的出现，研究开始聚焦工业过程中水合物的预警和清除，以及水合物生成抑制剂的研发和应用。自 1934 年以来，油气管道流动安全一直是水合物研究的热点之一。管道输运过程中的低温、高压环境为水合物生成提供了条件[1]。抑制或防止管道中水合物生成的方法主要包括添加抑制剂、保温和降压等。可以通过添加动力学抑制剂、阻聚剂或采用冷流技术[2]，实现含水合物固体颗粒的油气水多相混输流动技术。另外，管道内水合物堵塞位置的判断、预测和评估也是国际研究的热点和难点。开展油气管道水合物生成机制、堵塞检测及风险评价技术研究，建立油气开采与输运安全运行管理策略，降低管道运行成本，并保证油气管道工程设施的安全运行，是解决管道堵塞的关键。结合作者团队最新成果，本书介绍了水合物开采管道内水合物生成机制及堵塞监测技术。

2. 气体水合物技术应用

由于水合物特殊的组成结构和特性，衍生出了一系列水合物技术应用方案，包括海水淡化、天然气储运和气体分离等。20 世纪 40 年代提出的水合物法海水淡化是最早出现的水合物技术应用，其基本思路是向海水中通入适当的水合剂(水合物中的客体分子)，使其与水分子一起形成水合物，海水中的盐分子不能进入笼形结构而留在液相中，固液分离后，水合物再次分解即可得到淡水。水合物法分离气体是利用不同类型的气体生成水合物所需的温度、压力条件不同的特点，控制反应条件使特定类型的气体分子进入水分子形成的笼形结构中生成水合物，而剩下的气体分子仍保留在气相中，从而达到分离的目的。水合物法天然气储运是将天然气转化为水合物后再进行运输的技术[3]，具有操作简单、安全性高的优点。然而，无论是哪种水合物应用技术，目前都面临水合物生成速率慢、水合物分离不彻底等问题，要形成完整的商业化流程，需要更深入的研究。

3. 水合物勘探与资源分布

水合物的形成与分布由气体来源、富集条件和赋存温度压力环境等决定，因此自然界中的水合物仅分布于水深超过 300m 的海洋沉积物中和地下超过 130m 的永久冻土中。我国是世界上冻土面积位于第三位的国家，仅次于俄罗斯和加拿大，多年冻土面积达 $2.15 \times 10^6 \text{km}^2$，约占世界多年冻土面积的 22%，占我国国土面积的 22.4%，资源量约为 $350 \times 10^8 \text{t}$ 油当量[4]。我国高度重视永久冻土区的水合物资源调研和勘探工作，自 2002

年开始先后开展了五次地质调查。勘探数据表明，潜在的水合物产区主要分布在木里藏族自治县(简称木里)的羌塘、祁连山和黑龙江漠河盆地多年冻土区。其中，青藏高原是世界上高海拔中最高的多年冻土区，多年冻土面积约为 $1.4 \times 10^6 km^2$，占世界多年冻土面积的 7%，具备良好的水合物赋存条件和资源前景。青藏高原是中纬度多年冻土区，在青藏高原祁连山木里发现的水合物，使得我国成为世界上第四个在多年冻土中发现水合物的国家，也是第一个在中低纬度多年冻土中发现水合物的国家。

和陆域永久冻土区中的水合物资源相比，我国面积广阔的海洋中的水合物资源储量更加丰富、分布更加广泛。地震勘探、地质取样和钻探、测井、地球化学探测等资料显示，我国东海、台湾海域和南海海域是水合物资源的主要赋存区域。我国南海是西太平洋的最大边缘海，南海北部的勘探数据表明莺歌海盆地、琼东南盆地、珠江口盆地和台西南盆地都蕴藏着丰富的水合物资源。莺歌海盆地已发现大量天然气资源及非烃气资源，中央泥底辟带浅层已获得超过 $2 \times 10^{11} m^3$ 天然气资源和大量非烃气资源，研究表明该区域天然气运输成藏条件良好，有极佳的水合物勘探前景；琼东南盆地油气储量(尤其是天然气资源)十分丰富，并且具有与同属于南海北部深水区神狐海域及东沙海域以及世界其他水合物发育赋存区类似的水合物形成条件，据估算该盆地水合物资源量达 $1.6 \times 10^{12} m^3$，有较大油气及水合物的开采前景；台西南盆地不仅常规油气资源丰富，还具有储量丰富的水合物资源，勘探前景广阔，目前已经开采到水合物实物样品，根据估算，台西南盆地水合物资源量达 $2 \times 10^{13} m^3$，具有极好的开采前景；珠江口盆地矿藏资源丰富，不仅勘探到大量油田，还在南部深水海底浅层钻探到水合物，是南海北部水合物资源主要富集区，特别是神狐海域已取得了水合物试采重大突破[5]。

4. 海洋水合物试采工程

全球范围内水合物资源储量巨大，地球上约 90% 的海域是水合物的潜在区域。因此，海洋水合物开采对解决世界能源困境尤为重要。海洋水合物试采不仅需要完备的水合物基础理论体系，还必须要有成熟的工程技术作为支撑。迄今为止，只有我国和日本成功开展了海洋水合物试采工程。2013 年 3 月，日本"地球号"钻探船在爱知县附近深海完成了第一次试采，通过降压开采法成功从可燃冰层中提取出甲烷，成为世界上首个实现海洋水合物试采的国家。此次试采的最高日产气量为 $2 \times 10^4 m^3$，累计产气量为 $12 \times 10^4 m^3$。第一次试采现场数据揭示，水合物试采过程中尚需解决诸多技术问题(如出砂、井下气水分离、长期稳定生产等)，日本针对以上问题进行了改善，并于 2017 年完成了第二次试采[6]，试采区域与第一次试采区域地质条件相近，增加一口生产井，采用形状记忆聚合物膨胀封堵井壁与地层间环形空间，构建防砂系统。试采工作历时 3 个月，其中第一口生产井 12d 累计产气约 $3.5 \times 10^4 m^3$，第二口生产井 24d 累计产气约 $20 \times 10^4 m^3$。

与日本海域的水合物藏不同，我国南海神狐海域的水合物具有含水率高、渗透性差等特点，试采工程实施难度更大。2017 年，我国南海成功实施了两次不同方法的水合物试采。广州海洋地质调查局采用了降压法试采，连续试气点火 60d，累计产气量超过 $30 \times 10^4 m^3$，平均日产气量超过 $5000 m^3$，最高产量达 $3.5 \times 10^4 m^3/d$，天然气中甲烷含量最高达 99.5%，获取科学试验数据 647 万组，为后续的科学研究积累了大量的翔实可靠的数据资料。同年，中国海洋石油集团有限公司(简称中海油)自主研发了针对泥质粉砂型水合物的固态流化开采技术，利用井底射流将水合物矿体破碎至细小颗粒并随钻井液向上返出，成功从水深 1266m 海底以下 203~277m 的水合物矿藏中开采出天然气。这也是国际首次利用固态流化开采技术成功开采海洋弱胶结、非成岩水合物藏[7]。2020 年初，我国在神狐海域实施了新一轮的降压法试采工作，采用水平井技术，一个月内产气总量 $8.614 \times 10^5 m^3$，日均产气量 $2.87 \times 10^4 m^3$，是第一轮 60d 产气总量的 2.87 倍，实现了新突破。海洋水合物试采的成功，是推动水合物商业化开采的重要环节。

从已有的海洋水合物试采效果不难看出，距离商业化开采还有很大差距，水合物资源利用仍面临诸多技术挑战，需要重点解决水合物开采过程存在的水合物分解产气效率低、持续性差及储层失稳滑塌风险等问题。因此，环境友好的水合物商业化开采方法、技术与装备，海洋水合物开发可采量评估、开采技术优化与经济性评价技术标准化体系，海洋水合物开采的环境监测、评价、预警、处置技术与装备，水合物开采前-中-后、储层-海洋-大气全方位的环境影响风险评估与预警体系等，是当前水合物开发需要解决的问题，也是世界性难题。本书中论述的水合物开采理论、方法与技术可以为解决上述问题提供一定的基础，同时还需要结合更多工程实践。目前来看，国内外都缺乏水合物开采工程实践经验。美国、日本和加拿大在室内研究和理论技术创新方面以及其他非常规能源开发方面开展较早，一些石油公司也投入大量研发经费开展攻关，占有一定优势。我国虽然起步较晚，但是海洋油气开发技术与装备发展迅速，近年来在水合物领域的投入和工程实施也不断加强，中海油、中国石油天然气集团有限公司(简称中石油)等企业的加入加快了发展步伐，取得了跨越式的进步。如何应用实验室内获得的水合物基础理论与方法解决这些技术瓶颈，以及探索长期、规模化水合物开采系统的设计理论和运行调控方法，提高水合物开采的经济性等，是水合物研究未来发展的重要方向。

从 20 世纪 70 年代苏联麦索亚哈水合物矿藏的开发，到 2020 年我国南海水合物试采取得的多项突破，水合物科学研究及工业钻探和试采工作研究已经开展了几十年，但水合物的基础特性、勘查与试采仍是研究人员关注的重点。近年来，世界各个国家都加大了对水合物的研究力度。我国南海水合物资源具有埋深浅、胶结性差、泥质、低渗、类型多样等特征，带来的开采效率低、砂堵、储层稳定性差等工程问题会更加严重。因此，我国海洋水合物资源开发面临更大挑战，亟须揭示水合物分布规律，评价开采潜力，突破开采控制机制及砂堵、井场失稳等重大理论与技术瓶颈。

1.2　天然气水合物基础物性

能够形成笼形水合物的客体分子多达 130 种，但最常见的气体水合物晶体结构只有Ⅰ型、Ⅱ型和 H 形三种[8]。通常气体分子与水分子间仅存在微弱的范德瓦耳斯力作用，导致水合物笼子很难被甲烷分子填满，即笼子占有率(笼占比)无法达到 100%，化学上称之为非化学计量比，是气体水合物的典型特征之一。气体水合物没有固定的笼占比，即水合物笼形晶体结构中水、气的分子数量之比(水合数)是变化的。气体水合物笼占比变化会引起水合物储气密度不同，进而影响水合物密度。水合物密度与体系的温度、压力有关，当水合物生成驱动力增加时，水合物笼子占有率升高，密度增大。

水合物相平衡是重要的热力学特性参数，是判断水合物稳定存在状态(温度、压力条件)的依据。水合物相平衡研究开展较早，在实验与模型方面都开展了大量工作，并得到了很好的发展。现有研究主要是针对纯水、多孔介质、添加剂、混合气及上述物质组成的复杂体系开展的[9]。海洋水合物多赋存于沉积物孔隙内多组分溶液体系，成藏气源通常为多组分混合烃，体系热力学性质复杂。对真实海底沉积物或永久冻土层中水合物赋存条件下的相平衡研究较少，利用传统的单一模型难以进行准确预测。本书主要围绕复杂海洋水合物体系相平衡热力学开展论述，主要包含实验和模型研究两个方面。首先模拟海洋水合物体系，进行不同孔隙尺寸、盐度条件下水合物相平衡实验，定量分析了各种离子对相平衡的影响，同时研究了不同天然气组分对水合物相平衡的影响，为预测沉积物中水合物形成和赋存的热力学状态提供数据基础。其次，根据传统水合物相平衡热力学模型，结合电解质溶液相关理论，建立了含盐水多孔介质中水合物相平衡预测模型，预测结果与实验数据吻合度良好。最后，结合现阶段人工智能技术的快速发展及应用，建立了基于机器学习算法的水合物相平衡预测模型，并对模型进行了系统分析和验证。

水合物生成与分解是水合物相变最基本的过程，是实现资源开发及相关技术应用的核心环节。水合物生成过程是客体分子与主体水分子形成固态晶体化合物的过程，包括成核与生长两个阶段。水合物成核是指形成超过临界尺寸水合物晶核的过程，体系进入成核条件到成核作用开始的时间定义为成核诱导时间，是成核过程最重要的参数，通常被认为具有随机性。成核驱动力较弱时，成核诱导时间随机特性更加明显；增加水合物成核驱动力，可以缩短水合物成核诱导时间，使其分布更加集中，并呈现出概率密度分布规律。关于水合物成核诱导时间的相关研究主要集中在两个方面，一是如何增加水合物成核诱导时间，常应用于避免开采过程中水合物二次成核或者抑制油气管道中水合物堵塞；二是如何缩短水合物成核诱导时间，主要是用于促进水合物生成，以及储气、蓄冷等水合物技术高效应用。本书针对水合物成核诱导时间测量与预测开展了系统的论述，并进一步分析了水合物生成特性。在此基础上，对水合物在孔隙空间的赋存位置、空间形态，以及水合物分解与二次生成特性进行了介绍。

1.3　天然气水合物储层特征

水合物常赋存于海底沉积物与永久冻土中，储层特征影响着水合物开采的安全性和经济性。水合物储层基础物性主要包括水合物赋存形态、储层渗流特性、传热特性、力学特性等。沉积物内水合物赋存形态主要是指水合物在孔隙空间的赋存位置、形态及其与孔隙的相互作用。水合物在孔隙内不同的赋存形态，导致水合物开采过程储层渗流、传热、力学特性及气-水产出规律存在显著差异。从目前获取的水合物岩心样品来看，自然界水合物的主要赋存方式有：占据较大岩石粒间孔隙、以球粒状散布于细粒岩石中、以固体形式填充在裂缝中、大块固态水合物伴随少量沉积物等。水合物及其赋存储层的基础物性参数相互影响，涉及复杂耦合问题，需要物理、化学、力学、热力学等多学科交叉融合。

1. 水合物储层有效导热

水合物分解过程吸热、生成过程放热，因此水合物储层热物性研究具有重要意义，主要涉及导热系数、比热、热扩散系数、相变热等。其中，导热系数是描述物质依靠热传导形式传递热量能力的参数，对水合物的生成与分解起关键作用。首先，获得储层有效导热系数变化规律，有助于判断水合物赋存区域及赋存形态，指导资源勘探，为开采提供基础物性参数。其次，水合物的开采过程伴随组分比例变化、组分空间运移。探究相变过程储层导热特性变化，有助于控制水合物分解进程、提高开采效率。最后，开发水合物储层导热系数预测模型，能够为不同现场工况下的实际应用提供数据支撑，推动传热学科发展。

水合物储层有效导热系数相关研究包括实验测量和模型预测两个方面。水合物储层有效导热系数变化复杂，常利用稳态和非稳态两种方法测量。在分析传统有效导热系数测量方法的基础上，本书提出了基于热敏电阻的点热源测量方法，可以在高压低温条件下对多相水合物沉积物体系有效导热系数进行测量。在系统分析水合物沉积物有效导热系数影响因素的基础上，提出了权重系数拟合模型，其物理意义在于，通过水合物体系多工况的测量值，获得了不同形式自洽模型对于整体有效导热特性的主导程度。本书对热敏电阻点热源测量方法和权重系数拟合模型进行了详细叙述。

2. 水合物储层渗流特性

储层多相渗流理论和参数演化规律是水合物开采的重要理论基础之一。与具有良好圈闭构造的砂质成岩油气储层相比，水合物储层一般渗透率较低，气、水流动特性与常规油气储层差异显著。水合物开采过程中水合物饱和度的变化，是影响和控制储层渗透性与气、水产出能力的首要因素。因此，阐明开采过程水合物分解、二次生成等对气、水渗流特性的影响，是水合物高效开采必须解决的关键基础科学问题。本书从水合物沉积层渗透特性的室内模拟实验研究、孔隙尺度渗流数值模拟和开采过程场地尺度数值模拟三个方面进行介绍，阐述了水合物储层的气、水渗流规律。

水合物开采储层渗流特性的最大特点是动态渗透率。目前关于水合物渗流特性的描述主要基于达西渗流模型，关于水合物饱和度对渗透率的影响研究较多。本书首先介绍水合物饱和度关联的渗透率模型，并重点通过水合物沉积层渗流实验，总结了水合物分解过程储层渗透率变化特性。微观尺度数字岩心可以提供岩心内部结构的精确分布，实现流体流动特性的模拟，具有十分重要的理论和实际意义。本书利用孔隙网络模型计算水合物分解过程中的气-水渗流特性，系统研究了水合物分解过程各相饱和度、储层润湿性和界面张力对相对渗透率的影响。自然界中水合物储层孔隙度、渗透率等渗流参数各向异性特征明显，渗透率各向异性对地下流体的运移影响显著，水合物开采是一个多场耦合的过程，储层渗透率各向异性对水合物产气特征的影响关系复杂，本书构建了各向异性水合物开采模型，阐释了渗透率各向异性对产气性能、压力场演化的影响规律。

3. 水合物储层力学特性

水合物通常以胶结或者骨架支撑的形式赋存于沉积层中，水合物分解会造成储层胶结结构的破坏，其孔隙结构、孔隙形态及孔隙度等也将发生变化，在地层应力作用下，沉积层会因承载力下降而发生沉降或变形，并且随着开采过程中水合物分解区域的扩展，可能导致沉积层发生剪切破坏。此外，水合物储层结构失稳有可能诱发大规模的天然气泄漏，对全球气候和环境造成恶劣影响。因此，在水合物资源商业化开采之前，必须明确水合物储层的力学特性变化规律，充分评估水合物开采过程中储层的稳定性，以确保开采过程的安全。

本书围绕水合物及其分解过程中沉积物力学特性演化等关键科学问题，系统阐释了水合物沉积物力学特性及其影响因素，以及降压分解和注热分解过程中水合物沉积物力学特性变化规律。针对不同工况下多种基质构成的水合物沉积物进行了剪切实验，阐明了水合物沉积物力学特性的主控因素，系统评估了平均粒径、水合物饱和度、有效围压、温度及剪切速率的影响。结合水合物沉积物降压和注热分解实验，获取了降压幅度、轴向荷载、注热温度和初始水合物饱和度对水合物沉积物力学特性的影响规律，评价了降压和注热分解过程水合物泥质粉砂沉积物变形的内在机制。相关研究有望为水合物安全开采和储层稳定性评价提供理论依据和方法。

4. 我国南海水合物储层物性

自 1999 年起，我国陆续开展南海海域水合物调查及勘探研究工作。相关资料显示，我国南海水合物资源量丰富，多以均匀分散的状态成层分布，已发现的水合物沉积层厚度为 10～43m[10]。与日本 Nankai 海槽松散的粗粒径砂、泥沉积层不同，我国南海水合物所赋存的沉积层是由粉砂（70%）、砂子（<10%）和黏土（15%～30%）组成。沉积物样品粒径主要分布在 0.22～174.55μm，其中 40μm 以下的粒度分布占比达到了 83.25%。由于沉积物主要由泥砂质组成，粒度很小，我国南海水合物储层渗透率很低，为 2.9～40.0mD[11, 12]。

深度等地质条件的不同导致水合物饱和度也不相同。通常海洋水合物储层的孔隙度在 33%～48%。水合物占沉积物孔隙体积的 26%～48%。与国外水合物试采储层相比，南海水合物储层导热系数略低，在 1.55～1.77W/(m·K)[13]。导热系数低不仅影响水合物的分解速率，同时还会引发水合物二次生成，需要在试采及开采过程中重点关注。天然岩心的相对密度表征了岩心颗粒的固有密度属性，我国神狐海域 GMGS-2 取样岩心相对密度约为 2.753。我国南海水合物储层具有泥质、低渗透性、低导热性等特点。

1.4　天然气水合物开采技术与储层安全

水合物储层特征直接影响水合物开采效率及储层安全。水合物储层分类方法多样，按照储层骨架介质类型可以分为砂质储层和泥质储层；按照储层孔隙物质填充类型可以分为富气储层和富水储层；按照储层内水合物含量可以分为高饱和度储层和低饱和度储层。另外，储层气液固分层情况，也会影响水合物开采方案和工程。因此，储层特征是水合物开采及安全特性研究必须考虑的因素。不同的水合物储层类型应采用不同的开采方法。目前的水合物开采方法主要包括降压法、热刺激法(通过注入热蒸汽/热水或者电磁加热法等)、注入抑制剂法、置换法及以上两种或多种方法的组合。

任何开采方式都会扰动水合物沉积层，并可能诱发潜在安全问题。例如，水合物分解不均匀或者沉积层地质条件复杂导致的井壁应力集中；降压或温度变化会造成沉积层的有效应力提高，进而引起沉积层变形，并可能严重影响人工构造物在沉积物中的正常使用；排渗效果不良的土层水合物分解导致荷载转移到流体，扰动沉积层结构，使得沉积层有效应力减小、强度降低，造成海底陆坡失稳、边坡滑移等自然灾害；更严重者，不合理的水合物开采可能会导致大量天然气泄露，造成温室效应等全球性气候灾害。因此，为了实现水合物的安全、高效开采，必须充分研究水合物开采对储层变形的影响并分析其影响规律。

1. 水合物降压开采

降压法是油、气开采最常规的方法，也是水合物各类开采方法的基础，主要是通过抽取储层内流体，降低水合物储层的压力，为水合物提供分解驱动力。降压法的工艺相对简单，且不需要额外的能量输入，被认为是较为经济的开采方法。从传热角度看，水合物分解反应吸热，储层温度降低，发生储层间传热，储层温度回升，水合物分解与储层有效传热存在能量平衡；从渗流角度看，储层压力降低，储层间发生气-水渗流，水合物分解产气、产水，储层气-水含量变化，气-水产出，水合物分解与气-水渗流处于动态平衡。

本书首先叙述降压开采过程水合物分解与储层温度、压力及水合物分解产气速率的相互作用关系，探析了降压开采过程产气速率和水合物分解时间受储层渗流、传热及水合物饱和度影响的内在机制。进而，分别论述了降压方式、储层传热与渗流特性以及水合物饱和度对水合物分解进程的影响，验证了梯度降压和匀速降压过程对水合物分解的促进机制，阐明了储层显热与有效传热对水合物不同分解阶段的控制规律。本书利用南海水合物赋存区海底真实沉积物，实验研究了南海水合物直接降压和梯度降压开采过程，探明了梯度降压对水合物二次生成或结冰的抑制作用，阐明了南海沉积物导热系数和比热对水合物分解速率及储层温度变化的影响作用。

2. 水合物注热开采

注热法是通过向水合物储层中注入热流体或通入热蒸汽对储层加热。注热法的关键难点在于在实际开采中如何将热量更有效地传递到水合物开采区。因此，部分学者提出利用电磁加热、电热丝加热、微波加热、地热开采的方式，减少或避免远距离传递热量所造成的热损失。水合物注热开采的基本思想是对储层加热，提供水合物分解所需要的温度和热量。水合物获得热量的速度与大小决定注热开采产气特性。储层内热量的传递及动态分布行为复杂，受多种因素影响。因此，研究水合物注热开采过程产气特性及其影响因素十分必要。水合物注热开采与降压开采分别围绕体系温度和压力进行调控，各自均存在优点和不足。注热开采能够弥补降压开采在水合物藏适应性、二次生成等方面的不足，而降压开采能减弱注热开采在能源利用率低方面的劣势，水合物注热-降压联合开采方法具有广阔的发展前景。

本书重点围绕注热流体法及其与降压法联合开采过程开展论述，分析了水合物注热开采的特征参数，阐释了压力、温度、产气速率、开采效率随开采过程的演变规律。另外，重点解析了不同储层导热系数、储层比热与水合物初始饱和度条件下注热开采实验和数值模拟研究，阐明了储层热物性及水合物饱和度对储层压力、温度、产气速率、开采效率等参数的影响规律。同时，针对注热-降压联合开采过程，根据气饱和及水饱和条件下的实验研究，分析了温度、压力、产气速率、气水比等参数的响应规律。

3. 水合物置换开采

水合物置换开采是一种具有吸引力并受到广泛关注的水合物开采方法，有望解决降压驱动分解水合物逆反应堵塞、注热驱动分解热效率低及抑制剂注入环境不友好等问题[14]。置换法是向水合物中引入其他客体分子，使得新客体分子进入水合物笼子中，将天然气从水合物晶体中置换出来，类似于化学上的置换反应。置换法的优势在于：该方法不破坏原有储层结构的稳定性，能最大限度地减少地层骨架结构破坏，如果以 CO_2 作为置换气体，还可以将 CO_2 以水合物的形式埋藏在海底，是一种较环保的开采技术[15]。CO_2 置换开采水合物是将 CO_2(或含有 CO_2 的混合物)注入海底水合物赋存区域，使 CH_4 从笼形水合物中被 CO_2 置换出来，在实现 CH_4 开采的同时封存 CO_2，缓解温室效应。此外，在水合物置换开采中，生成的 CO_2 水合物对于维持水合物储层地质稳定性也有着积极作用，防止因 CH_4 水合物分解引起的地层塌陷失稳[16]。然而，置换开采速率与效率瓶颈问题仍未突破，内在控制机制尚不完全清晰，置换进程中后期 CO_2 突破水合物表层(CH_4/CO_2 混合水合物)的扩散阻碍问题等，是该方法实际应用的制约难点[17]。

本书主要围绕水合物置换开采原理及置换过程中不同相态区域的 CH_4 开采率和影响机制展开论述，并详细阐明现有的水合物置换开采强化方法和混合气置换开采特性。

4. 其他开采方法

注入抑制剂法是早期提出的一种水合物开采方法，其基本原理是通过注入甲醇、乙醇、乙二醇和盐水等，改变储层内水合物体系的相平衡条件，促使水合物更容易分解。由于抑制剂价格较为昂贵，在实际开采中成本较高，一般情况下不会单独使用。而且，化学试剂容易对海洋环境和地下水造成极大的危害，不适宜长时间大规模使用。

近年来针对水合物的基础研究逐步加深，新的开采技术也被用于水合物实验室开采模拟中，如固态流化法、机械-热联合开采法等。固态流化法是先将水合物储层挖掘出来并破碎为颗粒状，然后将水合物颗粒以类似泥浆的形式输运到海上船舶或者岸上平台进行二次处理，将水合物颗粒逐步分解为气体并进行采集。这种开采方式对技术要求较高，同时埋深的加大会使得成本增加，比较适合水合物成藏埋深浅且大块状集中分布的情况[18]。2017 年 5 月，中海油在南海北部荔湾海域处采用固态流化法完成水合物试采[7]。机械-热联合开采法[18]是先通过机械设备挖掘水合物地层并将水合物粉碎成小颗粒，然后将其与一定温度的海水掺混，沿管道输送一定距离后在分解仓/管道分解完毕，最后将土体颗粒分离后回填到海底，一定程度上减少了土体结构变化造成的安全隐患，有效地控制了地层的安全系数。目前，机械-热联合开采法仅是一个方法概念。

5. 储层稳定性分析及预测

为了分析水合物开采对储层稳定性的影响，需要针对水合物沉积物的物理力学特性进行大量的试验研究，并建立相应的模型进行预测。由于水合物富集区多存在于条件极端的深海地层，进行现场试验并不现实，且需要耗费大量的人力、物力和财力。而通过数值模拟结合理论分析对水合物开采过程沉积层及结构物的变化进行预测和控制，可以在低成本条件下，有效地解决目前面临的诸多问题。因此，建立和发展一套能够分析水合物开采过程中储层稳定性的数学模型，对于解决这些工程上面临的问题极其重要。其中，适用于水合物沉积物的本构模型，是水合物开采储层稳定性数值模拟中最重要的一环。通过水合物沉积物室内试验的结果可以发现，其应力-应变关系及剪胀关系不仅与有效应力状态、温度、应力、变形历史、颗粒组成及孔隙形态等相关，同时还受到水合物饱和度、水合物赋存形态等因素的影响。本书基于能量耗散理论建立了水合物沉积物的临界状态本构模型。在保证本构模型满足热力学第二定律的同时，采用了更适合多孔介质材料的非关联流动法则，使之能够模拟水合物分解引起的体变和胶结结构变化。模型提出了描述屈服面形状和大小的应力空间比参数，分析了参数对应力-应变和剪胀关系的影响。

水合物开采的数值模拟涉及位移场、压力场、温度场、化学场间的多物理场耦合，且这类问题具有复杂性和特殊性。为了模拟水合物开采过程中各个物理量的变化过程，解析各个参数之间的耦合关系，需要建立一套考虑水合物分解过程多场双向耦合作用的计算模型，进而实现对储层稳定性的评价。基于水合物沉积物渗流、传热、力学和化学特性，本书结合作者团队水合物沉积物物理、力学实验最新研究成果，建立描述水合物开采各物理过程的主控方程。基于有效应力原理，建立了有效应力和孔隙压力之间的耦合关系，同时利用本构模型建立了有效应力和变形、温度、水合物饱和度的耦合关系。对于水合物分解，通过相平衡条件及化学反应动力学，建立了分解速率与温度、压力之间的耦合关系。对于传热，考虑了多相物质热传导、渗流引起的热对流、水合物分解引起的分解吸热。对于渗流，分别建立了水和气体的两相渗流方程，考虑了变形、密度变化及压力梯度在渗流方程中的耦合。最终建立了水合物开采过程地层多场耦合响应分析的数值模型，并对水合物开采过程多场耦合作用下的储层稳定性进行了分析。同时，应用该模型模拟了我国南海水合物富集区边坡水平井开采过程，完成了水合物开采对边坡稳定性的影响评价。

1.5 天然气水合物基础研究前沿挑战

水合物开采涉及的核心问题是开采效率与安全保障。2013 年，日本实现海洋水合物首次试采，由于井筒堵塞等问题，试采持续 6d 后终止，监测发现井场地层沉降 5cm。首次海洋水合物试采进一步加深了国际上对工程问题的认识，从开采控制机理、多相渗流、储层结构变化等基础研究出发，重点突破出砂控砂技术及储层稳定性评价技术，成为目前主要研究方向。我国南海水合物藏具有泥质、低渗、非成岩等特征，开采难度大，2017 年和 2020 年在我国南海开展的 3 次水合物试采，更加明确了对高效开采理论与安全防控技术的需求，以指导解决水合物开采障碍控制与储层稳定性预测问题，最终实现南海水合物安全、高效开发。具体难题和挑战主要包括以下几个方面。

1. 水合物开采相关基础研究

水合物的热-动力学特性的描述、稳态含水合物沉积物有效传热基础物性分析及预测模型、复杂多变因素作用下含水合物沉积物传热系数时变规律、水合物分解界面传热过程分析与调控、沉积物内热源-有效导热对流对水合物分解进程的驱动与控制原理、相变条件下水合物沉积物特征参数及其沉积物内流体运移特性的相互作用关系、多因素协同作用下储层内含相变过程的多相/多组分渗流与迁移机制，是实现开采过程水合物相变精细调控的基础。

2. 水合物开采方法

针对我国海域水合物储层开展水合物藏试开采技术方案研究，评价开采效率和潜力的影响因素、建立三维水合物藏开采数值模拟技术、研制水合物藏试采完整过程模拟系统、确定高效试采工艺，是实现水合物开采的重要保证。需要重点研发储层-样品-开采工艺适应性评价技术、水合物-油气联合开采工艺、连续排采及流动保障工艺、安全监测及风险评价技术，形成从海底到中深层典型海洋水合物安全高效开采方法，提高注热、降压、注入抑制剂、固态流化等开采方法的综合效率，并探索新的水合物高效开采方法，形成适用于多种水合物储层的高效钻采技术与装备。

3. 水合物开采安全及环境影响

建立水合物开采安全的评价指标、分析方法及综合评估方案，提出开采安全的监测参数、监测方法、监测数据分析方案及应急处理技术；构想开采过程中海底设备潜在的堵塞、泄露等障碍，提出相关应急处置技术方案，开发轻便、高效应急成套设备；构建水合物试采区域海洋环境立体监测技术，实现对甲烷气体、沉积层、水、陆地和大气的一体化监测；研制水合物沉积物共振柱试验仪和可视化平面应变仪，实现小应变条件下水合物沉积物的动力特性和水合物变形过程中剪切带的变化规律研究；评价水合物分解后沉积层震动液化研究及其对海洋工程结构物的影响，建立水合物开采过程中地质灾害、海底工程结构物稳定性评价及对策。

本书基于水合物的热力学与动力学特性、储层特性、开采产出及安全特性等方面，总结了作者团队近年来取得的标志性成果，提出了海洋水合物开采过程分解演化与调控理论。系统阐释了水合物相平衡热力学及生成与分解特性，开采过程储层导热、渗流与力学特性变化规律及其与水合物的相互影响关系，降压、注热、置换三种主流开采方法下水合物分解特性及其控制因素作用机制，以及水合物开采过程储层稳定性及安全评价，旨在为我国水合物安全高效开采提供系统、实用、扎实的理论基础。

虽然我国在水合物领域的研究起步较晚，但近年来在水合物基础研究和技术应用等方面取得了较大的进展，随着对水合物的勘探情况及开采方案研究等方面的不断深入，水合物高效与安全开采基础研究将推动我国相关技术的持续进步。相信在不久的将来，在诸多科研工作者的共同努力下，我国能够顺利安全地开采水合物资源，为我国能源和经济发展做出更大的贡献。

参 考 文 献

[1] Koh C A, Sum A, Sloan E D Jr. Natural Gas Hydrates in Flow Assurance. Oxford: Gulf Professional Publishing, 2010.

[2] Turner D, Talley L. Hydrate inhibition via cold flow-no chemicals or insulation. International Conference on Gas Hydrates, Vancouver, 2008.

[3] 樊栓狮. 天然气水合物储存与运输技术. 北京: 化学工业出版社, 2006.

[4] Wang X, Pan L, Lau H C, et al. Reservoir volume of gas hydrate stability zones in permafrost regions of china. Applied Energy, 2018, 225: 486-500.

[5] 何家雄, 万志峰, 张伟, 等. 南海北部泥底辟/泥火山形成演化与油气及水合物成藏. 北京: 科学出版社, 2019.

[6] Terao Y, Lay K, Yamamoto K. Design of the surface flow test system for 1st offshore production test of methane hydrate. Offshore Technology Conference, Kuala Lumpur, 2014.

[7] 周守为, 陈伟, 李清平, 等. 深水浅层非成岩天然气水合物固态流化试采技术研究及进展. 中国海上油气, 2017, 29(4): 1-8.

[8] Sloan E D. Clathrate Hydrates of Natural Gas. 3rd ed. New York: CRC Press, 2007.

[9] 杨明军. 原位条件下水合物形成与分解研究. 大连: 大连理工大学, 2010.

[10] 周守为, 李清平, 吕鑫, 等. 天然气水合物开发研究方向的思考与建议. 中国海上油气, 2019, 31(4): 1-8.

[11] Ye J, Qin X, Qiu H, et al. Data report: Molecular and isotopic compositions of the extracted gas from china's first offshore natural gas hydrate production test in South China Sea. Energies, 2018, 11(10): 2793.

[12] Zhang R W, Lu J A, Wen P F, et al. Distribution of gas hydrate reservoir in the first production test region of the Shenhu area, South China Sea. China Geology, 2018, 1(4): 493-504.

[13] 魏汝鹏. 含水合物沉积物导热特性测量与模型预测. 大连: 大连理工大学, 2019.

[14] Koh D Y, Kang H, Lee J W, et al. Energy-efficient natural gas hydrate production using gas exchange. Applied Energy, 2016, 162: 114-130.

[15] 贺凯. CO_2 海洋封存联合可燃冰开采技术展望. 现代化工, 2018, 38(4): 1-4.

[16] Lee H, Seo Y, Seo Y T, et al. Recovering methane from solid methane hydrate with carbon dioxide. Angewandte Chemie, 2003, 42: 5048-5051.

[17] 张伦祥. 天然气水合物相变微观特性与气体置换机制研究. 大连: 大连理工大学, 2019.

[18] 张旭辉, 鲁晓兵, 李鹏. 天然气水合物开采方法的研究综述. 石油石化物资采购, 2019, 49(3): 38-59.

第 2 章

天然气水合物相平衡热力学

　　水合物相平衡热力学，是判断水合物稳定存在状态(温度、压力条件)的依据，具有重要的研究意义。相关研究起步较早，水合物相平衡实验数据库和预测模型均得到了很好的发展。自然界中，水合物多赋存于沉积物孔隙内多组分溶液体系，成藏气源通常为多组分混合烃，导致水合物体系热力学性质复杂，传统水合物相平衡模型不再适用。本章主要从实验和模型两个方面介绍水合物相平衡热力学研究，重点阐述复杂海洋水合物体系相平衡热力学特征。

2.1　天然气水合物相平衡影响因素

　　实验测试是水合物相平衡的首要研究方法。早期研究主要集中在纯水、单组分气体水合物相平衡实验方面。随后，多孔介质内气体水合物相平衡也被广泛研究，以阐释孔隙尺寸对水合物相平衡的影响规律。另外，由于水合物客体分子种类和气体组分对水合物相平衡影响显著，不同组分气体的水合物相平衡特性也受到了研究人员的关注，并开展了大量的实验研究。近年来，针对海洋水合物开采、油气管道流动安全和水合物技术应用等领域，盐类和添加剂对水合物相平衡的影响也得到了系统性的研究。

2.1.1　测试装置与技术

　　水合物相平衡研究推动了模拟测试装置与技术的发展和完善，新测试技术的应用显著提高了实验可视化、精确化水平。水合物模拟测试装置通常由高压系统、冷却系统和测试系统 3 部分组成。一般来说，高压系统包含反应釜(高压容器)、配气瓶和加压设备；冷却系统由防冻液、冷冻机和温度控制系统组成；测试系统是实验系统核心，一般由压力传感器、温度传感器和数据采集单元构成。按反应釜类型可将其分为可视-搅拌釜、可视-非搅拌釜、不可视-搅拌釜、不可视-非搅拌釜[1]。上述反应釜均能够有效地用于获得气体水合物相平衡热力学数据。

　　(1)可视-搅拌釜：该类型反应釜的主要特点是可以实现水合物的可视化测量，同时通过搅拌装置可以提高水合物生成速度。搅拌系统分为磁力搅拌和机械式搅拌两种，其中磁力搅拌能够有效克服机械式搅拌密封问题，但是搅拌扭矩相对较小。

　　(2)可视-非搅拌釜：相对于可视-搅拌釜而言，可视-非搅拌釜更加普遍，国内外研究机构大多采用此类反应釜，用观察法判断水合物的生成与分解，但是该类型反应釜对于纯水水合物体系而言，实验效率相对较低。

上述两种直接可视类反应釜，可以利用摄像机观察水合物制备过程的形态特征，还可以采用激光测量微粒技术检测雾化水滴颗粒尺寸，对研究水合物生成过程形态学等具有重要价值。该类型反应釜的缺点是，由于耐压要求可视部分多采用蓝宝石加工，造价较高；另外，可视类反应釜耐压能力有限，蓝宝石耐压能力通常低于金属材料，无法开展超高压实验。近年来随着耐高压玻璃和高强度透明塑料等新材料的出现，可视类反应釜成本逐渐降低。

(3)不可视-搅拌釜：通常采用不锈钢等耐高压材料制作，实验过程中无法直接观测反应釜内部情况。搅拌系统主要包括磁力搅拌和机械式搅拌，需要根据不同的需求采用不同的搅拌方式。

(4)不可视-非搅拌釜：该种类型反应釜具有结构简单、加工方便、价格较低、耐压较高等优点，因此大部分水合物研究机构均拥有此种类型反应釜。

本章采用的水合物低温高压试验成套设备为不可视-非搅拌釜，可用于海洋和冻土地域沉积层中水合物生成与分解模拟实验研究。它由反应釜、冷库和浴槽温控系统、计算机数据采集系统、天然气配气系统、增压系统共五个子系统组成。经天然气配气系统配气后得到实验模拟所需的气体，由天然气高压增压系统增压后输入反应釜中，反应釜置于恒温浴槽中进行温控，实验过程中温度、压力等参数信号均由计算机数据采集系统实时采集和分析。

在水合物实验研究过程中，水合物的生成与分解检测是重要的环节。现代水合物低温高压实验室的总体特点是：可视化程度高、测试精度高、检测手段多。近年来，光学、声学、电学、磁共振等方法广泛应用于水合物生成和分解的探测，使沉积物中水合物的实验研究得到了长足的发展。目前，水合物生成、分解检测技术种类较多，各种检测技术分别具有不同的应用特点。

(1)传统方法：主要包括直接观察法和温度-压力监测法。直接观察法(只针对可视类反应釜)通过观察反应釜内物质形态变化判断水合物的生成与分解；温度-压力监测法是通过温度-压力变化(水合物生成放热、分解吸热)推断水合物的生成与分解。传统方法相对简单，不需要额外的实验仪器，可以很大程度降低实验成本，缺点是实验数据精确性较差。相关文献对传统方法的介绍已经很多，在此不再赘述。

(2)光学检测：光学检测主要应用水合物对光传播的影响来判断水合物的生成与分解。光通过率综合数值降低能够反映水合物的生成；相反，光通过率综合数值上升，表明水合物开始分解。另外，通过光学摄像也可以直接观测水合物的生成，利用当今先进的摄影、摄像系统，研究人员可以实时观察水合物的生成和分解过程，有助于对水合物生成、分解特性进行分析。同时，还可以将影像保存进行后续研究。然而，值得注意的是，光学检测要求反应物和反应釜必须是透光的，这一点决定了它在应用过程中的局限性。首先，反应釜必须是透明的或带有视孔(窗)，而耐高压蓝宝石是视孔(窗)的首选材料，因此在很大程度上增加了实验设备的成本；其次，科研人员在实际工作过程中为了模拟海底环境，往往需要在水、砂、甲烷等混合物中进行实验，因此反应基质的不透明性使得光学检测无法完成。

(3) 声学检测：根据实测的声学参数(如声速、衰减、频率)反演水合物岩心物性信息(如孔隙度、弹性模量、水合物饱和度)。声速、衰减与固相密度、液相密度、孔隙度、频率等相关，而固相密度、液相密度又与孔隙度有关。因此，对于给定频率的情况下，声速和衰减是孔隙度的函数[2]。岩心中水合物的相变过程可以看作孔隙度发生改变的过程，此时声速和衰减也随之变化，需要根据实验选取适当的参数。

(4) 电学检测：主要包括电阻法和电容法。电阻法检测的原理是通过测量参与反应介质导电性的变化来确定气体或水的减少量，从而判断水合物的生成情况。先进的电阻法检测手段使研究人员能够利用间接手段测出微量水合物的生成，使实验精度进一步提高。需要注意的是，电阻法针对溶于水后可以产生离子的气体检测较为准确，而对于甲烷等不溶气体可以考虑利用含有离子的水溶液进行实验，需要通过测量水消耗而引起的电阻减小量来判断水合物的生成。电容法检测水合物的生成与分解到目前为止还不完善，它的基本思想是利用水合物形成前后反应釜内介质介电常数差异很大这一特点，通过测量反应釜内的电容来判定水合物是否生成。

(5) 计算机断层扫描(CT)技术：甲烷气体、水、水合物、冰和骨架的密度具有差异，可以通过 CT 进行判别。不同物质的密度差异通过 CT 数表示，这是 CT 技术对水合物进行检测的基本原理。用 CT 数来反映样品密度信息：

$$H = 1000(\mu - \mu_{\mathrm{w}}) / \mu_{\mathrm{w}} \tag{2.1}$$

式中，H 为 CT 数；μ_{w} 为纯水的吸收系数；μ 为样品的吸收系数，与物质密度相关。

(6) 磁共振成像(MRI)技术：MRI 是实现非透光物体内部三维可视化测量的高新技术。该技术是针对医学研究发展起来的，在水合物研究领域的应用是一种新的尝试。基于水和水合物之间较大的氢质子响应差异，MRI 可以用来测试水合物和非水合物相的空间扩散及水合物形成和分解的速率。

上述各种水合物检测技术中，传统方法最简单、造价最低，但是远不能满足对水合物研究的高精度要求；光学检测虽然造价较低、性能较好，但是仅能针对可视类反应釜进行检测研究；声学与电学检测技术有很好的性价比，但缺点是不能够得到直观图像；CT 技术和 MRI 技术可以完成三维高精度的实验研究，但是设备价格比较高。

水合物相平衡测试方法和流程比较简单，通常认为体系内"最后一部分"水合物分解完成时，对应的温度和压力即为水合物相平衡条件，主要包含以下两种方法。

(1) 水合物检测法：通过直接观测水合物生成、分解过程来判断相平衡条件，常见的方法有光学、声学、电学、MRI、CT 等。这种方法需要保持温度或者压力中的一个参数不变，通过改变另外一个参数促使水合物分解，通过观测水合物分解的最高温度或者最低压力而确定水合物相平衡。差示扫描量热法也可以高精度测量水合物相平衡。

(2) P-T 图法：这是水合物相平衡测试最常用的方法，该方法适合所有类型的反应釜。通过改变温度、压力、体积三个参数中的两个，促使水合物生成和分解，然后得到水合物的 P-T 图线，图线上生成段和分解段的交点即相平衡点。其中最常用的是恒容法。本节所述相关实验内容主要利用此方法完成，主要步骤包括：①沉积物制备过程，将玻璃砂和蒸馏水交替加入反应釜，使介质紧密地填充在反应釜中；连接管路并抽真空。②充气加压过程，向反应釜内通入实验气体，并将压力控制在实验设计压力值；保持系统温度 24h，确定没有泄露且气体充分溶解。③降温生成过程，把反应釜冷却到实验设计温度，观察温度、压力的变化；实验过程中通过温度、压力变化判断水合物的生成与分解，认为温度出现明显升高并且压力急剧下降时，水合物开始生成，压力不再变化时水合物生成结束。④升温分解过程，保持一定时间后，开始缓慢升高温度，促使水合物分解。⑤在 P-T 图线上找到相平衡点。

图 2.1 为恒容法实验过程中典型的温度-压力相对曲线图，AB 段为降温过程，此时温度、压力变化关系遵守气体状态方程，温度降低到实验设计温度以后，伴随着水合物的形成，压力出现急剧下降，同时由于水合物的形成会引起反应釜内局部温度升高(BC 段)，随着气体的消耗及水合物生成速度的降低，温度、压力会缓慢降低并最终回到实验设定温度，这个过程引起 BC 段出现拐点。水合物生成完成并保持系统稳定一段时间，然后开始升温促使水合物分解，CD 段为升温过程，在升温过程中，达到某一温度后水合物开始分解，水合物的分解引起压力急剧升高，当压力不再急剧升高时，认为水合物分解完成，此时的温度压力状态为水合物的相平衡条件(D 点)。

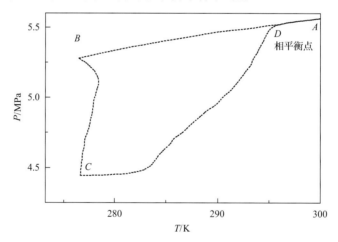

图 2.1　恒容法水合物相平衡测试温度-压力相对曲线

2.1.2　多孔介质影响

自然界中水合物通常赋存于沉积层内，多孔介质特性对水合物相平衡影响显著。天然的水合物样本十分珍贵，而玻璃砂颗粒大小比较均匀，有助于获得规律性的研究结果，因此玻璃砂被广泛用于海洋沉积层水合物的实验模拟研究。

本节在 4 种玻璃砂(BZ-01，粒径 0.105～0.125mm；BZ-02，粒径 0.177～0.250mm；BZ-04，粒径 0.350～0.500mm；BZ-06，粒径 0.500～0.710mm)中进行了纯水体系的水合物相平衡实验(实验气体为甲烷)，分析了孔隙尺寸对水合物相平衡的影响。通常而言，随着玻璃砂粒径的减小，水合物的相平衡曲线向低温、高压方向移动。也就是说在相同的压力条件下，水合物相平衡稳定温度降低，水合物的生成和稳定条件要求变高。引起上述变化的主要原因是毛细管表面张力的附加阻化效应导致水的活度降低，进而影响水合物相平衡[3, 4]。另外，从化学势的角度分析，小孔隙多孔介质的引入导致表面效应不能被忽略，通过分析 Gibbs 自由能的微分变化，可以得出体系相平衡时液相压力不同于气相压力，这个压力的差值会导致液相的化学势的变化，从而影响水合物相平衡。

　　图 2.2 为 4 种玻璃砂多孔介质中水合物相平衡曲线图。可以看出三种较大粒径玻璃砂中，水合物的相平衡曲线基本重合，并且和纯水中水合物相平衡曲线[5]十分接近。也就是说，这三种玻璃砂堆积成的多孔介质，对水合物相平衡没有显著影响。多孔介质中水合物的相平衡条件可以通过孔隙尺寸计算得到。相同压力条件下，水合物相平衡温度的降低程度随着孔隙尺寸的变小而增加。当孔隙尺寸很大的时候，相平衡温度的降低程度就变得很小。一般而言，当孔隙尺寸大于百纳米的时候，水合物相平衡温度的降低程度通常已经接近于热电偶的测量误差。由于气态甲烷和液态水之间的界面张力比水合物和水之间的界面张力大，孔隙中的水合物颗粒和连续水相接触，并且甲烷气体优先进入大孔隙多孔介质中，形成大体积气相。因此，在大孔隙多孔介质中，毛细作用引起的甲烷的化学势差可以被忽略，大孔隙尺寸多孔介质对水合物相平衡的影响可以忽略。

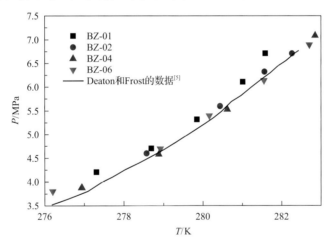

图 2.2　不同玻璃砂多孔介质内水合物相平衡曲线

2.1.3　盐度影响

　　海底沉积层内通常含有盐溶液，盐度对水合物相平衡影响显著[6]。在其他条件不变的情况下，盐度越高，水合物相平衡压力越大。因此，确定沉积物的实际盐度及其对水合物相平衡的影响非常重要。本节研究了含 NaCl 溶液的多孔介质中水合物相平衡条件，并同纯水体系下的进行对比。图 2.3 为两种玻璃砂(BZ-01、BZ-02)中不同盐度水平水合物的相平衡曲线。在同一粒径的玻璃砂条件下，NaCl 溶液促使相平衡曲线左移，并且随着 NaCl 溶液浓度增大移动程度加大。主要是盐类物质电离产生的离子在水溶液中产生离子效应，破坏电离平衡，改变了水合离子的平衡常数，降低溶液中水活度，进而降低水合物生成的温度，使得水合物稳定性降低、更容易分解。

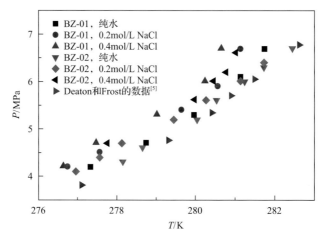

图 2.3 不同盐度、孔隙尺寸对水合物相平衡的影响

由于自然界沉积物孔隙水中，不同种类和浓度的盐类都会发生不同程度的电离，需要研究离子组分对水合物相平衡的影响规律。由于离子种类及浓度多样，可以用正交设计安排实验，减少实验次数。根据海洋沉积物孔隙水组成情况，本节选择了浓度较大的 4 种阳离子(Mg^{2+}、Na^+、K^+、Ca^{2+})和 6 种阴离子(F^-、Cl^-、Br^-、I^-、CO_3^{2-}、SO_4^{2-})，不同浓度的溶液分别由氯化物和钠盐配置得到。本节在恒定容积条件下，通过 *P-T* 图法测试得到了水合物相平衡，利用正交试验设计方法，研究了不同离子组成和浓度条件下水合物相平衡特性，并利用方差分析法对试验数据进行了分析。

1) 阳离子对水合物相平衡的影响

不同阳离子浓度的溶液配制见表 2.1，利用配制好的溶液进行水合物相平衡实验。实验过程中采用 4 因素 3 水平正交实验表，每种离子选择了 3 个水平，实验指标为相平衡温度。实验所设置压力条件是 5.6MPa，基于气体状态方程对冷却阶段压力变化计算结果表明[7]，在冷却阶段压力随温度变化率小于 0.02MPa/K，所以在相平衡温度范围内的最大压力差小于 0.02MPa，超过了传感器的灵敏度，可以认为实验中所有相平衡压力一致。

表 2.1 不同阳离子正交实验设计 $L_9(3^4)$ 和实验结果

实验编号	因素水平				$\Delta T/K$
	A：Na^+	B：Mg^{2+}	C：K^+	D：Ca^{2+}	
1	1(0mol/L)	1(0mol/L)	1(0mol/L)	1(0mol/L)	0
2	1	2(0.05mol/L)	2(0.1mol/L)	2(0.05mol/L)	0.6
3	1	3(0.1mol/L)	3(0.2mol/L)	3(0.1mol/L)	1
4	2(0.1mol/L)	1	2	3	0.6
5	2	2	3	1	0.8
6	2	3	1	2	0.9
7	3(0.2mol/L)	1	3	2	0.7
8	3	2	1	3	1
9	3	3	2	1	0.8

注：$\Delta T = T_0 - T$，T_0 为纯水条件下相平衡温度，T 为电解质存在时相平衡温度。

极差 R 的大小反映相应因素作用的大小，极差大的因素，意味着其不同水平给指标所造成的影响较大，且通常是主要因素。由此看来，若 $R_B > R_D > R_A > R_C$，则加入的 B 物质即 Mg^{2+} 是影响相平衡温度的主要因素。4 个因素的主次关系依次是 B、D、A、C，即 Mg^{2+}、Ca^{2+}、Na^+、K^+，如图 2.4 所示。

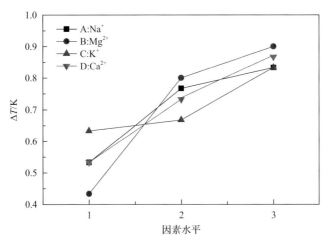

图 2.4 阳离子对水合物相平衡温度影响的趋势图

对不同因素水平的实验结果进行了方差分析，计算结果见表 2.2。因为因素 C 的偏差平方和最小，选择其作为误差项。由表 2.2 中的计算结果可知，由 Mg^{2+} 水平的变动所引起的偏差平方和 $S_B = 0.36$，占总偏差平方和的 48%。从显著性检验角度分析知，B 因素的方差比 $F_B = 5.26$，$F_{0.25}(2, 2) = 3 < F_B$，表明实验中 Mg^{2+} 水平的变动对实验结果有显著的影响。A、D 两个因素的方差比分别为 $F_A = 2.16$，$F_D = 2.45$，均小于 $F_{0.25}(2, 2) = 3$，表明 A、D 实验水平的变动对实验结果没有显著影响，也说明 A、D 不是实验中影响实验结果的主要因素。

表 2.2 阳离子正交实验的方差分析

方差来源	偏差平方和	自由度	均方	方差比
A	0.15	2.00	0.07	2.16
B	0.36	2.00	0.18	5.26
D	0.17	2.00	0.08	2.45
C(误差项)	0.07	2.00	0.03	1.00
合计	0.75	8.00		

2) 卤素阴离子对水合物相平衡的影响

海洋沉积物孔隙水中的阴离子主要包含 SO_4^{2-}、CO_3^{2-}、HCO_3^-、Cl^-、Br^-、I^-、F^- 等。对于这几种阴离子而言，如果放在一个正交实验中，会产生大量的实验次数和数据处理运算。由于 F^-、Cl^-、Br^-、I^- 均属于卤素离子(分别对应因素 A、B、C、D)，利用正交实验设计方法进行了对比实验，研究其对水合物相平衡的影响。

卤素离子对水合物相平衡影响正交实验同样采用 4 因素 3 水平正交表，离子浓度分别是 0、0.1mol/L、0.2mol/L。实验所设置压力条件是 8.0MPa，通过气体状态方程对冷却阶段压力变化计算表明，在冷却阶段压力随温度变化率小于 0.02MPa/K，所以在相平衡温度范围内的最大压力差小于 0.034MPa，可以认为实验中所有相平衡压力一致。

卤素离子对该实验压力条件下水合物相平衡温度的影响分析显示，最大极差是 0.067K，由于该值小于热电偶的分辨率，可以认为在该实验条件下，4 种卤素离子对水合物相平衡影响程度近似相等。在低浓度条件下，卤化钠的平均离子活度系数近似相等，因此各种卤素离子对水合物相平衡的影响相等。在电解质溶液系统中，通常利用离子活度系数代替盐度。为了比较不同因素和不同水平对指标的影响，同样对实验结果进行了方差分析。数据处理过程中忽略各种离子之间的相互作用。因为 B 因素(Cl^-)具有最小的离差平方和，所以选择其作为误差项。计算发现，因素 F^- 或 I^- 水平的变动所引起的偏差平方和 $S_A = S_D = 0.25$，占总偏差平方和的 28%。从显著性检验角度分析知，$F_A = F_D = 1.42$，又因为 $F_{0.25}(2, 2) = 3 > F_A = F_D$，可以认为试验中 F^- 或 I^- 因素水平的变动对实验结果没有显著的影响。C 因素的方差比为 $F_C = 1.3$，同样小于 $F_{0.25}(2, 2)$，表明 C 因素实验水平的变动对实验结果也没有显著影响，证实了卤素离子对水合物相平衡影响的一致性，也就是说它们对水合物相平衡条件的影响程度近似相等。可以用 Cl^- 离子浓度代替含量较少的卤素离子。

3）常规阴离子对水合物相平衡的影响

常规阴离子(SO_4^{2-}、CO_3^{2-}、Cl^-)浓度的溶液配制见表 2.3。将配制好的溶液逐一进行水合物相平衡点实验。水合物相平衡温度随阴离子浓度增加而降低，3 种阴离子浓度对水合物相平衡点影响均显著，$R_B > R_C > R_A > R_D$，即 SO_4^{2-} 是影响相平衡温度的主要因素，影响强度依次为 CO_3^{2-}、Cl^-。方差分析结果也显示 F_A、F_B、F_C 均大于 $F_{0.05}(2, 2) = 19$，也就是说 3 种阴离子对水合物相平衡的影响都显著。

表 2.3　常规阴离子正交实验设计 $L_9(3^4)$ 和实验结果

实验编号	因素水平				$\Delta T/K$
	A: CO_3^{2-}	B: SO_4^{2-}	C: Cl^-	D: 对照组	
1	1（0mol/L）	1（0mol/L）	1（0mol/L）	1	0
2	1	2（0.05mol/L）	2（0.1mol/L）	2	0.8
3	1	3（0.1mol/L）	3（0.2mol/L）	3	1.6
4	2（0.05mol/L）	1	2	3	0.8
5	2	2	3	1	1.7
6	2	3	1	2	1.2
7	3（0.1mol/L）	1	3	2	1.2
8	3	2	1	3	1.1
9	3	3	2	1	1.5

注：$\Delta T = T_0 - T$，T_0 为纯水条件下相平衡温度，T 为电解质存在时相平衡温度。

2.1.4　气体组分影响

为了考察气体组分对水合物相平衡的影响，采用质量称量法配制甲烷、乙烷和丙烷的混合气。具体配制过程如下：取预先准备好的气罐用高纯氮气扫气，然后抽真空，连接管路后先通入一定质量的丙烷气体，待天平读数稳定后，依据设定的比例向气瓶中通入乙烷，再用同样方法通入甲烷。用此方法配制混合气可不考虑气体压力变化对温度变化造成的影响。气体配制完成后，通过气相色谱仪对配制气体进行实验分析，分析结果见表 2.4，此方法配制的混合气体组分与设计组分一致性较好。

表 2.4　气体组分　　　　　　　　　　　　（单位：%）

气体编号	气相色谱仪数据			实验室配制数据		
	甲烷含量	乙烷含量	丙烷含量	甲烷含量	乙烷含量	丙烷含量
1	87.20	5.00	7.79	86.75	5.97	7.28
2	89.88	5.06	5.06	90.11	4.56	5.32
3	93.95	3.06	3.00	93.70	3.36	2.94
4	94.99	1.85	3.15	94.81	2.36	2.83
5	95.50	1.60	2.89	95.85	2.07	2.07
6	99.99	—	—	—	—	—

注：由于四舍五入，甲烷含量、乙烷含量、丙烷含量之和可能存在 0.1% 的误差。

不同组分水合物的相平衡实验测试曲线如图 2.5 所示。随着甲烷含量的降低，水合物相平衡曲线向低压和高温方向移动。图中纯甲烷水合物的相平衡曲线(6 号气体)距离其他曲线很远，说明乙烷或(和)丙烷对水合物相平衡影响很大。也就是说，少量大分子烃会使水合物的相平衡条件发生明显改变。随着甲烷浓度的减少，水合物相平衡曲线的右移程度加强，水合物稳定存在的条件越来越温和。水合物相平衡曲线的偏移程度与甲烷含量不是线性关系。

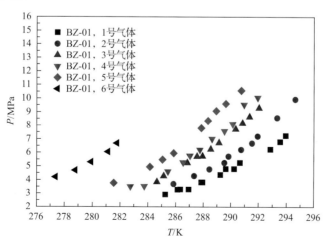

图 2.5　不同气体组分相平衡曲线

图 2.5 中 3 号和 4 号气体的水合物相平衡曲线很接近，对比 5 号气体可以发现，3 种气体的甲烷质量分数不相同，也就是说甲烷并不是引起两条曲线距离很近的原因；从乙烷含量来看，4 号和 5 号气体的乙烷含量接近，但是相平衡曲线存在差异，乙烷也不是影响水合物相平衡的主要因素；3 号和 4 号气体相平衡曲线接近的原因是两种气体丙烷含量近似相等。丙烷等大分子的出现会导致水合物相平衡发生明显变化。其原因是丙烷的出现使水合物结构类型发生改变，由 I 型转化成 II 型水合物。

2.2　天然气水合物相平衡热力学模型

水合物相平衡热力学预测模型是实验研究的重要补充。现有水合物相平衡的预测方法主要是利用统计热力学理论进行水合物相平衡预测，其中最著名的是 van der Waals 和 Platteeuw 基于 Langmuir 吸附机理提出的水合物热力学预测模型(称为 vdW-P 模型)，以及我国水合物研究先驱郭天民和陈光进提出的 Chen-Guo 模型。后期水合物相平衡预测模型多是对上述两个模型的改进和优化。本节在 vdW-P 模型基础上进行改进，实现真实海底沉积物环境下水合物相平衡预测。

2.2.1　经典热力学模型

经过近半个世纪的发展，水合物相平衡预测已经能够在一定程度上满足研究的需要。现存的大多数水合物理论预测模型都是在 vdW-P 模型基础上发展起来的[4, 8, 9]，此外 Chen-Guo 模型不同于 vdW-P 模型[10, 11]，本节将重点介绍这两个经典模型。

1) vdW-P 模型

初始模型基于以下假设：

(1) 每个空穴最多只能容纳一个气体分子；

(2) 空穴被认为是球形的，气体分子和晶格上水分子间的相互作用可用分子间势能函数来描述；

(3) 气体分子在空穴内可自由旋转；

(4) 不同空穴的气体分子间没有相互作用，气体分子只与最邻近的水分子之间存在相互作用；

(5) 水分子对水合物自由能的贡献与其所包容的气体分子的大小及种类无关(气体分子不能使水合物晶格变形)。

该模型预测水合物相平衡简要步骤如下[4]。

(1) 假设水合物中水的化学势 μ_{h} 等于纯水中水的化学势 μ_{w}，假定 μ_{β} 为空晶格中水的化学势；令 $\Delta\mu_{\mathrm{w}}=\mu_{\beta}-\mu_{\mathrm{w}}$，$\Delta\mu_{\mathrm{h}}=\mu_{\beta}-\mu_{\mathrm{h}}$，则 $\Delta\mu_{\mathrm{w}}=\Delta\mu_{\mathrm{h}}$，即

$$\frac{\Delta\mu_{\mathrm{h}}}{RT}=\frac{\Delta\mu_{\mathrm{w}}}{RT} \tag{2.2}$$

(2)利用 van der Waals 统计热力学模型，计算水合物相中水的化学势：

$$\frac{\Delta\mu_h}{RT} = -\sum_i \eta_i \ln(1-Y_i) \tag{2.3}$$

式中，η_i 为水合物晶格中 i 类型笼子的数目；Y_i 为 i 类型笼子被客体分子占有的概率；T 为温度。

(3)计算空晶格和纯水状态下水的化学势差[12]：

$$\frac{\Delta\mu_w}{RT_f} = \frac{\Delta\mu_w^0}{RT_0} - \int_{T_0}^{T_f}\frac{\Delta H_w}{RT^2}dT + \int_0^{P_f}\frac{\Delta V_w}{RT_f}dP - \ln(\gamma_w X_w) \tag{2.4}$$

式中，$\Delta\mu_w^0$ 为参考态的化学势差；ΔV_w 为空水合物晶格与液态水间的体积差；P 为压力；T_0 为参考态温度(273.5K，0MPa)；R 为气体常数；T_f、P_f 分别为水合物形成的温度和压力。方程右侧第二项是温度决定项，第三项是压力决定项，第四项是对客体分子溶解在纯水中引起的化学势修正。

(4)将式(2.3)、式(2.4)代入式(2.2)，得

$$\frac{\Delta\mu_w^0}{RT_0} - \int_{T_0}^{T_f}\frac{\Delta H_w}{RT^2}dT + \int_0^{P_f}\frac{\Delta V_w}{RT_f}dP - \ln(\gamma_w X_w) + \sum_i \eta_i \ln(1-Y_i) = 0 \tag{2.5}$$

式中，$\Delta H_w = \Delta H_w^0 + \int_{T_0}^{T_f}\Delta C_P(T)dT$，$\Delta H_w^0$ 为在参考态温度下空水合物晶格和纯水相的焓差，温度依赖的热容差由式 $\Delta C_P(T) = \Delta C_P^0 + b(T-T_0)$ 计算，ΔC_P^0 为参考状态热容差，b 为常数；γ_w 为水的活度系数；X_w 为水的摩尔分数：

$$X_w = 1 - X_g = 1 - \frac{f}{h_w \exp\left(\frac{PV}{RT}\right)} \tag{2.6}$$

其中，Henry 常数 h_w 由 $\ln h_w = -\left(\frac{h_w^{(0)}}{R} + \frac{h_w^{(1)}}{RT} + \frac{h_w^{(2)}\ln T}{R} + \frac{h_w^{(3)}T}{R}\right)$ 得到；X_g 为气体的摩尔分数。甲烷和乙烷在水中的溶解度可以忽略，但二氧化碳的溶解度不能够忽略。

客体分子占有率可通过水合物客体分子在气态下的逸度(f)和 Langmuir 吸附常数(C)得到

$$Y_i = \frac{Cf}{1+Cf} \tag{2.7}$$

式(2.5)、式(2.6)、式(2.7)联立即可求解 P_f[13]。

2)Chen-Guo 模型

Chen-Guo 模型包含了两步水合物形成机理[14]：第一步，可计量的基础水合物通过准

化学反应形成。第二步，气体分子被吸附到基础水合物连接形成的空连接笼子中，导致了水合物的非化学计量性[11]。

在第一步中，假设溶解在水中的气体分子形成不安定簇，每个客体分子周围有若干水分子，这些不安定分子簇依次互相连接形成基础水合物，基础笼子全部被气体分子占据，所有的连接得到的笼子全部是空的。这个过程可以通过下面的化学反应来描述：

$$H_2O + \lambda_2 G \longrightarrow G\lambda_2 \cdot H_2O \tag{2.8}$$

式中，G 为气体的种类；λ_2 为基础水合物中每个水分子对应的客体分子数。在这个过程中，空笼子被包围在基础水合物中。

在第二步中，溶解在水中的小尺寸气体分子开始移动进入连接笼子中，导致水合物的非化学计量性。大分子客体分子不能够连接形成笼子，因此最终得到的水合物就是第一阶段得到的可计量的水合物。根据水合物形成的两步过程机理，在系统平衡时应该存在两种平衡：第一阶段的准化学平衡和第二阶段的物理吸附平衡。

Chen-Guo 模型考虑了 Langmuir 常数和逸度这两个重要参数，Langmuir 常数通过 Kihara 势函数计算得到

$$C_{ij} = \frac{4\pi}{kT} \int_0^R \left(-\frac{W(r)}{kT} \right) r^2 \mathrm{d}r \tag{2.9}$$

式中，k 为玻尔兹曼常数；$W(r)$ 为水合物晶格空穴中客体分子与构成空穴的水分子间位能[15]：

$$W(r) = 2Z\varepsilon \left[\frac{\sigma^{12}}{(R^c)^{11} r} \left(\sigma^{10} + \frac{a}{R^c} \sigma^{11} \right) - \frac{\sigma^6}{(R^c)^5 r} \left(\sigma^4 + \frac{a}{R^c} \sigma^5 \right) \right] \tag{2.10}$$

$$\sigma^N = \left[\left(1 - \frac{r+a}{R^c} \right)^{-N} - \left(1 + \frac{r+a}{R^c} \right)^{-N} \right] \Big/ N \tag{2.11}$$

其中，Z 为晶格中组成每个空穴的水分子数；a、σ、ε 为 Kihara 分子势能的主要参数，见表 2.5；R^c 为空穴半径；N 为指数，分别取值 4、5、10、11；C_{ij} 为 j 型空腔中组分 i 的 Langmuir 常数；r 为客体分子半径。

表 2.5 部分物质的 Kihara 势能参数[16-18]

组分	a/Å	σ/Å	$\dfrac{\varepsilon}{k}$/K
甲烷	0.3834	3.1650	154.54
乙烷	0.6760	3.1383	190.80
丙烷	0.8340	3.1440	194.55
二氧化碳	0.1730	2.9605	170.97

实际应用过程中，Langmuir 常数可以简化计算[19,20]：

$$C_{ij} = \frac{A_i}{T} \exp\left(\frac{B_i}{T}\right) \tag{2.12}$$

式中，A_i、B_i 是由实验确定的，并且和客体分子有关(参数见表 2.6)。

表 2.6　Langmuir 常数计算参数(260～300K)[19, 20]　　(单位：K)

气体	空穴类型	小笼子		大笼子	
		$A_i / 10^3$	$B_i / 10^{-3}$	$A_i / 10^3$	$B_i / 10^{-3}$
甲烷		3.2370	2.7088	1.8372	2.7379
乙烷	I 型	0	0	0.6906	3.6316
丙烷		0	0	0	0
二氧化碳		1.1978	2.8605	0.8507	3.2779
甲烷		2.9560	2.6951	7.6068	2.2027
乙烷	II 型	0	0	4.0818	3.0384
丙烷		0	0	1.2353	4.4061
二氧化碳		0.9091	2.6954	4.8262	2.5718

逸度通过各类气体状态方程可以计算得到

$$\ln\left(\frac{f}{P}\right) = \ln\left(\frac{v}{v-b}\right) + \frac{a'}{T^{1/2}bRT}\ln\frac{v}{v+b} + z - 1 - \ln z \tag{2.13}$$

式中，压缩因子 $z = Pv/(RT)$，采用 R-K 方程[20]计算摩尔体积 v：

$$P = \frac{RT}{v-b} - \frac{a'}{T^{0.5}v(v+b)} \tag{2.14}$$

式中，$a' = 0.42748R^2T_c^{2.5}/P_c$；$b = 0.08664RT_c/P_c$，其中，$T_c$ 为临界温度，P_c 为临界压力。

2.2.2　多孔介质体系模型

沉积物孔隙尺寸、表面质地、矿物组分都可能影响气体水合物相平衡，通常认为表面质地和矿物组分对水合物相平衡影响很小，因此水合物相平衡预测模型主要考虑孔隙尺寸的影响。多孔介质具有比表面积大的特征，界面现象突出，常表现为很强的界面张力和毛细管凝聚作用等现象，使得多孔介质中水合物的形成与自由平面上水合物的形成差别较大，影响水合物的分布特征和形成规律。Henry 模型是一种多孔介质中水合物相平衡预测方法[21]，主要步骤如下：

1) 毛细作用对气相的影响

在多孔介质中，气-水界面是一个曲线形状，凹入气体一侧引起气体压力升高。气体压力升高可以用 Young-Laplace 方程计算。气体和液体之间的压力差就是被圆柱孔隙交叉区域分开的圆柱中液体的质量：

$$P_g = P + 2\cos\theta\sigma_{gw} / r \tag{2.15}$$

式中，r 为孔隙半径；θ 为润湿角；σ_{gw} 为比表面能。设 σ_{gs} 和 σ_{ls} 为气-固相态之间和液-固相态之间的表面张力。表面处张力的机械平衡：

$$\sigma_{gs} - \sigma_{ls} = \cos\theta\sigma_{gw} \tag{2.16}$$

固-气表面面积增加 dS 时，自由能的变化为

$$dG = (\sigma_{gs} - \sigma_{ls})dS = \cos\theta\sigma_{gw}dS \tag{2.17}$$

2) 毛细作用对水合物相的影响

假设水合物-水界面的表面张力 σ_{hw} 和它的位置无关，水合物是不可压缩的，并且忽略了可能出现的剪切力和拉力引起的自由能相。这些假设在描述孔隙中冰的生长时有效，考虑冰和水合物的结构相似性，可认为这些假设在水合物存在时仍有效。液相中水的化学势（μ_L）是固定的，和孔隙尺寸无关。

式 (2.17) 被应用到单位摩尔水的情况，可以得到 Gibbs-Thomson 方程：

$$\mu_\beta - \mu_l = (\mu_\beta - \mu_l)_{bulk} + V_\beta \frac{2\cos\theta\sigma_{hw}}{r} \tag{2.18}$$

式中，V_β 为水合物晶格中水的摩尔体积；$\mu_\beta - \mu_l$ 为大体积相中水合物与水的化学势差。

如果水合物和矿物表面存在一层非凝结水，则水合物被看作完全非润湿的（$\cos\theta = 1$）。实验研究表明，水合物在小孔隙中的热力学性质的变化和冰一致。水合物-水界面的表面张力被假设等于冰-水界面的表面张力 $\sigma_{hw} = \sigma_{iw} = 0.027 J/m^2$。自由能修正可以被应用到液体中，得

$$\mu_\beta - \mu_l = (\mu_\beta - \mu_l)_{bulk} + V_l \frac{2\cos\theta\sigma_{hw}}{r} \tag{2.19}$$

式中，V_l 为液相中水的摩尔体积。

将 Gibbs-Duhem 方程应用于水合物，可以得到空水合物笼子和静态水的定量的自由能差值：

$$\mu_\beta - \mu_l = (\mu_\beta - \mu_l)P_{hydr} + V_\beta(P_i - P_{hydr}) \tag{2.20}$$

式中，P_{hydr} 为水合物的压力。

如果定义一个孔隙半径 r，结合式 (2.18)、式 (2.20) 可以得到

$$P_i = P_{hydr} + 2\cos\theta\sigma_{hw} / r \tag{2.21}$$

式中，P_i 为毛细管压力。

假设实验过程中是孔隙中形成水合物[4]，并且平衡条件下不含溶解有气体的孔隙水。

因此空水合物笼子和纯水之间化学势差发生改变：

$$(\Delta \mu_w)_{pore} = (\Delta \mu_w)_{bulk} + V_1 \frac{2\cos(\theta)\sigma_{hw}}{r} \tag{2.22}$$

上述方程与水合物热力学基本方程联立得

$$\frac{\Delta \mu_w^0}{RT_0} - \int_{T_0}^{T_f} \frac{\Delta H_w}{RT^2} dT + \int_0^{P_f} \frac{\Delta V_w}{RT_f} dP - \ln(\gamma_w X_w) + \sum_i \ln(1-Y_i) + V_1 \frac{2\cos\theta\sigma_{hw}}{rRT_f} = 0 \tag{2.23}$$

式(2.23)可用于求解多孔介质中水合物相平衡。在式(2.23)的应用过程中，需要注意限制的几何尺寸对冰点的影响。

将孔隙影响转移到活度相上，也可以构建多孔介质中水合物相平衡预测模型[3]。当水合物在自由水中形成时，可以忽略表面效应对平衡条件的影响。但是当水合物在小孔中形成时，就不能够忽略表面效应对相平衡条件的影响。

当表面效应不被忽略时，Gibbs 自由能的微分变为

$$dG = -SdT + VdP + \sigma' dA_s + \sum_i \mu_i dn_i \tag{2.24}$$

式中，σ' 为单位面积表面能(比表面能)或者叫表面张力，且 $\sigma' = (dG/dA_s)_{T,P,n_i}$；$\mu_i$ 为组分 i 的化学势；n_i 为组分 i 的摩尔数。式(2.24)的主要含义是在平衡时液相压力不同于气相压力。在毛细系统中，包含曲线表面曲率中心的界面一侧的压力比较高。在半月形曲面上每一个点的曲率都应该和方程 $\Delta P = \Delta \rho gy$ 保持一致，y 为平坦液体表面距离曲面的距离。半径 r 的孔隙中的流体，孔隙壁和半月形之间的夹角是润湿角 θ。

假设交叉区域的孔隙是圆形的，半月形的曲率微分方程变为[3]

$$\Delta \rho gh = \sigma \left[\frac{y''}{(1+y')^{3/2}} + \frac{y'}{x(1+y'^2)^{1/2}} \right] \tag{2.25}$$

毛细柱中液体的总质量通过式(2.25)可以获得。气体和液体之间的压力差，就是被圆柱孔隙交叉区域分开的圆柱中液体的质量：

$$\Delta P = P_g - P_1 = \frac{2\sigma}{r} \cos\theta \tag{2.26}$$

水的活度可以写成

$$\ln a_w = \ln\left(\frac{f_w}{f_w^0}\right) = \frac{v_1}{RT}(P_1 - P_g) \tag{2.27}$$

$$\ln a_w = -\frac{2\sigma v_1}{rRT} \cos\theta \tag{2.28}$$

式中，P_g 为气体压力；P_l 为液体压力；f_w 为水的逸度；f_w^0 为标准态下水的逸度；a_w 为水的活度；v_l 为水的体积分数。

在多孔介质中液体一侧的压力 P_l 是上限压力，选取连续气相中的压力用于估计水合物相中水合物客体分子逸度，多孔介质中水合物相平衡方程可以表述为

$$\frac{\Delta \mu_w^0}{RT_0} - \int_{T_0}^{T_f} \frac{\Delta H_w}{RT^2} \, dT + \int_0^{P_f} \frac{\Delta V_w}{RT_f} \, dP + \sum_i \ln(1 - Y_i) = \frac{-2\sigma v_l}{rRT_f} \cos\theta \tag{2.29}$$

因此确定多孔介质中水合物相平衡初始条件的额外参数是平均孔隙尺寸、比表面能和润湿角。

2.2.3 含盐多孔介质体系模型

自然状态水合物分布在海底沉积物中，孔隙水具有一定盐度，但是针对自然条件下的含盐多孔介质内水合物相平衡的研究很少，本节对该体系水合物相平衡热力学模型进行了推导，获得了适合海底条件的水合物相平衡计算模型[13, 22]。

1) 模型推导

将 Henry 多孔介质模型和 Pitzer 电解质溶液理论结合到 vdW-P 模型中，模拟水合物的相平衡，步骤如下：

(1) 利用 vdW-P 模型计算水合物相中水的化学势；

(2) 计算空晶格和纯水状态下水的化学势差方程[23]；

(3) 将孔隙尺寸和电解质对水合物相平衡的影响转移到液态水活度上，进而转移到各相中水的化学势中。

根据固体溶液模型，水合物的相平衡温度和水的活度有密切关系[24]：

$$\mu_{pore} - \mu_{\infty} = kT \ln\left(\frac{a_{pore}}{a_{\infty}}\right) \tag{2.30}$$

式中，a_{pore} 和 a_{∞} 分别为孔隙中和大体积纯水溶液中的水活度，忽略气体溶解时 $a_{\infty} = 1$；μ_{pore} 为孔隙中纯水溶液的化学势；μ_{∞} 为大体积水溶液的化学势。

式 (2.19) 与式 (2.30) 比较可得

$$kT \ln\left(\frac{a_{pore}}{a_{\infty}}\right) = -V_l \frac{2\cos\theta \sigma_{hw}}{r} \tag{2.31}$$

根据活度的定义，可以得到孔隙水的水活度：

$$\ln a_{pore} = \ln\left(\frac{f_w}{f_w^0}\right) \tag{2.32}$$

当孔隙水中含有电解质时，式 (2.32) 中水的逸度 f_w 应该变为 f_{sw}，其定义为

$$f_{sw} = a_{sw} f_w \tag{2.33}$$

式中，a_{sw} 为大体积电解质溶液中的水活度。含电解质沉积物孔隙水活度可以表示为[25]

$$\ln a_{pores} = \ln\left(\frac{f_{sw}}{f_w^0}\right) = \ln\left(\frac{a_{sw} f_w}{f_w^0}\right) = \ln a_{sw} + \ln a_{pore} \tag{2.34}$$

联合式 (2.30) 可得

$$\mu_{pore} - \mu_\infty = kT \ln\left(\frac{a_{pores}}{a_\infty}\right) = kT(\ln a_{sw} + \ln a_{pore}) = kT \ln a_{sw} - V_1 \frac{2\cos\theta\sigma_{hw}}{r} \tag{2.35}$$

进一步将式 (2.5)、式 (2.12)、式 (2.35) 联立得到含盐多孔介质中水合物相平衡预测方程：

$$\frac{\Delta\mu_w^0}{RT_0} - \int_{T_0}^{T_f} \frac{\Delta H_w}{RT^2} dT + \int_0^{P_f} \frac{\Delta V_w}{RT_f} dP - \ln(\gamma_w X_w) + \sum_i \eta_i \ln(1 - Y_i) - \ln a_{sw} + V_1 \frac{2\cos\theta\sigma_{hw}}{r} = 0 \tag{2.36}$$

如果生成水合物的气体为甲烷、乙烷，则式 (2.36) 中的第 4 项可以忽略。如果水合物生产气体为二氧化碳，则此项不能忽略。

2）模型主要参数计算

溶液中存在单一电解质时，表面张力可以表示为[26, 27]

$$\sigma_s = \sigma + \frac{m^B v' RT}{55.51 F_w}(\phi^B - g\phi^S) \tag{2.37}$$

式中，m^B 为液相侧电解质质量摩尔浓度；ϕ^B 为液相侧的渗透系数；v' 为电解质正负离子化学计量系数之和，ϕ^S 为界面相的渗透系数；g 为界面系数[27]，$g = m^S / m^B$（m^S 为固相侧电解质质量摩尔浓度）；F_w 为纯水中水的摩尔界面面积，$F_w = (V_w)^{2/3}(N_A)^{1/3}$，其中，$V_w$ 为纯水的摩尔体积，N_A 为阿伏伽德罗常数。

水合物-液相的表面张力对水合物相平衡模型影响显著[28]，精确的取值是提高水合物相平衡预测精度的关键。不同文献中取值有所不同[29]，通常取为冰-水表面张力（0.027J/m²）。本节分析了电解质和温度对此参数的影响，并将其应用到含盐多孔介质中水合物的相平衡预测。

固-液-气三相平衡系统中三相界面间的机械力平衡条件如下[30]：

$$\sigma_{gs} - \sigma_{ws} = \cos\theta\sigma_{gw} \tag{2.38}$$

式中，σ_{gs}、σ_{ws}、σ_{gw} 分别为气-固、液-固、气-液的表面张力。

多数学者认为水合物在水中的形成和冰在水中的形成类似，同时冰和水合物的性质有很大的相似之处[29]，因此水合物-液体-气体(H-W-V)三相平衡系统中满足：

$$\sigma_{gh} - \sigma_{wh} = \cos\theta\sigma_{gw} \tag{2.39}$$

式中，σ_{gh}、σ_{wh}、σ_{gw}分别为气-水合物、液-水合物、气-液相的表面张力。

由于电解质的存在会对σ_{gw}产生影响[25]，在 H-W-V 水合物三相平衡条件下，H、V相中都没有电解质出现，σ_{gh}不受电解质的影响。根据式(2.39)可知，σ_{wh}会因为电解质的出现而改变。

假设水合物-液相界面全部润湿，即$\cos\theta = 1$。根据 298K 时σ_{wh}、σ_{gw}的值分别为 0.027J/m^2 和 0.0727J/m^2，可以计算σ_{gh}的值为 0.0457J/m^2。在电解质存在条件下，水合物-液表面张力的计算公式为

$$\sigma_{lhs} = \sigma_{lh} + \frac{m^B \nu RT}{55.51 F_w}(\phi^B - g\phi^S) \tag{2.40}$$

计算过程中判据为$\mu_w^H - \mu_w^L < 10^{-4}$。该模型可以用于纯水水合物和多孔介质中水合物的相平衡条件模拟计算。

3) 海洋水合物相平衡模型验证

将含盐多孔介质中水合物相平衡模型计算结果同纯水体系、多孔介质、电解质溶液和含电解质溶液多孔介质 4 种体系的实验数据进行对比。

图 2.6 为纯水条件下，不同模型对水合物相平衡条件的预测结果和实验数据对比图。图中 Deaton 和 Frost 实验数据[5]涵盖的温度压力范围广，实验结果受到同行研究人员的认可。Chen-Guo 模型、vdW-P 模型、本书的改进模型在 2.5～4.5MPa 压力范围预测结果基本相同，同实验数据一致性较好。压力大于 4.5MPa 条件下，Chen-Guo 模型预测结果优于其他两个模型，本书的改进模型未体现出优越性。

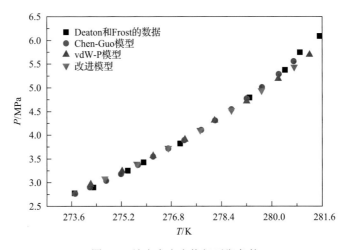

图 2.6　纯水中水合物相平衡条件

利用本书改进模型预测不同孔径沉积物内水合物相平衡，并同实验数据进行比较，如图 2.7 所示[31]。30nm 和 100nm 平均有效孔隙直径下，水合物相平衡曲线实验值与预测结果一致性较好，验证了模型可靠性。BZ-01 和 BZ-02 砂中水合物相平衡数据也同样显示，随着当量孔隙直径的降低，水合物相平衡曲线左移，并且预测结果和实验结果一致性良好。图 2.8 为 10~1000nm 当量孔隙半径的改进模型的预测值。在多孔介质中，水合物的相平衡压力的增加值与孔径的减小有关，相同温度下，孔径越小，相平衡压力越大[32]。在几纳米微小的孔隙中[33]，由于受毛细管压力的作用，气、水、水合物相界面均存在较大的界面张力，从而对相间的传热传质过程产生影响，使水合物的生成更加困难，生成条件更加苛刻。反映在相平衡曲线上，表现为相平衡温度降低、相平衡压力升高。随着多孔介质孔隙半径的增大，毛细管力的作用越来越弱，水合物相平衡曲线也与纯水中的越来越近。当毛细管半径大于百纳米时，其相平衡曲线与纯水中的相平衡曲线已经非常接近。毛细管力对水合物相平衡的影响可以忽略，实验测得的相平衡曲线与纯水中的一致，与图中模型预测结果一致。

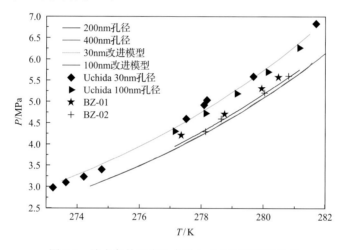

图 2.7　纯水条件下多孔介质内水合物相平衡条件

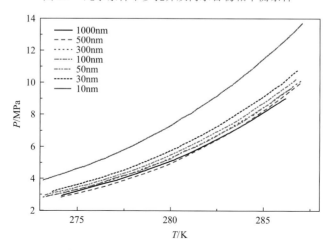

图 2.8　纯水条件下多孔介质孔隙尺寸对水合物相平衡条件的影响

图 2.9 是不同 NaCl 浓度对水合物相平衡影响的预测结果。从图中可以看出，NaCl 的加入导致水合物相平衡曲线左移，随着 NaCl 浓度的增加移动幅度增加。图中显示在 0.517mol/L 和 3.322mol/L NaCl 溶液中预测结果很好；2.189mol/L NaCl 溶液中预测结果有所偏离，此偏差可能为实验数据误差引起，并不能说明该模型预测结果不好。

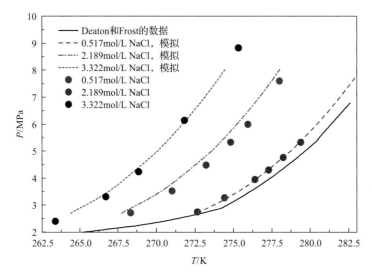

图 2.9　不同 NaCl 浓度对水合物相平衡条件的影响

利用改进模型对含 NaCl 溶液的玻璃砂中水合物相平衡进行预测，结果显示，在 0.2mol/L NaCl 溶液存在条件下水合物相平衡预测结果与实验结果一致性良好，如图 2.10 所示。

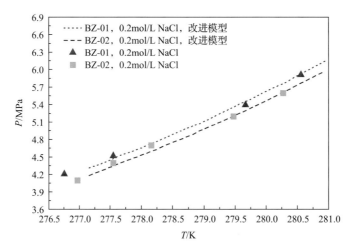

图 2.10　含盐多孔介质内水合物相平衡实验与预测

由于盐类分子不能进入水合物晶核结构，它们不能够改变水合物相中水的化学势。但是液相中电解质的存在，会引起液态水的活度和甲烷活度的改变，进而影响水合物的 H-W-V 三相平衡和 H-W 二相平衡[34]。根据 Nasrifar 等的研究结果[35]，当电解质出现时，水合物相平衡温度的降低程度通过下面公式估算：

$$\ln a_{\mathrm{w}} = -\frac{\Delta H}{nR}\left(\frac{1}{T} - \frac{1}{T_{\mathrm{eq}}}\right) \tag{2.41}$$

式中，a_{w} 为水活度；ΔH 为水合物的生成焓；T_{eq} 为不含电解质时水合物的相平衡温度；T 为电解质存在时水合物的相平衡温度。

为了验证改进模型的有效性，对计算结果进行了误差分析。温度和压力的平均相对误差计算公式分别为

$$\mathrm{AADT}(\%) = \left(\frac{1}{N_{\mathrm{p}}}\right)\sum_{j=1}^{N_{\mathrm{p}}}\left(\frac{T_{\mathrm{cal}} - T_{\mathrm{exp}}}{T_{\mathrm{exp}}}\right)_j \times 100 \tag{2.42}$$

$$\mathrm{AADP}(\%) = \left(\frac{1}{N_{\mathrm{p}}}\right)\sum_{j=1}^{N_{\mathrm{p}}}\left(\frac{P_{\mathrm{cal}} - P_{\mathrm{exp}}}{P_{\mathrm{exp}}}\right)_j \times 100 \tag{2.43}$$

式中，N_{p} 为数据点数；T_{cal} 为计算温度；T_{exp} 为实验温度；P_{cal} 为计算压力；P_{exp} 为实验压力。平均相对误差的分析结果显示，水合物相平衡计算的平均相对误差较小，在 BZ-02 中最大 AADP 为 2.24%，最大 AADT 为 0.08%。

2.3　基于机器学习算法的预测模型

自然界中水合物客体分子组成具有多样性，常含有氮气、二氧化碳、乙烷等分子；同时，水合物藏所处的沉积层环境复杂，且含有多种盐类成分，实验测试和传统热力学模型无法获得全工况下水合物相平衡的数据。随着计算机技术的发展，人工智能算法成为热点。机器学习是实现人工智能的主要方法之一，通过对数据进行学习得到数据中潜在的规律，可以用来对复杂数据体系进行建模。本节主要介绍基于神经网络算法和梯度提升回归算法的水合物相平衡数据预测模型，讨论了模型的泛化性和准确度差异，对复杂体系水合物相平衡研究具有重要意义。

2.3.1　机器学习算法介绍

机器学习算法主要有神经网络算法、梯度提升回归树、支持向量机等，其中神经网络算法和支持向量机已被应用于水合物相平衡预测[36, 37]。

1) 神经网络算法

神经网络模型类似于模拟生物神经元的行为，通过对大量数据进行学习，获得对新任务预测的能力。具体来说，将多组由输入数据和相应输出数据组成的训练数据集输入神经网络模型中，经过多次训练迭代之后，神经网络模型获得了数据中的潜在规律，并创建了一个内部模型，用于对新输入的数据进行预测。通过神经元的相互连接计算，不

需要给出显式的数学或物理关系，模型预测准确性受到神经网络结构的影响。目前，神经网络已经被应用在预测水合物相平衡领域，大量研究证明了单隐藏层的神经网络模型在预测水合物相平衡方面表现出色。如果使用更多隐藏层，神经网络模型可以用于更复杂环境下的水合物相平衡预测。

多隐藏层神经网络算法能够预测含有多种有机物及多种盐类复杂体系的水合物相平衡。典型的神经网络算法如图 2.11 所示，$X29$ 输入特征经过标准化后输入输入层中，每个隐藏层中含有多个计算神经元，与相邻隐藏层中的计算神经元相连，通过式 (2.44)、式 (2.45) 将上一层的各神经元的输出加权求和，经过激活函数计算处理后，向下一层输出，最后通过式 (2.46) 将最后一层隐藏层的计算神经元的输出加权求和输出预测结果。迭代计算过程通过反向传播实现[38]：

$$x_{k_0,i} = \sum_{j=1}^{N_{k_0-1}} [(w_{k_0-1,j,i}z_{k_0-1,j}) + b_{0k_0,i}] \tag{2.44}$$

$$z_{k_0,i} = 1/(1 + e^{-x_{k_0,i}}) \tag{2.45}$$

$$P = \sum_{i=1}^{N_a} w_{3,1,i}z_{3,i} \tag{2.46}$$

式中，k_0 为隐藏层的数量；$x_{k_0,i}$ 为 k_0 层隐藏层中第 i 个神经元的值；N_{k_0} 为 k_0 层隐藏层中神经元的数量；w 为两层中的权重矩阵；z 为神经元经过激活函数处理过的数值；b_0 为偏差；P 为预测压力。

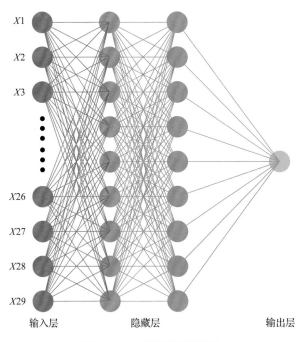

图 2.11 典型神经网络算法

2)梯度提升回归树

梯度提升回归树算法是一种广泛应用于回归预测的算法，通过使用梯度提升算法改善了回归树的性能。回归树通过数据特征到数据目标值的映射，划分数据特征，树中每个叶节点表示对当前数据特征的数据目标值的预测，如图 2.12 所示。

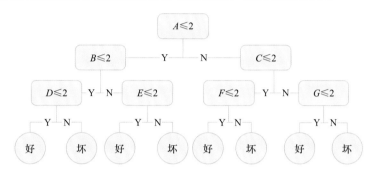

图 2.12　典型回归树

梯度提升算法的目的是提高单一简单模型的准确性，将多个简单模型进行集合，每一个简单模型都针对前一个简单模型的错误进行训练，进而提高模型准确度。

将回归树算法和梯度提升算法相结合，可以得到梯度提升回归树的算法。首先生成一棵最初的回归树，其次下一棵回归树针对上一棵回归树的残差进行学习训练，通过多次迭代,最后获得对预测结果具有高准确率的模型。梯度提升回归树的具体算法如下[39]：

(1)输入： $L(y,F(x))$ ；训练集： $D=\{(x_1,y_1),\cdots,(x_n,y_n)\}$ ；迭代次数： M。

(2)输出： $F_M(x)$ 。

(3)算法：

$$F_0(x) = \underset{\gamma}{\mathrm{argmin}} \sum_{i=1}^{n} L(y_i, h(x)) \tag{2.47}$$

$$\gamma_m = \underset{\gamma}{\mathrm{argmin}} \sum_{i=1}^{n} L\left(y_i, F_{m-1}(x_i) - \gamma \frac{\partial L(y_i, F_{m-1}(x_i))}{\partial F_{m-1}(x_i)}\right) \tag{2.48}$$

$$F_m(x) = F_{(m-1)}(x) - \gamma_m \sum_{i=1}^{n} \nabla_F(y_i, F_{m-1}(x_i)) \tag{2.49}$$

式中， γ 为权重； $L(y,F(x))$ 为均方误差损失函数； $F_0(x)$ 为初始化模型； $h(x)$ 为生成的回归树模型的预测结果； γ_m 为第 m 个模型的权重， m 为 $1,2,\cdots,M$。

2.3.2　数据来源与模型指标

基于神经网络算法和梯度提升回归树算法，本书研究了神经网络压力模型、梯度提升回升数压力及温度模型，并进行实验数据与模型预测结果的分析和验证。在压力模型中，温度作为特征输入，压力作为结果输出；在温度模型中，压力作为特征输入，温度作为结果输出。模型选取文献中气体水合物相平衡数据 1941 组，其中 1805 组数据作为训练集用来训练模型，剩余的 136 组数据作为测试集来测试模型效果，训练集和测试集全部随机分配。

　　数据是机器学习模型的基础，充足的水合物相平衡数据是建立准确预测模型的必要条件。本书收集了近 2000 组数据，均来源于已发表的文献，全部数据涉及的变量变化范围汇总在表 2.7 中。

表 2.7　水合物相平衡数据信息

变量	单位	最小值	最大值	平均值 e	变量	单位	最小值	最大值	平均值 e
P	MPa	0.13	160.60	9.52	甘油	wt%	0	50.00	0.41
T	K	234.50	304.65	277.60	丙酮	wt%	0	90.00	0.78
CH_4	mol%	0	100.00	64.61	NaCl	wt%	0	24.12	2.28
CO_2	mol%	0	100.00	18.93	KCl	wt%	0	15.01	0.60
N_2	mol%	0	100.00	1.12	$CaCl_2$	wt%	0	33.00	1.13
CO	mol%	0	100.00	0.84	$MgCl_2$	wt%	0	22.91	0.06
C_2H_6	mol%	0	100.00	6.37	NaBr	wt%	0	10.00	0.05
丙烷	mol%	0	100.00	5.22	KBr	wt%	0	10.00	0.05
异丁烷	mol%	0	79.30	0.42	$CaBr_2$	wt%	0	15.00	0.05
正丁烷	mol%	0	14.90	0.13	K_2CO_3	wt%	0	10.00	0.04
H_2S	mol%	0	10.000	0.97	$NaHCO_3$	wt%	0	5.00	0.05
NG1	mol%	—	—	0.82	二甘醇	wt%	0	50.00	0.27
NG2	mol%	—	—	0.62	三甘醇	wt%	0	59.00	0.67
甲醇	wt%	0	65.00	3.18	正丙醇	wt%	0	20.00	0.31
乙二醇	wt%	0	65.00	1.90	异丙醇	wt%	0	20.00	0.30

注：mol%表示摩尔分数；wt%表示质量分数。

　　本书选取了相关系数 (R^2)、平均绝对相对偏差 (AARD) 和平均相对偏差 (ARD) 作为模型的评估指标，各模型的评估结果见表 2.8。

$$R^2 = 1 - \frac{\sum_{i}^{n}(e_i - p_i)^2}{\sum_{i}^{n}(e_i - \overline{p_i})^2} \tag{2.50}$$

$$\text{ARD} = \sum_{i=1}^{n}\frac{\dfrac{e_i - p_i}{e_i}}{n} \tag{2.51}$$

$$\text{AARD} = \sum_{i=1}^{n}\frac{\left|\dfrac{e_i - p_i}{e_i}\right|}{n} \tag{2.52}$$

式中，e_i 为实验值；p_i 为预测值；n 为数据的数量。

表 2.8　实验参数和模型结果评估　　　　　　　　　（单位：%）

输出	参数	梯度提升回归树			深度神经网络		
		训练集	测试集	总数据集	训练集	测试集	总数据集
	R^2	99.99	97.26	99.82	99.41	99.20	99.43
P	AARD	1.09	12.01	1.86	18.83	21.30	19.00
	ARD	−0.07	−3.51	−0.31	−7.46	−9.84	−7.62
	R^2	100.00	98.62	99.90			
T	AARD	0.00	0.23	0.018			
	ARD	0.00	−0.01	−0.00			

2.3.3　模型分析与验证

利用上面构建的基于梯度提升回归树算法和神经网络算法的水合物相平衡压力预测模型以及基于梯度提升回归树算法的水合物相平衡温度预测模型，分别进行模型分析与验证。

1）水合物相平衡压力预测模型

图 2.13（a）为神经网络压力模型对实验压力值的预测。大部分的数据点集中在 30 MPa 以下范围内，且绝大部分数据的预测值与实验值保持一致，少部分的数据点有较大偏离，主要是由于模型是基于数据的潜在规律进行预测，受实验误差的影响较大。整体来看，神经网络压力模型的训练集与测试集的预测值准确性没有明显区别，表明其泛化性较好。图 2.13（b）为梯度提升回归树压力模型对所有采用的实验压力的预测值的分布。梯度提升回归树模型是基于数据特征进行预测，所以训练集的预测值准确性明显高于测试集，导致梯度提升回归树的泛化性不够好。梯度提升回归树压力模型和神经网络压力模型的训练集和测试集均为随机分类，但是前者的预测准确性整体高于后者。

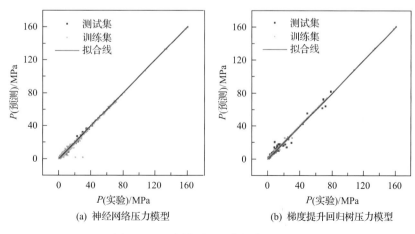

(a) 神经网络压力模型　　　　　　　(b) 梯度提升回归树压力模型

图 2.13　压力模型预测值与实验值比较

表 2.8 中，神经网络压力模型测试集的相关系数 R^2 比训练集仅低 0.21%，表明训练集和测试集的预测效果几乎一致，说明神经网络压力模型具有良好的泛化性；而梯度提升回归树压力模型的训练集的 R^2 高达 99.99%，测试集的 R^2 下降到 97.26%，相差较大，说明梯度提升回归树压力模型的泛化性一般。梯度提升回归树压力模型对测试集的 AARD 为 12.01%，而神经网络压力模型对测试集和训练集的平均绝对相对误差 AARD 均超过了 18.00%，且神经网络压力模型的平均相对误差 ARD 大于梯度提升回归树压力模型，因而梯度提升回归树模型具有更好的准确性。

图 2.14 为模型选用的每组数据与其预测值的绝对相对偏差的统计分布图。本书共使用 1941 组数据，梯度提升回归树压力模型预测的结果中，有 1319 组数据的绝对相对偏差≤1.0%，约占总数据的 68%；在神经网络压力模型的预测结果中，仅有 216 组数据的绝对相对偏差≤1.0%，约占总数据的 11%，远低于梯度提升回归树压力模型的预测效果。梯度提升回归树压力模型的预测结果中有 1748 组数据的绝对相对偏差≤4.0%，而神经网络压力模型中仅有 797 组，梯度提升回归树对实验压力的预测的准确度要高于神经网络压力模型，主要是因为神经网络算法注重挖掘数据潜在规律，而梯度提升回归树算法侧重数据自身特征。

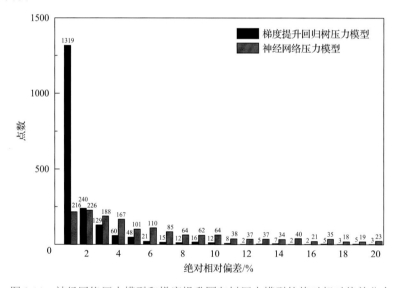

图 2.14 神经网络压力模型和梯度提升回归树压力模型的绝对相对偏差分布

在对水合物相平衡压力预测中，绝对相对偏差的评估较为单一，不能有效反映模型预测效果，为了更加全面地评估模型对实验值的预测能力，模型成功预测的标准为绝对偏差小于 0.5MPa（实验值在 10.0MPa 以下时）或绝对相对偏差小于 5%（实验值在 10.0MPa 以上时）。研究发现实验值小于 10.0MPa 时，梯度提升回归树压力模型预测值的绝对偏差主要分布在 0.1MPa 以下，神经网络压力模型的分布主要集中在 0.5MPa 以下，但神经网络压力模型的分布更为平均。也就是说，在实验值小于 10.0MPa 时，梯度提升回归树压力模型的成功预测率约为 98.8%，神经网络压力模型成功预测率约为 75.0%；实验值大于 10.0MPa 时，梯度提升回归树压力模型的成功预测率约为 94.8%，神经网络压力模型的成功预测率约为 69.9%；从整体分析，梯度提升回归树压力模型的成功预测率为 97.5%，神经网络压力模型的成功预测率为 73.7%。因此，梯度提升回归树压力模型的成功预测率显著高于神经网络压力模型[39, 40]。

2) 水合物相平衡温度预测模型

基于建立的梯度提升回归树温度模型，预测水合物的相平衡温度。在训练的多个梯度提升回归树温度模型中，选取最优的水合物相平衡温度模型，其中树的深度为 6，树的数量为 10 万棵。图 2.15 为梯度提升回归树温度模型对实验值的预测结果。由图可知，训练集中的训练值与测试值具有较好的一致性，这说明梯度提升回归树温度模型准确性很高。但仍有少部分的数据点距离红色直线较远，且这些数据点主要分布在 263~273K，在此温度范围内冰的存在会对相平衡实验测量造成误差，因而模型出现了一定程度过拟合的现象。但总体来说，梯度提升回归树温度模型对实验值的预测具有很高的准确率。

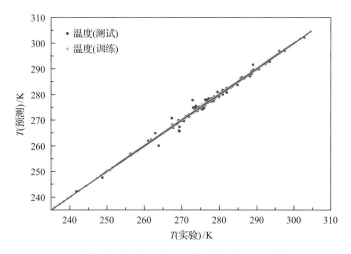

图 2.15　梯度提升回归树温度模型预测值与实验值比较

从表 2.8 可知，梯度提升回归树温度模型对训练集中的实验值的预测值的 R^2 达到了 100.00%，几乎可以完美地预测出训练集中的实验值；测试集的 R^2 仅下降了约 1.38%，说明模型的泛化性较好。梯度提升回归树温度模型在训练集与整体数据集中的 AARD 分别为 0.00%和 0.018%，皆低于梯度提升回归树压力模型的 1.09%和 1.86%；梯度提升回归树温度模型在训练集和整体数据集中的 ARD 均为 0.00%，低于梯度提升回归树压力模型中的−0.07%和−0.31%。因此，梯度提升回归树温度对实验条件预测的准确度和泛化性均好于梯度提升回归树压力模型。

图 2.16 为梯度提升回归树温度模型预测值与实验值的绝对相对偏差分布。梯度提升回归树温度模型预测的结果中，超过 95.6%的数据(1855 组)的绝对相对偏差≤0.1%；超过 99.7%(1936 组)数据的绝对相对偏差≤1.0%，优于梯度提升回归树压力模型。

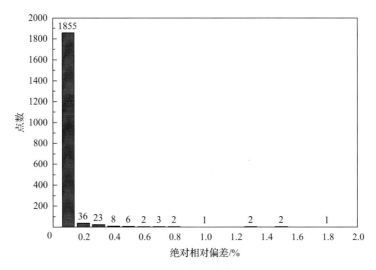

图 2.16　梯度提升回归树温度模型的偏差分布

此外，极端树算法和支持向量机算法也可以预测气体水合物相平衡温度，且预测结果令人满意[36]。从 R^2 的角度来看，支持向量机模型在训练集中的 R^2 为 97.54%，测试集中的 R^2 下降 5%，总体的 R^2 约为 96.99%；而极端树模型在训练集中的 R^2 达到 99.91%，测试集 R^2 下降至 97.46%，总体的 R^2 达到 99.70%，均低于梯度提升回归树温度模型预测的结果，说明梯度提升回归树温度模型具有更高的预测精度。当数据集由训练集转为测试集时，梯度提升回归树温度模型的 R^2 仅下降了 1.4%，低于极端树模型(约 2.5%)和支持向量机模型(超过 5%)，表明梯度提升回归树温度模型的泛化性优于其他两个模型。

参 考 文 献

[1] 宁伏龙, 蒋国盛, 张凌, 等. 天然气水合物实验装置及其发展趋势. 海洋石油, 2008, 28(2): 68-72.

[2] Biot M A. Theory of elasticity and consolidation for a porous anisotropic solid. Journal of Applied Physics, 1955, 26(2): 182-185.

[3] Clarke M A, Darvish M P, Bishnoi P R. A method to predict equilibrium conditions of gas hydrate formation in porous media. Industrial & Engineering Chemistry Research, 1999, 38(6): 2485-2490.

[4] Wilder J W, Seshadri K, Smith D H. Modeling hydrate formation in media with broad pore size distributions. Langmuir, 2001, 17(21): 6729-6735.

[5] Deaton W M, Frost E M J. Gas hydrates and their relation to the operation of natural-gas pipe lines. Bureau of Mines Monograph, 1946, 12(6): 101.

[6] 李刚, 唐良广, 黄冲, 等. 热盐水开采天然气水合物的热力学评价. 化工学报, 2006, (9): 2033-2038.

[7] Patel N C. Improvements of the patel-teja equation of state. International Journal of Thermophysics, 1996, 17(3): 673-682.

[8] Kvenvolden K A, Ginsburg G D, Solovyev V A. Worldwide distribution of subaquatic gas hydrate. Geo-Marine Letters, 1993, 13: 32-40.

[9] van der Waals J H, Platteeuw J C. Clathrate solutions. Advances in Chemical Physics, 1959, 2: 1-57.

[10] Chen G J, Guo T M. Thermodynamic modeling of hydrate formation based on new concepts. Fluid Phase Equilibria, 1996, 122: 43-65.

[11] 陈光进, 孙长宇, 马庆兰. 气体水合物科学与技术. 第 2 版. 北京: 化学工业出版社, 2020.

[12] Ng H J, Robinson D B. The measurement and prediction of hydrate formation in liquid hydrocarbon-water systems. Industrial & Engineering Chemistry Fundamentals, 1976, 15(4): 293-298.

[13] 杨明军. 原位条件下水合物形成与分解研究. 大连: 大连理工大学, 2010.

[14] 陈光进, 马庆兰, 郭天民. 气体水合物生成机理和热力学模型的建立. 化工学报, 2000, 51(5): 626-631.

[15] MoKoy V, Singangolu O. Theory of dissociation pressures of some gas hydrates. Journal of Chemical Physics, 1963, 38(12): 2946-2956.

[16] Mehta A P, Sloan E D. Improved thermodynamic parameters for prediction of structure h hydrate equilibria. Aiche Journal, 1996, 42(7): 2036-2046.

[17] Tohidi B, Danesh A, Burgass R W, et al. Equilibrium data and thermodynamic modelling of cyclohexane gas hydrates. Chemical Engineering Science, 1996, 51(1): 159-163.

[18] Tohidi B, Danesh A, Todd A C, et al. Equilibrium data and thermodynamic modelling of cyclopentane and neopentane hydrates. Fluid Phase Equilibria, 1997, 138(1-2): 241-250.

[19] Parrish W R, Prausnitz J M. Dissociation pressures of gas hydrates formed by gas mixtures. Industrial & Engineering Chemistry Process Design and Development, 1972, 11(1): 26-35.

[20] Munck J, Skjoldjorgensen S, Rasmussen P. Computations of the formation of gas hydrates. Chemical Engineering Science, 1988, 43(10): 2661-2672.

[21] Henry P, Thomas M, Clennell M B. Formation of natural gas hydrates in marine sediments 2. Thermodynamic calculations of stability conditions in porous sediments. Journal of Geophysical Research Atmospheres, 1999, 104(B10): 23005-23022.

[22] Song Y, Yang M, Chen Y, et al. An improved model for predicting hydrate phase equilibrium in marine sediment environment. Journal of Natural Gas Chemistry, 2010, 19(3): 241-245.

[23] Holder G D, Corbin G, Papadopoulos K D. Thermodynamic and molecular properties of gas hydrates from mixtures containing methane, argon, and krypton. Industrial & Engineering Chemistry Fundamentals, 1980, 19(3): 282-286.

[24] Uchida T, Ebinuma T, Ishizaki T. Dissociation condition measurements of methane hydrate in confined small pores of porous glass. Journal of Physical Chemistry B, 1999, 103(18): 3659-3662.

[25] Benavente D, del Cura M A G, Garcia-Guinea J, et al. Role of pore structure in salt crystallisation in unsaturated porous stone. Journal of Crystal Growth, 2004, 260(3-4): 532-544.

[26] 李以圭, 陆九芳. 电解质溶液理论. 北京: 清华大学出版社, 2005.

[27] Li Z, Li Y, Li J. Surface tension model for concentrated electrolyte aqueous solutions by pitzer equation. Industrial & Engineering Chemistry Research, 1999, 28: 1133-1139.

[28] Li X S, Zhang Y, Li G, et al. Gas hydrate equilibrium dissociation conditions in porous media using two thermodynamic approaches. The Journal of Chemical Thermodynamics, 2008, 40(9): 1464-1474.

[29] 李小森, 张郁, 陈朝阳, 等. 利用两种模型预测多孔介质中气体水合物平衡分解条件. 化学学报, 2007, 65(19): 2187-2196.

[30] Emschwiller G. Equilibre en solutions phenomenes de surface. Chilie Physique, 1961, 2: 791-796.

[31] Najibi H, Chapoy A, Haghighi H, et al. Experimental determination and prediction of methane hydrate stability in alcohols and electrolyte solutions. Fluid Phase Equilibria, 2009, 275(2): 127-131.

[32] Uchida T, Ebinuma T, Takeya S, et al. Effects of pore sizes on dissociation temperatures and pressures of methane, carbon dioxide, and propane hydrates in porous media. Journal of Physical Chemistry B, 2002, 106(4): 820-826.

[33] 樊栓狮, 于驰, 郎雪梅, 等. 与海洋天然气水合物微纳米尺度赋存和开采储技术有关的研究进展. 地球科学, 2018, 43(5): 1542-1548.

[34] Sun R, Duan Z. An accurate model to predict the thermodynamic stability of methane hydrate and methane solubility in marine environments. Chemical Geology, 2007, 244(1-2): 248-262.

[35] Yousif M H, Sloan E D. Experimental investigation of hydrate formation and dissociation in consolidated porous media. SPE Reservoir Engineering, 1991, 6(4): 452-458.

[36] Yarveicy H, Ghiasi M M. Modeling of gas hydrate phase equilibria: Extremely randomized trees and LSSVM approaches. Journal of Molecular Liquids, 2017, 243: 533-541.

[37] Ghiasi M M, Yarveicy H, Arabloo M, et al. Modeling of stability conditions of natural gas clathrate hydrates using least squares support vector machine approach. Journal of Molecular Liquids, 2016, 223: 1081-1092.

[38] Pineda F J. Generalization of back-propagation to recurrent neural networks. Physical Review Letters, 1987, 59 (19): 2229-2232.

[39] Song Y, Zhou H, Wang P, et al. Prediction of clathrate hydrate phase equilibria using gradient boosted regression trees and deep neural networks. The Journal of Chemical Thermodynamics, 2019, 135: 86-96.

[40] 周航. 废弃天然气水合物藏中二氧化碳封存特性研究. 大连: 大连理工大学, 2019.

第 3 章

天然气水合物生成与分解

　　水合物的生成与分解，存在于水合物资源成藏、勘探、开发全过程。水合物的生成是客体分子(主要为甲烷)与主体水分子形成固态晶体化合物的过程，主要包括成核与生长。水合物的分解，其本质是打破水合物相平衡条件、破坏笼形结构的过程。在以水合物形式进行天然气储存及运输过程中，同样涉及特殊工况下水合物的缓慢可控分解，如自保护效应等。本章重点针对水合物成核诱导时间测量与预测、水合物生长与赋存形态以及水合物分解与二次生成特性进行阐述。

3.1　天然气水合物成核诱导时间

　　当溶液处于过冷状态或过饱和状态时，就可能发生水合物成核现象[1]。水合物的成核是指形成超过临界尺寸水合物晶核的过程，可分为均匀成核、非均匀成核。均匀成核是指在各向同性的液相(如四氢呋喃溶液)中直接成核，液相中的均匀成核作用不是瞬间的，而是先发生两个或几个分子的碰撞形成分子群，随分子数目增加，逐渐达到一个"临界分子群"，成为晶核(图 3.1)。非均匀成核是指水合物在相界面处成核，如溶液中的杂质表面、多孔基质表面、气液界面等。由于气液界面处过饱和度较高、浓度梯度大，成核所需的能量更低[2]，气体水合物通常在气液界面成核。按成核时间可分为瞬时成核和渐进成核。水合物瞬时成核指成核在瞬间完成，此后水合物生成过程晶粒数目稳定，不再有新的晶核生成；渐进成核指水合物成核与生长同时进行，水合物生长过程中晶粒数目逐步增多。同时，水合物成核是一种非重复的过程，成核位置和成核所需时间具有随机性。从体系进入成核条件到成核作用开始的时间，称为成核诱导时间。成核诱导时间是

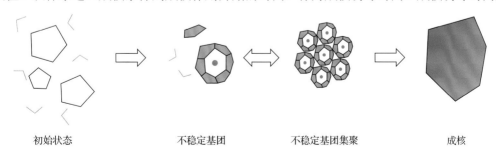

初始状态　　　　　　　不稳定基团　　　　　不稳定基团集聚　　　　　成核

图 3.1　水合物成核过程示意图

水合物生成动力学的重要参数，其长短和随机性主要取决于体系的驱动力(如溶液的过冷度、过饱和、成分、搅拌等)[3]。实验中，成核诱导时间可通过气体消耗量进行测量(图3.2)。

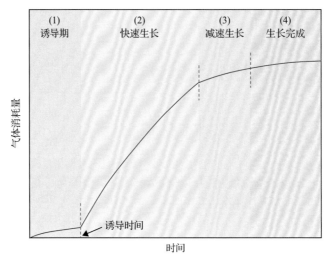

图 3.2　气体水合物生成过程气体消耗变化曲线

水合物晶核形成后，体系将自发地向吉布斯自由能减小的方向发展，进入生长阶段，快速生长成具有宏观规模的水合物晶体。根据热力学理论，晶体生长主要受以下三个因素制约：①客体分子的传质过程；②体系的传热过程；③水合物的生长动力学[4]。

3.1.1　天然气水合物成核诱导时间影响因素

通常认为水合物成核具有随机性。成核驱动力较弱时，水合物的成核诱导时间随机性更加明显；成核驱动力较强时，诱导时间服从一定的概率分布特性，且与温度、压力、多孔介质的表面积、孔隙特性和组分等有关。

在多孔介质(BZ-06)、6MPa、80%初始水饱和度条件下，不同温度下成核诱导时间的概率密度分布如图3.3所示[5]。成核诱导时间整体服从对数正态分布，且随温度降低，

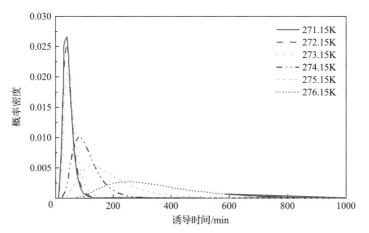

图 3.3　不同温度下成核诱导时间的概率密度分布

概率密度分布曲线整体左移、成核诱导时间越集中。这是由于温度降低增加过冷度，水合物成核驱动力增大，导致水合物成核诱导时间缩短、分布集中。在低温条件下，甲烷分子局部聚集，使水分子形成一个稳定的笼状结构，此处称为"准笼形结构"[6,7]。当温度增加，甲烷分子会迅速从水中逸出，不再形成气体基团，准笼形结构之间的氢键作用力显著减弱，延迟水合物成核[8]。

在多孔介质(BZ-06)、温度 275.15K 条件下，不同初始水饱和度下水合物成核诱导时间概率密度分布如图 3.4 所示。当初始水饱和度小于 70%时，随着初始水饱和度降低，对数正态分布曲线右移；同时在 70%初始水饱和度时，水合物成核诱导时间的期望值与方差值最小，分布最集中。然而，初始水饱和度为 80%时，成核诱导时间分布曲线相对 70%的工况整体右移。过高的水-气体积比导致气、液接触面积减少，成核概率降低。因此，在保证合适的气液比例的情况下，适当增加初始水饱和度有利于水合物快速成核[9]。

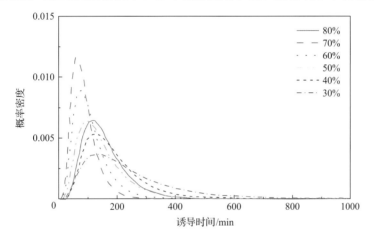

图 3.4　不同初始水饱和度下水合物成核诱导时间的概率密度分布

在 80%初始水饱和度、温度 275.15K 条件下，玻璃砂内水合物一次生成和二次生成(水合物分解后随即进行第二次生成实验)的成核诱导时间概率密度分布如图 3.5 所示。

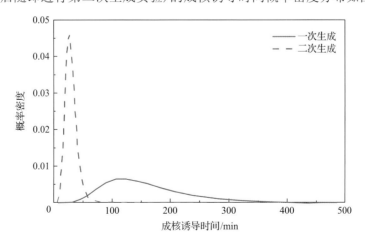

图 3.5　水合物一次生成与二次生成的成核诱导时间概率密度分布

水合物二次成核诱导时间分布整体左移，成核更快，且成核诱导时间更集中，可能是由于水合物分解液存在"记忆效应"。"残余结构"假说认为水合物分解后，仍有"水合物溶解物"残留在液相中，包含了水分子与溶解的客体分子间的氢键结构，为水合物二次生成提供成核位点；"气体过饱和富集"假说则认为水合物分解后的气体以过饱和的形式存在于液相中，促进二次生成的成核。

3.1.2 天然气水合物成核诱导时间预测

建立水合物的成核诱导时间预测模型，对于指导水合物生成动力学相关产业技术应用(如水合物开发、储能、海水淡化等)具有重要意义。水合物成核过程与盐结晶成核类似，所需的过饱和度来自溶液中气体的溶解。由于水合物生成过程气体在水合物相的最小逸度是三相平衡逸度，因此，定义水合物成核的过饱和度为体系中气体浓度与三相平衡对应的溶解气浓度的差，并认为水合物成核驱动力为溶液中溶解气的逸度差。

定义水合物的成核速率为 J，表达式如下：

$$J = k(S-1)^n \tag{3.1}$$

式中，k 和 n 为常数；S 为过饱和度。由于成核诱导时间与成核速率呈负相关，定义成核诱导时间为 t_i，表达式如下：

$$t_i = \frac{\alpha}{J^r} \tag{3.2}$$

式中，α、r 为常数。从式(3.1)和式(3.2)可以得到

$$t_i = \beta(S-1)^{-m} \tag{3.3}$$

式中，$\beta = \alpha/k^r$；$m = nr$。

用 f_g/f_{eq} 代替 S，可以获得水合物成核诱导时间的表达式：

$$t_i = K\left(\frac{f_g}{f_{eq}} - 1\right)^{-m} \tag{3.4}$$

式中，f_g 为气体逸度；f_{eq} 为三相平衡逸度；K 和 m 为常数。

基于式(3.4)，可以得到成核诱导时间自然对数值与过饱和度自然对数值间的线性关系：

$$\ln t_i = \ln K - m\ln\left(\frac{f_g}{f_{eq}} - 1\right) \tag{3.5}$$

由于 K 和 m 是与系统温度无关的常数，可以通过线性回归方法得到模型参数 K 和 m，见表 3.1。然后，通过式(3.5)可以计算得到不同温度下的诱导时间数据，发现高过饱和

度下的模拟结果与实验结果偏差较小。

表 3.1　不同气体水合物的模型参数(K 和 m) [5]

气体	K/s	m
甲烷	311.64	1.21
乙烷	42.85	1.38
二氧化碳	189.56	0.91

水合物成核驱动力可定义为

$$S = kT\ln\left[\frac{\varphi(P,T)P}{\varphi(P_e,T)P_e}\right] + \Delta v_e(P - P_e) \tag{3.6}$$

式中，S 为成核驱动力(也称过饱和度)；k 为玻尔兹曼常数；T 为温度；P 为压力；$\varphi(P,T)$ 为压力 P、温度 T 下的逸度系数；角标 e 为平衡状态；$\Delta v_e = n_w v_w - v_h$，$v_w$ 为溶液中水分子的体积，约为 0.03nm^3，n_w 为水合数，v_h 为水合物的体积。

为了评价水合物和液相之间的有效表面能，定义热力学参数 B：

$$B = \frac{4c^3 v_h^2 \sigma_{ef}^3}{27(kT)^3} \tag{3.7}$$

式中，c 为形状参数；σ_{ef} 为有效比表面能。过饱和度比 S 定义为溶液中的过饱和度程度：

$$S = \frac{\varphi(P,T)P}{\varphi(P_e,T)P_e} e^{\frac{\Delta v_e(P-P_e)}{kT}} \tag{3.8}$$

故而得到以下表达式：

$$t_i = k[S(S-1)^{3m}]^{\frac{-1}{1+3m}} e^{\frac{B}{(1+3m)\ln^2 S}} \tag{3.9}$$

对于水合物持续成核的静态非搅拌系统，m 近似等于 1，从而式(3.9)可以简化为

$$t_i = k[S(S-1)^3]^{\frac{-1}{4}} e^{\frac{B}{4\ln^2 S}} \tag{3.10}$$

利用该表达式可以获得成核诱导时间与过饱和度之间的关系。为了进行线性回归，将式(3.10)变换为

$$\ln\left[S^{\frac{1}{4}}(S-1)^{\frac{3}{4}} t_i\right] = \ln k + \frac{B}{4\ln^2 S} \tag{3.11}$$

为了验证该动力学模型，选取了 6 组不同温度的实验工况，可以通过计算不同工况下的绝对偏差来验证模型的准确性，绝对平均偏差 AAD%的计算公式为

$$AAD\% = \frac{1}{N} \sum_{j=1}^{N} \frac{|t_{\text{exp},j} - t_{\text{pred},j}|}{t_{\text{exp},j}} \times 100\% \tag{3.12}$$

式中，N 为测试组数；t 为成核诱导时间；角标 exp 为实验值；角标 pred 为预测值；j 为第 j 组实验。该模型预测绝对平均偏差在 0.21%～12.36%。

3.1.3 纳米材料促进天然气水合物生成

水合物通常在多相界面生成，属于非均匀成核[10, 11]。研究固体表面对气体水合物成核、生成的影响规律，对探明水合物资源形成机理、赋存规律及调控水合物生成动力学具有重要的意义。玻璃砂是研究水合物生成最常用的固体介质，然而由于其颗粒形貌、孔结构、表面积、润湿性、分散性能、表面官能团种类和数量难以精确控制，很难进行系统研究。石墨烯作为一种"明星"二维材料，具有原子水平厚度，所有原子均为表面原子，具有极大的理论比表面积和极高的热导率，而且其平坦的表面不存在传质阻力。石墨烯表面官能团种类和数量容易调整，进而改变表面润湿性，可以用来研究水合物成核、生长。石墨烯已被广泛用作结冰成核剂，已有学者初步探明了碳材料尺寸、润湿性、结晶度等对冰成核活性的影响[12]，并且发现了石墨烯中冰的临界核尺寸与过冷度之间的关系[13]，对探明纳米材料影响水合物生成规律具有重要的借鉴意义。

通过电化学氧化结合超声剥离制取石墨烯，再利用梯度离心筛分不同尺寸石墨烯，从而获得尺寸分布集中的石墨烯片。图 3.6 是不同尺寸石墨烯片的扫描电子显微镜图，梯度离心后的石墨烯片具有明显的特征尺寸差异。对每组超过 150 个独立石墨烯片进行统计分析，大尺寸、中等尺寸和小尺寸石墨烯片的平均面积分别为 2.34μm²、0.77μm² 和 0.45μm²。

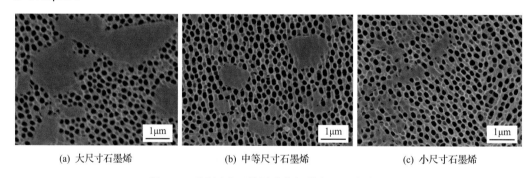

| (a) 大尺寸石墨烯 | (b) 中等尺寸石墨烯 | (c) 小尺寸石墨烯 |

图 3.6　不同尺寸石墨烯片的扫描电子显微镜图

图 3.7 是不同尺寸及浓度的石墨烯片对甲烷水合物与环戊烷水合物成核诱导时间的影响。图 3.7(a)显示低浓度(0.03mg/L 以下)小尺寸石墨烯体系具有最短的成核诱导时间，成核诱导时间不足 10min；随小尺寸石墨烯浓度增大，成核诱导时间增大。对于大尺寸和中等尺寸的石墨烯片，成核诱导时间均随浓度的增大而缩短，其中大尺寸石墨烯片缩短成核诱导时间的能力不及中等尺寸石墨烯片。

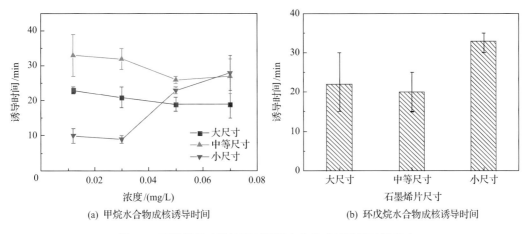

图 3.7 石墨烯尺寸及浓度对不同水合物成核诱导时间影响

石墨烯尺寸和浓度对甲烷水合物生成的影响不同,原因在于石墨烯尺寸和聚集状态会影响水和甲烷的分布。成核是甲烷水合物生成的第一步,在热力学上需要克服活化能垒。通常通过局部热力学条件波动产生临界核来克服活化能垒,从而成核。甲烷水合物生成需要水和甲烷两种组分,多元组分的可用性及其在体系中的传质速率使得成核随机过程更为复杂。甲烷水合物在成核前需要经历更为多变的诱导期,表现为成核诱导时间的高度不确定,通常需要通过增大热力学驱动力(如过冷度或压力)来缩短成核诱导时间。添加表面性质不同或聚集状态不同的纳米材料能够改变临界核尺寸,从而帮助克服能垒,促进相变发生。

尺寸不同的石墨烯具有不同数量的边棱和不同尺寸的碳六元环构成的基面,相当于表面活性剂分子的亲水端和疏水端。石墨烯提供的界面促进了水分子和甲烷分子的接触,因此能够显著缩短成核诱导时间。由于亲水端和疏水端不同,水分子和甲烷分子的聚集和存在状态不同,成核诱导时间的变化存在差异。

图 3.7(b)是不同尺寸石墨烯对环戊烷水合物成核诱导时间的影响。与甲烷水合物不同,环戊烷水合物中等尺寸的石墨烯体系具有最短的成核诱导时间,可能是由于甲烷和环戊烷分子尺寸不同。未来需要进行更系统地研究,以探明纳米材料对不同水合物生成的影响规律,从而解释材料调控水合物生成的微观机制,制定普适性的水合物生成动力学精细调控策略,指导水合物资源的高效安全开发和水合物技术的实际应用。

3.2 天然气水合物生长与赋存形态

水合物成核后进入生长阶段,水合物在孔隙内不断生长并占据整个孔隙空间。自然界中的水合物多富集在以粉砂或泥沙为主的沉积物中。多孔介质内水合物的赋存形态,主要是指水合物在孔隙空间的赋存位置、空间形态及其与多孔介质间的相互作用。水合物生长与赋存形态直接影响储层声学、热学、力学及渗透特性,对水合物资源勘探、开采具有重要意义。

3.2.1 天然气水合物生长特性

水合物的生长是一个跨尺度的过程，在不同尺度展现出不同的行为与特性。在孔隙尺度，重点关注水合物在颗粒间隙内的生长过程及其与颗粒间的相互作用；在岩心尺度，侧重水合物在整个岩心内的空间分布。

应用 MRI 技术可实现孔隙尺度沉积层内各相识别，从而获得水合物生成和分解过程中液相和水合物分布、水合物饱和度以及储层骨架变化等关键参数。另外，MRI 技术可以测量岩心尺度水合物沉积层内气、水两相渗流特性及影响机理[14]，如实现含水合物沉积层内液相速度分布的原位测量；还能够测量多孔介质内部温度分布，实现样品内部快速、无损的局部温度测量[15]。本章将重点介绍利用 MRI 技术测量水合物生成与分解特性。

1. MRI 技术的基本原理

磁共振成像过程中，被测样品被划分三维矩阵，最小单位称为体素。每一个体素中包含一定数量的氢质子 ^1H，单个体素中的 ^1H 越多，产生的磁共振信号就越强。氢质子在强磁场中被磁化，施加梯度场实现空间定位，射频脉冲激励特定进动频率的氢质子产生共振，接受激励的氢质子弛豫过程中释放能量，即磁共振信号，计算机采集磁共振信号并构建 MRI 图像。MRI 技术成像过程的关键参数包括磁场强度、弛豫时间、分辨率和对比度、成像脉冲序列及其参数等。

MRI 图像的信噪比随着磁场强度(简称场强)的增大而增加，而信号强度随场强的平方增大，但噪声也会随场强线性增大，部分抵消了信号的增加。在场强大于 0.5T 时，信噪比随着场强线性增大，不能忽略波长的影响，射频场的热效应和不均匀性尤为重要。1.0T 场强对应的频率是 42.6MHz，即质子成像时有长达 7m 的自由空间波长，只有当场强高于 7T 时，射频场的波长才会减小到小于 1m。所以使用较高场强时，必须考虑射频场的不均匀性。本章采用了 9.4T 共振成像仪，如图 3.8(a)所示。水合物生成与分解是在一个高压岩心管中进行，实验时将其放在 MRI 的腔体内进而观察生成分解过程。高压岩心管采用双层结构设计[图 3.8(b)]，包括内管和外管，设计压力为 15MPa。岩心管的端头为钛合金材料，能保证耐压的同时不干扰磁共振成像。岩心管内外管均采用聚酰亚胺材料制作，适合 MRI 系统使用，不会干扰测量样品的成像。

弛豫时间是影响磁共振信号强度(MRI 信号强度)的重要因素。当磁化矢量翻转到横向平面后，具有返回静磁场场强方向的趋势，用时间常数 T_1 表征重新恢复的速率，称之为纵向弛豫时间。MRI 信号强度还受"自旋-自旋"弛豫效应的影响，假设以一定时间间隔施加 $\pi/2$ 脉冲，而"自旋-自旋"效应已经完全衰减，那么信号强度与横向磁化成正比，所需时间称为横向弛豫时间 T_2。一般来说，外部磁场不均匀性产生的散相会进一步减弱信号(T_2 被一个更短的弛豫时间 T_2^* 代替)。T_1 主要与磁场和材料有关，T_2 主要与材料及其饱和度有关。两个弛豫时间 T_1 和 T_2 在 MRI 技术测量中非常重要，可以被用来测量各种材料的孔隙度、渗透率及各组分的饱和度。

(a) 核磁共振成像仪

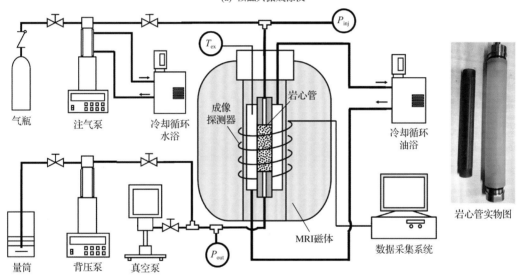

(b) 实验系统及高压填砂岩心管

图 3.8 MRI 系统实物图

MRI 的分辨率与输入射频(RF)场的波长无关，RF 波长一般为米量级，MRI 的分辨率为毫米量级。MRI 固有的分辨率与信号和噪声的采集及滤波方式有关，并受限于质子在组织内的扩散和质子周围局部场的不均匀性。MRI 可对多变量成像，可用它对质子密度、弛豫时间、温度、质子运动、拉莫尔(Larmor)频率的化学位移、样品的多相性等的灵敏度来区分不同物质，可以根据实际需要选择不同的对比度图像，信号强度与图像亮度之间存在简单的线性变换关系。

成像脉冲序列是成像过程中各种参数测量技术的总称，是 90°、180°等射频脉冲与梯度脉冲的有机组合排列。这些脉冲的幅度、宽度、间隔时间及施加顺序等因素直接影响信号的产生和空间编码过程。脉冲序列有很多种分类方法。通常根据扫描时间不同，分为常规成像序列和快速成像序列。用于常规扫描的序列称为普通成像序列，如自旋回波序列(SE)；快速扫描序列有很多种，常用的有快速自旋回波序列(FSE)和平面回波序列(EPI)等。SE 是目前磁共振成像中最基本、最常用的脉冲序列。图 3.9 是基本 SE 示意图，先发射一个 90°脉冲，然后再发射 180°相位重聚焦脉冲得到可检测的回波信号，可有效补偿磁场非均匀性对弛豫的影响。但是，SE 成像扫描时间长，不适合流速过大的样品。FSE 序列一次射频脉冲激励施加多个 π 重聚焦脉冲，以产生多个回波，主要优点是扫描时间短、运动伪影轻、对磁场均匀性的要求低、对磁化率效应也不敏感。

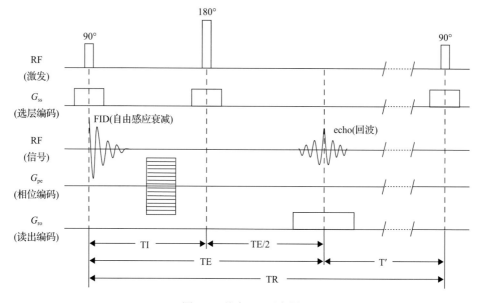

图 3.9　基本 SE 示意图

在 MRI 成像过程中，根据实验需求选择合适的脉冲序列后，还需要优化设置序列参数，以达到最佳成像效果。需要设定的主要参数包括体素、空间分辨率、重复时间、回波时间、可视区域(FOV)、片层厚度、成像时间等。MRI 信号实际上来自体素内所有样品，是体素内所有宏观磁化矢量的平均结果。FOV 是实施扫描的解剖区域，是一个空间概念，当扫描矩阵选定时，FOV 越大，体素体积越大，空间分辨率随之降低。片层厚度是指可视域内扫描片层厚度，可选取的最小层厚是系统梯度性能及射频脉冲选择性的重要指标。层厚越薄，图像在片层选择方向的空间分辨率越高，但导致体素体积变小，图像的信噪比降低。体素的大小由矩阵、可视区域和片层厚度三者共同决定。成像时间表示单次扫描采集图像所需时间，主要由脉冲序列参数决定，通过优化脉冲序列及机器硬件的革新可有效缩短成像时间。

重复时间(TR)是指单个脉冲序列所经历的时间，也是决定图像的对比度及整个成像过程的时间，TR 是控制 T_1、T_2 和质子密度对比度的主要因子之一。常用序列的回波时间(TE)定义为从 90°脉冲中点至回波信号中点的时间。TE 与 TR 一样，也是控制 T_1、T_2 和质子密度对比度的主要因子。TE 的大小将影响图像对比度及数据采集时间。当样品一定时，改变序列参数 TR 和 TE 就可改变质子密度、T_1 及 T_2 对图像的加权权重。TR 和 TE 分别控制 T_1 及 T_2 的图像对比度，而质子密度对比度与 TR 和 TE 均有关系。设定长 TR 和短 TE 时，可以将 T_1、T_2 值对图像信号的影响降到最小。长 TR（相对 T_1）和短 TE（相对 T_2）的图像将只对组织的自旋密度敏感；TE≈T_2 和长 TR 的图像将是自旋密度与 T_2 加权图像，不同 T_2 的组织间的对比会增强，自旋密度加权图像和 T_2 加权图像常常显示类似的对比度特征，后者可使前者增强；而 TR≤T_1 和短 TE 的图像是自旋密度与 T_1 加权的图像。

2. 孔隙尺度生长特性

二氧化碳水合物因其在水中溶解度大、相平衡条件温和，被广泛用来研究孔隙尺度气体水合物的生长特性。孔隙中二氧化碳水合物随时间生长过程如图 3.10 所示[16]。二氧化碳水合物不与固体基质直接接触，在二氧化碳水合物与玻璃砂之间存在自由水层。二氧化碳水合物倾向于沿壁面向下生长[图 3.10(c)]。在岩心下部的孔隙水中[图 3.10(b)、(c)]，始终没有观察到二氧化碳水合物的自发生成，几乎所有的二氧化碳水合物团簇都是以壁面处[图 3.10(c) 蓝色箭头]的二氧化碳水合物为"母体"向下连续"繁殖"，进而沿已有的二氧化碳水合物界面继续向孔隙深处生长。因此，在二氧化碳水合物晶体表面，气体分子和水分子更容易在已有的笼形结构基础上形成新的、连续的笼形结构。这种生长模式相比于在孔隙水中单独成核并生长，更容易且更快速，该生长特性为解析分解过程二氧化碳水合物的二次生成机制、二氧化碳水合物成核诱导机理、二氧化碳水合物储能蓄能等科学问题提供了新的思路。

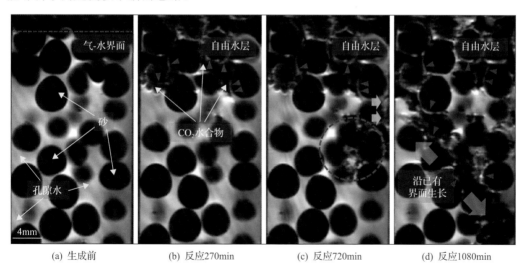

(a) 生成前　　(b) 反应270min　　(c) 反应720min　　(d) 反应1080min

图 3.10　孔隙中二氧化碳水合物生长时变特性

3. 岩心尺度生成特性

本节重点关注直径 1～2cm、长度 5～20cm 的岩心内水合物生成过程。该尺度下，大多数研究采用恒压稳态条件生成水合物，即向含水量一定的反应系统内注入气体，直到反应系统压力高于水合物相平衡压力，并维持恒压状态，最终使水合物生成。水合物成藏过程中，气体运移条件对水合物生成具有重要影响。本节对不同气体运移速率下水合物的生成进行了研究，表 3.2 为实验工况。

表 3.2 恒压稳态与气体运移条件下实验工况表[17]

工况	V_m/(mL/min)	S_{w0}/vol%	S_{he}/vol%	R_w/%
1(恒压稳态)	0.0	54	26	38
2(气体运移)	0.2	51	52	80
3(气体运移)	0.4	49	38	59
4(气体运移)	0.6	53	42	56

注：V_m 为气体运移速率；S_{w0} 为实验开始时的初始水饱和度；S_{he} 为实验结束时的水合物饱和度；R_w 为实验开始时到实验结束时孔隙水转化为水合物的百分数。

水合物生成过程中的水合物饱和度变化曲线如图 3.11(a)所示。工况 2 水合物饱和度变化曲线与其他三个工况区别较大。在生成初始阶段(0~50min)，初始水饱和度曲线急剧上升，水合物大量生成。工况 1、3、4 中水合物的生成曲线在生成过程中变化较为平缓，水合物生成速率较慢。在水合物生成完成时，工况 2 水合物饱和度最高，而工况 1 水合物饱和度最低。

水合物生成速率如图 3.11(b)所示。气体运移条件下，水合物生成速率变化过程可分为三个阶段：快速减小阶段、波动阶段、缓慢减小阶段。水合物的生成速率较快时产生大量的反应热，热量一方面被流动的气体带走，一方面使岩心内温度升高，降低水合物生成驱动力，水合物生成变慢。随着水合物的生成，孔隙水量减少，生成速率也减小。而在恒压稳态条件下，水合物的生成速率始终较低，且缓慢减小。

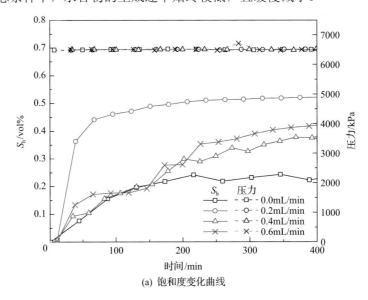

(a) 饱和度变化曲线

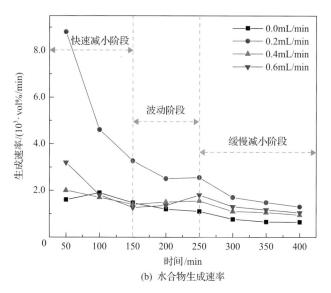

(b) 水合物生成速率

图 3.11 水合物生成过程饱和度变化及生成速率对比

水合物生成结束时的饱和度与生成初始阶段的生成速率有关。初始生成速率较高时，结束时水合物饱和度越高。水合物生成过程中，不同时刻岩心内孔隙水分布如图 3.12 所示。图像中亮度较高的区域变暗，说明存在水合物生成或孔隙水运移[18]。

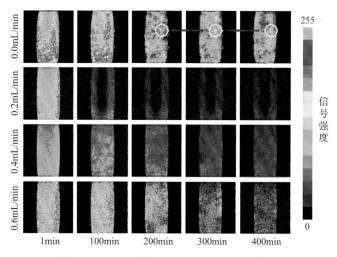

图 3.12 水合物生成过程岩心内孔隙水分布

在工况 1、3、4 中，水合物生成过程孔隙水分布情况比较相似，水合物没有出现工况 2 中明显的局部聚集现象，而是随机地分布在岩心中。由于气体自上而下运移，水合物是由岩心上部开始生成，然后向下生长。工况 1 中，水合物的分布比工况 3 和 4 中更加不均匀。对比工况 1 中第 200min、300min 和 400min 时的图像可见，圆圈内信号强度随时间增大，孔隙水含量增多。由于水合物饱和度较低，分布比较分散，液态水转化为固态的水合物时，便成为岩心骨架结构的一部分。骨架结构变化会降低岩心的渗透率，改变气体流动路径，进而影响孔隙水分布，出现信号值波动。在工况 3 和 4 中，上述的情况没有出现。

在工况 2(图 3.13)中，孔隙水分布不同于其他三个工况，其水合物的生成方向是由岩心管壁向内部生成，且主要集中在岩心上部，下部孔隙水仍然较多。到实验结束时，均保持反应釜中心水合物多于靠近管壁的位置。由于水合物是从管壁处开始快速生成，水合物生成热可以较快地向反应釜壁处传递。随着水合物向内生成，岩心内部产生的反应热向外传递，影响了外部水合物继续生成，因此造成了岩心内中部水合物多、外部少的特点。

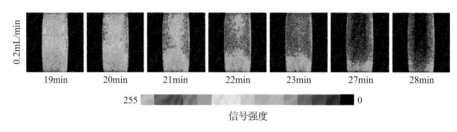

图 3.13　工况 2 水合物生成过程的孔隙水分布

工况 2 与其他三个工况的水合物分布不同主要受成核速率的影响。由水合物生成的饱和度曲线可见，工况 2 的成核速率比另外三个工况快，属于瞬时成核，而其他三个工况属于渐进成核。水合物瞬时成核，饱和度曲线快速升高。工况 2 中，在 45min 左右，水合物生成量已占总生成量的 84%。由于瞬时成核时间短，成核位置决定了总体水合物分布，水合物在初始的成核位置持续生长。而工况 1、3、4 属于渐进成核，水合物在整个生成过程会不断在新的位置成核，水合物分布相对分散，如图 3.14 所示。

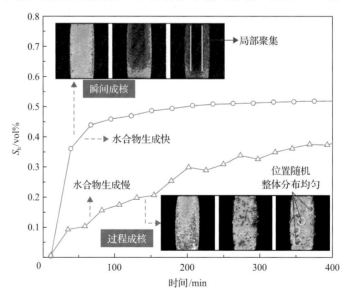

图 3.14　成核方式对水合物分布的影响

3.2.2　水合物生成动力学模型

生长动力学主要利用反应速率描述水合物生长过程，涉及气-水体系、气-冰体系、油水分散体系等。在气-水体系，水合物的生长可分为溶解气扩散和界面反应两个过程；在气-冰体系，气与冰形成初始水合物层，随后气体通过水合物层向冰层扩散，气体的扩散系数是控制水合物形成速率的主要因素；油水分散体系则主要发生在海底油气输送管线中。此外，气-水体系界面处生成的水合物膜是一种特殊的生长模式，可分为纵向增厚过程和横向铺展过程。

气体不仅能与液态水生成水合物，还能与固态冰生成水合物。而在气体水合物的相关工业应用(如储能、气体分离)中，通常用冰粉作为骨架形成水合物，以增大气-固接触面积，加速水合物生成。因此，冰粉生成水合物动力学研究具有重要意义。

1. 单一冰球模型

目前，已有学者基于收缩核思想，以单一冰球为对象进行生成动力学建模，并假设气体主要受到水合物层的扩散限制[19]。

一个半径为 r 的冰球 A 与气相 B 发生反应，冰球 A 暴露在气相 B 中，初始水合物膜快速生成，当生成的水合物膜完全覆盖球体 A 的外表面时，水合物初步完成生成过程，反应过程由扩散控制。在给定温度下，若生成的产物的厚度为 l，则反应速率可以表达为

$$\mathrm{d}l/\mathrm{d}t = D_{\mathrm{eff}} / l \tag{3.13}$$

式中，D_{eff} 为有效扩散系数。对式(3.13)积分，可得

$$l^2 = 2D_{\mathrm{eff}}t \tag{3.14}$$

在时刻 t 时，未反应的冰球体积 V 与冰球-水合物的转化率 α 的关系为

$$V = \frac{4\pi}{3}(r-l)^3 = \frac{4\pi}{3}r^3(1-\alpha) \tag{3.15}$$

由此可得

$$l = r[1-(1-\alpha)^{1/3}] \tag{3.16}$$

$$t = \frac{r^2}{2D_{\mathrm{eff}}}[1-(1-\alpha)^{1/3}]^2 \tag{3.17}$$

2. 改进单一冰球模型

低温场发射扫描电子显微镜(FESEM)的研究表明，冰球表面的水合物存在横向的生长过程[20]，无法用单一冰球模型描述，需要考虑生成过程中冰球有效接触面积的变化，进行单一冰球模型改进。

冰球的几何结构可以用半径 r_i 和比表面积 S_i(用 r_{i0} 和 S_{i0} 作为其初始值)描述。冰球在反应过程中向内收缩并始终保持球形，特定温压下冰的密度 ρ_i 视为常数，由转化率的定义可得

$$1-\alpha=\frac{r_i^3}{r_{i0}^3} \tag{3.18}$$

由比表面积的定义，初始比表面积为

$$S_{i0}=\frac{4\pi r_{i0}^2}{\rho_i \dfrac{4\pi}{3}r_{i0}^3} \tag{3.19}$$

由式(3.19)可得

$$S_i=S_{i0}\,(1-\alpha)^{2/3} \tag{3.20}$$

厚度为 δ_0 的冰层经反应转化为厚度为 d_0 的水合物层，其间的关系可通过下式表达：

$$d_0=\delta_0(1+E) \tag{3.21}$$

式中，E 为尺寸变化系数。

引入 α_s 表示冰表面由水合物覆盖的百分数，用 ω_s 和 ω_v 分别表示冰表面覆盖速率和由冰转化至水合物的转化速率。

初始阶段，水合物层沿冰球表面延展时，根据所定义的 α_s 和 ω_s 的物理意义，在这个阶段 α_s 由微分方程来描述：

$$\frac{\mathrm{d}\alpha_s}{\mathrm{d}t}=\omega_s(1-\alpha_s) \tag{3.22}$$

由边界条件 $t=0$ 时，$\alpha_s=0$，可得

$$\alpha_s=1-\mathrm{e}^{-\omega_s t} \tag{3.23}$$

设厚度为 δ_0 的冰层在覆盖阶段转化为初始的水合物层，其厚度相对于冰球的尺寸极小，因此，在初始阶段冰表面积保持为常数（$S_i\approx S_{i0}$）。

冰球反应生成水合物的转化率 α 的时间微分由两部分组成，分别是水合物层横向扩展过程 $\rho_i\delta_0\omega_s(1-\alpha_s)S_{i0}$ 和水合物层向冰层的增厚过程 $\omega_v\alpha_s S_{i0}$，由此可得初始时：

$$\frac{\mathrm{d}\alpha}{\mathrm{d}t}=S_{i0}[\rho_i\delta_0\omega_s\mathrm{e}^{-\omega_s t}+\omega_v(1-\mathrm{e}^{-\omega_s t})] \tag{3.24}$$

将式(3.24)积分，结合式(3.19)得

$$\frac{\alpha}{3}=A(1-\mathrm{e}^{-\omega_s t})+Bt \tag{3.25}$$

$$A=\frac{\delta_0}{r_{i0}}\left(1-\frac{\omega_v}{\rho_i\delta_0\omega_s}\right),\quad B=\frac{\omega_v}{r_{i0}\rho_i} \tag{3.26}$$

式中，B 就是在水合物层横向扩展结束时（t^*）的反应程度的斜率，随后冰球的水合物为增厚生长过程，时刻 $t>t^*\sim\omega_s^{-1}$，此时：

$$\frac{\mathrm{d}\alpha}{\mathrm{d}t} = S_i \omega_v \tag{3.27}$$

将式(3.19)、式(3.20)与式(3.26)代入式(3.27)，并积分，可得

$$(1-\alpha)^{1/3} = B(t^* - t) + (1-\alpha^*)^{1/3} \tag{3.28}$$

式中，α^* 为横向扩展阶段 t^* 的转化率，对水合物而言其值约为 10%。

3. 冰粉生成水合物动力学模型

水合物生成所用的冰粉可视为由众多冰球组成，基于此，本节提出了一种冰粉生成水合物的动力学模型，用以描述相同直径冰球表面水合物的生成过程。气体首先通过水合物层向冰球外表面扩散，其次与水分子进行反应，冰球外表面转化为水合物层，冰球因被消耗向内部收缩。影响冰球生成水合物速度的关键因素是气体通过水合物层的有效扩散系数，但是该系数难以获得。因此，本模型重点在于实时估算有效气体扩散系数，确保模型描述更加准确可靠。

本模型中的假设如下：

(1) 忽略冰球表面气体分布的不均匀性；

(2) 忽略冰球表面水合物横向生长过程；

(3) 仅考虑气体扩散过程；

(4) 冰球内部气体浓度忽略不计；

(5) 只考虑冰球表面水合物的纵向增厚，气体扩散简化为一维问题；

(6) 水合物生成放热的影响忽略不计。

本模型中的几何描述基于冰球收缩核模型，其中 R_0 为初始时刻的球形冰球的半径，R_i 为反应过程中冰球的半径，也是水合物层的内径尺寸，R_h 为反应过程中水合物层外径的尺寸。

根据扩散理论，在球壳条件下的扩散方程为

$$\frac{\partial c(r,t)}{\partial t} = D_{\mathrm{eff}} \left(\frac{\partial^2 c(r,t)}{\partial r^2} + \frac{2}{r} \frac{\partial c(r,t)}{\partial r} \right), \quad t>0, R_i(t) \leqslant r \leqslant R_h(t) \tag{3.29}$$

气体水合物生成过程前端反应的摩尔速率 r_{form} 可以表述为

$$r_{\mathrm{form}} = k_R \rho_{\mathrm{mi}}^n \, c(r,t)|_{r=R_i(t)}, \quad t>0 \tag{3.30}$$

式中，k_R 为气体水合物生成的反应速率常数；ρ_{mi} 为冰的摩尔密度；$c(r,t)$ 为反应气体在水合物层的摩尔浓度。由于通过扩散到达反应界面处的气体全部参与反应，内部边界条件为

$$D_{\mathrm{eff}} \frac{\partial c(r,t)}{\partial r}\Big|_{r=R_i(t)} = r_g = k_R \rho_{\mathrm{mi}}^n \left(c(r,t)|_{r=R_i(t)} - \frac{P_{\mathrm{eq}}}{Z_{\mathrm{eq}}RT} \right), \quad t>0 \tag{3.31}$$

式中，r_g 为气体消耗的摩尔速率；P_{eq} 为冰-水合物-气体系的平衡压力；Z_{eq} 为平衡状态下的气体压缩因子。

除了外部边界处，扩散过程视为介稳态，因此有

$$\frac{\partial c(r,t)}{\partial t} = 0, \qquad R_i(t) \leqslant r < R_h(t) \tag{3.32}$$

上述方程的改进解为

$$c(r,t) = \frac{a(t)}{r} + B(t)r^2 + b(t) \tag{3.33}$$

$$B(t)\big|_{r=R_h(t)} = \frac{1}{6D_{eff}} \frac{\partial\left(\dfrac{P}{ZRT}\right)}{\partial t} \text{或} 0 \tag{3.34}$$

式中，Z 为气体压缩因子。

在水合物层的外表面，$B(t)$ 可以通过真实气体状态方程获得。在水合物层的内表面，选取充分小的离散时间，扩散过程为介稳态，同时，$B(t)$ 等于 0。因此有

$$a(t) = -\frac{\dfrac{P}{ZRT} - \dfrac{P_{eq}}{Z_{eq}RT} - \dfrac{1}{6D_{eff}} \dfrac{\partial\left(\dfrac{P}{ZRT}\right)R_h(t)^2}{\partial t}}{\dfrac{D_{eff}}{k_R \rho_{mi}^n R_i^2(t)} + \left(\dfrac{1}{R_i(t)} - \dfrac{1}{R_h(t)}\right)} \tag{3.35}$$

$$b(t) = \frac{P}{ZRT} - \frac{a(t)}{R_h(t)} - \frac{1}{6D_{eff}} \frac{\partial\left(\dfrac{P}{ZRT}\right)}{\partial t} R_h^2(t) \tag{3.36}$$

通过水合物层的摩尔流量为

$$Q = \frac{4\pi D_{eff}\left(\dfrac{P}{ZRT} - c(r,t)\big|_{r=R_i(t)}\right)}{\dfrac{1}{R_i(t)} - \dfrac{1}{R_h(t)}} = k_R \rho_{mi}''\left(c(r,t)\big|_{r=R_i(t)} - \frac{P_{eq}}{Z_{eq}RT}\right) = r_g \tag{3.37}$$

水合物周围的气体摩尔浓度变化速率近似等于通过水合物层扩散的摩尔流量，因此：

$$Q = -\frac{\partial\left(\dfrac{P(t)}{ZRT}\right)}{\partial t}\left(\frac{V}{M} - \frac{4}{3}\pi R_h^3(t)\right) \approx -\frac{\Delta c\big|_{r=R_h(t)}}{\Delta t}\left(\frac{V}{M} - \frac{4}{3}\pi R_h^3(t)\right) \tag{3.38}$$

式中，M 为反应釜中物样中冰球的数目。

通过求解上述方程，在冰球外表面处的反应气体的摩尔浓度的表达式为

$$c(r,t)|_{r=R_i(t)} = \frac{P}{ZRT} - \frac{1}{6D_{eff}}\frac{\partial\left(\dfrac{P}{ZRT}\right)}{\partial t}R_h^2(t) - \frac{\dfrac{P}{ZRT} - \dfrac{P_e q}{Z_{eq}RT} - \dfrac{1}{6D_{eff}}\dfrac{\partial\left(\dfrac{P}{ZRT}\right)}{\partial t}R_h^2(t)}{1+A} \tag{3.39}$$

$$A = \frac{D_{eff}}{k_R \rho_{mi}''\left(R_i(t) - \dfrac{R_i^2(t)}{R_h(t)}\right)} \tag{3.40}$$

式中，P_e 为相平衡压力。

水合物层外径随时间变化为

$$R_h(t) = \sqrt[3]{\frac{\rho_{mi}}{n\rho_{mh}}\left(R_0^3 - R_i^3(t)\right) + R_i^3(t)} \tag{3.41}$$

式中，ρ_{mh} 为水合物密度。

3.2.3　水合物孔隙赋存形态

水合物在孔隙内的赋存形态主要有胶结型、悬浮型/孔隙填充型、包裹型及支撑型四种，如图 3.15 所示，主要与客体分子种类、组分饱和度、生成条件等因素有关，能够影响含水合物沉积层的有效物性。X 射线 CT 扫描技术是研究水合物赋存形态的重要手段之一。

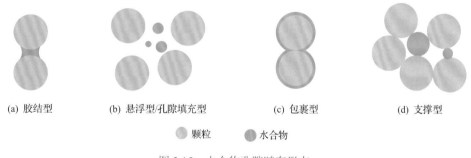

　(a) 胶结型　　　　　(b) 悬浮型/孔隙填充型　　　　(c) 包裹型　　　　　(d) 支撑型

　　　　　　　　　　⬤ 颗粒　　⬤ 水合物

图 3.15　水合物孔隙赋存形态

1. X 射线 CT 成像原理

X 射线是一种波长 0.01～10nm 的电磁波，最早被应用于医学诊断，继而又在工业领域得到广泛应用。X 射线位于电磁波谱的高能端，其穿透能力的强弱，不仅与 X 射线自身能量有关，也与被穿透物质的特性有关。X 射线能量越大，穿透性越强，被穿透物质的原子序数越小，越容易被穿透。

X 射线在传播过程中，强度会发生扩散衰减和吸收衰减。扩散衰减是由于传播距离

引起的，而吸收衰减则是穿越某种物质时发生的。由点源产生的 X 射线在均匀物质中传播时，如果仅考虑距离因素引起的扩散衰减，其衰减规律符合二次方反比定律，即

$$N' = u \frac{N_0}{r^2} \tag{3.42}$$

式中，N_0 为 X 射线在点源位置单位面积内的光子数；N' 为该射线距离射线源 r 的球面上单位面积内的光子数；u 为比例系数。但该式仅在真空中成立。由于空气对 X 射线的衰减作用很小，可以忽略不计，可以通过调节 X 射线源到接收端的距离来控制射线强度。射线穿越某种物质时，会与物质原子发生各种相互作用，这个过程中会发生散射和吸收，造成入射方向上射线强度的吸收衰减。因而，X 射线的衰减主要是指吸收衰减。

考虑水平入射到某种物质中的一窄束单能 X 射线，当入射到 L 处时，光子数可以表示为

$$N = N_0 e^{-\lambda L} \tag{3.43}$$

式中，λ 为线性衰减系数。根据不同作用对射线衰减的影响，线性衰减系数可以按式(3.44)分解：

$$\lambda = \lambda_L + \lambda_C + \lambda_P + \lambda_S \tag{3.44}$$

式中，λ_L、λ_C、λ_P 和 λ_S 分别为光电效应、康普顿散射、电子对效应和相干散射的线性衰减系数。线性衰减系数与 X 射线穿透物质的密度成正比，因此，穿透不同密度的物质后所检测到的光子数不同，这是 X 射线 CT 成像检测的基础。

单位时间经过单位面积的 X 射线光子的总能量，称作 X 射线的强度，用 I 表示。对于窄束单能 X 射线，其衰减规律为

$$I = I_0 e^{-\lambda L} \tag{3.45}$$

式中，I_0 为初始光子总能量。

实际射线多为宽束射线，射束中包含散射部分，此时线性衰减系数不再是常数，而与穿越物质的形状和尺寸等其他多种因素密切相关，将式(3.45)修正为

$$I = D I_0 e^{-\lambda L} \tag{3.46}$$

式中，D 为积累因子，反映了散射光子对射线衰减的影响。积累因子与射线穿越物质的特性、放射系内各组件的相对位置以及射线自身能量相关。

上述单能 X 射线在常规实验环境下很难产生，实际采用的 X 射线一般具有连续光谱。连续 X 射线穿越某一厚度的物质时，其射线束内不同能量的光子的衰减情况不同。连续 X 射线的衰减可以描述为

$$I = I_1 + I_2 + \cdots + I_n = I_{01} e^{-\lambda_1 L} + I_{02} e^{-\lambda_2 L} + \cdots + I_{0n} e^{-\lambda_n L} \tag{3.47}$$

式中，$I_1, I_2, \cdots, I_n$ 为各种能量的 X 射线衰减后的强度；$I_{01}, I_{02}, \cdots, I_{0n}$ 为各种能量 X 射线

的入射强度；$\lambda_1, \lambda_2, \cdots, \lambda_n$ 为各种能量 X 射线的线性衰减系数；L 为 X 射线的穿越层厚度。

锥束 CT 是利用锥形束射线源和面阵探测器采集被测物体不同角度的一系列投影图像，并根据相应的重建算法重建出连续的序列切片图像的成像技术。锥束 CT 具有扫描速度快、射线利用率高、切片内和切片间的空间分辨率相同、精度高等特点。锥束 CT 系统主要由射线源、扫描机构、辐射探测器、屏蔽设施和计算机等子系统组成。射线源子系统用于产生和控制 X 射线，持续稳定的 X 射线供应是 CT 扫描质量的重要保证；扫描机构用于装载检测样本并控制它的运动方式和步进量，一般采用单圆周扫描方式，工作台上采用两正交轴加一回转轴结构形式；探测器子系统负责将入射的 X 射线转换成数字信号，并输入计算机中用于后续的图像处理与重建，采用基于图像增强器的面阵探测器；屏蔽设施主要用于降低射线对周围环境的危害，保护操作人员的身体健康；计算机系统包括计算机硬件本身和实现相关功能算法的软件程序，负责系统的总体控制和数据图像的重建。

2. 水合物孔隙赋存形态

玻璃砂(BZ-1)多孔介质中水合物空间分布如图 3.16 所示[16]。气、水、水合物三种组分不均匀地分布在孔隙中，大量气体富集在岩心顶部[图 3.16(b)]，自由水由于重力向下运移，在岩心顶部形成了一个自由气层，气体也因此难以向岩心底部的自由水中溶解和扩散，导致水合物生成呈现空间非均质性。客体分子甲烷与主体分子水的充分接触是水合物生成的关键[21]。顶部的玻璃砂由于表面润湿特性及孔隙毛细管力的作用，会被少量

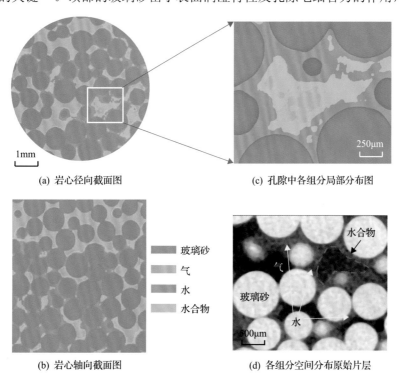

(a) 岩心径向截面图   (c) 孔隙中各组分局部分布图

(b) 岩心轴向截面图   (d) 各组分空间分布原始片层

图 3.16　水合物多孔介质各组分的二维空间分布

的水层包裹，进而与自由气层中的甲烷气体生成水合物，导致顶部的水合物饱和度非常低[图 3.16(b)]。而岩心底部，由于被自由水占据了大量孔隙空间，气体很难向水层内部运移，甲烷气体在水中的扩散系数很低，导致自由水层内部缺少与甲烷的充分接触，难以生成水合物[图 3.16(b)]。

水合物并未与玻璃砂直接接触，在二者之间存在自由水层，其厚度在 50～80μm，该赋存形态属于悬浮型[图 3.16(c)]。水合物优先在气-水界面成核，因为界面处同时存在水合物生成所需的主、客体分子，水合物以膜或者壳的形态在界面生长，并逐渐限制气与水的接触，水合物对于气和水的传质限制作用，最终减缓并停止了水合物的继续生成。

水合物在孔隙中的三维赋存形态如图 3.17 所示。水合物和固体基质间无直接接触，在水合物与固体基质间存在明显空隙。水合物在孔隙中的三维形态通常是沿基质表面分布，虽无直接接触，但水合物相整体轮廓与固体基质间倾向于保持均匀间隙，并且通常会在颗粒间的微小间隙中形成楔形的三维形态结构，这将在一定程度上限制固体颗粒的剪切及滚动。此外，在局部高水合物饱和度区域，水合物充满孔隙空间，对多孔介质骨架起到支撑作用。因此，本书提出一种新的气体水合物赋存形态，即"悬浮支撑型"：当局部水合物饱和度增高时，水合物会向基质间的微小间隙中继续生长，整体形态倾向于包裹固体颗粒，但二者仍无直接接触，水合物会通过厚度相对均匀的水层对固体基质骨架起到支撑和维持作用，进而影响整体的结构稳定性。

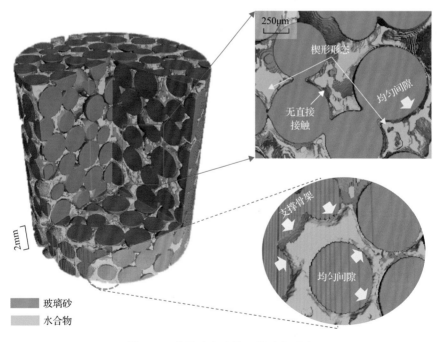

图 3.17　孔隙中水合物三维赋存形态

3. 生成体系的影响

气体水合物优先在气-液界面成核生长，而与水互溶的液体客体分子(如 THF)在生成水合物的过程中没有气相参与，赋存形态不同。孔隙中 THF 溶液体系水合物的生长过程的 MRI 图像如图 3.18 所示[22]。水合物在颗粒连接处开始生成，并向孔隙空间生长直至水合物完全生成，水合物与玻璃砂呈胶结形态，其间没有明显的液层[23]。这是溶液体系与气-水体系生成水合物赋存形态的显著区别，主要是由玻璃砂表面同时存在 THF 与水导致的。

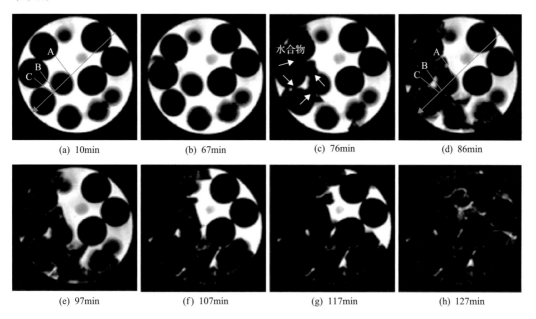

(a) 10min　　(b) 67min　　(c) 76min　　(d) 86min

(e) 97min　　(f) 107min　　(g) 117min　　(h) 127min

图 3.18　THF 水合物生长过程 MRI 图像

4. 孔隙尺寸的影响

多孔介质粒径决定了孔隙尺寸，进而影响孔隙内各相的空间分布及其相互作用机制。多孔介质(BZ-08)中水合物的三维赋存形态如图 3.19 所示[24]。相对于粒径更大的 BZ-1 玻璃砂多孔介质，BZ-08 气相的分布更加均匀，自由水向下运移并聚集的现象有所缓解，气、水接触更加充分，水合物生成更加完全，水合物分布也相对均匀。孔隙尺寸减小，毛细管力的作用开始凸显，水分在其作用下克服重力均匀束缚在孔隙中。在 BZ-06 玻璃砂中，也观察到类似现象。然而，孔隙中水合物的赋存形态没有明显改变，水合物与固体基质间依然存在自由水层。由于水合物的生成更加充分，水合物团簇已经生长至大部分微小孔隙中，"包裹"着固体基质，"悬浮支撑型"的赋存形态规律依然适用。此外，自由水层的厚度随着孔隙尺寸的变化并无明显改变，为 40～80μm。

5. 颗粒润湿性的影响

颗粒表面润湿特性影响水膜在颗粒表面的分布。本节采用的玻璃砂通常具有疏水表面，接触角 $\theta_水$=108.3°。正长石、海滩砂等与规则球体玻璃砂具有不同的表面亲水特性，水相接触角经测量分别为 47.2° 和 38.5°，均为亲水性表面。图 3.20 为水合物在正长石模

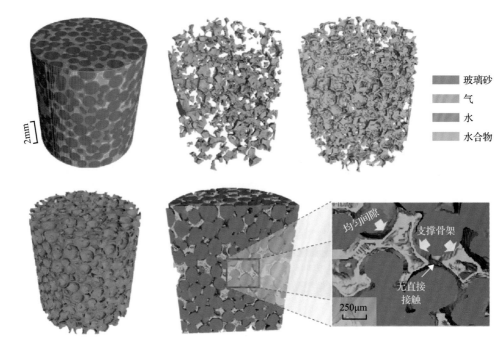

图 3.19　BZ-08 玻璃砂多孔介质中水合物三维赋存形态

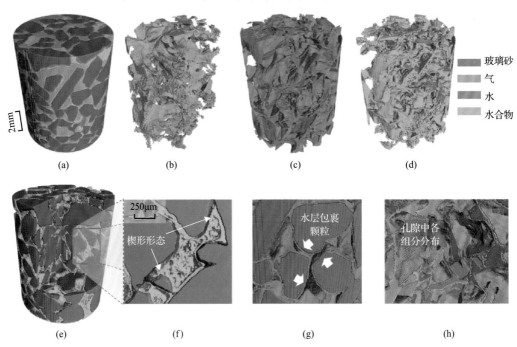

图 3.20　正长石多孔介质中水合物三维赋存形态

拟多孔介质中的三维赋存形态。气、水、水合物三种组分均匀分布在孔隙中，较大的颗粒粒径和孔隙尺寸导致了组分局部的大量聚集[图 3.20(a)、(b)中的气相]。自由水并未因较大的孔隙尺寸而向底部运移沉积，这可能与颗粒的表面特性有关，在亲水性的作用下，颗粒表面通常会包裹一层自由水，如图 3.20(g) 所示。水相的空间分布直接决定了水合物生成后的空间形态。由亲水性导致的包裹颗粒的水层，也促进了水合物团簇沿颗粒表面轮廓生成，并向小孔隙生长，最终形成类似的楔形结构，如图 3.20(f) 所示。自由水层依然存在，隔离了水合物与固体颗粒。孔隙中的气、水合物两相均被水相包裹，只有水相与颗粒表面有直接接触。水层厚度相比于玻璃砂体系有所减小，为 30~50μm，可能与颗粒表面较小的水相接触角有关。

3.3 天然气水合物分解与二次生成

水合物开采过程，是水合物分解产生气、水并运移产出的过程，水合物分解特性将决定开采进程。由于水合物的分解是吸热反应，开采过程储层温度下降，易诱发结冰与水合物的二次生成，阻碍分解进程。深入解析多孔介质内水合物的分解特性，是实现水合物高效开采的重要理论基础。

3.3.1 天然气水合物分解特性

对于水合物开采过程而言，水合物分解速率及气液运移机理是影响水合物开采效率的关键。目前的研究大多从分解过程的温度、压力变化及产气规律着手，根据宏观物理参数变化(温度、压力、气-水流量等)推断岩心内部的水合物分解特性，无法准确描述岩心内部水合物分布的非均质性，不能直接分析水合物分解特性差异。MRI 可视化技术可有效描述水合物分解过程中各相的空间分布，是本书的主要实验手段。本节重点阐述恒定背压、梯度降压两种降压分解条件及注热分解条件下水合物分解特性。

1. 恒定背压分解特性

恒定背压，即在水合物生成后，将岩心管的背压设为恒定值(3.1MPa)，略高于生成温度(1℃)下的相平衡压力(2.98MPa)。随后，背压降至分解背压(2.8MPa)，利用 MRI 观测岩心内水的信号强度变化，探究水合物分解特性。

岩心中的水合物分解过程的平均信号强度与水合物饱和度随时间变化曲线如图 3.21 所示[25]。岩心中液态水含量在降压 10min 后开始上升，水合物在背压降至 2.8MPa 后没有立刻发生分解，原因可能是水合物在岩心中的非均匀分布堵塞了部分孔隙，导致成像区域的水合物在降压后依然可以稳定存在。随后观测到首先发生分解的是岩心管下部的水合物。当实验进行到 20min 左右时，岩心内部的孔隙通道打开，渗透率增加，在孔隙水运移和水合物分解的共同作用下，水的平均信号强度大幅上升，表明成像区域中的液态水含量明显增加。随后，平均信号强度平稳上升，直至 70min 左右到达最大值，说明在这一阶段水合物以基本恒定的速率分解。由于岩心内部非均质性、毛细管力、重力等因素影响，成像区域内孔隙中的液态水分布会发生变化，导致水合物分解结束后，平均信号强度出现下降趋势并最终稳定。

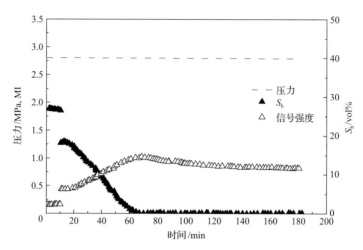

图 3.21　2.8MPa 恒定背压分解实验水合物饱和度及平均信号强度变化曲线

　　水合物分解过程的水饱和度变化情况如图 3.22 所示。磁共振信号强弱表征了水饱和度的大小，其变化反映了水合物的变化。在恒定背压(2.8MPa)条件下，最初的 10min 内图像没有明显变化，水合物尚未发生分解。降压过程进行至 20min 时，成像区域整体变亮，水合物整体发生分解。随着分解的进行，管壁处的亮度开始高于岩心中心。水合物分解为吸热过程，在恒定背压分解条件下，所需的热量通过边界传热提供，因此外围的水合物优先发生分解，从图像上呈现为水-水合物相界面沿径向自外向内移动。从水合物完全分解后(80~180min)，MRI 图像亮度有所降低，主要是岩心下部液态水减少。

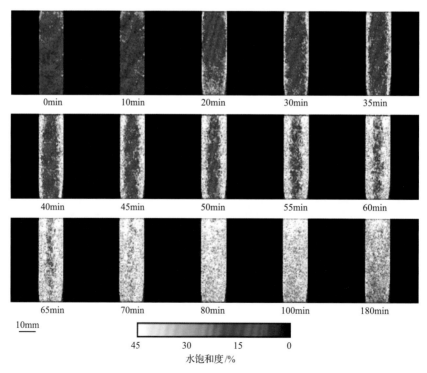

图 3.22　恒定背压分解岩心水饱和度分布图

2. 梯度降压分解特性

水合物降压分解导致储层温度降低，在有限的有效导热条件下水合物分解速度受到限制，还容易诱发结冰或水合物二次生成。梯度降压可有效缓解储层温度的降低程度，提高水合物整体分解速度。

本小节中梯度降压的初始压力为 2.6MPa，每隔 10min 压力再降低 0.2MPa，得到的岩心内部平均信号强度、压力及水合物饱和度曲线如图 3.23 所示。当背压降至 2.6MPa 时，岩心中液态水信号强度显著上升，水合物在降压后立刻分解，并且随着背压的降低，水合物分解速率没有明显变化，到 30min 时水合物分解结束，此时背压降到了 2.2MPa。与恒定背压条件下的分解过程相比，梯度降压整体分解时间缩短，这是由于其背压逐渐降低，并且温度降低程度小，水合物分解驱动力一直较大。水合物分解结束后，随着背压的继续降低，岩心中液态水信号强度出现了明显的下降，而且速率和幅度均大于恒定背压分解条件下的速度和幅度，这主要是由于降压产气和重力效应造成水迁移出成像区。

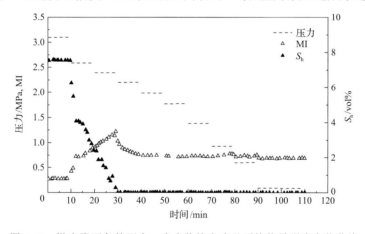

图 3.23　梯度降压条件压力、水合物饱和度及平均信号强度变化曲线

图 3.24 为 2.6MPa 梯度降压水合物分解过程中岩心水饱和度随时间变化情况。在水合物分解过程中仍然出现了明显的水-水合物相界面，沿径向由管壁向岩心中心移动，与恒定背压分解不同的是，在梯度降压过程中，岩心下部的液态水含量明显高于岩心上部，出现了轴向的水-水合物相界面，并且逐渐向上移动。这主要是由于岩心降压产气出口在下部，背压变化从下部向上传递，下部的水合物优先分解，并且气体运移可以导致水分迁移，当背压降低时，水合物分解产生的液态水在气体产出的作用下部分向下迁移。

3.3.2　天然气水合物二次生成特性

水合物开采过程中，储层温度降低，水合物分解，气、水向开采井方向运移，可能造成局部孔隙压力升高，容易发生水合物的二次生成，影响水合物开采效率和安全。由于水合物分解过程局部的二次生成过程不易描述，本小节重点利用 MRI 方法，对二次注气过程中水合物二次生成特性进行了研究[18]，其中，二次注气过程分为恒压稳态与气体运移两种情况。恒压稳态与气体运移条件下水合物二次生成实验工况如表 3.3 所示。

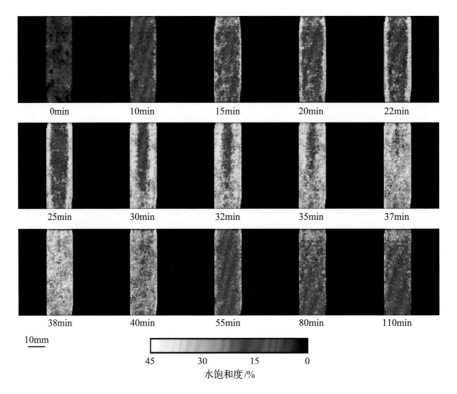

图 3.24　2.6MPa 梯度降压实验填砂岩心水饱和度分布的 MRI 图像

表 3.3　恒压稳态与气体运移条件下水合物二次生成实验工况与结果

工况	S_{w0}	S_{h1}	ΔS_{h1}	S_{h2}	S_{w2}	R	S_{h60}	B'	ΔS_{h2}
1(恒压稳态)	0.147	0.117	0.049	0.068	0.093	7.5	0.109	0.603	0.041
2(恒压稳态)	0.113	0.126	0.053	0.073	0.055	7.5	0.120	0.644	0.047
3(恒压稳态)	0.156	0.141	0.049	0.092	0.082	4.5	0.138	0.5	0.046
4(恒压稳态)	0.14	0.156	0.046	0.11	0.052	4.5	0.153	0.39	0.043
5(恒压稳态)	0.146	0.171	0.056	0.115	0.054	1.5	0.162	0.409	0.047
6(恒压稳态)	0.153	0.172	0.074	0.098	0.075	1.5	0.148	0.51	0.05
7(恒压稳态)	0.162	0.188	0.056	0.132	0.056	1.5	0.186	0.409	0.054
8(气体运移)	0.178	0.155	0.039	0.116	0.085	7.5	0.174	0.5	0.058
9(气体运移)	0.222	0.175	0.04	0.135	0.114	4.5	0.209	0.548	0.074
10(气体运移)	0.251	0.206	0.085	0.121	0.154	4.5	0.197	0.628	0.076
11(气体运移)	0.307	0.277	0.067	0.21	0.139	1.5	0.304	0.448	0.094

　　注：S_{w0} 为实验初始时刻孔隙内饱和水的量，vol%；S_{h1} 为水合物一次生成后的饱和度，vol%；ΔS_{h1} 为水合物第一次分解时的分解量，vol%；S_{h2} 为水合物第一次分解结束后的饱和度，vol%；S_{w2} 为水合物第一次分解结束后的孔隙水饱和度，vol%；R 为二次生成注气速率，mL/min；S_{h60} 为水合物二次生成进行到第 60min 时的水合物饱和度；B' 为水合物二次生成饱和度增长的百分比，%；ΔS_{h2} 为水合物二次生成的饱和度增长量，vol%。

1. 恒压稳态条件下二次生成特性

选取 2、4 和 6 三个工况描述水合物二次生成过程，如图 3.25 所示。在水合物一次生成结束后，通过控制背压泵进行降压操作，促使水合物分解。大约 110min 时，水合物饱和度曲线到达最低点后，以恒定的速率向反应釜内注入甲烷气体，提高反应釜内的压力至 4.8MPa，使水合物二次生成。

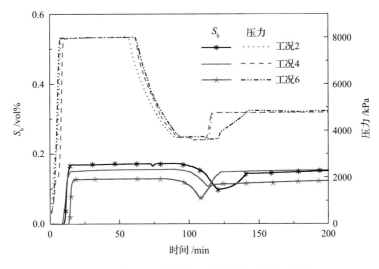

图 3.25　恒压稳态条件下水合物生成分解过程

工况 1~7 中水合物二次生成实验在 60min 之内完成，在水合物二次生成进行到第 60min 时的水合物饱和度记为 S_{h60}，二次生成开始时刻的残余孔隙水饱和度 S_{w2} 对水合物二次生成饱和度的增长百分数（B）和增长量（ΔS_{h2}）的影响如图 3.26 所示。结果表明，孔隙水饱和度 S_{w2} 与水合物二次生成的增长量没有明显的相关关系，这是由于一次生成的水合物量不同，分解时的水合物基数不一样，产生的分解水也不同，但孔隙水与水合物

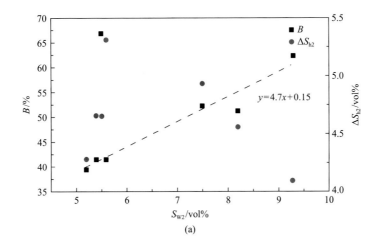

(a)

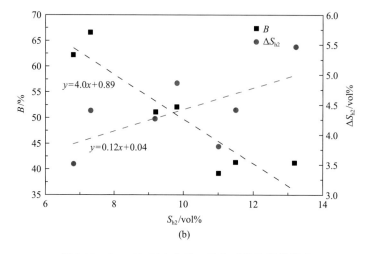

(b)

图 3.26 S_{w2}、S_{h2} 对水合物二次生成饱和度的影响

二次生成饱和度的增长百分数有明显的线性关系，分解水越多，水合物二次生成的水合物饱和度越大。随着残余水合物饱和度 S_{h2} 的增大，水合物二次生成的增长量越大，二次生成增长的百分比减少，说明恒压稳态条件下水合物的二次生成与残余水合物具有密切关系。

2. 气体运移条件下二次生成特性

工况 8~11 为气体运移下水合物二次生成过程，残余孔隙水饱和度 S_{w2}、残余水合物饱和度 S_{h2} 与增长量 ΔS_{h2} 及水合物完全生成时的饱和度 S_{h60} 间的关系如图 3.27 所示。残余孔隙水饱和度 S_{w2} 和残余水合物饱和度 S_{h2} 对增长量 ΔS_{h2} 和完全生成时的水合物饱和度 S_{h60} 均有显著影响。相较恒压稳态二次生成过程，气体运移条件下，残余孔隙水饱和度 S_{w2} 对水合物二次生成的影响作用增强，主要是气体运移造成了孔隙水分布的变化，影响了气、水与残余水合物的接触。

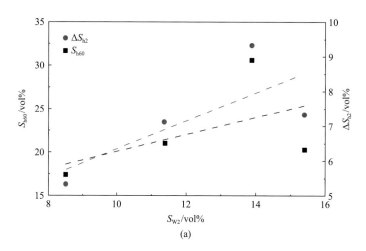

(a)

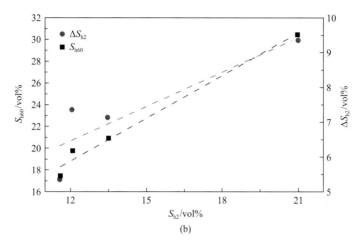

图 3.27 气体运移条件下 S_{w2}、S_{h2} 对 S_{h60} 的影响

参 考 文 献

[1] Kashchiev D, Firoozabadi A. Induction time in crystallization of gas hydrates. Journal of Crystal Growth, 2003, 250(3-4): 499-515.

[2] Kashchiev D, Firoozabadi A. Nucleation of gas hydrates. Journal of Crystal Growth, 2002, 243(3): 476-489.

[3] Sloan E D. Clathrate Hydrates of Natural Gas. 3rd ed. New York: CRC Press, 2007.

[4] 刘玉山, 祝有海, 吴必豪. 天然气水合物——21 世纪的新能源. 矿床地质, 2012, 31(2): 401-404.

[5] 王山榕. 多孔介质内水合物成核诱导时间与生长动力学研究. 大连: 大连理工大学, 2018.

[6] Ripmeester J A, Saman A. Molecular simulations of methane hydrate nucleation. Chemical Physics & Physical Chemistry, 2010, 11(5): 978-980.

[7] Nada H. Growth mechanism of a gas clathrate hydrate from a dilute aqueous gas solution: A molecular dynamics simulation of a three-phase system. Journal of Physical Chemistry B, 2006, 110(33): 16526-16534.

[8] Guo G J, Zhang Y G, Zhao Y J, et al. Lifetimes of cagelike water clusters immersed in bulk liquid water: A molecular dynamics study on gas hydrate nucleation mechanisms. Journal of Chemical Physics, 2004, 121(3): 1542-1547.

[9] Wang S, Yang M, Liu W, et al. Investigation on the induction time of methane hydrate formation in porous media under quiescent conditions. Journal of Petroleum Science and Engineering, 2016, 145: 565-572.

[10] Knott B C, Molinero V, Doherty M F, et al. Homogeneous nucleation of methane hydrates: Unrealistic under realistic conditions. Journal of the American Chemical Society, 2012, 134(48): 19544-19547.

[11] Vysniauskas A, Bishnoi P R. A kinetic study of methane hydrate formation. Chemical Engineering Science, 1983, 38(7): 1061-1072.

[12] Lupi L, Hudait A, Molinero V. Heterogeneous nucleation of ice on carbon surfaces. Journal of the American Chemical Society, 2014, 136(8): 3156-3164.

[13] Bai G, Gao D, Liu Z, et al. Probing the critical nucleus size for ice formation with graphene oxide nanosheets. Nature, 2019, 576(7787): 437-441.

[14] Baldwin B A, Moradi-Araghi A, Stevens J C. Monitoring hydrate formation and dissociation in sandstone and bulk with magnetic resonance imaging. Magnetic Resonance Imaging, 2003, 21(9): 1061-1069.

[15] Delannoy J, Chen C N, Turner R, et al. Noninvasive temperature imaging using diffusion MRI. Magnetic Resonance in Medicine, 2010, 19(2): 333-339.

[16] 杨磊. 气体水合物相变过程微观结构演变及对宏观物性影响. 大连: 大连理工大学, 2017.

[17] 王朋飞. 多孔介质内气体运移条件下水合物生成特性. 大连: 大连理工大学, 2019.

[18] Wang P, Yang M, Jiang L, et al. Effects of multiple factors on methane hydrate reformation in a porous medium. Chemistry Select, 2017, 2(21): 6030-6035.

[19] Wang X, Schultz A J, Halpern Y. Kinetics of methane hydrate formation from polycrystalline deuterated ice. The Journal of Physical Chemistry A, 2002, 106(32): 7304-7309.

[20] Kuhs W F, Klapproth A, Gotthardt F, et al. The formation of meso-and macroporous gas hydrates. Geophysical Research Letters, 2000, 27(18): 2929-2932.

[21] Yang L, Zhao J, Liu W, et al. Microstructure observations of natural gas hydrate occurrence in porous media using microfocus x-ray computed tomography. Energy & Fuels, 2015, 29(8): 4835-4841.

[22] 薛铠华. 多孔介质中水合物赋存规律与分解特性研究. 大连: 大连理工大学, 2016.

[23] Xue K, Zhao J, Song Y, et al. Direct observation of THF hydrate formation in porous microstructure using magnetic resonance imaging. Energies, 2012, 5(4): 898-910.

[24] Zhao J, Yang L, Liu Y, et al. Microstructural characteristics of natural gas hydrates hosted in various sand sediments. Physical Chemistry Chemical Physics, 2015, 17(35): 22632-22641.

[25] 王盛龙. 水合物开采过程气-水运移及颗粒聚集机理研究. 大连: 大连理工大学, 2018.

第 4 章

天然气水合物储层导热特性

水合物分解是一个吸热过程，储层导热特性显著影响水合物分解进程。水合物储层是由气、水、水合物、沉积物等构成的多相、多组分体系，有效导热特性变化复杂[1]。探明水合物储层有效导热系数影响因素及规律，可为大尺度开采数值模拟提供基础物性参数，指导水合物开采方式及经济性评价[2]。水合物开采过程涉及水合物的分解、二次生成等复杂相变，还伴随有组分变化、气/水空间运移等，因此探究相变过程储层导热特性变化规律，可为水合物开采调控提供理论依据[3]。本章围绕水合物储层导热特性研究开展论述，重点关注有效导热系数测量方法、水合物储层导热特性和有效导热系数模型等内容。

4.1　有效导热系数测量方法

材料的导热系数是描述其导热能力的热力学参数，多相、多组分的多孔介质材料的导热能力通常用有效导热系数描述。水合物通常在低温、高压条件下稳定存在，传统测量方法难以直接应用到水合物体系，需加以改进，本节重点针对有效导热系数测量方法进行阐述。

4.1.1　常规测量方法

常规导热系数测量方法分为稳态法和非稳态法两大类[4]。稳态法包括平板法、护板法、热流计法等[4]，测量原理为通过在试样内建立不随时间变化的稳定温度梯度，然后利用经典的傅里叶导热定律计算出试样的导热系数：

$$Q = -kA\frac{\Delta T}{\Delta x} \tag{4.1}$$

式中，Q 为热流量；k 为材料导热系数；A 为垂直于热流方向的试样面积；ΔT 为温度差；Δx 为试样的厚度；式中负号表示热量传递方向与温度升高的方向相反。稳态法的测量精度较高，操作简单，但缺点是建立稳定温度梯度所需的时间较长，对试样的尺寸和形状要求较为严格，因而在水合物沉积物导热特性的研究中应用较少。

非稳态法也称瞬态法，基本原理为测量试样内随时间演化的热量耗散过程，通过导热模型反算出试样的导热系数。瞬态法对环境温度的稳定性要求不高，可实现实时、快速测量。常用的瞬态法包括热线法[5]、热探针法[6]、瞬态平板热源法[7]、热脉冲法[8]等。

热线法的测量装置主体是一根细金属丝,常用材质为金属铂。该方法假设在无限大的各向同性试样中放入长度无限长、半径相对无限小、温度均匀的线热源,测量开始时线热源和待测试样整体处于热平衡状态,当金属丝被加以恒定功率的电流后,在周围的试样中产生一维径向热传导,在较短的时间内,距线热源一定距离处的温度与线热源周围待测试样的导热特性相关,根据导热模型可计算出待测试样的导热系数。由于测量时间短,通常小于流体发生自然对流的时间,可以排除自然对流对测量结果的影响。该方法适用于液体或气体的测量。但金属丝容易在测量中发生损坏,复杂试样测量难度较大。

热探针法的工作原理与热线法类似,不同的是将加热和温度测量元件封装进金属管内,可以较为方便地置于待测试样中,不易损坏。该方法常用于测量疏松多孔介质,或导热系数较低的固体材料,应用场合灵活,可以用于水合物沉积物的原位测量。

瞬态平板热源法的主要元件为一个由电阻丝构成的平板式探头,一般采用双螺旋排布方式[7]。该探头作为平板式热源向周围的待测试样传导热量,同时又能实现探头自身温度采集。在较短的测量时间内,待测试样可被视为无限大。平板式探头的温升(通常为1~3℃)与周围待测试样的热物性相关,可以计算出待测试样的导热系数。瞬态平板热源法技术比较成熟,已有基于该方法开发的商业化产品。

目前,热探针法和瞬态平板热源法由于使用条件灵活,技术相对成熟,被广泛应用于水合物储层有效导热系数的研究中[2, 9-12],能够实现对天然储层样品[13]和人工合成的水合物沉积物[14-16]的测量。但传统测量装置或商业化产品往往在常温常压下工作,因此,需要将热探针或平板式探头封装进高压釜体内,并对整个测量装置进行控温,从而保证测量过程中水合物的稳定性。此外,还需对探头等重要部件做一定的加固处理,以避免在高压环境下探针或探头损坏。

4.1.2 热敏电阻点热源法

热敏电阻点热源导热系数测量方法[17, 18]是利用热敏电阻作为点热源和温度传感器,对其施加恒定直流电压,电阻对周围的待测试样产生一定的加热功率,根据热敏电阻温度衰减与输入功率的关系,结合经典导热模型,计算出待测试样的导热系数。该方法通常应用于食品及生物领域的导热系数测量,也可实现高压低温条件下多组分试样的原位测量。热敏电阻的发热量小,对待测试样的影响较小。热敏电阻点热源法的有效测量半径与热敏电阻尺寸和加热功率相关,可实现对复杂体系的局部测量。因此,该方法在高压低温条件下多相多组分的水合物沉积物有效导热系数测量中具有优势。

该方法的初始假设条件如下:

(1)热敏电阻点热源视为理想球形;

(2)待测试样视为各向同性;

(3)忽略点热源热量空间散布的不均匀性;

(4)不考虑热敏电阻与待测试样的接触热阻;

(5)只考虑导热过程。

基于以上五点假设条件[19],热敏电阻通电后产生的热量传递到待测试样,球形径向导热过程的热平衡方程用一维数学方程表示：

$$\frac{1}{r^2}\frac{\partial}{\partial r}\left(r^2\frac{\partial T_b}{\partial r}\right)+\frac{q(t)}{k_b}=\frac{1}{\alpha_b}\frac{\partial T_b}{\partial t}, \qquad 0\leqslant r\leqslant a \tag{4.2}$$

$$\frac{1}{r^2}\frac{\partial}{\partial r}\left(r^2\frac{\partial T_m}{\partial r}\right)=\frac{1}{\alpha_m}\frac{\partial T_m}{\partial t}, \qquad r\geqslant a \tag{4.3}$$

式中，a 为热敏电阻有效半径；k、T、α 分别为导热系数、温度和热扩散率；下标 m 和 b 分别为待测试样和热敏电阻；$q(t)=\Gamma+\beta f(t)$ 为 Valvano 提出的热敏电阻产热函数[19]，Γ 为稳态产热相，表示稳定后热敏电阻每单位体积的产热功率，β、$f(t)$ 为过渡项，当时间足够长时趋向于 0，已得到了实验验证[20]。

将热敏电阻视为球状热源，根据对称性可知，球心处温度梯度视为 0：

$$\frac{\partial T_b}{\partial r}=0, \qquad r=0,t\geqslant 0 \tag{4.4}$$

根据初始假设条件，得到边界条件：

$$T_b=T_m, \qquad r=a,t>0 \tag{4.5}$$

$$k_b\frac{\partial T_b}{\partial r}=k_m\frac{\partial T_m}{\partial r}, \qquad r=a,t>0 \tag{4.6}$$

$$T(r,t)=T_i, \qquad r=\infty,t>0 \tag{4.7}$$

式中，T_i 为周围稳定环境温度。初始热敏电阻未加热时，热敏电阻和周围试样处于热平衡条件：

$$T(r,t)=T_i, \qquad 0\leqslant r\leqslant a,t=0 \tag{4.8}$$

$$T(r,t)=T_i, \qquad r>a,t=0 \tag{4.9}$$

根据以上边界条件和初始条件，将热敏电阻产热函数 $q(t)=\Gamma+\beta f(t)$ 代入式 (4.2) 和式 (4.3)，得到如下热敏电阻和待测介质中温度分布的函数方程：

$$T_b(r,t)-T_i=\frac{a^2}{k_b}\left\{\frac{k_b}{3k_m}+\frac{1}{6}\left[1-\left(\frac{r}{a}\right)^2\right]\right\}(\Gamma+\beta f(t))-\frac{\Gamma a^3 f(t)}{3k_m\sqrt{\alpha_m\pi}} \tag{4.10}$$

$$T_m(r,t)-T_i=\frac{a^3\Gamma}{3k_m r}\left[\frac{(a-r)f(t)}{\sqrt{\alpha_m\pi}}\right]+\frac{\beta a^3 f(t)}{3k_m r}-\frac{\Gamma a^4 f(t)}{3k_m r\sqrt{\alpha_m\pi}} \tag{4.11}$$

对式 (4.10) 热敏电阻在球形直径方向进行积分，积分区间为热敏电阻中心到无限远处，得到热敏电阻与环境的温差随时间变化的表达式为

$$T_b(t) - T_i = \frac{1}{\left(\frac{4}{3}\right)\pi a^3} \int_0^a \left(\frac{a^2}{k_b} \left\{ \frac{k_b}{3k_m} + \frac{1}{6} \left[1 - \left(\frac{r}{a}\right)^2 \right] \right\} \right) \left(\Gamma + \beta f(t) - \frac{\Gamma a^3 f(t)}{3k_m \sqrt{\alpha_m \pi}} \right) 4\pi r^2 \mathrm{d}r$$

$$= \frac{a^2}{k_b} \left(\frac{k_b}{3k_m} + \frac{1}{15} \right) (\Gamma + \beta f(t)) - \frac{\Gamma a^3 f(t)}{3k_m \sqrt{\alpha_m \pi}} \tag{4.12}$$

测量时间足够长时热敏电阻达到稳态，$f(t)$ 趋近于 0，式 (4.12) 可简化为

$$\Delta T_b = T_{bss} - T_i = \frac{\Gamma a^2}{3k_b} \left(\frac{k_b}{k_m} + 0.2 \right) \tag{4.13}$$

式中，T_{bss} 为热敏电阻稳态时的温度；ΔT_b 为热敏电阻的温升。热敏电阻单位体积产热为

$$\Gamma = \frac{P_b}{V_b} = \frac{3P_b}{4\pi a^3} \tag{4.14}$$

式中，P_b、V_b 分别为热敏电阻的加热功率和点热源体积。联立式 (4.13)、式 (4.14) 可得

$$\frac{1}{k_m} = \frac{4\pi a \Delta T_b}{P_b} - \frac{1}{5k_b} \tag{4.15}$$

由式 (4.15) 可知，要计算待测试样的导热系数值 k_b，需要首先确定以下参数取值。

(1) 热敏电阻达到稳定状态后的温升 ΔT_b。该参数可利用热敏电阻阻值与温度的函数关系，通过采集初始和稳定状态热敏电阻阻值计算得到。温度与热敏电阻阻值之间的函数关系常用 Steinhart-Hart 方程[21]表示：

$$\frac{1}{T} = A + B\ln R + C(\ln R)^3 \tag{4.16}$$

式中，T 为热敏电阻温度；R 为电阻阻值，A、B、C 均为常数，取决于热敏电阻的型号。

(2) 热敏电阻的加热功率 P_b。该参数可由热敏电阻的电流电压计算得到。

(3) 热敏电阻有效半径 a 和导热系数 k_b。根据式 (4.15)，这两个参数可利用两种以上导热系数已知的标准材料进行标定。常用的已标定介质导热系数值如表 4.1 所示。

表 4.1 常用的标定介质导热系数值

名称	温度/℃	导热系数/[W/(m · K)]
丙三醇	25	0.280
乙二醇	25	0.252
水	25	0.610
冰	−5	2.250
乙醇	20	0.169

基于上述测量原理，本书开发了一种高压低温导热系数原位测量装置，用于水合物储层有效导热系数的相关研究[22-25]。装置的主要测量部件为热敏电阻探针，结构如图 4.1 所示。采用的热敏电阻为负温度系数型，并对其进行绝缘和密封处理，以适应高压环境。探针设计为快速接头结构，方便插入高压釜体内部进行测量。该装置在实际的测量过程中具有较好的稳定性和可靠性，对标准物质的测量误差在 5% 以内，结果如表 4.2 所示。

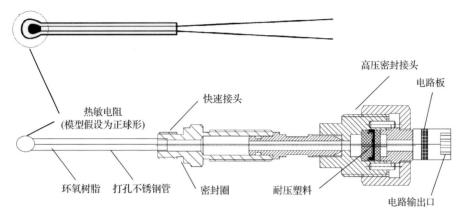

图 4.1 热敏电阻探针示意图

表 4.2 热敏电阻点热源法标准物质导热系数测量结果

测量物质	温度/℃	导热系数/[W/(m·K)]	参考值/[W/(m·K)]	相对误差/%
水	20	0.603	0.610	1.15
46%乙二醇溶液	20	0.425	0.430	1.16
乙醇	25	0.163	0.169	3.60
琼脂凝胶 2%	5	0.565	0.572	1.22

4.2 天然气水合物储层导热特性

本书关注水合物开采过程与储层导热特性的相互影响规律。影响水合物储层导热的因素较多，包括沉积物孔隙度、水合物饱和度、温度、压力等，明确这些因素对储层有效导热系数的影响规律，有助于分析动态过程中储层导热能力的演化。此外，在实际的水合物开采过程中，水合物的大量分解会产生气、水，因此伴随组分比例变化、组分空间运移等，储层有效导热系数的变化规律更加复杂。本节重点针对水合物储层导热特性进行阐述。

4.2.1 有效导热系数影响因素

多组分物质的有效导热系数受其各组分导热系数大小、组分比例、组分微观分布等多种因素影响。对于水合物沉积物体系，重点关注组分导热系数、沉积物孔隙率、初始水饱和度、水合物饱和度等因素。本节采用热敏电阻点热源方法，测量了合成水合物沉积物的有效导热系数，并分析了其主要影响因素[26]。

水合物储层中包含了沉积物颗粒、水、水合物、气体等组分。在实际开采过程中，由于水合物剧烈分解吸热还可能导致冰的出现。这些组分自身的导热系数大小直接影响了水合物储层有效导热系数。储层中，沉积物颗粒的导热系数最大，对有效导热的贡献也最大，导热能力较高的沉积物组分形成的水合物储层具备更优良的导热能力，有利于水合物分解过程热量补充。水及水合物的导热系数相对矿物组分较小，室温下水的导热系数约为 0.6W/(m·K)，纯甲烷水合物的导热系数约为 0.68W/(m·K)[11]，两者数值比较接近，但是，由于孔隙中生成的甲烷水合物是疏松多孔的，其导热系数值低于纯甲烷水合物晶体，约为 0.38W/(m·K)。冰的导热系数(T = 273K，2.2W/(m·K))要大于液态水和水合物。气体的导热系数在 0.01~0.03W/(m·K)，要比其他组分的导热系数小一到两个数量级，储层中气相体积占比过大会降低其导热能力。

图 4.2(a) 为不同孔隙度下四氢呋喃水合物沉积物有效导热系数的测量结果，孔隙中饱和纯四氢呋喃水合物。孔隙度的增大明显降低了四氢呋喃水合物沉积物的导热能力，且在研究的孔隙度区间内，二者呈线性关系。该变化趋势主要是由于四氢呋喃水合物导热系数(约 0.48W/(m·K))要低于玻璃砂材料的自身导热系数(约 0.926W/(m·K))。因此，

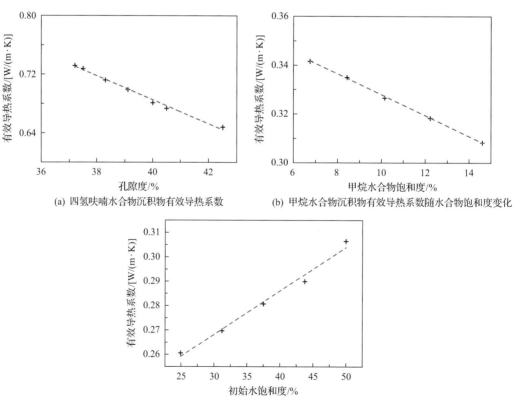

(a) 四氢呋喃水合物沉积物有效导热系数 (b) 甲烷水合物沉积物有效导热系数随水合物饱和度变化

(c) 甲烷水合物沉积物有效导热系数随初始水饱和度变化

图 4.2　不同储层参数对水合物沉积物有效导热系数的影响

当孔隙度增大时，体系中四氢呋喃水合物组分比例增高，玻璃砂组分比例下降，体系整体有效导热系数下降。图 4.2(b) 为不同甲烷水合物饱和度下水合物沉积物有效导热系数的测量结果。实验中通过控制相同的初始水饱和度以及不同的水合物生成压力，得到不同水合物饱和度的样品。由于甲烷水合物在孔隙中的生成是随机且非均质的，需进行多点测量及多次重复试验，避免测量结果出现较大的随机误差。

甲烷水合物沉积物体系的有效导热系数随水合物饱和度的增大而减小，且变化趋势大体为线性。因为水相的导热系数要大于水合物相，随着水合物的生成，水合物组分比例升高、水组分比例降低，体系有效导热系数降低。通过计算可以发现，水合物饱和度的增加量是气相饱和度减少量的 5 倍以上。因此，水合物与自由水二者组分比例的改变主导了体系有效导热特性的变化规律，最终呈现出有效导热系数随水合物饱和度的增大而降低的规律。

图 4.2(c) 为不同初始水饱和度下甲烷水合物沉积物有效导热系数的测量结果。由于水相导热系数大于气相，较高的初始水饱和度能够有效地提升体系的导热能力。在控制水合物饱和度相同时，初始水含量较高的体系，生成水合物后残余水比例也较高，因此体系的有效导热系数也会变大。

水合物储层的有效导热系数还会受到组分赋存形态的影响[27]。对于胶结型水合物储层，水合物会赋存在颗粒的接触处，起到胶结固相颗粒的作用，增强在固相中的热传导，提升体系的导热能力。对于包裹型水合物储层，水合物相会较均匀地包裹在颗粒表面，同样也会强化固相中的热传导。而对于支撑型水合物储层，水合物会以颗粒的形式与其他矿物组分接触，起到支撑结构的作用，这会降低颗粒之间的有效接触，影响体系导热能力。在填充型水合物储层中，水合物会填充在颗粒的孔隙当中，对强化固相导热的作用不明显。目前，针对水合物沉积物赋存形态对有效导热的影响研究较少，主要受限于不同赋存形态沉积物样品的制备。

4.2.2 相变过程有效导热系数

水合物开采是一个水合物分解成气、水并运移产出的过程，伴随储层温度、压力变化以及骨架孔隙结构演化。探明水合物分解过程中储层有效导热特性的变化规律，对于水合物开采调控至关重要。图 4.3 为不同分解阶段水合物沉积物有效导热系数变化规律。由于有效导热系数测量需要体系相对稳定，采用“阶段启停”方法对水合物分解反应进行控制[22]。在玻璃砂模拟多孔介质体系内生成水合物后，采用分阶段方式进行分解反应，在水合物降压分解过程的某一时刻关闭产气阀门，抑制水合物的进一步分解，温度稳定后，开始进行有效导热系数的测量，得到水合物饱和度分别为 48%(初始)、32%、22%、14%、0%的沉积物有效导热系数。在开采初始阶段，大量的分解气产出导致分解水的迁移，且水合物饱和度下降，因而有效导热系数明显降低。在缓慢分解阶段，分解产生的气、水迁移程度较弱，体系有效导热系数变化不大。因此，水合物的分解过程中，气、水产出对有效导热系数具有重要影响。

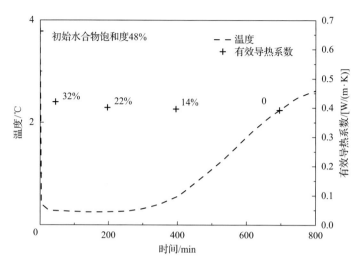

图 4.3　水合物分解过程沉积物温度及有效导热系数的变化

　　进一步研究了注热开采过程储层有效导热系数的变化情况。对反应釜周围进行绝热处理，并设置不同的环境分解温度，可以模拟不同的上下盖层热流条件。不同分解温度下水合物沉积物有效导热系数分解前后的变化情况如图 4.4 所示。由于水合物饱和度等初始条件相同，水合物沉积物分解前有效导热系数基本一致。水合物分解后有效导热系数显著减小，减小量随着分解温度的增加而增大。随着上下盖层热流的增加，水合物分解速率提高，加剧了气、水的迁移和产出，有效导热系数降低程度增大。

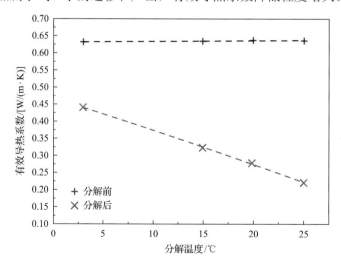

图 4.4　不同分解温度下水合物沉积物分解前后有效导热系数对比

　　水合物饱和度同样会对降压开采过程储层有效导热系数产生影响。在玻璃砂中生成不同的初始水合物饱和度，分别为 20%、30%、38%和 48%，不同水合物饱和度的沉积物降压分解前后有效导热系数的变化如图 4.5 所示。随着水合物饱和度的增加，初始水合物沉积物的有效导热系数逐渐降低，这与图 4.2(b)中的变化趋势保持一致。水合物分解后，体系有效导热系数依然有显著的降低，并且随水合物饱和度的增加，降低幅度有所增大。这是由于水合物分解过程有效导热系数会随着组分变化和气水迁移而产生显著变化，较高的分解速率会造成分解水和残余水的大量迁移，有效导热系数降低明显；初始自由水饱和度相同时，较高的水合物饱和度对应的残余水饱和度低，可以发生迁移的水较少，最终体系有效导热系数的降低程度没有显著差别。因此，天然气水合物开采过程需要考虑储层含水量变化对导热特性的影响，研究不同水饱和度体系的有效导热系数对水合物开采调控具有重要意义。

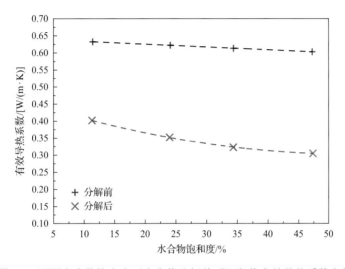

图 4.5　不同水合物饱和度下水合物分解前后沉积物有效导热系数变化

为进一步研究沉积物不同相态阶段导热能力的变化规律，采用蒙脱土与冰粉合成泥质粉砂沉积物[28]。升高体系温度至冰点以上，冰粉融化，转化为孔隙内分布均匀的液相水，通入高压甲烷气体生成水合物，随后降压使水合物分解。在以上过程中，孔隙内经历了冰-水、水-水合物和水合物-水三个相变过程，本节对相变前后冰、自由水、水合物、分解水四个阶段体系的有效导热系数进行测量，以初始水饱和度为变量，对三个相变过程体系有效导热系数的相对变化进行分析。

在冰-水的相变过程，冰粉融化成为孔隙内自由水，体系导热能力显著下降，且下降幅度与初始水饱和度成正相关，如图 4.6(a) 所示，这是由于冰的导热系数[2.2W/(m·K)]远大于水的导热系数[0.6W/(m·K)]。在水-水合物的相变过程，水合物生成后，体系有效导热系数增大，如图 4.6(b) 所示。在冰粉和蒙脱土混合体系中，初始水分布均匀，能够与甲烷气充分接触，较均匀地生成水合物，孔隙空间被水合物占据，水合物作为沉积物颗粒间的热桥，强化了固相导热，提高了导热系数。在水合物-水的相变过程，水合物分解为液相水后，孔隙内固相水合物被气、水代替，有效导热系数再次降低，如图 4.6(c) 所示。

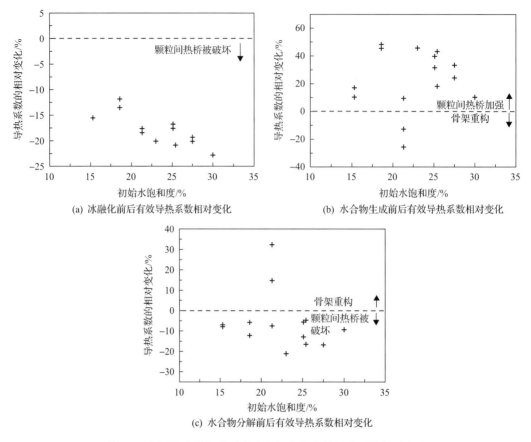

图 4.6　不同相变过程前后水合物沉积物有效导热系数相对变化

4.2.3　储层有效传热系数

在天然气水合物开采初期，水合物分解速率较大，固态水合物迅速分解为甲烷气和液态水，气液在孔隙中的迁移明显，会产生明显的对流效应，影响储层内的传热过程。因此，研究水合物储层的有效传热系数，对于阐释储层热量传输具有重要意义。热敏电阻可间接测量强制对流、自然对流和混合对流下体系的有效传热系数[29]。

本节采用 BZ-04 玻璃砂模拟多孔介质，初始水合物饱和度为 20%，采用背压 2.0MPa 和 2.5MPa 对水合物进行降压开采。2.0MPa 背压下水合物分解过程有效传热系数曲线如图 4.7 所示。有效传热系数的变化范围在 $48\sim80\mathrm{W/(m^2\cdot K)}$，且传热系数在分解的第 7min 出现了快速的增长，随后又快速降低，并逐渐稳定。结合分解过程中的温度、产气速率、产气量可以发现，水合物降压分解存在不同阶段。在分解的前 7min(阶段 1)为压力降低阶段，产气速率较高，温度快速下降，而热敏电阻周围的有效传热系数没有显著变化，说明该阶段外层的水合物优先分解，热敏电阻所处的水合物储层内部没有显著分解。在 7min 之后(阶段 2)出现了温度升高的现象，产气速率又出现了快速增长，同时有效传热系数出现陡升，这是由于冰的生成放热，并且促进水合物分解，热敏电阻周围组分发生了较大变化，有效传热系数先增大后减小。10min 后(阶段 3)，水合物分解速率相对稳定，气水运移作用微弱，有效传热系数保持稳定。

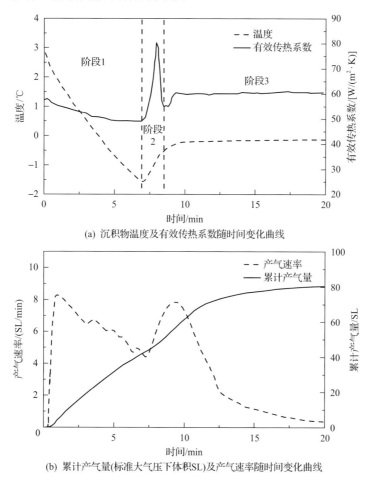

(a) 沉积物温度及有效传热系数随时间变化曲线

(b) 累计产气量(标准大气压下体积SL)及产气速率随时间变化曲线

图 4.7　水合物降压分解过程主要参数变化规律(背压 2.0MPa)

　　图 4.8 为背压 2.5MPa 下水合物降压分解过程有效传热系数、温度、产气速率、累计产气量的变化规律。有效传热系数变化仍然呈现阶段性特点，在水合物分解初期，储层内部有效传热系数从 $63W/(m^2 \cdot K)$ 升至 $103W/(m^2 \cdot K)$ 后降回 $63W/(m^2 \cdot K)$，但整体过程储层温度高于冰点，没有冰的影响，表明其主要原因为水合物的快速分解引起的气、水运移，造成有效传热系数测量点附近局部水饱和度发生变化。水合物分解后期，储层内部有效传热系数维持在 $60W/(m^2 \cdot K)$ 左右，表明水合物分解速率较低时，水合物分解所引起的对流传热并不明显，此时储层内传热方式以导热为主。

　　进一步测量不同水合物饱和度条件下降压开采过程有效传热系数变化规律，采用 2.0MPa 的开采背压，采用白刚玉颗粒模拟储层，同时将过程中有效传热系数、储层温度、产气速率、累计产气量进行综合对比分析。

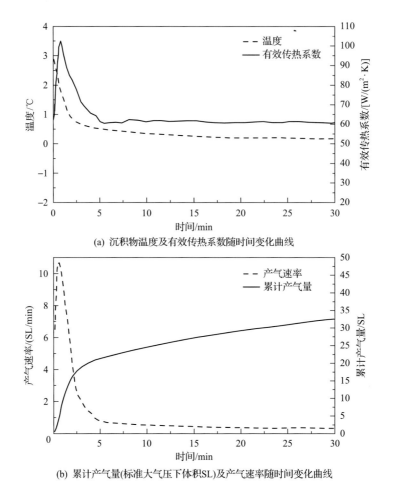

(a) 沉积物温度及有效传热系数随时间变化曲线

(b) 累计产气量(标准大气压下体积SL)及产气速率随时间变化曲线

图 4.8　水合物降压分解过程主要参数变化规律(背压 2.5MPa)

图 4.9 和图 4.10 分别为初始水合物饱和度为 20% 和 48% 时有效传热系数、储层温度、产气速率、累计产气量的变化曲线。不同水合物饱和度的有效传热系数在降压开采过程

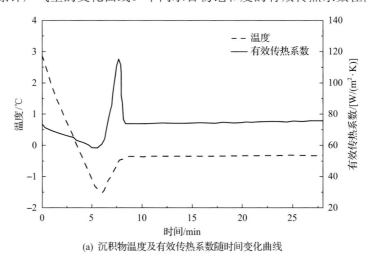

(a) 沉积物温度及有效传热系数随时间变化曲线

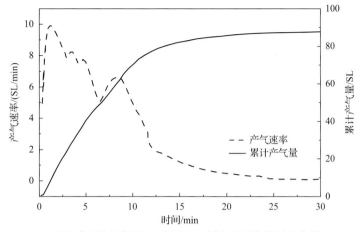

(b) 累计产气量(标准大气压下体积SL)及产气速率随时间变化曲线

图 4.9 水合物降压分解过程主要参数变化规律(初始水合物饱和度为 20%)

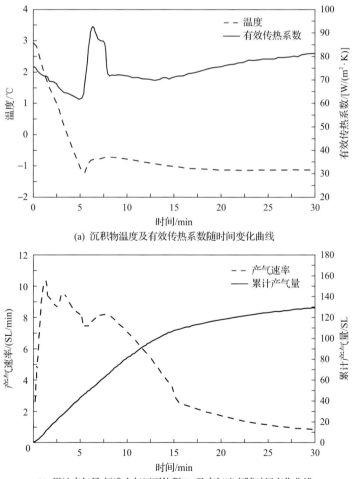

(a) 沉积物温度及有效传热系数随时间变化曲线

(b) 累计产气量(标准大气压下体积SL)及产气速率随时间变化曲线

图 4.10 水合物降压分解过程主要参数变化规律(初始水合物饱和度为 48%)

中均出现了阶段性变化，与图 4.7 变化一致。对于阶段 2(有效传热系数先增大后减少阶段)，水合物饱和度为 20%的工况有效传热系数最大变化 55W/(m²·K)，水合物饱和度为 48%时，有效传热系数最大变化为 30W/(m²·K)，这是由于冰的生成量不同(该阶段温度升高幅度可以反映)。此外，图 4.10 中显示了在水合物分解后期，有效传热系数出现了明显的升高，主要与后期残余水合物持续分解有关，较高的水合物饱和度分解水增多，孔隙内发生明显的气、水迁移流动，局部有效传热系数发生波动。

4.3　水合物储层有效导热系数模型

建立水合物储层有效导热系数模型，可以简单有效地通过储层中各组分的比例，预测储层有效导热系数，能够为大尺度数值模拟及储层评价提供基础物性参数。经典的有效导热系数模型基于理想的、简单的多相组分建立，能够对广泛的体系提供有效的预测边界。针对特殊体系，建立精度更高的模型，则需要考虑各相的比例和赋存形态等特点。基于大量的实验数据，提出经验公式或对经典模型进行系数修正，是一种有效的模型构建方式。本节重点介绍水合物储层有效导热系数模型构建的相关研究。

4.3.1　经典有效介质模型

在探究多组分体系宏观物性的研究中，通常采用有效介质模型。有效介质模型是通过关系式将多组分体系内各组分物性及其比例进行组合，以预测体系整体有效物性。最经典的有效介质模型包括平行模型、系列模型及随机模型[30]。在热传导物理模型中，平行模型假设热量同时穿过各个组分，如图 4.11(a)所示；系列模型假设热量逐一穿过各个组分，如图 4.11(b)所示；随机模型则假设热量随机穿过各个组分，如图 4.11(c)所示。

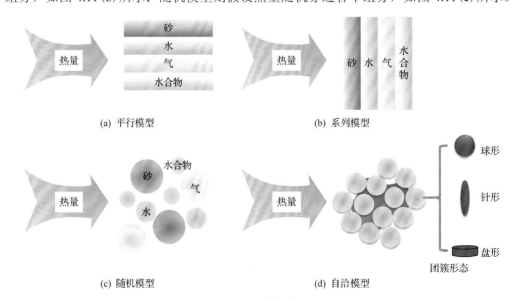

(a) 平行模型　　　　　　　　　(b) 系列模型

(c) 随机模型　　　　　　　　　(d) 自洽模型

图 4.11　不同有效介质模型导热过程示意图

平行模型、系列模型、随机模型的表达式分别如下所示：

$$k_{e} = \sum k_{i} S_{i} \tag{4.17}$$

$$k_{e} = \left(\sum S_{i}/k_{i} \right)^{-1} \tag{4.18}$$

$$k_{e} = \prod k_{i}^{S_{i}} \tag{4.19}$$

式中，k_{e} 为有效导热系数；k_{i} 为第 i 个组分的导热系数；S_{i} 为第 i 个组分的体积分数。

此外，还有三种有效介质模型，分别是预测气体或流体饱和多孔介质有效导热特性的 Krupiczka 模型[31]，预测固体或液体悬浮液有效导热特性的麦克斯韦（Maxwell）模型[32]，以及预测流体饱和多孔介质有效导热特性的 Woodside 模型[33]，它们的表达式分别如下所示：

$$k_{e} = k_{h} \left(\frac{k_{s}}{k_{h}} \right)^{p+q \cdot \lg(k_{s}/k_{h})} \tag{4.20}$$

$$k_{e} = k_{h} \frac{2\varphi k_{h} + (3-2\varphi)k_{s}}{(3-\varphi)k_{h} + \varphi k_{s}} \tag{4.21}$$

$$k_{e} = \frac{u k_{h} k_{s}}{k_{s}(1-v) + d k_{h}} + w k_{h} \tag{4.22}$$

式中，$p=0.280-0.757\lg\varphi$；$q=-0.057$；$w=\varphi-0.03$；$u=1-w$；$v=(1-\varphi)/u$；k_{h} 和 k_{s} 分别为水合物和多孔介质的导热系数；φ 为多孔介质孔隙度。以上三个模型只适用于两相体系。

通常情况下，平行模型与系列模型确定了物性参数预测的上下边界，两个极限预测值限定的区间为测量值通常所在区间。但该边界限定范围较大，无法满足预测精度，因此提出了边界区间更窄的预测模型，即 Hashin-Shtrikman 模型[34]，其表达式为

$$k_{e\text{上边界}} = k_{max} + \frac{\varepsilon A_{max}}{1 - \alpha_{max} A_{max}} \tag{4.23}$$

$$k_{e\text{下边界}} = k_{min} + \frac{\varepsilon A_{min}}{1 - \alpha_{min} A_{min}} \tag{4.24}$$

式中，k_{max}、k_{min} 分别为各组分中最大和最小导热系数；$\varepsilon=1$；$\alpha_{max}=1/3k_{max}$；$\alpha_{min}=1/3k_{min}$。

$$A_{max} = \sum_{i} \frac{S_{i}}{\alpha_{max} + \varepsilon/(k_{i} - k_{max})}$$
$$A_{min} = \sum_{i} \frac{S_{i}}{\alpha_{min} + \varepsilon/(k_{i} - k_{min})} \tag{4.25}$$

其中，S_{i} 为第 i 个组分的饱和度；k_{i} 为第 i 个组分的导热系数。

另外一种对称的有效介质模型为自洽模型[35]，在该模型中，所有组分均被看作是团簇型分布，如图 4.11(d) 所示，其表达式为

$$\sum S_i (k_i - k_e) Z_{SC,i} = 0 \tag{4.26}$$

式中，$Z_{SC,i}$ 由团簇形态决定，在有效导热系数计算中，当团簇形态为球形时，其表达式为

$$Z_{SC,i} = \frac{1}{k_i + 2k_{m'}} \tag{4.27}$$

式中，m' 为最终自洽材料；$k_{m'}$ 为最终自洽材料的导热系数。当团簇为针形时，其表达式为

$$Z_{SC,i} = \frac{1}{9} \left(\frac{1}{k_{m'}} + \frac{4}{k_i + k_{m'}} \right) \tag{4.28}$$

当团簇为盘形时，其表达式为

$$Z_{SC,i} = \frac{1}{9} \left(\frac{1}{k_i} + \frac{2}{k_{m'}} \right) \tag{4.29}$$

采用以上经典的有效介质模型对水合物沉积物体系的有效导热系数进行预测，预测结果如图 4.12 所示。平行模型和系列模型限制了预测值的上下边界，测量值全部位于该边界限定的区间内。随机模型位于平行模型和系列模型之间，预测结果相对接近实验值。Hashin-Shtrikman 模型则收窄了预测区间，提高了预测精度，其上边界预测值几乎与自洽

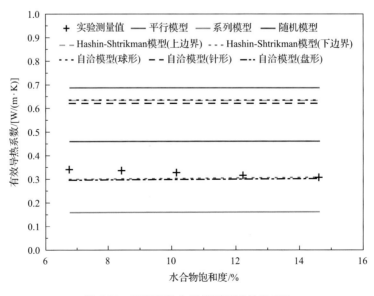

图 4.12   不同有效介质模型预测效果对比

模型(球形)重合，下边界与实验值吻合较好。自洽模型(球形)与自洽模型(针形)的预测值与 Hashin-Shtrikman 模型的上边界接近，自洽模型(盘形)的预测值与 Hashin-Shtrikman 模型的下边界非常接近，与实验值吻合相对较好。Hashin-Shtrikman 模型的下边界与自洽模型(盘形)的预测值仍与实验测量值具有一定的误差，尤其是低水合物饱和度区间内，所以经典的有效介质模型对水合物沉积物有效导热系数的预测具有局限性。将经典模型应用到水合物体系时，对孔隙尺度水合物赋存形态的描述相对简化，然而孔隙中水合物的空间分布是非常复杂的，利用简化物理模型所做出的预测精度有限。

4.3.2 权重系数混合模型

在经典模型的基础上，针对水合物体系引入权重系数或经验参数是一种有效的模型优化方法，能够取得较好的预测精度。已有研究提出一种基于毕达哥拉斯(Pythagorean)混合类型的模型[16]。模型中，系数 n 被设定为水合物饱和度的函数，表达式如下：

$$k = \left[\sum (f_i k_i^{\,n})\right]^{1/n}, \qquad n = (1 - S_\mathrm{g})/2 \tag{4.30}$$

式中，f_i 和 k_i 分别为组分 i 的体积分数和导热系数；S_g 为水合物饱和度。通过引入水合物饱和度这一重要影响参数，该模型能够较好地预测水合物沉积物有效导热系数随非气相饱和度的变化趋势。

在真实天然气水合物储层中，各组分的赋存形态复杂多样，可能同时存在类似球形、针形及盘形的团簇。本小节通过对三种形态下的自洽模型进行组合，并通过实验数据拟合权重参数，提出适用于水合物体系的有效导热系数预测模型[27]，其形式如下：

$$k_{\mathrm{e,混合模型}} = \alpha \cdot k_{\mathrm{e,SC(S)}} + \beta \cdot k_{\mathrm{e,SC(N)}} + (1 - \alpha - \beta)\beta \cdot k_{\mathrm{e,SC(D)}} \tag{4.31}$$

式中，α、β 为权重系数；下标 SC 为自洽模型；(S)、(N)、(D) 分别为球形、针形、盘形团簇；$k_{\mathrm{e,混合模型}}$ 为最终预测的水合物体系的有效导热系数。

基于大量测量数据对该模型进行拟合，以获得权重系数，参数遴选采用 PIKAIA 遗传算法[36]，该算法的基本思路如下：

(1) 首先随机产生多组 α、β 数值，即父代参数。

(2) 将该组参数分别代入式(4.31)中获得初始混合模型预测值。

(3) 采用如下偏差形式评估模型值：

$$\delta k_\mathrm{e}^2 = \frac{1}{N} \sum_{i=1}^{N} \left(\frac{k_{\mathrm{e,mod},i}^2 - k_{\mathrm{e,exp},i}^2}{k_{\mathrm{e,exp},i}^2}\right)^2 \tag{4.32}$$

式中，δk_e 为模型预测值和实验测量值的偏差；N 为实验总次数；下标 mod 和 exp 分别为模型值和实验值。

(4) 保留预测值与实验值偏差小的初代参数，进行随机交叉、随机计算、优化分配等步骤产生二代参数。

(5)循环上述步骤，直到计算偏差达到最小值或设定值，遗传算法结束。

采用以上构建模型的思路，对实验测量得到的水合物储层有效导热系数进行拟合，得到如下基于权重系数的混合模型：

$$k_{e,混合模型} = 0.1197 k_{e,SC(S)} + 0.0055 k_{e,SC(N)} + 0.8748 k_{e,SC(D)} \qquad (4.33)$$

该模型的物理意义在于，通过对水合物体系多工况的测量值的拟合，获得了不同形式的自洽模型对于整体有效导热特性的主导程度。该混合模型在一定程度上体现了真实水合物体系中，三种水合物形态的团簇各自所占的比例。由关联式(4.33)中的权重系数可知，水合物体系中，自洽模型(盘形)为主导，即各种复杂微观形态的水合物团簇，可以简化为盘形的团簇占了绝大部分比例。采用该混合模型对文献测量值[14, 37-39]进行预测，预测效果如图4.13所示，偏差在5%以内。

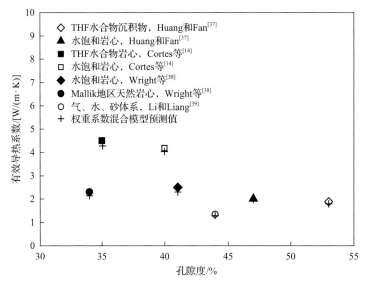

图 4.13　权重系数混合模型预测效果

水合物储层有效导热系数模型还包括数值模型和结构模型。数值模型是通过计算软件求解相关的输运方程，获得水合物沉积物有效导热系数值[13, 27]，模型的关键在于获得准确的组分微观结构。在实际研究中，可采用多种表征手段，如 X 射线断层扫描技术、电子显微镜技术等，对复杂体系进行三维重构。结构模型是根据水合物储层内水、水合物的孔隙赋存结构，构建出简化的多相多组分结构单元，通过严格的数学推导，获得体系有效导热系数的表达式。这类模型的优势在于不含或很少含经验参数，表达式物理意义明确，应用更加灵活。但水合物在真实储层的孔隙中赋存结构复杂，在相变过程中，孔隙微观结构还会发生较大的变化，这增加了研究的难度。目前关于水合物体系的结构模型研究很少，如何将真实的水合物储层微观结构变化结合到预测模型中，是未来研究面临的重大挑战。

参 考 文 献

[1] Ye Y, Liu C. Natural Gas Hydrates: Experimental Techniques and Their Applications. Dordrecht: Springer Science & Business Media, 2012.

[2] Waite W F, Stern L A, Kirby S, et al. Simultaneous determination of thermal conductivity, thermal diffusivity and specific heat in si methane hydrate. Geophysical Journal International, 2007, 169(2): 767-774.

[3] Waite W F, Santamarina J C, Cortes D D, et al. Physical properties of hydrate‐bearing sediments. Reviews of Geophysics, 2009, 47(4): 1-38.

[4] 任佳, 蔡静. 导热系数测量方法及应用综述. 计测技术, 2018, 38(S1): 46-49.

[5] Healy J, de Groot J, Kestin J. The theory of the transient hot-wire method for measuring thermal conductivity. Physica B+C, 1976, 82(2): 392-408.

[6] von Herzen R, Maxwell A. The measurement of thermal conductivity of deep-sea sediments by a needle-probe method. Journal of Geophysical Research, 1959, 64(10): 1557-1563.

[7] Log T, Gustafsson S. Transient plane source(TPS)technique for measuring thermal transport properties of building materials. Fire Materials, 1995, 19(1): 43-49.

[8] Liu G, Lu Y, Wen M, et al. Advances in the heat-pulse technique: Improvements in measuring soil thermal properties. Methods of Soil Analysis, 2017, 2(1): 1-8.

[9] Stoll R D, Bryan G M. Physical properties of sediments containing gas hydrates. Journal of Geophysical Research: Solid Earth, 1979, 84(B4): 1629-1634.

[10] Huang D, Fan S. Thermal conductivity of methane hydrate formed from sodium dodecyl sulfate solution. Journal of Chemical Engineering Data, 2004, 49(5): 1479-1482.

[11] Rosenbaum E J, English N J, Johnson J K, et al. Thermal conductivity of methane hydrate from experiment and molecular simulation. The Journal of Physical Chemistry B, 2007, 111(46): 13194-13205.

[12] Li D, Liang D, Peng H, et al. Thermal conductivities of methane-methylcyclohexane and tetrabutylammonium bromide clathrate hydrate. Journal of Thermal Analysis Calorimetry, 2016, 123(2): 1391-1397.

[13] Kim Y J, Yun T S. Thermal conductivity of methane hydrate-bearing Ulleung basin marine sediments: Laboratory testing and numerical evaluation. Marine Petroleum Geology, 2013, 47: 77-84.

[14] Cortes D D, Martin A I, Yun T S, et al. Thermal conductivity of hydrate-bearing sediments. Journal of Geophysical Research: Solid Earth, 2009, 114: B11103.

[15] Muraoka M, Susuki N, Yamaguchi H, et al. Thermal properties of a supercooled synthetic sand-water-gas-methane hydrate sample. Energy&Fuels, 2015, 29(3): 1345-1351.

[16] Dai S, Cha J H, Rosenbaum E J, et al. Thermal conductivity measurements in unsaturated hydrate‐bearing sediments. Geophysical Research Letters, 2015, 42(15): 6295-6305.

[17] Hayes L, Valvano J. Steady-state analysis of self-heated thermistors using finite elements. Journal of Biomechanical Engineering, 1985, 107(1): 77-80.

[18] Valvano J, Cochran J, Diller K. Thermal conductivity and diffusivity of biomaterials measured with self-heated thermistors. International Journal of Thermophysics, 1985, 6(3): 301-311.

[19] van Gelder M F. A thermistor based method for measurement of thermal conductivity and thermal diffusivity of moist food materials at high temperatures. Blacksburg: Virginia Polytechnic Institute and State University, 1997.

[20] Balasubramaniam T, Bowman H. Thermal conductivity and thermal diffusivity of biomaterials: A simultaneous measurement technique. Journal of Biomechanical Engineering, 1977, 99(3): 148-154.

[21] Chen C. Evaluation of resistance-temperature calibration equations for NTC thermistors. Measurement, 2009, 42(7): 1103-1111.

[22] 程传晓. 天然气水合物沉积物传热特性及对开采影响研究. 大连: 大连理工大学, 2015.

[23] Wang B, Fan Z, Lv P, et al. Measurement of effective thermal conductivity of hydrate-bearing sediments and evaluation of existing prediction models. International Journal of Heat and Mass Transfer, 2017, 110: 142-150.

[24] Yang L, Zhao J, Liu W, et al. Experimental study on the effective thermal conductivity of hydrate-bearing sediments. Energy, 2015, 79: 203-211.

[25] Yang L, Zhao J, Wang B, et al. Effective thermal conductivity of methane hydrate-bearing sediments: Experiments and correlations. Fuel, 2016, 179: 87-96.

[26] 杨磊. 气体水合物相变过程微观结构演变及对宏观物性影响. 大连: 大连理工大学, 2017.

[27] Dai S, Santamarina J C, Waite W F, et al. Hydrate morphology: Physical properties of sands with patchy hydrate saturation. Journal of Geophysical Research: Solid Earth, 2012, 117: B11205.

[28] 魏汝鹏. 含水合物沉积物导热特性测量与模型预测. 大连: 大连理工大学, 2019.

[29] Kobus C. Utilizing disk thermistors to indirectly measure convective heat transfer coefficients for forced, natural and combined (mixed) convection. Experimental Thermal Fluid Science, 2005, 29(6): 659-669.

[30] Wang J, Carson J K, North M F, et al. A new structural model of effective thermal conductivity for heterogeneous materials with co-continuous phases. International Journal of Heat and Mass Transfer, 2008, 51(9-10): 2389-2397.

[31] Krupiczka R. Analysis of thermal conductivity in granular materials. International Chemical Engineering, 1967, 7(1): 122-144.

[32] Maxwell J C. A Treatise on Electricity and Magnetism. Oxford: Clarendon Press, 1873.

[33] Woodside W, Messmer J. Thermal conductivity of porous media. I. Unconsolidated sands. Journal of Applied Physics, 1961, 32(9): 1688-1699.

[34] Hashin Z, Shtrikman S. A variational approach to the theory of the effective magnetic permeability of multiphase materials. Journal of Applied Physics, 1962, 33(10): 3125-3131.

[35] Berryman J G. Long-wavelength propagation in composite elastic media ii. Ellipsoidal inclusions. The Journal of the Acoustical Society of America, 1980, 68(6): 1820-1831.

[36] Charbonneau P. Genetic algorithms in astronomy and astrophysics. The Astrophysical Journal Supplement Series, 1995, 101: 309.

[37] Huang D, Fan S. Measuring and modeling thermal conductivity of gas hydrate-bearing sand. Journal of Geophysical Research: Solid Earth, 2005, 110(B1): B01311.

[38] Wright J, Nixon F, Dallimore S, et al. Thermal conductivity of sediments within the gas-hydrate-bearing interval at the JAPEX/JNOC/GSC et al. Mallik 5L-38 gas hydrate production research well. Scientific results from the Mallik 2002 Gas Hydrate Production Research Well Program, Mackenzie Delta, Northwest Territories, Canada: Geological Survey of Canada, 2005.

[39] Li D, Liang D. Experimental study on the effective thermal conductivity of methane hydrate-bearing sand. International Journal of Heat and Mass Transfer, 2016, 92: 8-14.

第 5 章

天然气水合物储层渗流特性

　　水合物开采涉及储层内气、水运移产出过程，储层渗流特性是影响高效开采的主要因素。与具有良好圈闭构造的砂岩油气藏相比，水合物储层渗透率通常较低，气、水流动特性也有很大区别。同时由于水合物分解过程伴随二次生成和结冰现象，造成储层孔隙度、渗透率动态变化特征显著。研究开采过程水合物饱和度变化、二次生成与结冰现象等对气、水渗流特性的影响，是水合物安全高效开采需要解决的关键问题之一。本章从水合物沉积层渗透特性模拟实验、孔隙尺度渗流数值模拟和开采场地尺度数值模拟等方面进行介绍，阐述水合物储层的气、水渗流规律。

5.1　天然气水合物储层渗透率特征

　　开采过程水合物饱和度的变化，是影响和控制储层渗透性与气、水产出能力的主要因素[1-3]。目前国际上对水合物储层渗流特性的描述，主要依赖达西渗流模型，且大部分模型主要针对水合物饱和度影响下的渗透率变化。本节将介绍储层渗透率与水合物饱和度的关系，并结合渗流实验重点分析水合物分解过程储层渗透率的变化特性。

5.1.1　水合物饱和度与渗透率

　　在水合物储层数值模型中，渗透率是计算产气量的关键参数之一，包括绝对渗透率、有效渗透率和相对渗透率。绝对渗透率 k_0 表征多孔介质内流体流通能力的大小，是多孔介质本身的属性，与流体的性质无关。水合物储层中通常涉及两种以上的流体，每种流体的流动能力受流体间相互作用而减弱。在此条件下，用某一相的有效渗透率 $k_{e\delta}$(也称为相渗透率)来量化该相流体(即下标 δ 所指的那一相流体)的绝对流动能力。相对渗透率 $k_{r\delta}$ 表征该相流体的相对流动能力。其定义为一相流体在某个水相饱和度下的有效渗透率与绝对渗透率之比，是一个无量纲量：

$$k_{r\delta} = \frac{k_{e\delta}}{k_0} \tag{5.1}$$

　　为表征储层水合物对渗透率的影响，有学者根据相对渗透率的定义提出了归一化渗透率，用来表征绝对渗透率与水合物饱和度之间的关系：

$$k_{rh} = \frac{k_{eh}}{k_0} \qquad (5.2)$$

式中，k_{rh} 为含有水合物时(某个水合物饱和度下)的归一化渗透率(无量纲)；k_{eh} 为在该水合物饱和度下的有效渗透率；k_0 为不含水合物的多孔介质绝对渗透率。

1. 水合物储层渗透率衰减模型

含水合物砂质沉积层的渗透率变化通常用渗透率衰减模型来表征，主要包括以下几种形式。

1) 平行毛细管模型

平行毛细管模型是最简单的模型，它根据孔隙的几何形状将渗透率与孔隙度联系起来($k \propto \varphi r^2$，其中 k 是渗透率，φ 是多孔介质孔隙度，r 是孔隙半径)。假设水合物作为骨架的一部分，则孔隙度随水合物饱和度发生变化。因此，可以用该模型获得某个水合物饱和度下的归一化渗透率。

根据水合物的赋存方式，将平行毛细管模型分为颗粒包裹型和孔隙填充型两类。如果水合物均匀地覆盖在孔隙壁面上，则归一化渗透率公式为

$$k_{rh} = (1 - S_h)^2 \qquad (5.3)$$

式中，S_h 为水合物饱和度。如果水合物主要形成于毛细管中心，则归一化渗透率公式为[4]

$$k_{rh} = 1 - S_h^2 + \frac{2(1 - S_h)^2}{\lg S_h} \qquad (5.4)$$

2) Kozeny 模型

Kozeny 模型描述的是多孔介质不规则的孔隙空间和流动路径，将多孔介质的渗透率与其孔隙度和颗粒尺寸联系起来($k \propto \varphi^3 d_g^2$，$d_g$ 为颗粒粒径)[5]。Kozeny 模型把水合物的赋存类型分为颗粒包裹型和孔隙填充型两类，其中颗粒包裹型可以用柱形孔隙模型来近似。据此可得归一化渗透率公式为

$$k_{rh} = (1 - S_h)^{n+1} \qquad (5.5)$$

式中，n 为阿奇(Archie)饱和指数，它的取值依赖于孔隙空间中水合物的赋存方式，并与多孔介质的润湿性有关。当 $0 < S_h < 0.8$ 时，n 为 1.5；当 $S_h > 0.8$ 时，饱和度指数通常在 1.5~2.5。孔隙填充型赋存状态时，水合物在孔隙中心形成，归一化渗透率公式为

$$k_{rh} = \frac{(1 - S_h)^{n+2}}{(1 + \sqrt{S_h})^2} \qquad (5.6)$$

式中，饱和指数(n)与水合物饱和度(S_h)的关系为 $n = 0.7 S_h + 0.3$。

3）Masuda 模型

基于式(5.3)的平行毛细管模型，得到增田(Masuda)模型的归一化渗透率公式[6]：

$$k_{rh} = (1 - S_h)^N \qquad (5.7)$$

式中，N 为水合物在孔隙喉道堆积引起的渗透率衰减指数(或称为饱和度指数)。N 的值通过水合物在孔隙中的赋存形态来选择。在 CO_2 和 CH_4 两种水合物沉积物渗透率的研究中，饱和度指数 N 通常在 2.6～14。

4）渗透率权重模型

如果孔隙内气过量，则水合物优先在颗粒接触处生成，从而包裹颗粒表面，即形成颗粒包裹型赋存结构。反之，如果孔隙内水过量，则水合物更倾向于在孔隙中心形成，起到支撑骨架的作用，即形成孔隙填充型赋存结构。无论是孔隙填充型结构还是颗粒包裹型结构都对沉积层的渗透率有很大的影响，并与水合物饱和度关联。因此，有研究者[7]提出了一种混合建模方法，利用颗粒包裹模型和孔隙填充模型的加权组合，建立的渗透率衰减公式为

$$k_{rh} = \alpha(S_h)k_{rh\_p} + \beta(S_h)k_{rh\_c} \qquad (5.8)$$

式中，k_{rh_p} 和 k_{rh_c} 分别为 Kozeny 模型中孔隙填充模型和颗粒包裹模型算得的归一化渗透率；α 和 β 分别为水合物在两种赋存形态下的饱和度相关权重系数。混合建模方法中，相对渗透率同时受到颗粒包裹和孔隙填充赋存形态的影响，因此权重系数 α 和 β 对于归一化渗透率有较大影响，这两个系数的计算公式为

$$\alpha = S_h^N, \quad \beta = 1 - S_h^M \qquad (5.9)$$

式中，N 和 M 分别为控制 α 和 β 相对于水合物饱和度变化的指数。指数 N 和 M 可以反映水合物在多孔介质中不同赋存方式下的影响。

除上述与水合物饱和度关联的渗透衰减率模型外，劳伦斯伯克利国家实验室(LBNL)利用 TOUCH + Hydrate 模拟器建立了一些针对水合物储层的气、水两相相对渗透率模型[8]。其中，水相相对渗透率的计算如下：

$$k_{rw} = \sqrt{S_w}\left[1 - \left(1 - \frac{1}{S_w^m}\right)^m\right]^2 \qquad (5.10)$$

式中，$m=1-1/n$；S_w 为水的总饱和度，$S_w = (S_w - S_{irw})/(S_{mxw} - S_{irw})$，$S_{irw}$ 为残余水饱和度，S_{mxw} 为多孔介质内液相最大饱和度。对于多孔介质中含有水和气体的两相流研究，气相相对渗透率可由以下模型计算：

$$k_{rg} = \sqrt{1 - S_w}\left[1 - \left(1 - \frac{1}{S_w^m}\right)^m\right]^2 \qquad (5.11)$$

上述模型大都是用于砂质水合物储层,探究了水合物饱和度与渗透率衰减或气水相对渗透率之间的关系。然而针对泥质粉砂型水合物储层的低渗储层模型,相关研究较少。

2. 水合物储层渗透率实验研究

在模型研究的同时,许多研究者在实验室开展水合物储层渗透率的实验研究,探寻水合物饱和度对渗透率的影响规律。水合物分解过程中,水合物固相转变为液相水和气相(通常为甲烷),初始骨架结构发生改变,影响储层渗透率。实际天然气水合物开采过程中,结冰和储层颗粒滑移等也会改变骨架结构。传统实验手段很难获得储层内部骨架结构的变化过程。近年来,随着可视化检测技术的发展,国内外研究人员逐步加大了该技术在水合物领域的研究。利用 X 射线 CT 等技术获得了稳态下水合物沉积层的三维骨架结构,初步分析了沉积层骨架的孔隙度及水合物饱和度,为天然气水合物开采过程沉积层骨架变化过程的渗透率研究提供了重要思路,但是相关研究仍处于探索阶段。

图 5.1 为典型的高压水合物稳态气相渗透率测试实验平台示意图[9]。该平台由反应釜及附属设备、数据采集设备、温度控制设备组成。通常采用与海洋土性质相近的粉土填充到反应釜中模拟海洋水合物储层环境。反应釜设计为圆柱筒形,约束试样在径向上的形变。在模拟海洋水合物储层渗透率测量中,由于粉土的气相渗透率在毫达西(mD[①])级别,要求气体流量控制精度高,压差要有足够大的量程。

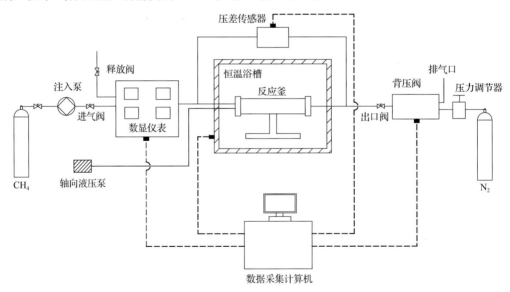

图 5.1　高压水合物稳态气相渗流实验平台示意图

海洋水合物储层的矿物组成较复杂,为了能够模拟海底沉积层的渗透特性,室内实验通常选用粒径大小和级配相当的人工土样制备水合物储层。最常用的土样包括蒙脱土、伊利土和高岭土三种粉土矿物。利用上述实验系统,控制储层甲烷水合物饱和度,采用甲烷气作为测量气体,对模拟水合物储层的气相渗透率进行了测量。

① 1D=0.986923×10⁻¹²m²。

1) 水合物饱和度的计算

为了分析水合物饱和度对渗透率的影响，首先在渗透率测量之前进行了水合物的生成实验。为了加速水合物生成，实验之前先将人工土和冰粉混合后填充到反应釜中，然后向样品中注入甲烷气体。为了保持样品的初始状态，没有进行抽真空操作，因此样品中残留部分空气。注入的甲烷气体饱和度计算公式为

$$S_g = 1 - S_i - S_a \tag{5.12}$$

式中，S_g 为注入的甲烷气体饱和度；S_i 为初始冰粉饱和度；S_a 为空气饱和度。

根据气体的状态方程，S_a 由式(5.13)计算：

$$S_a = \frac{V_a}{V_{pore}} = \frac{Z_a P_0 V_{a0}}{P Z_{a0} V_{pore}} = \frac{Z_a P_0 (V_{pore} - V_i)}{P Z_{a0} V_{pore}} \tag{5.13}$$

式中，P 为水合物生成时的系统压力；V_a 为水合物生成条件下的空气体积；V_{pore} 为干试样的孔隙体积；Z_a 为实验温压条件下空气的压缩因子(取值 0.9771)；P_0 为大气压强；V_{a0} 为在换算到大气压力下的残余空气体积；V_i 为试样中初始冰粉的体积；Z_{a0} 为大气压下空气的压缩因子(取值 0.9995)。

样品中的水合物饱和度由式(5.14)计算：

$$S_h = \frac{V_h}{V_{pore}} = \frac{m_h}{\rho_h V_{pore}} = \frac{\dfrac{P V_g}{Z_g R T} M_h}{\rho_h V_{pore}} \tag{5.14}$$

式中，S_h 为水合物饱和度；V_h 为生成水合物的总体积；m_h 为生成水合物的总质量；ρ_h 为水合物的密度；P 和 T 分别是水合物生成过程中的系统压力和温度；V_g 为甲烷气体的消耗体积，由实验测试得到；Z_g 为实验条件下甲烷的压缩因子；R 为气体常数；M_h 为水合物的摩尔质量。

三种粉土试样内生成的水合物最终饱和度分别为 27.57%、27.42%和 23.82%。水合物生成后，根据式(5.15)计算残余甲烷气体饱和度 S_{rg}：

$$S_{rg} = 1 - S_h - S_{rw} \tag{5.15}$$

式中，S_{rw} 为冰粉融化后形成的残余水饱和度。这里假设没有形成水合物的冰粉全部转化为孔隙残余水，而 1 体积的冰粉对应 0.914 体积的水，1 体积的水合物对应大约 0.8 体积的水，因此有 $S_{rw} = 0.914 S_i - 0.8 S_h$。

在水合物形成后，残余水饱和度 S_{rw} 远小于水合物饱和度 S_h，以束缚水的形式留在试样中。因此，在气相渗透率测量过程中，残余水对气相渗透率的影响可以忽略不计。

2) 气相渗透率与水合物饱和度的关系

根据达西定律和玻意耳(Boyle)定律，含水合物粉土试样的气相渗透率可以采用下式计算：

$$k_0 = \frac{2P_0Q_0L\mu}{A(P_1^2 - P_2^2)} = \frac{2PQL\mu}{A(P_1^2 - P_2^2)} \tag{5.16}$$

式中，k_0 为气相渗透率，μm^2；P_0 为大气压力，MPa；Q_0 为大气压力下气体通过试样任意界面的流量，mL/s；L 为渗流长度，cm；μ 为气体黏度，mPa·s；A 为试样横截面积，cm^2；P_1 和 P_2 分别为试样进口和出口处的绝对压力，MPa；P 为系统压力，MPa，其数值上等于 $(P_1 + P_2)/2$；Q 为设定的流量，mL/s。

以高岭土为例，实验过程中测得的压差曲线结果如图 5.2 所示。图 5.2 为水合物饱和度 $S_h = 16.84\%$ 时，不同气体流速下高岭土试样两端压差的变化。从图中可以看出，在稳定的流量下，压差开始逐渐增大，最后保持相对稳定。

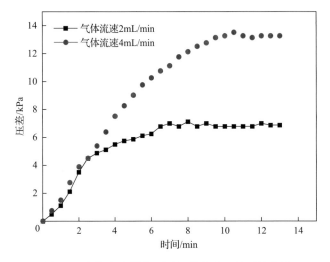

图 5.2 高岭土试样中不同气体流速下的压差变化

水合物饱和度 S_h=16.84%；有效围压：1MPa

将稳态下实验测得的压差数据代入式(5.16)，计算试样的气相渗透率。不同水合物饱和度下三种粉土质试样的气相渗透率如表 5.1 所示。实验结果显示，高岭土的渗透率变化程度最显著，当水合物饱和度为 27.57% 时，渗透率为无水合物状态下的 17 倍左右。伊利土和蒙脱土渗透率的变化程度并不十分显著。

表 5.1 三种含水合物粉土试样的气相渗透率

高岭土		伊利土		蒙脱土	
S_h/%	k_0/μm^2	S_h/%	k_0/μm^2	S_h/%	k_0/μm^2
0	6.11×10^{-3}	0	6.76×10^{-3}	0	1.43×10^{-2}
2.59	4.93×10^{-3}	4.32	6.10×10^{-3}	4.02	1.30×10^{-2}
4.23	2.56×10^{-3}	7.85	5.78×10^{-3}	8.03	2.07×10^{-2}
11.44	3.43×10^{-3}	12.68	6.26×10^{-3}	11.43	2.56×10^{-2}
16.84	9.37×10^{-3}	18.89	7.00×10^{-3}	15.15	4.23×10^{-2}
22.91	1.37×10^{-2}	23.08	8.15×10^{-3}	22.87	5.16×10^{-2}
27.57	1.04×10^{-1}	27.42	8.26×10^{-3}	23.82	6.61×10^{-2}

3) 水合物饱和度对气相渗透率的影响分析

图 5.3 为根据表 5.1 数据所得到的高岭土、伊利土和蒙脱土试样中气相渗透率随水合物饱和度的变化曲线。

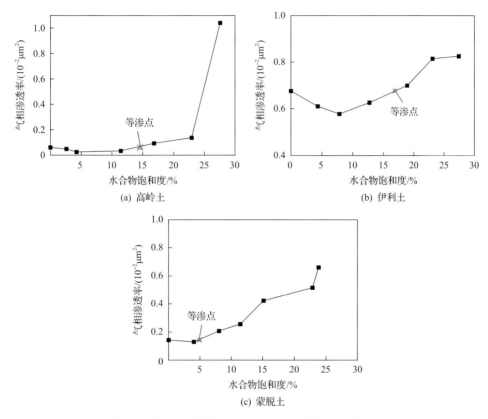

图 5.3　粉土质试样气相渗透率与水合物饱和度的关系
等渗点表示与水合物饱和度为 0 时渗透率相等的点

从图 5.3 可以看出，当水合物饱和度较小时(高岭土中水合物饱和度小于 4.23%，伊利土中水合物饱和度小于 7.85%，蒙脱土中水合物饱和度小于 4.02%)，气相渗透率随水合物饱和度的增大而稍有降低。而当水合物的饱和度增大到 10% 以上时，随水合物饱和度增大，气相渗透率反而有升高的趋势。结合已有文献，绘制了水合物生成团聚体结构示意图(图 5.4)，并分析了该现象的机理：本实验条件下水合物生成初期(饱和度 0～5%)，水合物颗粒堵塞了样本的孔隙通道，减少了流动的横截面积，因此降低了试样的气相渗透率[10-12]。当水合物饱和度继续增大时(5%～15%)，水合物与周围的土颗粒形成团聚体结构，团聚体内部开始产生孔隙。当水合物饱和度进一步增大(15%～25%)时，团聚体逐渐增大，内部形成的孔隙也进一步扩大，其尺寸远大于土颗粒本身孔隙尺寸，为气体流动提供了良好的通道，从而使气相渗透率急剧增大[13]。而在高岭土中，这种团聚现象最为显著。上述土样的气相渗透率结果与文献中玻璃砂、石英砂等介质的测试结果有较大差异，目前还没有针对水合物储层规范化的测试装置和方法，因此对粉土质水合物储层样品的气相渗透率有待开展进一步研究。

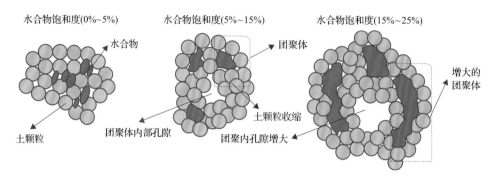

图 5.4 水合物形成时粉土试样团聚体结构示意图

5.1.2 水合物分解及二次生成过程渗透率

水合物分解对储层渗透率影响很大，实际的水合物开采过程中，沉积物中水合物分解引起局部温度降低及气水自由流动，导致了水合物二次生成现象。所以，水合物分解过程储层的渗透率变化较复杂，受到二次生成等因素影响，研究水合物开采储层渗透率的变化对于水合物高效产气具有重要意义。

1. 水合物分解对气相渗透率的影响

水合物分解过程渗透率的实验研究大多是采用玻璃砂、石英砂作为模拟储层多孔介质的材料，对于粉土质沉积物中水合物分解过程的渗透率实验数据十分缺乏。本小节开展了水合物分解前后储层渗透率变化研究，并对三种粉土模拟储层进行了对比分析。

图 5.5 为在伊利土试样中水合物初始饱和度为 12.68%条件下分解过程试样两端压差的变化。利用压差数据可以根据式 (5.16) 计算水合物分解过程的渗透率。通过压差曲线可以得知，随着分解的进行，试样两端的压差逐渐增大，渗透率逐渐降低；当压差增大到一定程度后稳定，认为水合物已经完全分解，此时渗透率不再变化。

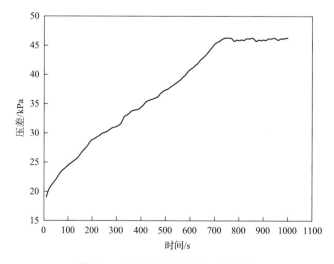

图 5.5 水合物分解过程中压差变化

初始水合物饱和度 12.68%

水合物分解产生的水中，阳离子被土颗粒表面负电荷的电场力吸引，使得水分子吸附在土颗粒表面，称为结合水或束缚水。这部分水被认为与颗粒为一体，没有迁移能力。束缚水的存在，使土颗粒发生膨胀[14]，气体的流动通道被堵塞，导致试样内通道减小，渗透能力降低。此外，由于结合水的存在，毛细管压力增大，这也是阻碍气体流动的另外一个重要因素。

图 5.6 为蒙脱土中水合物分解前后的 SEM 扫描图像。如图 5.6(a) 所示，分解前干燥（无分解水）的蒙脱土为片状结构。与干燥试样相比，水合物分解后由于土颗粒吸收了分解水而发生膨胀，出现了大量的絮状结构，堵塞了部分通道，孔隙空间减小[图 5.6(b)]。因此，试样的渗流通道减少，降低了气相绝对渗透率。

(a) 分解前干燥的蒙脱土　　　　　　　　　　(b) 水合物分解后蒙脱土样品

图 5.6　水合物分解前后的蒙脱土样品 SEM 图像

为了分析水合物分解对渗透率的影响，定义了一个气相渗透率比值 k_g'/k_g 来表征水合物分解过程的渗透率变化，k_g' 为水合物完全分解后土样的气测渗透率，k_g 为水合物分解前土样的气测渗透率。图 5.7 是水合物分解过程的三种粉土试样的 k_g'/k_g 随初始冰粉饱和度的变化情况。

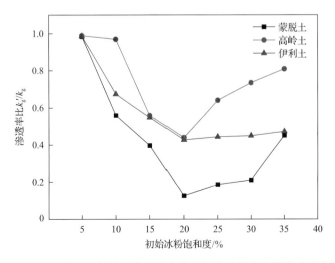

图 5.7　不同初始冰粉饱和度下水合物分解前后粉土试样的渗透率比

渗透率比 k'_g/k_g 越小，说明水合物分解前后渗透率的变化越大。从图 5.7 中看出，k'_g/k_g 随初始冰粉饱和度的增加而先减小后增大。结合图 5.4 可以认为，在初始冰粉饱和度为 20% 以下时，水合物分解后，分解水引起土颗粒膨胀，堵塞部分孔隙，初始冰粉饱和度越高，膨胀的程度越大，k'_g/k_g 越小；当初始冰粉饱和度为 20% 左右时，吸水引起的土颗粒膨胀基本达到最大程度(完全饱和)，把团聚体形成的大孔隙基本全部堵塞，因此 k'_g/k_g 值达到最小值，此时水合物分解对渗透率的影响最显著；当初始冰粉饱和度在 20% 以上时，由水合物分解水产生的土颗粒膨胀不足以堵塞由团聚体产生的大孔隙，初始冰粉饱和度越大，团聚体内的大孔隙越多，因此 k'_g/k_g 越大。此外，在相同冰粉初始饱和度下，水合物分解对蒙脱土的渗透率比的影响最显著，而对高岭土的渗透率比的影响最弱。

2. 天然气水合物二次生成对气相渗透率的影响

水合物分解过程中发生二次生成会再次改变土体的内部结构，导致储层渗透性二次变化，从而对水合物储层产气效率产生一定的影响。目前，国内外仍缺乏针对水合物分解过程二次生成对储层气水渗流特性影响的研究。

1) 水合物二次生成时气相渗透率的变化

本节介绍了模拟水合物降压开采二次生成过程气相渗透率实验，研究水合物二次生成过程气相渗透率的变化规律。实验过程中，首先使水合物完全生成至饱和度不再变化，用甲烷气体测量气相渗透率，其次降压至 2MPa 使水合物分解，完全分解后以 6MPa 压力向样品内注入甲烷气体，模拟水合物分解过程局部高压引起的二次生成，该过程中进行压差测量。水合物二次生成过程中高岭土和蒙脱土试样两端压差结果如图 5.8 所示，通过式(5.16)可以计算气相渗透率。

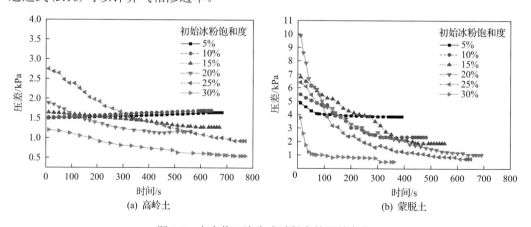

图 5.8　水合物二次生成过程中的压差变化

实验结果表明，水合物的二次生成使压差有减小的趋势，说明二次生成可以在一定程度上改善粉土试样的气相渗透率。二次生成是在水合物的分解过程中分解气、水遇到局部低温高压重新生成水合物的过程，因此是一个二次消耗土样中孔隙水和结合水的过程。在二次生成消耗水过程中，脱水引起土样的体积收缩，土样内再次形成团聚体结构，为气体流动提供了良好的通道。此外，土样中的孔隙水被消耗，使毛细管压力降低，也改善了气、水流通能力。

2) 水合物二次生成与初次生成气相渗透率对比

图 5.9 为水合物二次生成与初次生成情况下气相渗透率的对比。水合物二次生成后气相渗透率的变化规律与水合物初次形成后的变化规律是一致的，所不同的是，在相同的初始饱和度下，水合物二次生成后的渗透率要稍高于水合物初次生成时的渗透率。

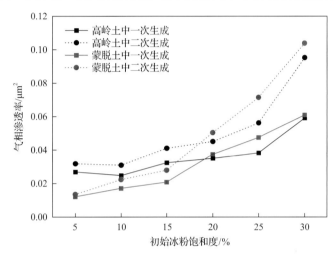

图 5.9　水合物初次生成与二次生成的气相渗透率对比

表 5.2 为水合物初次生成与二次生成气相渗透率的比值，k_{gre} 是水合物二次生成后的气相渗透率，k_{g0} 是水合物初次生成时的气相渗透率，渗透率比值呈现出随初始冰粉饱和度增大而增大的趋势。

表 5.2　水合物初次生成与二次生成的气相渗透率

高岭土		蒙脱土	
S_i /%	k_{gre}/k_{g0}	S_i /%	k_{gre}/k_{g0}
5	1.184	5	1.071
10	1.250	10	1.136
15	1.269	15	1.151
20	1.290	20	1.255
25	1.469	25	1.390
30	1.610	30	1.610

结果显示，随初始冰粉饱和度的增加，水合物二次生成提高了试样的气相渗透率，证实了在粉土中水合物的二次生成对气相渗透率产生影响。根据图 5.4，这种差异可以归因为试样中水合物二次生成时再次形成了团聚体结构，而二次生成时水合物生成产生的团聚体结构内部孔隙比水合物初次形成时数量更多或体积更大。对比发现，在相同的初始冰粉饱和度下，蒙脱土的二次生成后的气相渗透率与初次生成时的气相渗透率之比

k_{gre}/k_{g0} 整体稍小于高岭土。这是由于在蒙脱土中存在絮状结构堵塞部分孔隙，而高岭土中这种絮状结构并不显著。

5.1.3 降压开采水相非达西渗透特性

水合物开采伴随着储层内分解水的渗流过程，水相渗透率特性的研究对把握水合物开采产气、产水规律十分重要。在水敏感性黏土储层中，黏土质组分吸收水后膨胀使孔隙堵塞。因此，进行水相渗透率测试时，呈现出非达西渗流特征。主要表现为：当在低压力梯度下水流经很细小的孔道时，启动压力不为零；当超过启动压力且在较低压力范围内，渗流速度与压力梯度呈现非线性关系。在上述水相非达西渗流阶段，渗透率不再符合达西渗流关系。而当压力梯度继续增大时，流速与压力梯度逐渐变为线性关系。但是，随着压力梯度进一步增大将导致体系塑性变形、骨架结构破坏，水携带泥沙流向井筒，造成出砂现象。因此，在水合物降压开采过程中需要对压力梯度进行合理控制。

本节开展了水饱和条件下水合物饱和度对粉土模拟储层中水相渗流特性的影响研究，模拟储层试样材料为蒙脱土，在恒容条件下原位生成水合物。利用恒容变压法探究不同压力梯度下含水合物储层的水相渗流特征。

表 5.3 为不同水合物饱和度下的最小压力梯度阈值，以及在达到阈值前后非达西阶段和达西阶段的渗透率系数 k' 和 k。当水合物饱和度在 4.27%～7.83%时，最小压力梯度阈值随水合物饱和度的增加而减小，而渗透率系数 k' 和 k 随着水合物饱和度的增加而增加。然而，当饱和度在 11.54%～19.20%时，最小压力梯度阈值变为随饱和度增加而增加，渗透率系数随饱和度增加而减小。

表 5.3 不同水合物饱和度下最小压力梯度及非达西流阶段和达西流阶段的水渗透系数

S_h/%	最小压力梯度阈值/(MPa/cm)	k'/(m/s)	k/(m/s)
4.27	0.08524	6.93492×10^{-13}	1.0122×10^{-13}
5.47	0.07856	1.1967×10^{-12}	1.06865×10^{-13}
7.83	0.06788	1.2143×10^{-12}	1.47946×10^{-13}
11.54	0.07481	1.62933×10^{-12}	1.30507×10^{-13}
16.39	0.08354	1.28897×10^{-12}	1.01962×10^{-13}
17.13	0.08481	1.10146×10^{-12}	1.01875×10^{-13}
19.20	0.08837	1.05313×10^{-12}	1.00877×10^{-13}

图 5.10 是最小压力梯度阈值与水相渗透率的关系曲线。从图中可以看出不同水合物饱和度下的最小压力梯度阈值随着渗透率的降低而逐渐减小。

通过将最小压力梯度阈值和水相渗透率数据拟合后发现它们之间的关系可以用一个幂函数来表示：$I=A'K^{B'}$，I 是最小压力梯度阈值，K 是水相渗透率。幂指数为-0.578。拟合曲线的 R^2 值为 0.90821，说明降压开采气、水产出过程中，降压梯度的控制十分重要，如果降压梯度过小无法使水产生有效流动，从而阻碍气、水产出；而降压梯度过大，又会造成储层结构发生塑性变形，可能导致储层渗透率产生不可逆的降低，导致无法持续开采。

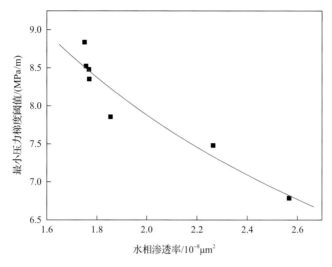

图 5.10　最小压力梯度阈值与水相渗透率的关系

5.2　储层孔隙结构与相对渗透率

气水两相渗流是水合物资源开采的主要控制机制之一。研究水合物沉积层骨架结构变化特性，分析骨架结构变化对水合物沉积层相渗特性的影响，对水合物开采具有重要指导价值。为了探明水合物沉积层骨架结构特性及内部流体特性等因素对气水两相渗流影响规律，本节将孔隙网络模型引入水合物研究中，构建了水合物储层渗流的孔隙网络模型。模型考虑了水合物的随机分布特性，将沉积物内部空间孔隙和喉道的体积、长度以及形状因子等结构特征参数化，并利用模型计算水合物开采过程气、水渗流特性。

5.2.1　孔隙网络模型

为了准确预测水合物储层的渗流特性，大量学者进行了模拟研究。常见的微观尺度数字岩心可以提供岩心内部结构的精确分布，进而可以构建真实岩心孔隙分布特性，用于实现流体流动特性的模拟，具有重要的研究意义。目前孔隙网络模型包括规则拓扑孔隙网络模型和真实拓扑孔隙网络模型。规则拓扑孔隙网络模型指构成孔隙网络模型的孔隙、喉道在平面或者空间中排列分布得十分整齐。真实拓扑孔隙网络模型以实验获取的数字岩心数据为基础，空间拓扑结构与真实岩心的拓扑结构相吻合。利用多向扫描法、居中轴线法、多面体法和最大球体法[15-17]四种方法，可以建立与真实岩心等价拓扑的孔隙网络模型。由于最大球体法相对成熟，得到的孔隙网络模型连通关系更加清晰，且计算速度较高。本书选用最大球体法进行微观渗流特性研究。

最大球体法为团簇算法，在这个算法当中最大球体是定义孔隙空间、探测几何变化和连通性的基本要素。一系列体元素组成一个最大空间，最大球体必须外切于组成多孔介质的颗粒表面，因此每个最大球体是独立存在的，不可能成为其他最大球体的子集。这些最大球体集合成岩心图像中的空白空间，得到了由所有最大球体提供的相互连接的孔隙喉道链，并含有其孔隙喉道的相关信息，形成多团簇骨架结构。通常情况下，一个孔隙喉道链含有多个通道链。

通道链将孔隙空间划分为孔隙和喉道，划分的孔隙和喉道都需要保证空间的连通性。定义一个给定半径尺寸的最大球体为母最大球体，在母最大球体的孔隙喉道链中假设一个初始边界。通道链中若最大球体半径大于初始边界乘以母最大球体半径，则该最大球体为孔隙，若小于初始边界乘以母最大球体半径，则该最大球体为喉道。孔隙和喉道的划分与选择的初始边界值有关。值得注意的是该划分方法并不会改变每个孔隙的配位数，其优点是每个最大球体都很容易找到附属的孔隙喉道链，而且又不破坏父代子代关系，但是通常会出现低估喉道长度、高估孔隙大小的情况。

基于最大球体法的孔隙网络模型的基本思路是：在多孔介质中，空间较大且角隅较少的孔隙空间对在其中流动的阻碍影响很小；而空间较小并且角隅较多对流体流动有很大的阻力，影响流体流动的连续性。将多孔介质中孔隙空间近似为"大孔隙连接细喉道再连接大孔隙"结构，进而将大孔隙简化为球体，细喉道简化为细杆。于是，多孔介质中的孔隙空间就被简化为一系列的球杆模型，即孔隙网络模型。图5.11(a)为从Berea岩心提取的孔隙网络，岩心样品的体积大小为 $0.2539^3 mm^3$，其中红色球体为孔隙空间中等价的孔隙，较大的红色球体则代表此处的孔隙空间较大；绿色杆状体为孔隙空间中等价的喉道，较宽的绿色杆状体则代表此处连接两个孔隙的空间也较大。图5.11(b)为从玻璃砂提取的孔隙网络模型，玻璃砂样品的体积大小为 $0.056^3 mm^3$。利用孔隙网络模型不但可以表征真实岩心孔隙结构，还可以计算真实岩心内部流体的流动特性，如流体饱和度变化、渗透率变化、毛细管压力变化等。

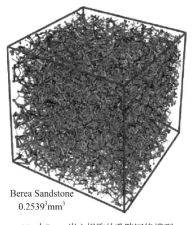
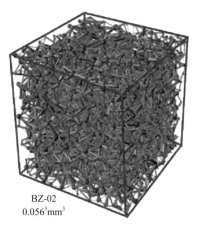

Berea Sandstone
$0.2539^3 mm^3$

BZ-02
$0.056^3 mm^3$

(a) 由Berea岩心提取的孔隙网络模型　　(b) 从玻璃砂提取的孔隙网络模型

图 5.11　不同岩心的孔隙网络模型

不论利用降压开采法、注热开采法还是抑制剂注入开采法，水合物沉积层渗透率都是评估水合物高效开采的重要参数[18]。水合物沉积层的渗透率主要受孔隙尺寸、孔隙分布、水合物开采方式等影响[19]。本书为了研究含水合物沉积层的孔隙尺寸对渗流的影响，采用了不同粒径的玻璃砂模拟多孔介质。所有实验在相同的温度压力工况下完成，且多孔介质内水合物饱和度相同，多孔介质的孔隙尺寸是唯一变量。

六组玻璃砂在高压反应釜中填充成多孔介质，玻璃砂平均粒径分别为 0.1mm(BZ-01)、0.2mm(BZ-02)、0.4mm(BZ-04)、0.6mm(BZ-06)、0.8mm(BZ-08) 和 1mm(BZ-10)。实验初始压力设置为 7.2MPa，保持温度为 0.2℃，在此条件下生成水合物。水合物的生成消耗了高压反应釜中的甲烷，高压反应釜内的压力降低。最终高压反应釜内的压力稳定在 5.6MPa。多孔介质内甲烷水合物生成稳定后，利用 CT 对含水合物的多孔介质进行可视化扫描，水合物饱和度均为 22% 左右。

将得到的 CT 图像导入 ImageJ 图像处理软件，通过剪切、过滤和阈值分割等方法对图像进行预处理，具体操作包括：①调节亮度并剪切感兴趣区域，本书将图像全部剪裁为 250×250×250 像素；②利用中值滤波法对图像过滤去噪；③利用阈值分割对图像进行二值化处理，将灰度图像转化为只有黑白两色的二值图；④将阈值分割后图像堆叠，重建三维的含水合物多孔介质模型。预处理后的图像，增强了含水合物多孔介质中各组分灰度对比。因此，含水合物多孔介质中颗粒、水、水合物和气体四相组分均能区分开。由于水和水合物的密度十分相近，二者界限有时候不清晰，也可以利用 VGSTUDIO Max 软件来辅助处理图像，进一步识别含水合物多孔介质内各相分布。随后，导入重构的三维多孔介质模型，建立含水合物的多孔介质孔隙网络模型，模拟含水合物多孔介质内气水渗流特性。

1. 含水合物多孔介质的孔隙度

在计算含水合物多孔介质的各相渗透特性之前，利用孔隙网络模型计算不含水合物的多孔介质物性参数，如孔隙度、孔隙/喉道半径和绝对渗透率等，计算结果与传统实验结果一致，验证了孔隙网络模型的准确性。随后利用孔隙网络模型计算得到含水合物多孔介质的物性参数。表 5.4 为不同粒径尺寸下多孔介质的孔隙度、平均孔隙半径、平均喉道半径、孔喉比和绝对渗透率。含水合物多孔介质的孔隙度范围为 19.29%～36.93%，平均孔隙半径范围为 $2.89×10^{-5}$～$17.39×10^{-5}$m，平均喉道半径范围为 $1.39×10^{-5}$～$6.45×10^{-5}$m，孔喉比的范围为 2.08～2.70。玻璃砂粒径越大，填充的多孔介质孔隙度和平均孔喉半径(包括平均孔隙半径和平均喉道半径)也越大。将孔隙网络模型和传统的体积法计算得到的孔隙度进行比较，如图 5.12 所示。利用两种方法计算得到的孔隙度误差在 5% 之内，具有很好的一致性。

表 5.4　孔隙网络模型计算的不同粒径大小生成的含水合物多孔介质特性

样品号(粒径大小)	孔隙度/%	平均孔隙半径/10^{-5}m	平均喉道半径/10^{-5}m	孔喉比	绝对渗透率/10^{-11}m²
BZ-01(0.1mm)	19.29	2.89	1.39	2.08	0.25
BZ-02(0.2mm)	26.86	4.71	2.08	2.26	1.36
BZ-04(0.4mm)	30.17	5.64	2.23	2.53	5.70
BZ-06(0.6mm)	30.62	8.43	3.28	2.57	10.76
BZ-08(0.8mm)	34.98	13.27	5.15	2.58	38.00
BZ-10(1mm)	36.93	17.39	6.45	2.70	75.04

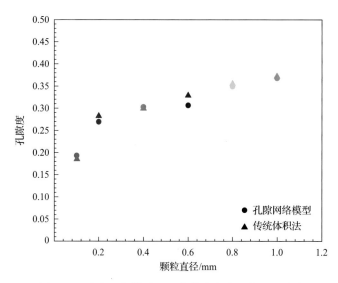

图 5.12　孔隙网络模型以及传统体积法计算的孔隙度

2. 多孔介质内水合物饱和度

图 5.13 为含水合物多孔介质的 CT 横截面图，此时含水合物多孔介质中气、水、颗粒、水合物组分全部能够识别出来。从图中可以看到，在整个多孔介质中，水合物分布是非均匀的，而且孔隙空间中的水合物无论大小还是形状都是随机的，没有规律性。水合物生成主要集中在气体和水相的界面处，该处有富集的水和甲烷气，符合水合物的生成条件。水合物的赋存更倾向于聚集在孔隙中间，而不是黏附在孔隙壁上，也没有形成可以对多孔介质结构起到支撑作用的形态。在玻璃砂和水合物之间始终有一层薄薄的水层，这个现象与冰在多孔介质中的生长情况十分相似，此工况下水合物的赋存趋向于悬浮型结构。

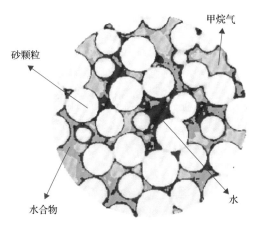

图 5.13　含水合物多孔介质横截面

在计算多孔介质内水合物饱和度时，可以采用传统体积法，也可采用 CT 扫描法。

识别含水合物多孔介质中各相后,计算各片层水合物所占面积与该片层孔隙面积比值(即水合物面积/孔隙面积)。传统体积法测量水合物饱和度为 18.19%、19.73%、22.14%、22.46%和 23.76%时,CT 法测量得到的水合物饱和度分别为 18.63%、20.32%、21.91%、22.09%和 24.29%。采用传统体积法和 CT 法计算出的两组水合物饱和度差值在 5%之内。

3. 含水合物多孔介质的渗透率

图 5.14 为两种方法计算得到多孔介质的绝对渗透率。传统体积法计算的绝对渗透率值较孔隙网络模型计算值大,这是因为传统体积法和孔隙网络模型分别利用平均孔隙半径和平均喉道半径两种不同参数。平均孔喉半径增加(平均孔隙半径和平均喉道半径增加),使含水合物沉积层的绝对渗透率增加。粒径尺寸可以改变流体流动的空间大小。从微观结构的角度来解释,粒径改变了孔隙网络模型中的孔隙喉道半径,多孔介质孔隙度减小导致流动空间减小,从而使得等价的孔隙网络模型的平均孔喉半径减小,最终绝对渗透率降低。

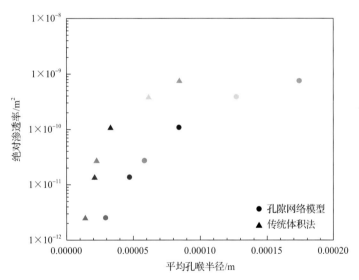

图 5.14　不同粒径大小下平均孔喉半径与绝对渗透率的关系

孔隙网络模型计算得到的绝对渗透率的模拟结果与K-T 公式[20]和K-C 公式[21]计算得到的绝对渗透率进行对比,如图 5.15 所示。三种方法计算得到的绝对渗透率的变化趋势相同,孔隙度的增大导致绝对渗透率增大。当孔隙度小于 30%时,孔隙网络模型计算得到的绝对渗透率与 K-T 公式计算结果基本一致;当孔隙度大于 30%时,孔隙网络模型计算得到的绝对渗透率与 K-C 公式计算结果接近。这是由于在小孔隙度区域,K-C 公式计算得到的渗透率随孔隙度减小而迅速降低[22]。与此同时,孔隙网络模型孔隙喉道的横截面除了圆形,还有三角形和正方形,其对多孔介质空间结构表征得更为准确,而 K-T 模型是基于两个实验得到的,其中一个就是利用压汞法测得临界孔隙直径,该方法假设横截面为圆形,影响 K-T 模型计算渗透率的准确性[23]。

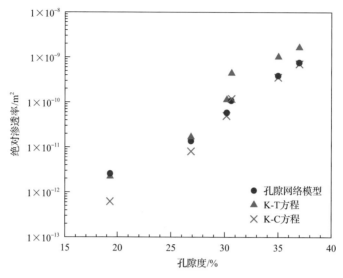

图 5.15　孔隙网络模型计算得到的绝对渗透率与 K-T 和 K-C 经验模型对比

4. 含水合物多孔介质的毛细管压力

图 5.16 为不同水合物饱和度下的毛细管压力曲线。随着水饱和度从 1.0 向 0.0 减小，不同水合物饱和度下的毛细管压力曲线均以缓慢的速度平稳升高，直到水饱和度在 0.05 处出现明显的拐点。在该拐点处，毛细管压力会随着水饱和度的减小而骤升。水饱和度仅上升 1%，相应的毛细管压力可增加 0.9MPa。在水饱和度相同的情况下，水合物饱和度对毛细管压力有一定的影响，即水合物饱和度越高，毛细管压力相对较高。这是由于在多孔介质中水合物的生成占据了本来就小的孔隙空间，孔隙空间的等价孔喉半径随之减小，并进一步增大了毛细管压力。因此，沉积层中水合物饱和度越大，其内部毛细管压力就越大。

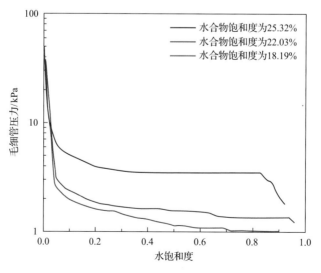

图 5.16　不同水合物饱和度下的毛细管压力曲线

图 5.17 为不同孔隙度下的毛细管压力曲线。随着水饱和度减小，不同孔隙度下的毛细管压力均以缓慢的速度平稳升高，直到水饱和度在 0.03 处出现明显的拐点。在该拐点处，毛细管压力随着水饱和度的减小而骤升。水饱和度仅上升 1%，相应的毛细管压力增加约 1MPa。在水饱和度相同的情况下，孔隙度对毛细管压力也有一定的影响，即含水合物多孔介质的孔隙度越高，毛细管压力就越小。这是由于水合物饱和度相同时，粒径大小决定水合物多孔介质内部用于流体流动空间的大小，组成水合物多孔介质的颗粒粒径越大，流体流动空间越大，对应等价的孔隙网络模型中的平均孔隙半径和平均喉道半径就越大，平均孔隙半径和平均喉道半径减小则会增大毛细管压力。因此，水合物沉积层中，水合物孔隙度越小，其内部毛细管压力就越大。

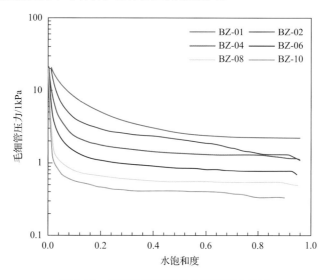

图 5.17　不同孔隙度下的毛细管压力曲线

5.2.2　气水相对渗透率

在气体开采过程中，多孔介质中累积的水合物减少了流体流动的孔隙空间，降低了含水合物沉积层的绝对渗透率。由于沉积层中的水合物分布不均，水合物对渗透率和相对渗透率的影响很大[24]。为了更准确地预测天然气开采产气及经济效益，除了绝对渗透率之外，了解水合物开采过程中的气/水相对渗透率及其影响因素也十分重要。

1. 水合物饱和度对相对渗透率影响

基于孔隙网络模型计算不同水合物饱和度下的气水相对渗透率曲线，如图 5.18 所示。水相相对渗透率随着水饱和度的增加而增加，气相相对渗透率曲线则随之降低。随水饱和度的增加，水在多孔介质中的流动空间就会增大，故水相的相对渗透率逐渐增高。由于气相的流动空间被水相占据，气相在流动过程中就容易因水的流动而失去原有的连续性，就出现了液阻效应，即贾敏效应，该效应对气水流动影响很大。气相就会逐渐失去连续性，分布于水相中，因此气相相对渗透率会逐渐降低，最后滞留于孔隙内部。

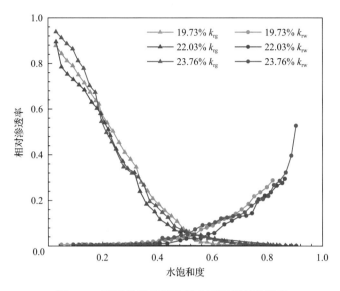

图 5.18　不同饱和度下的气水两相相对渗透率

　　不同水合物饱和度下，水合物饱和度较小时水相相对渗透率较大。这是由于在多孔介质中生成的水合物占据流体流动的孔隙空间，使得孔隙网络模型的孔喉半径不断减小，小孔喉半径会使多孔介质中的毛细管压力明显增大，进而阻碍水相流动。

　　随着水合物饱和度降低，平均孔喉半径随着降低。水相的流动空间增大，水相相对渗透率随之增加。但是气相相对渗透率并没有呈现类似的趋势，气相相对渗透率随水合物饱和度的变化不明显。小孔喉会阻碍气水两相在多孔介质中的流动。随着孔喉的增大，水相的流动变化明显，并占据了大部分的喉道空间。孔隙尺度气相的迁移受毛细管压力的阻碍明显，随着水合物饱和度改变不是很明显。

2. 储层润湿性对相对渗透率影响

　　在水合物分解过程中，多孔介质的孔隙空间由两种或者更多流体占据，可能发生流体之间相互互溶驱替或者非互溶驱替。在相互互溶驱替的情况下，流体可以完全溶解在彼此之中，导致流体之间没有界面，而是以一定的比例相互混合在一起流动。在非互溶驱替的两相流系统中，将非互溶的两相流体用来分开彼此的单位面积上所需要的功称为界面张力。在非互溶驱替情况下，界面张力使得流体之间存在界面，一个系统中多相流体同时流动。气体和液体之间的界面张力或者能量阻碍称为表面张力，主要涉及流体与物质(包括固体、液体、气体)之间的吸附力。接触角决定哪种液体更倾向附着于润湿固体表面，某相流体在固体表面铺展或者附着的能力被称为润湿性，液滴润湿性不同，在固体表面呈现的形状也不同。液滴在固液接触边缘的切线与固体的夹角即为接触角，润湿性可由接触角 θ 确定。

　　当接触角最小时(即 0°)，液体完全贴附于固体表面，润湿性最强；当 0°<θ≤90°，液体可润湿固体表面，并在表面延展很大面积，θ 越小，润湿性越好；当 90°<θ<180°，液体不能润湿固体，意味着液体在固体表面得不到很好的延展；当接触角最大时，即为

180°，液体完全不能润湿，而在固体表面形成小球。因此，润湿性反映的是流体在固体表面延展和附着的能力。润湿性不仅控制着多孔介质中气/水相的分布，还决定了气/水相的流动。水合物沉积层润湿性的改变，引起相对渗透率及毛细管压力的改变，进而影响水合物开采特性。润湿性是水合物高效开采的重要影响因素之一。

为了研究润湿性对含水合物多孔介质中气水两相相对渗透率的影响，本节在粒径不同的玻璃砂中生成相同饱和度的水合物。图 5.19 为不同粒径下水合物多孔介质中润湿性对气水两相相对渗透率的影响规律。以玻璃砂 BZ-04 为例，在 BZ-04 内生成水合物过程中的相对渗透率曲线如图 5.19(a) 所示。随着接触角从 15°增加到 155°(整个系统的润湿性由强亲湿性变成强非湿性)，在相同的水饱和度下的水相相对渗透率增加，而气相相对渗透率降低。相比于强亲湿性系统，非湿性系统中水相相对渗透率较高，气相相对渗透率较低。而在不同粒径多孔介质内，不同润湿性下的水合物生成过程相对渗透率曲线影响较为明显，且润湿性的影响随着玻璃砂粒径变化而加剧。随着玻璃砂粒径的增大，系统润湿性对气水两相相对渗透率的影响逐渐增大，不同接触角下的气水两相相对渗透率曲线差异增大。

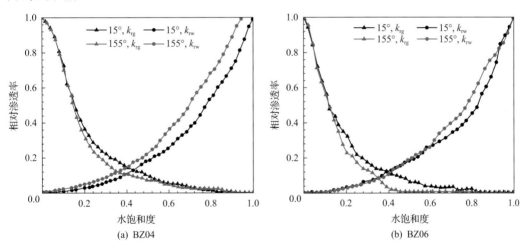

图 5.19　不同粒径下水合物多孔介质中润湿条件对气水两相相对渗透率的影响

在亲湿性系统中(θ=15°)，水相(亲湿相)倾向于吸附在固体表面并形成一层极薄的水层，同时气相(非亲湿相)占据孔隙空间的中央位置，且在较大的孔隙空间中更好地流动，这种流体分布有利于流体流动。在亲湿性系统中进行水驱替，水相沿着孔隙壁面均匀地浸入多孔介质，当水相侵入较小的或中等的孔隙空间时，推动气相进入大孔隙中，使得气相更容易被驱替，同时小孔隙处的气相会被大孔隙中央处的自发水驱替，这种驱替形式降低了整个系统的储能，整个系统处于稳定状态。当水相侵入多孔介质时，气水两相均沿着固有孔隙网络向前流动，一部分气相拥有连续的流动通道，部分不连续的气相则滞留在孔隙空间中。在部分区域，如连接两个残余气相所在的孔隙的喉道处，水相变得不稳定并容易卡断，则气相小球体被束缚在孔隙中央。

而在非湿性系统中(θ=155°)，气相更容易吸附在固体表面，并在固体表面形成气体薄层，而水相在大空间内流动，气水两相流体的位置与亲湿性系统中完全相反，当在一些非湿性很强的系统中，水相会在多孔介质孔隙中间形成孤立的液滴。因此，水相相对渗透率在亲湿性系统中比在非湿系统中低，气相相对渗透率呈现相反的趋势。在非湿性系统中，水驱替并没有亲湿性系统的效率高。当水相开始驱替时，水相形成连续的通道，或者进入较大的孔隙中央驱替气相，而气相被滞留在较小的空间中。当持续注入水相时，水相则会侵入较小的空间形成更多的连通通道，束缚水则会逐渐增多。当注入的水相流过通道使束缚水连通并流动时，气相的流动实际上停止了。

储层具有非均质的润湿性，也就是储层多孔介质一部分是亲湿性，另一部分是非湿性。本节研究了含水合物多孔介质中不均匀润湿性对相对渗透率的影响。在强亲湿性系统(非湿性所占比例 $f=0$)中，水相相对渗透率随着粒径的增大而逐渐增大；气相相对渗透率随着粒径的增大而逐渐降低。在连通性较差的水合物多孔介质中，如 BZ-10(平均配位数为 6.57)，高达 60%的气体被滞留在多孔介质孔隙空间。在连通性较好的水合物储层多孔介质中，如 BZ-01(平均配位数为 10.31，气体流动通道较多)，气相相对渗透率比相同工况下不同连通性的多孔介质的相对渗透率都高，残余气饱和度更低(低至 20%)。

当多孔介质中非湿性部分所占比例为 25%($f=0.25$)时，非湿性提高气相束缚量，尤其是在连通性较弱的孔隙网络中，水相连通性减弱，非湿性系统的水相相对渗透率整体低于强湿性系统的相对渗透率。孔隙尺度的流动受毛细管压力的影响，小孔隙且连通性较差的亲湿性区域先被填充，这些亲湿性区域围绕着非湿性孔隙，因此非湿性部分被夹在中间不能被驱替。注水时，夹在非湿性中间的气体不能被驱替，残余气饱和度变高。同样，在连通性较差的多孔介质中，如 BZ-10，高达 50%的气体被滞留于孔隙空间。在连通性较好的多孔介质中，如 BZ-01，气相相对渗透率比相同工况下其他的多孔介质内相对渗透率都高，残余气饱和度更低(低至 36%)。残余气饱和度变大，也证明了多孔介质部分非湿性会提高气相残余饱和度。

当多孔介质中非湿性所占的比例达到 75%($f=0.75$)时，由于驱替过程中气相仍保持连通，残余气体饱和度非常低。水相聚集在多孔介质中央区域，便于流动，因此水相相对渗透率增大。当整个系统均为非湿性($f=1$)时，得到的气水两相相对渗透率的曲线与 $f=0.75$ 系统相似：驱替过程耗时长，残余气饱和度非常低，水相相对渗透率终点较高。在相同水饱和度、相同润湿性(均匀非湿性)系统下，水相相对渗透率随着粒径的增大而降低，气相相对渗透率则随着粒径的增大而增大。该现象与均匀亲湿性系统情况相比，气水两相相对渗透率曲线的表现完全相反。非湿性在多孔介质系统中所占的比例越大，越有利于气相的流动，残余气饱和度越低。在相同的亲湿性比例情况下，连通性强的多孔介质系统的残余气饱和度最低。

3. 储层界面张力对相对渗透率影响

在水合物沉积层中，气水两相流动情况、相对渗透率及最终的残余气饱和度和束缚水饱和度均与界面张力有密切的关系。因此本节也针对界面张力对气水两相相对渗透率的影响进行了研究。采用了两组颗粒形状和尺寸各异的石英砂(SYⅠ 和 SYⅡ)，孔隙度分别为 7.73%和 23.56%，孔隙半径分别为 4.87×10^{-2}mm 和 19.03×10^{-2}mm，平均喉道半径分别为 1.83×10^{-2}mm 和 8.54×10^{-2}mm。所有工况下生成水合物饱和度均维持在 22%

左右，避免水合物饱和度的差异对研究结果产生影响。

图 5.20 为两个样品中不同界面张力下气水两相相对渗透率。随着水饱和度增大，水相相对渗透率曲线也增大，气相相对渗透率曲线则降低。在不同界面张力条件下，气水两相相对渗透率均存在典型的滞后现象，并且气相(非湿相)滞后的情况比水相(亲湿相)更大。相同水饱和度情况下，增大界面张力能略微降低气水两相相对渗透率，其中水相相对渗透率降低得更明显。在大粒径的水合物多孔介质中，界面张力的影响效果更加突出。如样品 SY I 的平均孔隙半径和喉道半径很小，界面张力对气水两相相对渗透率的影响并不明显。界面张力使流体在孔隙空间不连通，从而导致流体不连续流动，因此较大的界面张力会降低气水两相相对渗透率。

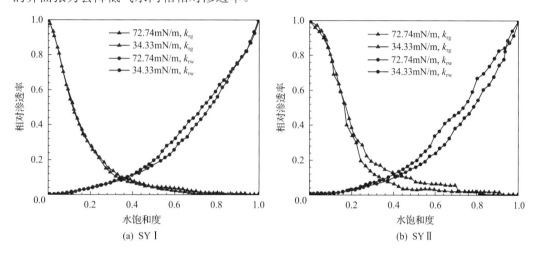

图 5.20 不同界面张力下气水两相相对渗透率

在 Corey 模型水相相对渗透率 $k_{rw} = \left[\dfrac{S_w / (S_w + S_g) - S_{rw}}{1 - S_{rw} - S_{rg}} \right]^{n_w}$ 和气相相对渗透率

$k_{rg} = \left[\dfrac{S_w / (S_w + S_g) - S_{rw}}{1 - S_{rw} - S_{rg}} \right]^{n_g}$ 中 (S_w 为水饱和度，S_g 为气饱和度，S_{rw} 为残余水饱和度，S_{rg} 为残余气饱和度)，n_w 和 n_g 分别为控制水相和气相的相对渗透率参数[25]。可以看出，n_w 和 n_g 数值降低会增大气水两相相对渗透率。n_w 和 n_g 与润湿相和非润湿相之间的界面张力呈正相关性，也就是界面张力增大会使 n_w 和 n_g 数值同样增大。因此，甲烷气体与水相之间的界面张力与气水两相相对渗透率就有着负相关性，随着界面张力的升高，气水两相相对渗透率会降低，与本节研究结果一致。

5.3 储层渗流特性和产气特征

水合物储层岩石受自身沉积、成岩作用及地下非均质应力环境等影响，渗透率等参数往往表现出明显的各向异性特征[26, 27]。渗透率各向异性对地下流体的运移影响显著[28-30]，是水合物藏开发的重要影响参数。水合物藏开采是一个多场耦合的过程，水合物储层渗透率各向异性对水合物藏产气特征的影响，通常需要借助数值模拟方法进行分析。

5.3.1 各向异性水合物藏开采模型

1. 控制方程

假设：①水合物客体分子主要由甲烷构成，忽略其他客体分子成分；②水合物分解过程涉及三个相态(液相、气相和水合物相)和四个组分(水、甲烷、盐和热量)。可以采用相平衡模型来描述水合物分解[31]，水合物分解过程的质量与能量守恒方程可分别表示为[32, 33]

$$\frac{\mathrm{d}}{\mathrm{d}t}\int_{V_n} M^k \mathrm{d}V = \int_{\Gamma_n} F^k \cdot \boldsymbol{n}\mathrm{d}\Gamma + \int_{V_n} q^k \mathrm{d}V \tag{5.17}$$

式中，M^k 为组分 k 的单位体积质量或能量累积量；F^k 为组分 k 的质量或能量通量；q^k 为组分 k 的源/汇项；$\boldsymbol{n}$ 为单位法向量；V 为体积；Γ 为表面面积。

含水合物多孔介质内气水两相相对渗透率，由修正的斯通(Stone)模型来表示[31]：

$$k_{\mathrm{rw}} = \left(\frac{S_{\mathrm{w}} - S_{\mathrm{irw}}}{1 - S_{\mathrm{irw}}}\right)^n \tag{5.18}$$

$$k_{\mathrm{rg}} = \left(\frac{S_{\mathrm{g}} - S_{\mathrm{irg}}}{1 - S_{\mathrm{irw}}}\right)^n \tag{5.19}$$

式中，k_{rw} 为水的相对渗透率；k_{rg} 为气的相对渗透率；S_{irw} 残余水饱和度；S_{irg} 为残余气饱和度。

毛细管压力由式(5.20)进行计算：

$$P_{\mathrm{cap}} = \sqrt{\frac{\phi_{\mathrm{rr}}}{k_{\mathrm{rr}}} \cdot \frac{F_{\mathrm{PT}}}{k_{\mathrm{r\phi}}}} \cdot P_{\mathrm{cap},00}(S^*) \tag{5.20}$$

式中，ϕ_{rr} 和 k_{rr} 分别为孔隙度和渗透率与同等温压条件下参考介质相关联的相对因子；S^* 为当量饱和度；P_{cap} 为毛细管压力，即毛细管中产生的液面上升或下降的曲面附加压力。毛细管参考压力 $P_{\mathrm{cap},00}(S^*)$ 采用 van Genuchten 方程进行计算[34]：

$$P_{\mathrm{cap},00}(S^*) = -P_0[(S^*)^{-1/\lambda} - 1]^{1-\lambda} \tag{5.21}$$

$$S^* = \frac{S_{\mathrm{w}} - S_{\mathrm{irw}}}{S_{\mathrm{max}} - S_{\mathrm{irw}}} \tag{5.22}$$

$$F_{PT} \approx 1 + \alpha_P \Delta P + \alpha_T \Delta T \tag{5.23}$$

式中，α_P 和 α_T 分别为孔隙压缩系数和热膨胀系数；P_0 为气体进入压力；S_{max} 为最大水饱和度。

$k_{r\varphi}$ 是度量孔隙度变化对渗透率影响程度的参数：

$$k_{r\varphi} = \exp[\gamma(F_{PT} - 1)] \tag{5.24}$$

式中，γ 为一个经验参数。

水合物储层热导率可用下式进行计算[31]：

$$K = K_{dry} + (S_w^{1/2} + S_h^{1/2})(K_{wet} - K_{dry}) \tag{5.25}$$

式中，K_{dry} 为干导热系数；K_{wet} 为湿导热系数；K 为有效热导率。

2. 模拟区域与初始、边界条件

本节选择我国南海北部大陆坡神狐地区水合物藏试采井 SH2 为计算实例。根据广州海洋地质调查局现场勘探数据，水深 1230m，水合物储层厚度 40m[35]。水合物储层上、下均为同岩性的可渗透盖层，建模时指定水合物储层长为 80m，盖层厚度为 20m，如图 5.21 所示。计算区域的中心设有直径(r_w)0.1m、长度(L_w)10m 的垂直开采井。在对计算区域进行网格划分时，井周边网格加密，沿径向的网格宽度为 0.2m，然后径向网格的宽度以指数形式增加，共计在径向划分 50 个网格。在垂向上水合物层的网格高度为 0.5m，上、下盖层的网格高度分别为 1m 和 2m。最终，计算区域共被划分为 5600 个网格[36]。

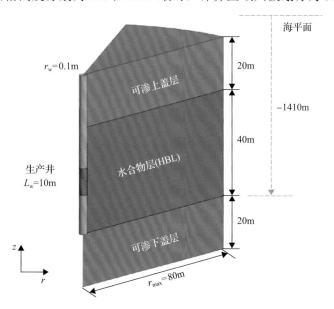

图 5.21　数值模拟计算区域示意图

初始时刻，储层压力符合流体静压分布，初始温度分布由地层温度梯度计算而得。上、下边界均指定为狄利克雷(Dirichlet)条件,在计算过程中温度、压力保持不变,右侧外层边界假设为无渗流边界。本节采用降压生产方法,井口压力在生产过程中维持 3MPa。井内流体用虚拟多孔介质内的 Darcy 流来替代。表 5.5 列出了建模所需的储层物性参数。

表 5.5　中国南海神狐地区水合物储层特性参数[35, 36]

参数	数值	备注
气体组成	100%CH$_4$	
水合数	6	
水合物饱和度	0.3	
海水盐度	0.03	
岩石密度/(kg/m^3)	2750	
孔隙度	0.38	
岩石热导率(干)/[W/(m·K)]	1.0	
岩石热导率(湿)/[W/(m·K)]	3.0	
S_{irw}	0.20	
S_{irg}	0.02	相对渗透率方程参数
n	3.572	
S_{max}	1	
P_0/MPa	0.1	毛细管压力方程参数
λ	0.45	

根据岩性不同,神狐地区的水合物储层可分为砂质储层、砂岩储层和黏土储层。不同岩性储层的粒径与渗流属性差异显著,如表 5.6 所示。储层岩石的水平渗透率与垂向渗透率比值通常位于 1~10,这里指定不同储层的渗透率横纵比(r_{rz})分别为 1、2、6、10[28-30]。

表 5.6　神狐地区不同岩性储层的平均粒径与初始渗透率[36]

岩性	平均粒径/μm	初始渗透率/m^2
砂质储层	98	7.6×10^{-12}
砂岩储层	9	6.4×10^{-14}
黏土储层	3	7.1×10^{-15}

5.3.2　渗透率各向异性对开采的影响

1. 渗透率各向异性对产气性能的影响

砂岩储层中水合物饱和度的变化过程如图 5.22(a)所示,可以看出,降压开始后 1600d 左右,渗透率各向异性对水合物生产产生较显著的影响。总的来说,渗透率各向异性减缓了水合物的分解。当渗透率各向异性程度很大时(即 r_{rz}=10),生产在 345d 左右时,发生了生产终止。表明在砂岩储层中,渗透率各向异性是一个不利于生产的因素。由图 5.22(b)的气体饱和度的变化过程也可以看出,当渗透率各向异性程度增大时,储层上方的气体饱和度逐步降低。

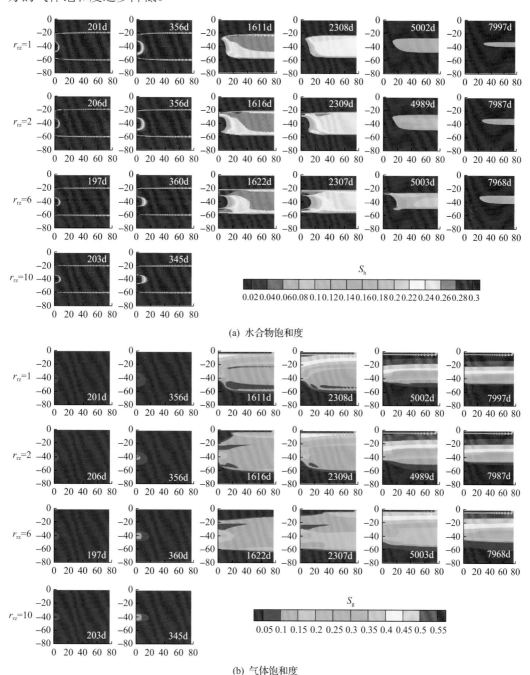

(a) 水合物饱和度

(b) 气体饱和度

图 5.22 不同程度渗透率各向异性的砂岩储层中水合物分解过程

在砂岩储层中，气体释放速率(Q_R)及气体生产速率(Q_P)在不同程度的渗透率各向异性的影响下的变化规律如图 5.23 所示。与渗透率各向同性的情况相比，渗透率各向异性不仅降低了最高产气速率峰值，还推迟了其出现的时间。但是，渗透率各向异性对井口气体生产量的影响很小，如图 5.24 所示，除了在 r_{rz}=10 时发生生产终止，其他情况下，气体产气量(V_P)均达到气体释放量(V_R)的 75%（约 $1.2×10^7 m^3$）。

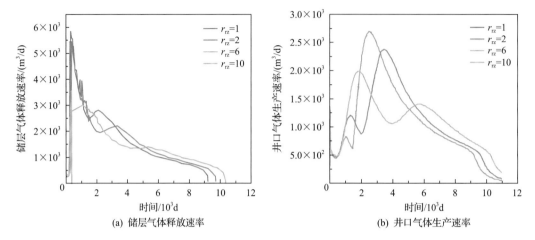

(a) 储层气体释放速率　　　　　　　　　(b) 井口气体生产速率

图 5.23　不同程度渗透率各向异性的砂岩储层中储层气体释放速率和井口气体生产速率

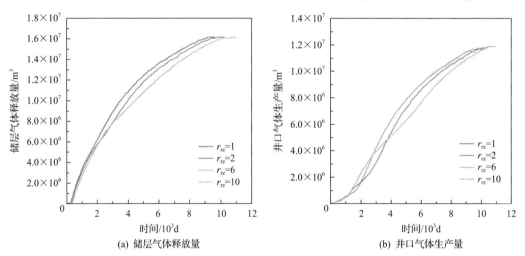

(a) 储层气体释放量　　　　　　　　　(b) 井口气体生产量

图 5.24　不同程度渗透率各向异性的砂岩储层中储层气体释放量和井口气体生产量

渗透率各向异性对砂质储层和黏土储层中的水合物分解也有显著影响，如图 5.25 和图 5.26 所示。在这两种储层内渗透率各向异性均能导致生产提前终止、产气量大幅度下降，在黏土储层和砂质储层中最小的产气量分别仅为 $1.7×10^5 m^3$ 和 $1.5×10^6 m^3$。通常情况下，砂质水合物储层具有最佳的生产性能[36]，该结论适用于渗透率各向同性的情况。然而，渗透率各向异性是一个普遍的特性，当考虑其影响时，砂质储层中的水合物生产只持续了一个月左右的时间，产气量仅为渗透率各向同性情况下的 30.0%。相比之下，黏土储层中水合物生产过程对渗透率各向异性的响应相对迟缓，除了 r_{rz}=10 的情况，其余情况的生产均能持续 30 年，最终产气量与渗透率各向同性时差异不大。所以，在渗透率各向异性的影响下，砂岩储层相比于砂质储层及黏土储层具有更好的生产性能。

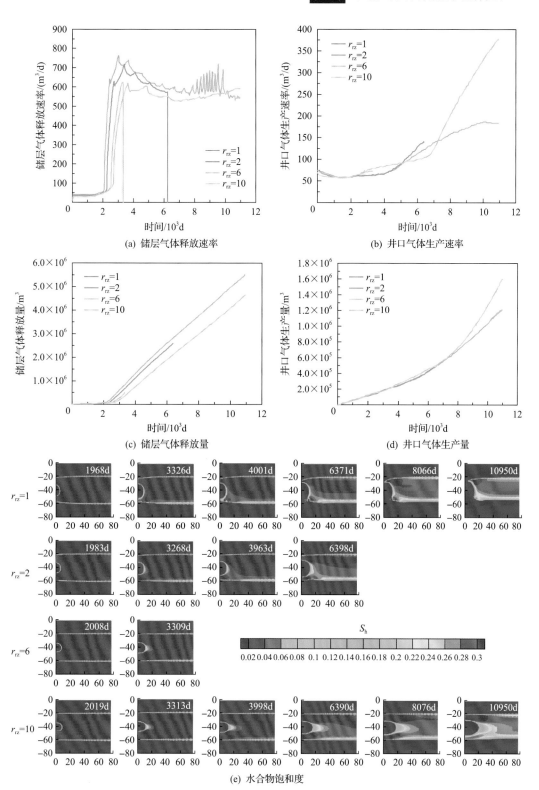

图 5.25 渗透率各向异性黏土储层中水合物开采过程特性

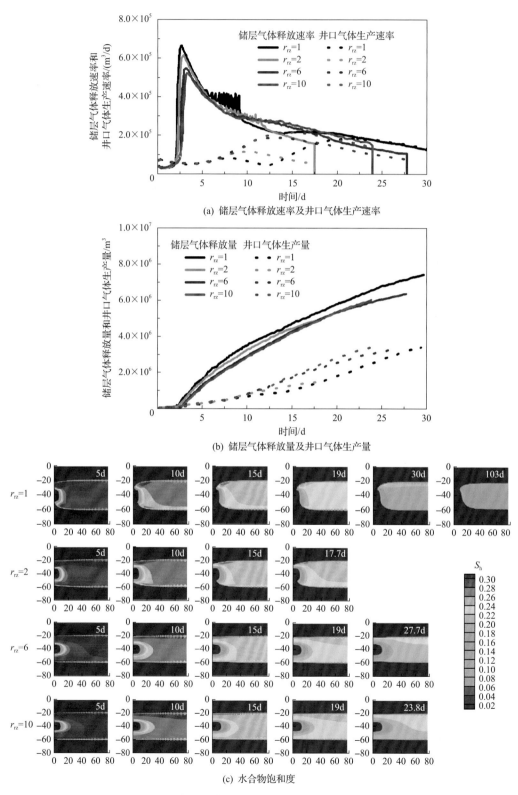

(a) 储层气体释放速率及井口气体生产速率

(b) 储层气体释放量及井口气体生产量

(c) 水合物饱和度

图 5.26　不同程度渗透率各向异性的砂质储层中水合物分解过程

2. 渗透率各向异性对压力场演化的影响

压力在三类岩性储层中的演化过程如图 5.27 所示，可以看出，渗透率各向同性时，生产井口的低压传递最高效，确保了降压生产的顺利进行。相比之下，在砂质储层和砂岩储层中的降压速率更快，这表明初始渗透率较大的储层更适于降压生产。当考虑渗透率各向异性时，降压前沿的发展趋势与渗透率各向同性时显著不同。总体来说，渗透率

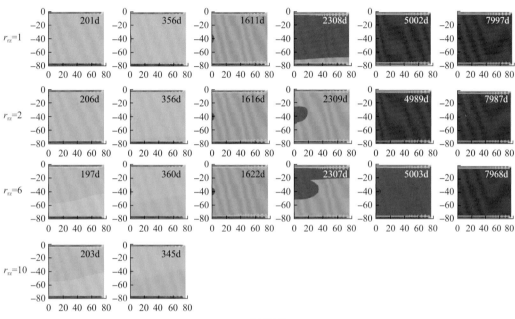

(a) 砂层储层

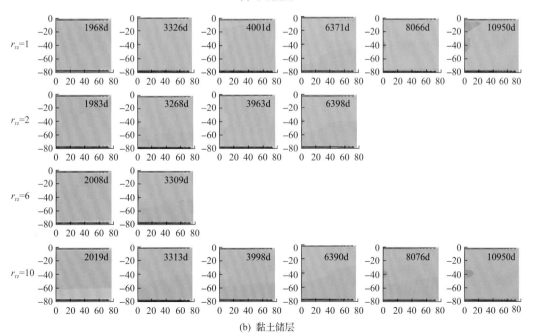

(b) 黏土储层

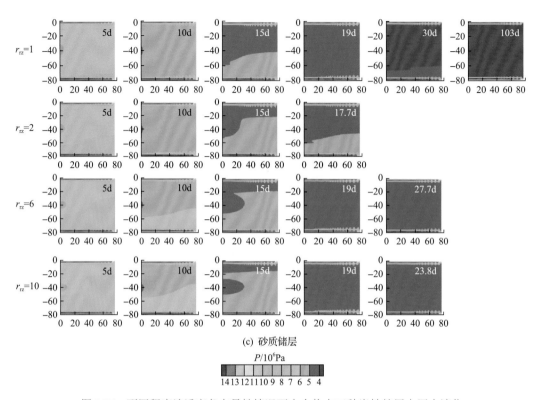

(c) 砂质储层

$P/10^6Pa$

14 13 12 11 10 9 8 7 6 5 4

图 5.27　不同程度渗透率各向异性情况下水合物在三种岩性储层中压力演化

各向异性使得储层纵向渗透率相对减小，阻碍了该方向的流体流动，增加了该方向传质传热的难度。此外，根据达西定律，流体更倾向于沿渗透率大的方向流动，即沿水平方向流动。图 5.28 提供了在砂岩储层中 $r_{rz}=2$ 和 $r_{rz}=6$ 时的降压传递前沿变化对比，随着渗透率各向异性程度的增加，储层顶部的流体优先沿水平方向流动，随后沿竖直方向流动。在储层上方和井周形成了两个明显分离的降压前沿。

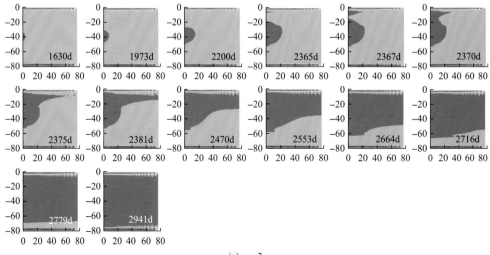

(a) $r_{rz}=2$

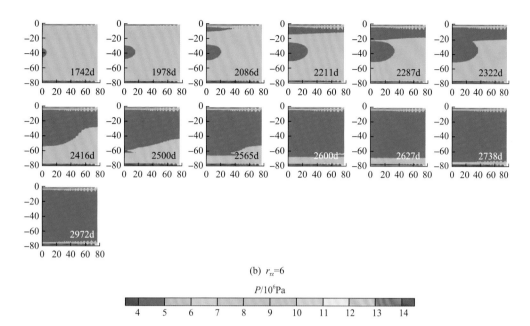

(b) $r_{rz}=6$

$P/10^6Pa$

图 5.28　砂岩储层水合物分解过程中渗透率各向异性不同时的压力演化过程

综上所述，根据岩性不同，天然气水合物储层可分为砂质储层、砂岩储层和黏土储层。不同岩性储层的渗透率大小差异显著，其中砂质储层渗透率最高，砂岩储层次之，黏土储层最低。此外，储层岩石受自身沉积、成岩作用，以及地下非均质应力环境等影响，渗透率往往表现出明显的各向异性特征。渗透率大小和各向异性对地下流体的运移影响显著，是水合物藏开发的重要岩石物性参数。我国南海神狐地区天然气水合物储量巨大，对其生产潜能进行数值分析是制定高效开采方案的重要依据。该地区水合物藏主要由砂质储层、砂岩储层和黏土储层组成，且储层渗透率具有各向异性特征，开采过程的数值模拟结果表明：渗透率各向异性降低了产气速率的峰值大小，推迟了峰值出现的时间，总体上不利于水合物生产；渗透率各向异性阻碍流体在各方向的有效交互，影响储层内部压力场演化及水合物分解过程；某些程度的渗透率各向异性会导致生产提前终止；如果不存在渗透率各向异性，砂质储层相比于砂岩储层及黏土储层气体生产性能更好，但存在渗透率各向异性时，砂质储层的产气量显著降低，其生产性能不再优于砂岩储层。

参 考 文 献

[1] Zhao J, Liu D, Yang M, et al. Analysis of heat transfer effects on gas production from methane hydrate by depressurization. International Journal of Heat and Mass Transfer, 2014, 77: 529-541.

[2] Zhao J, Yao L, Song Y, et al. In situ observations by magnetic resonance imaging for formation and dissociation of tetrahydrofuran hydrate in porous media. Magnetic Resonance Imaging, 2011, 29（2）: 281-288.

[3] Zhao J, Zhu Z, Song Y, et al. Analyzing the process of gas production for natural gas hydrate using depressurization. Applied Energy, 2015, 142: 125-134.

[4] Kleinberg R, Flaum C, Griffin D, et al. Deep sea NMR: Methane hydrate growth habit in porous media and its relationship to hydraulic permeability, deposit accumulation, and submarine slope stability. Journal of Geophysical Research: Solid Earth, 2003, 108（B10）: 2508.

[5] Spangenberg E. Modeling of the influence of gas hydrate content on the electrical properties of porous sediments. Journal of Geophysical Research: Solid Earth, 2001, 106(B4): 6535-6548.

[6] Masuda Y. Numerical calculation of gas production performance from reservoirs containing natural gas hydrates. Annual Technical Conference, San Antonio, 1997.

[7] Delli M L, Grozic J L H. Prediction performance of permeability models in gas-hydrate-bearing sands. SPE Journal, 2013, 18(2): 274-284.

[8] Moridis G, Kowalsky M, Pruess K. TOUGH+ HYDRATE v1. 0 user's manual: A code for the simulation of system behaviour in hydrate-bearing porous media. Berkeley: Lawrence Berkeley National Laboratory, 2008.

[9] 武朝然. 有效应力下甲烷水合物沉积物渗流特性研究. 大连: 大连理工大学, 2020.

[10] Berge L I, Jacobsen K A, Solstad A. Measured acoustic wave velocities of R11 (CCl3F) hydrate samples with and without sand as a function of hydrate concentration. Journal of Geophysical Research: Solid Earth, 1999, 104(B7): 15415-15424.

[11] Yun T S, Francisca F, Santamarina J C, et al. Compressional and shear wave velocities in uncemented sediment containing gas hydrate. Geophysical Research Letters, 2005, 32(10): L10609.

[12] Yun T S, Santamarina J C, Ruppel C. Mechanical properties of sand, silt, and clay containing tetrahydrofuran hydrate. Journal of Geophysical Research: Solid Earth, 2007, 112(B4): B04106.

[13] Klapproth A, Techmer K, Klapp S, et al. Microstructure of gas hydrates in porous media. Physics and Chemistry of Ice, 2007, 311: 321-328.

[14] Liu Z, Yang Z, Liu X, et al. Experimental study on the nonlinear flow in low permeability reservoirs. Science & Technology Review, 2009, 27(17): 57-60.

[15] Al-Kharusi A S, Blunt M J. Network extraction from sandstone and carbonate pore space images. Journal of Petroleum Science and Engineering, 2007, 56(4): 219-231.

[16] Zhao H Q, Macdonald I F, Kwiecien M J. Multi-orientation scanning: A necessity in the identification of pore necks in porous media by 3-D computer reconstruction from serial section data. Journal of Colloid & Interface Science, 1994, 162(2): 390-401.

[17] 王佳琪. 基于孔隙网络模型的水合物沉积物渗流特性研究. 大连: 大连理工大学, 2017.

[18] Minagawa H, Nishikawa Y, Ikeda I, et al. Relation between permeability and pore-size distribution of methane-hydrate-bearing sediments. Offshore Technology Conference, Houston, 2008.

[19] Hauschildt J, Unnithan V, Vogt J. Numerical studies of gas hydrate systems: Sensitivity to porosity-permeability models. Geo-Marine Letters, 2010, 30(3-4): 305-312.

[20] Nokken M R, Hooton R D. Using pore parameters to estimate permeability or conductivity of concrete. Materials and Structures, 2008, 41(1): 1-16.

[21] Costa A. Permeability-porosity relationship: A reexamination of the Kozeny-Carman equation based on a fractal pore-space geometry assumption. Geophysical Research Letters, 2006, 33(2): L02318.

[22] Mavko G, Nur A. The effect of a percolation threshold in the Kozeny-Carman relation. Geophysics, 1997, 62(5): 1480-1482.

[23] Garboczi E J. Permeability, diffusivity, and microstructural parameters-A critical review. Cement and Concrete Research, 1990, 20(4): 591-601.

[24] Kneafsey T J, Seol Y, Gupta A, et al. Permeability of laboratory-formed methane-hydrate-bearing sand: Measurements and observations using X-ray computed tomography. SPE Journal, 2011, 16(1): 78-94.

[25] Shen P, Zhu B, Li X B, et al. An experimental study of the influence of interfacial tension on water-oil two-phase relative permeability. Transport in Porous Media, 2010, 85(2): 505-520.

[26] Tiab D, Donaldson E C. Petrophysics: Theory and Practice of Measuring Reservoir Rock and Fluid Transport Properties. 4th ed. Amsterdam: Elsevier, 2015.

[27] Birkholzer J T, Zhou Q. Basin-scale hydrogeologic impacts of CO_2 storage: Capacity and regulatory implications. International Journal of Greenhouse Gas Control, 2009, 3(6): 745-756.

[28] Strandli C W, Benson S M. Identifying diagnostics for reservoir structure and CO_2 plume migration from multilevel pressure measurements. Water Resources Research, 2013, 49(6): 3462-3475.

[29] Lai K H, Chen J S, Liu C W, et al. Effect of medium permeability anisotropy on the morphological evolution of two non-uniformities in a geochemical dissolution system. Journal of Hydrology, 2016, 533: 224-233.

[30] Zhao C B, Hobbs B E, Ord A. Effects of medium permeability anisotropy on chemical-dissolution front instability in fluid-saturated porous media. Transport in Porous Media, 2013, 99(1): 119-143.

[31] Moridis G J, Seol Y, Kneafsey T J. Studies of reaction kinetics of methane hydrate dissocation in porous media. Fifth International Conference on Gas Hydrates, Trondheim, 2005.

[32] Moridis G, Moridis G J, Kowalsky M B, et al. TOUGH+ HYDRATE v1. 0 User's Manual: A code for the simulation of system behavior in hydrate-bearing geologic media. Berkeley: Lawrence Berkeley National Laboratory, 2008.

[33] 韩冬艳. 多孔介质内水合物相变过程渗流特性多尺度研究. 大连: 大连理工大学, 2019.

[34] Vangenuchten M T. A closed-form equation for predicting the hydraulic conductivity of unsaturated soils. Soil Science Society of America Journal, 1980, 44(5): 892-898.

[35] Wang X J, Collett T S, Lee M W, et al. Geological controls on the occurrence of gas hydrate from core, downhole log, and seismic data in the Shenhu Area, South China Sea. Marine Geology, 2014, 357: 272-292.

[36] Huang L, Su Z, Wu N Y. Evaluation on the gas production potential of different lithological hydrate accumulations in marine environment. Energy, 2015, 91: 782-798.

第 6 章

天然气水合物储层力学特性

水合物主要以胶结或者骨架支撑的形式存在于储层中，现阶段提出的水合物开采方法，基本思路都是通过改变水合物稳定存在的温度、压力条件，促使其在储层中分解为天然气和水，然后将气体与水运移至井筒并通过管道将天然气输运至下游设备。水合物分解产生的水和气体，会导致储层内局部孔隙压力上升，骨架有效应力减小，降低储层强度和承载能力，使得储层发生软化甚至液化。同时，水合物分解会破坏完整的地质构造，使储层胶结结构弱化或消失，降低储层力学强度，并且随着开采过程中水合物分解区域的扩展，储层内部可能出现滑裂面，进而引起海底滑坡、井壁塌陷等工程地质灾害。此外，水合物储层失稳有可能诱发大规模的甲烷气体泄漏，对全球气候变化产生潜在影响。因此，在水合物资源商业化开采之前，必须对水合物储层的力学特性进行全面的分析研究，充分评估水合物开采过程中储层的稳定性，以确保开采过程的安全。

6.1 天然气水合物沉积物力学特性

沉积物强度是指其在外力作用下抵抗剪切破坏的能力，若施加的外力超过了沉积物强度，沉积物便会沿某一截面产生滑动，最终产生破坏。因此，阐明水合物沉积物力学强度演变规律及主控因素是进行水合物开采安全风险评估的基础。本节论述了沉积物平均粒径、水合物饱和度、有效围压、温度以及剪切速率对水合物沉积物强度的影响，并通过莫尔-库仑(Mohr-Coulomb)强度理论探究了黏聚力和内摩擦角的变化规律。

6.1.1 平均粒径的影响

自然界中水合物储层特征存在差异，其中储层粒径分布是影响水合物沉积物力学特性的主要因素之一。图 6.1 为七种不同的水合物沉积物基质粒径分布曲线，图 6.2 为七种不同的水合物沉积物应力-应变曲线和强度随平均粒径的变化特征。由图 6.2(a)可以看出，当沉积物基质为 HS1~HS6 时，水合物沉积物均表现出明显的持续硬化趋势，且水合物沉积物的应力-应变曲线可以分为三个阶段：①初始弹塑性阶段，水合物沉积物的偏应力随轴向应变的增大呈近似线性增加，这一趋势直至轴向应变达到 3%左右时停止，此时水合物沉积物表现出较高的刚度；随后水合物沉积物的偏应力继续增加，但偏应力的增加速率逐渐减小。②屈服阶段，水合物沉积物偏应力随轴向应变的增大增长速率急剧降低，试样开始发生屈服。③临界状态阶段，水合物沉积物的偏应力达到最大值并保持恒定。

随着沉积物基质平均粒径的增大，水合物沉积物的弹塑性阶段开始延长，其最大偏应力逐渐增大；而随着沉积物基质平均粒径的进一步增大，可以发现由 HS7 制备的水合物沉积物存在峰值应力，并且表现出明显的应变软化趋势。

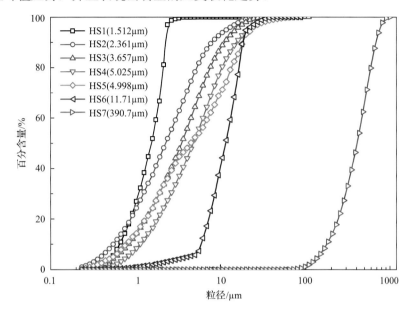

图 6.1 水合物沉积物基质粒径分布曲线
括号中的数据为平均粒径

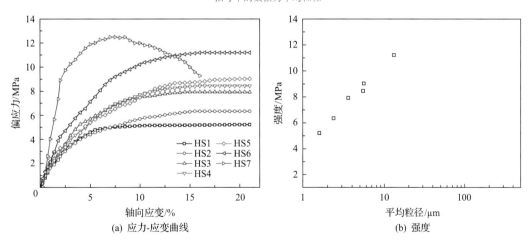

(a) 应力-应变曲线 (b) 强度

图 6.2 七种不同沉积物基质的水合物沉积物应力-应变曲线及强度与平均粒径的关系
有效围压：5MPa；T：−10℃；剪切速率：1.0mm/min

图 6.2(b) 为水合物沉积物强度随平均粒径的变化特征。随着基质颗粒平均粒径的增大，水合物沉积物的强度持续增大。产生这一现象的原因是水合物沉积物的强度由冰强度、沉积物基质强度、水合物强度及水合物与基质颗粒之间的胶结强度组成，同时基质颗粒的黏聚力和内摩擦角对水合物沉积物的强度起到主导作用[1]。当基质颗粒平均粒径较大时，沉积物基质中含有较大比例的大颗粒，这些大颗粒拥有更大的接触面积，因此

在剪切中表现出更大的内摩擦角和更高的黏聚力[2,3]，使得水合物沉积物具有更高的强度。在初始剪切阶段，冰强度和水合物强度对水合物沉积物的强度和变形起主要作用[1]，随着剪切的进一步进行，水合物和基质颗粒之间的胶结作用逐渐破坏，沉积物基质强度对沉积物的破坏和变形起主导作用[4]。

可以发现由 HS5 制备的水合物沉积物的强度均稍高于由 HS4 制备的水合物沉积物的强度。这主要是由颗粒配位数对水合物胶结作用的影响造成的[5]，HS4 与 HS5 沉积物基质平均粒径虽然比较接近，但 HS5 沉积物基质的配位数要略高于 HS4 沉积物基质，因此在相同的水合物饱和度下，HS5 制备的水合物沉积物中水合物胶结强度要高于 HS4，因此 HS5 制备的水合物沉积物拥有较高的强度。同时，当沉积物基质平均粒径接近时，沉积物基质中少量较细的颗粒也由于剪切过程中发生的正向膨胀行为而提高沉积物基质的强度[6]。

6.1.2 水合物饱和度的影响

水合物饱和度直接决定了储层的开采潜力，同时对沉积物强度影响显著，图 6.3 为不同水合物饱和度沉积物强度变化特征，沉积物强度随水合物饱和度的增大而增大。当水合物饱和度较低时，水合物主要以液桥填充的形式存在于沉积物孔隙中，水合物不会对基质颗粒产生过强的限制，随着水合物饱和度逐渐增大，水合物大量附着在基质颗粒表面，水合物与基质颗粒间的胶结作用限制了沉积物基质颗粒的滑移、旋转与翻越，显著增大了基质颗粒之间的摩擦力与黏聚力，沉积物强度也急剧增加。此外，水合物在沉积物孔隙中生成，在一定意义上起到了沉积物基质的作用，减小了沉积物的孔隙比，增加了沉积物强度。

水合物沉积物强度与水合物饱和度呈指数函数关系，其描述方程为[7]

$$q_{\text{peak}} = 1.86 + 0.49 \times e^{5.91 \times S_h} \tag{6.1}$$

式中，q_{peak} 为沉积物强度；S_h 为水合物饱和度。

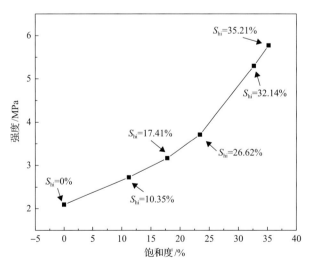

图 6.3　不同水合物饱和度沉积物强度变化

S_{hi} 为初始水合物饱和度

6.1.3　有效围压的影响

有效围压反映的是水合物储层的埋深，由于深部围岩的支撑作用，有效围压是影响沉积物强度的重要因素之一。图 6.4 和图 6.5 分别为不同有效围压下水合物沉积物应力-应变曲线和强度变化特征。随着有效围压的增大，不同沉积物基质制备的水合物沉积物强度呈现先增加后减小的趋势[8, 9]。在水合物沉积物固结和剪切过程中，围压引起的压融现象会导致部分冰发生融化，进而影响水合物沉积物中自由水的含量，同时围压会影响水合物沉积物自身的结构强度，最终会影响水合物沉积物强度[10-13]。在围压较低时，围压会限制基质颗粒在剪切过程中的自由运动，围压越大，对试样的约束力越强，基质颗粒之间的摩擦力也越大，因此水合物沉积物拥有更大的强度[14]。同时，围压也会抑制试样中裂缝的生长发育，更高围压下水合物沉积物产生较大裂缝的概率会大大降低，从而使水合物沉积物的结构强度提高。在这一阶段中，摩擦强度和结构强度对水合物沉积物强度的影响要大于压融现象，因此水合物沉积物的强度随着围压的增大而增大。但随着围压的进一步增大，高围压下基质颗粒会发生破碎，从而导致水合物沉

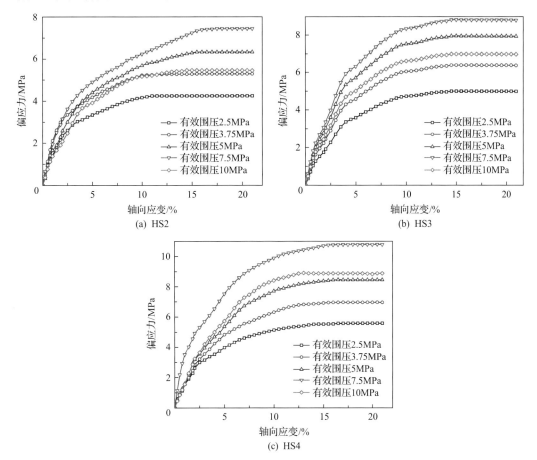

(a) HS2　　　　　　　　　　(b) HS3

(c) HS4

图 6.4　不同有效围压下水合物沉积物应力-应变曲线

T: −10℃；剪切速率：1mm/min

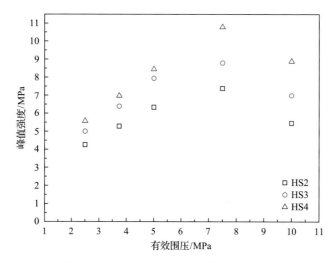

图 6.5   不同有效围压下水合物沉积物强度

T: −10℃；剪切速率：1mm/min

积物的结构强度下降，同时在高围压下水合物沉积物的压融现象也会更加明显，进而导致水合物沉积物强度降低。

剪切实验结束后，通过激光粒度分析仪分别测量了围压为 7.5MPa 和 10MPa 的试样的平均粒径，结果如表 6.1 所示。在 10MPa 围压下进行剪切测试的 HS2 和 HS4 的平均粒径均小于在 7.5MPa 围压下进行剪切测试的平均粒径，表明在 10MPa 围压下进行剪切后，沉积物基质的颗粒破碎更为严重，这为解释高围压下沉积物强度的下降提供了一定的依据。

表 6.1   剪切后的沉积物基质平均粒径

有效围压/MPa	平均粒径/μm	
	HS2	HS4
7.5	5.678	8.128
10	5.276	7.764

不同围压下由 HS4 制备的水合物沉积物强度均大于 HS3 和 HS2 制备的水合物沉积物强度，主要原因是较高的围压会压实水合物沉积物，使得沉积物基质的孔隙空间变小，基质颗粒变得更加紧凑，从而增大了其在剪切过程中的黏聚力和摩擦[4]；在剪切过程中，较大的基质颗粒拥有更粗糙的表面和体积，它们之间的摩擦力也大于较小的基质颗粒之间的摩擦力，导致含更多大颗粒的水合物沉积物拥有较高的强度[2, 3]。此外，对于粒径分布较广的沉积物基质，其中较大的颗粒与较小的颗粒之间的接触点数量会增加，从而提高了沉积物基质的摩擦强度，最终提高了水合物沉积物的强度[5, 6]。

6.1.4   温度的影响

自然界中水合物储层特征存在差异，其中温度也是主要影响因素之一。图 6.6 为不同温度下由 HS2、HS3 和 HS4 沉积物基质制备的水合物沉积物的应力-应变曲线。水合物沉积物在不同温度下均表现出相同的持续硬化现象。温度越低，水合物沉积物应力-应变曲线越陡峭且最大偏应力越高，表明温度越低，水合物沉积物的弹性模量和强度越高。图 6.7 为由 HS2、HS3 和 HS4 沉积物基质制备的水合物沉积物强度随温度变化的趋势。水合物沉积物强度均随着温度的升高而发生了近似线性的降低，主要是由于冰颗粒和水合物颗粒在较低温度下表现出更高的强度，在一定程度上提高了水合物沉积物的结构强度[15, 16]；并且，水合物沉积物在固结和剪切过程中高应力作用下会发生局部应力集中现象，引发的压融现象导致冰和自由水的含量发生显著变化，而自由水含量的变化会显著影响水合物沉积物强度[10]。同时，剪切过程也会导致部分水合物分解，进一步削弱水合物沉积物强度；较低的温度可以为水合物和冰的存在提供更稳定的条件，从而在剪切过程中减小水合物的分解和限制自由水的增加，使得水合物沉积物在低温下拥有更高的强度。

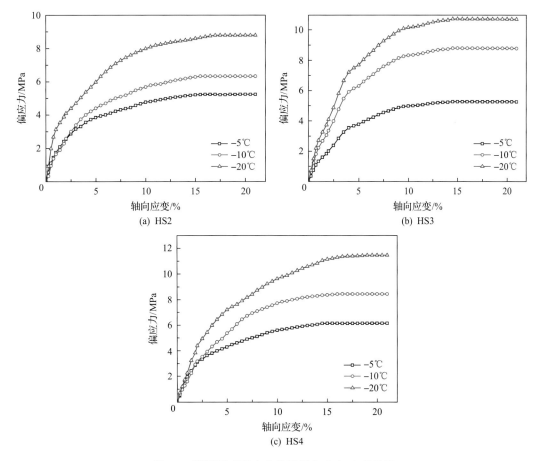

图 6.6 不同温度下水合物沉积物应力-应变曲线

有效围压：5MPa；剪切速率：1mm/min

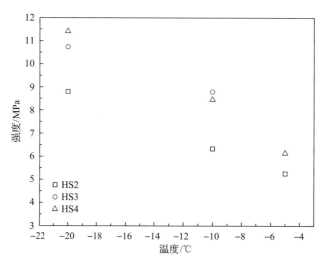

图 6.7　不同温度下天然气水合物沉积物强度

有效围压：5MPa；剪切速率：1mm/min

6.1.5　剪切速率的影响

图 6.8 和图 6.9 为由 HS2 和 HS4 沉积物基质制备的水合物沉积物在不同剪切速率下的应力-应变曲线与强度。剪切速率的增加会导致沉积物弹性模量变小(详细的弹性模量见表 6.2)，强度增大。这一结果与之前对冻土的研究结果是一致的[17, 18]。在初始压缩阶段，冰的强度和水合物的强度对水合物沉积物强度和变形起着至关重要的作用。在较低剪切速率下，有充足的时间再次生成水合物，可以抵消剪切压融引起的水合物分解。同时，也有充足的时间再次生成冰，抵消剪切引起的冰融化。以上现象提高了水合物沉积物抵抗剪切变形的能力。然而，随着剪切的继续进行，沉积物基质强度在水合物沉积物的力学行为中起到主导作用[19]，较低的剪切速率为基质颗粒的旋转和滑移等行为提供了较为充足的时间，最终导致沉积物拥有较低的强度[20]。

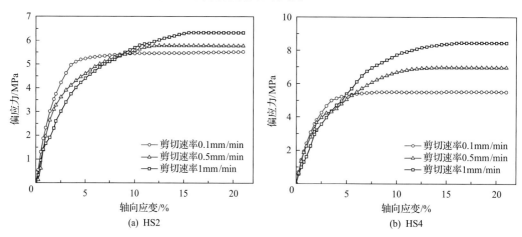

图 6.8　不同剪切速率下水合物沉积物应力-应变曲线

有效围压：5MPa；T：−10℃

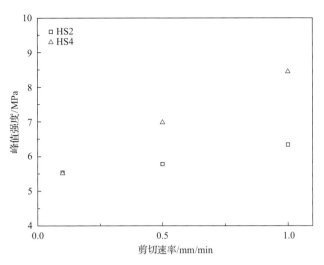

图 6.9 不同剪切速率下水合物沉积物强度

有效围压：5MPa；T：-10℃

表 6.2 不同剪切速率下天然气水合物沉积物弹性模量

剪切速率/(mm/min)	弹性模量/MPa	
	HS2	HS4
0.1	178.56	208.99
0.5	151.97	195.43
1.0	125.23	163.31

6.1.6 莫尔-库仑准则分析

莫尔-库仑强度准则被广泛用于低围压阶段沉积物力学特性分析[21]，根据不同围压下的水合物沉积物强度绘制沉积物的莫尔应力圆和莫尔-库仑强度包络线。其中，包络线的截距和斜率分别反映了水合物沉积物的黏聚力和内摩擦角，黏聚力反映了材料中颗粒之间的物理化学力的综合作用，而内摩擦角代表了材料的摩擦特性。

对于水合物沉积物，莫尔-库仑准则关系方程为

$$c = \tau + \sigma \tan \varphi \tag{6.2}$$

式中，c 为黏聚力；φ 为内摩擦角；τ 为剪应力；σ 为正应力。

围压分别为 2.5MPa、3.75MPa、5MPa 时，由 HS2、HS3 和 HS4 沉积物基质制备的水合物沉积物的莫尔应力圆和强度包络线如图 6.10 所示，表 6.3 为对应的黏聚力和内摩擦角。从图 6.10 可以发现，随着沉积物基质平均粒径的增大，水合物沉积物的黏聚力从 0.83MPa 变化到 0.77MPa，再变化到 0.98MPa，而内摩擦角从 17.1°增加到 21.1°，再增加到 21.5°。这一结果表明，沉积物基质平均粒径的增加使得沉积物的黏聚力和内摩擦角发生变化，而内摩擦角的增幅要大于黏聚力的变化[22]。这一现象可能是由于当沉积物基质的平均粒径增加时，沉积物基质中大粒径的基质颗粒数量相应增加，而较大的基质颗粒拥有着较大的接触面积且表面更为粗糙，从而使得基质颗粒之间的摩擦力变强，并限制

了基质颗粒在剪切过程中的旋转和滑移等行为，内摩擦角的增加在水合物沉积物强度的增加中起到了主导作用[23]。

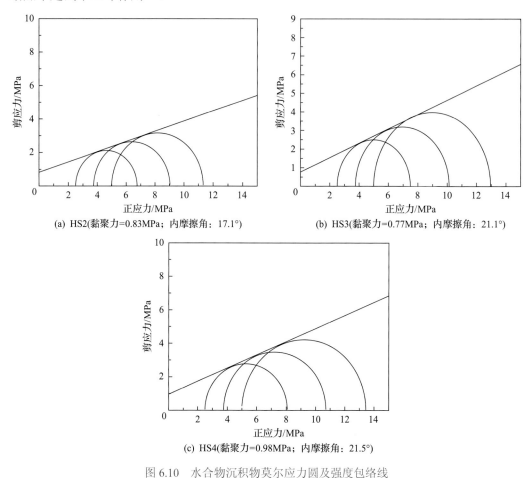

(a) HS2(黏聚力=0.83MPa；内摩擦角：17.1°)　　(b) HS3(黏聚力=0.77MPa；内摩擦角：21.1°)

(c) HS4(黏聚力=0.98MPa；内摩擦角：21.5°)

图 6.10　水合物沉积物莫尔应力圆及强度包络线

T：−10℃；剪切速率：1mm/min

表 6.3　三种水合物沉积物的黏聚力和内摩擦角

参数	HS2	HS3	HS4
黏聚力/MPa	0.83	0.77	0.98
内摩擦角/(°)	17.1	21.1	21.5

6.2　天然气水合物分解过程沉积物力学特性

降压法和注热法是目前比较主流的两种水合物开采方法。因此，本节对水合物沉积物开展了一系列降压和注热分解实验，研究了降压分解过程中，降压幅度、轴向荷载和初始水合物饱和度对水合物沉积物力学特性的影响规律，以及注热分解过程中，注热温

度、初始水合物饱和度和有效围压对水合物沉积物力学特性的影响规律。实验温压路径
如图 6.11 所示，具体工况及参数如表 6.4 和表 6.5 所示。

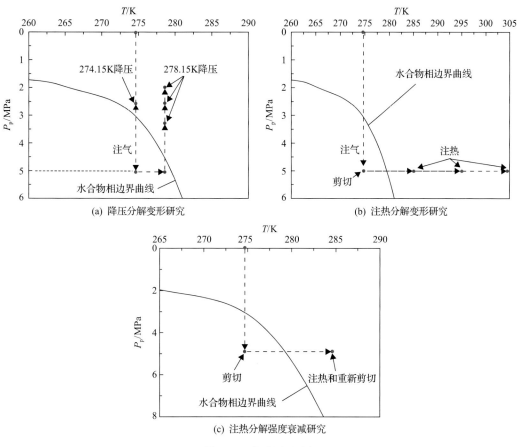

图 6.11　实验温压路径

P_p 表示孔压

表 6.4　变形研究实验参数及工况

试样	S_i/%	n_i	n_c	σ'_{vi} 和 σ'_{vd}/MPa	S_{hi}/%	T_i 和 T_d/℃	P_{pi} 和 P_{pd}/MPa
工况 1	25	0.4092	0.3806	1→2.826	16.62	5	5→3.174
工况 2	25	0.4069	0.3835	1→3.378	15.92	5	5→2.622
工况 3	25	0.4101	0.3857	1→3.838	20.12	5	5→2.162
工况 4	35	0.4075	0.3820	1	22.89	5	5
工况 5	35	0.4091	0.3830	1	0	5	0
工况 6	35	0.4073	0.3826	1→3.378	23.37	5	5→2.622
工况 7	35	0.4085	0.3834	1→3.378	23.73	5	5→2.622
工况 8	25	0.4061	0.3841	1→3.378	17.19	1	5→2.622
工况 9	35	0.4079	0.3822	1→3.378	24.62	1	5→2.622

续表

试样	S_i/%	n_i	n_c	σ'_{vi} 和 σ'_{vd}/MPa	S_{hi}/%	T_i 和 T_d/℃	P_{pi} 和 P_{pd}/MPa
工况 10	45	0.4059	0.3835	1→3.378	33.64	1	5→2.622
工况 11	35	0.4025	0.3819	1	26.62	1→10	5
工况 12	35	0.4065	0.3856	1	27.06	1→20	5
工况 13	35	0.4113	0.3867	1	26.86	1→30	5
工况 14	25	0.4101	0.3844	1	19.62	1→20	5
工况 15	45	0.4054	0.3801	1	33.48	1→20	5

注：S_i 为初始水饱和度；n_i 为初始孔隙度；n_c 为固结后孔隙度；σ'_{vi} 为初始有效围压；σ'_{vd} 为分解后有效围压；S_{hi} 为初始水合物饱和度；T_i 为初始温度；T_d 为分解后温度；P_{pi} 为初始孔隙压力；P_{pd} 为分解后孔隙压力。

表 6.5　强度衰减研究实验参数及工况

试样	S_i/%	n_i	n_c	σ'_v/MPa	T_i 和 T_d/℃	v_s/(%/min)	S_{hi}→S_{hc}
工况 16-1	35	0.4123	0.3865	1	1	1	0
工况 16-2	35	0.4092	0.3716	2	1	1	0
工况 16-3	35	0.4156	0.3601	3	1	1	0
工况 17-1	35	0.4133	0.3792	1	1→10	1	10.35→0
工况 17-2	35	0.4201	0.3688	2	1→10	1	10.67→0
工况 17-3	35	0.4186	0.3584	3	1→10	1	11.39→0
工况 18-1	35	0.4071	0.3887	1	1→10	1	17.41→11.6→0
工况 18-2	35	0.4123	0.3720	2	1→10	1	17.99→0
工况 18-3	35	0.4196	0.3627	3	1→10	1	18.23→0
工况 19-1	40	0.4212	0.3850	1	1→10	1	26.62→17.74→0
工况 19-2	40	0.4185	0.3688	2	1→10	1	26.81→0
工况 19-3	40	0.4236	0.3601	3	1→10	1	27.15→0
工况 20	45	0.4084	0.3893	1	1→10	1	32.14→21.40→10.74→0
工况 21	50	0.4221	0.3870	1	1→10	1	35.21→23.48→0

注：v_s 为剪切速率；S_{hc} 为当前水合物饱和度；σ'_v 为有效围压。

6.2.1　降压过程水合物沉积物力学特性

降压过程中水合物储层孔隙压力变化引起的水合物沉积物有效应力变化，被认为是水合物储层发生压实或破坏的主要原因[24]。因此，本节针对不同饱和度天然气水合物沉积物开展不同降压幅度和轴向荷载条件下的降压分解实验，并以此来评价水合物储层在产气过程中的力学稳定性。

1. 降压幅度的影响

降压幅度直接影响了储层的开采效率。图 6.12 为剪切和降压过程中，不同降压幅度下水合物沉积物的偏应力、体积应变、有效应力比(偏应力与平均有效应力的比值)与轴向应变的关系。水合物沉积物在降压分解前的应力-应变曲线均呈现双曲线形状，表现出明显的应变硬化行为，并且水合物沉积物呈现出明显的剪缩趋势。在初始降压分解阶段，随着孔隙压力的迅速下降，沉积物承受的有效应力比发生明显的下降，同时沉积物的轴向应变和体积应变进一步增加。在水合物分解阶段，工况 2（分解后孔隙压力 P_{dp} = 2.622MPa）和工况 3（P_{dp} = 2.162MPa）的水合物沉积物的轴向变形大约为 7%，而工况 1（P_{dp} = 3.174MPa）的这一变形超过了 10%。

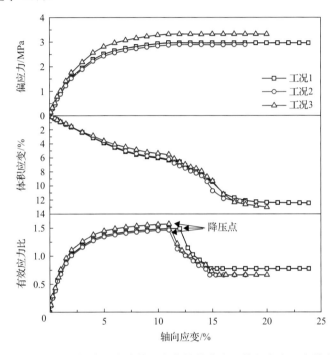

图 6.12　不同降压幅度下水合物沉积物的偏应力、体积应变及有效应力比

图 6.13 为水合物分解过程中水合物沉积物的轴向应变、体积应变、水合物饱和度及孔隙压力随时间的变化特征。天然气水合物沉积物在孔隙压力下降阶段均发生了明显的变形，且在相同降压时间内的初始轴向变形速率和体积变形速率基本一致。这是由于孔隙压力降低会导致沉积物有效围压增加，平均有效应力增大，因此沉积物会再次被压缩，孔隙空间变小，进而产生较大的轴向应变与体积应变。同时，孔隙压力降低破坏了水合物的稳定存在条件，导致大量水合物发生分解（表现为水合物饱和度在最初阶段迅速降低），进而破坏了水合物颗粒在基质中的胶结作用，减少了沉积物基质的结构强度和基质颗粒之间的黏聚力，降低了水合物沉积物抵抗变形的能力，因此在轴向荷载作用下沉积物会被迅速剪切，造成了较大的初始轴向应变。

当孔隙压力下降到预设值后，沉积物的轴向变形和体积变形继续增大，而变形速率随着水合物分解的继续进行逐渐减小。特别是对于工况 2 和工况 3，沉积物的轴向变形速率骤减，且产生的轴向变形较小。然而，对于工况 1，沉积物的轴向变形速率减缓速度较慢，最终导致沉积物产生了较大的轴向变形。孔隙压力下降导致沉积物承受的有效应力比发生变化，这对水合物沉积物的轴向变形行为产生了重要的影响。当沉积物的孔

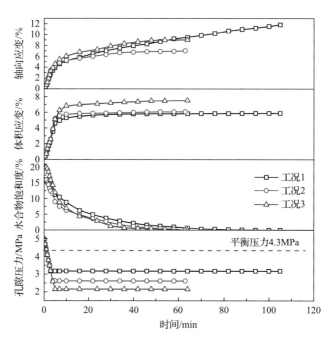

图 6.13　不同降压幅度下水合物沉积物的轴向应变、体积应变、水合物饱和度和孔隙应力随时间变化

隙压力降低到预设值时，工况 1 的沉积物所承受的有效应力比要大于工况 2 和工况 3 的沉积物，因此在持续的轴向荷载和较高的有效应力比作用下，随着水合物的逐渐分解，工况 1 的沉积物会产生更多的轴向变形。同时，降压幅度也影响着试样的体积变形速率与体积变形幅度。对于工况 3 的沉积物来说，最高的有效围压和轴向荷载导致其承受了最大的有效应力，而有效应力对沉积物体积变形的影响较大，有效应力越大，试样受到的压缩越大，因此在整个降压分解阶段，工况 3 的沉积物产生了最大的体积变形。

在孔隙压力下降阶段，水合物饱和度的快速下降反映出水合物分解速率保持在一个较高的水平，随后其在水合物分解阶段逐渐下降到近似恒定的速率，直至水合物完全分解。在孔隙压力下降阶段，孔隙压力的急剧下降迅速破坏了水合物存在的稳定状态，导致水合物开始大量分解。初期降压幅度越大，水合物的分解驱动力越大，水合物分解速率也越快。随着水合物分解的不断进行，水合物饱和度不断降低，沉积物中含水量增加，试样承受的有效应力增大，水合物沉积物的孔隙空间减小，阻碍水合物进一步分解。

图 6.14 为不同降压幅度下水合物粉质沉积物在剪切和降压分解过程中的剪切路径。当沉积物在初期剪切过程中，相同的饱和度下沉积物剪切时拥有类似的剪切路径。当沉积物经受降压分解时，孔隙压力的下降使其承受的有效应力迅速增大，在高有效应力的作用下沉积物发生进一步压缩，使得沉积物更加密实；而较大的降压幅度会产生较大的有效应力，从而使得沉积物产生了更大的体积应变，导致沉积物拥有更小的孔隙比。因此，在降压分解过程中，沉积物承受的有效应力越大，最后的体积变形越大，沉积物的孔隙比越小。

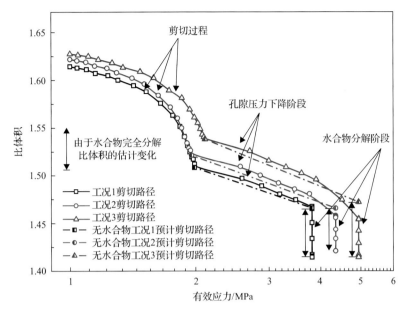

图 6.14 不同降压幅度下水合物粉质沉积物在剪切和降压过程中的剪切路径

根据纯沉积物的压缩指数，预测了孔隙压力下降导致的沉积物孔隙比的变化量，再根据降压分解过程中沉积物总的孔隙比变化量，获取了水合物分解导致的沉积物孔隙比的变化量。对比工况 1、工况 2 和工况 3 的沉积物孔隙比变化量，发现较大的降压幅度会带来更大的有效应力，使得孔隙压力下降和水合物分解所导致的孔隙比变化量均较大，证实了工况 3 的沉积物在整个降压分解过程中产生了最大的体积应变。而且，较大的有效应力比和较大的有效应力会使水合物分解导致的孔隙比变化量增大，这可能是因为较大的有效应力比使沉积物产生了更大的轴向应变，轴向荷载对沉积物造成了更大程度的剪切和压实，产生较大的沉积物孔隙比变化量。此外，对比孔隙压力下降和水合物分解导致的沉积物变形之间的占比可以发现，对于工况 1、工况 2 和工况 3，二者贡献率分别约为 44%、60%、52% 和 56%、40%、48%。这表明水合物分解对于沉积物的变形特性有着重要的影响，当轴向荷载为水合物沉积物强度时，水合物分解引起的沉积物变形几乎等同于孔隙压力下降引起的沉积物变形。

2. 轴向荷载的影响

轴向荷载反映了储层上覆压力对其变形的影响，为了研究轴向荷载对水合物沉积物变形特性的作用，根据水合物沉积物和纯沉积物的强度，在水合物沉积物强度与纯沉积物强度之间选取第一个轴向荷载值，在纯沉积物强度以下的区间选取第二个轴向荷载值[24]。

对于工况 4 条件下的试样，根据其强度以及纯沉积物的强度选定降压分解点。对于沉积物工况 6 和工况 7，先将其分别剪切至轴向应变 2.5% 和 0.7%，然后分别在 2.7MPa 和 1MPa 轴向荷载条件下进行降压分解，直到水合物完全分解。图 6.15 为不同轴向荷载下水合物分解过程水合物沉积物的偏应力、体积应变、有效应力比与轴向应变的关系。

承受较高轴向荷载的沉积物在降压过程中发生了更大的变形，两种轴向荷载下沉积物的最终轴向应变分别约为5.5%和3%，表明降压分解并不会造成水合物沉积物的破坏。图6.16为不同轴向荷载下水合物沉积物在降压分解过程中的轴向应变、体积应变、水合物饱和

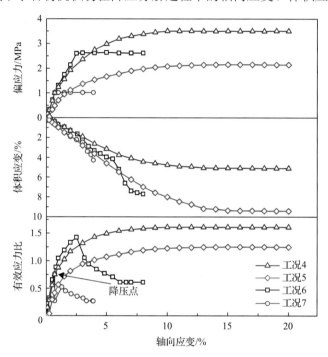

图6.15　不同轴向荷载下水合物沉积物的偏应力、体积应变及有效应力比

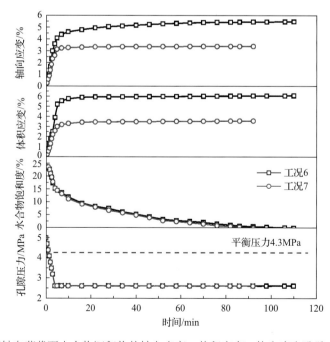

图6.16　不同轴向荷载下水合物沉积物的轴向应变、体积应变、饱和度和孔隙应力随时间变化

度和孔隙压力随时间变化的关系。对比工况 6 和工况 7 的变形情况可以发现，在孔隙压力下降阶段，由于相同的降压速率和降压幅度，不同轴向荷载下水合物沉积物的水合物分解速率(水合物饱和度的下降速率)非常接近，但是较高轴向荷载下的沉积物则表现出更大的轴向应变和体积应变；而且沉积物在孔隙压力下降阶段的轴向变形和体积变形占整个降压过程沉积物总变形的比例很大。由于水合物饱和度基本一致，且只有轴向荷载不同，可以认为有效应力比的不同是孔隙压力下降阶段沉积物变形不同的主要原因。将这一结果与图 6.13 中的数据进行比较发现，有效应力可能在孔隙压力下降阶段的体积变形中同样发挥了重要作用。当降压分解后水合物沉积物的有效应力比低于纯沉积物的破坏 M 值时，降压点的选择不会导致水合物沉积物的破坏。同时，从图 6.16 中可以明显看出，在孔隙压力下降阶段和水合物分解阶段，不同轴向荷载下沉积物的水合物饱和度均非常接近，水合物的分解速率基本一致，说明天然气水合物沉积物承受的有效应力并未对水合物的分解速率产生较为明显的影响。

图 6.17 为不同轴向荷载下水合物沉积物在剪切和降压分解过程中的剪切路径。水合物饱和度对沉积物的剪切路径起到了主导作用，相同水合物饱和度的沉积物在剪切时拥有相似的剪切路径。当水合物沉积物发生降压分解时，较大的轴向荷载会产生较大的有效应力，从而使沉积物产生更大的体积应变，也就是沉积物的孔隙比变化更加明显。因此，在降压分解过程中，当降压幅度相同时，沉积物承受的轴向荷载越大，最后的体积应变越大，孔隙比变化也越大。通过计算孔隙压力下降和水合物分解导致的沉积物变形之间的占比，发现对于工况 6，二者贡献率分别约为 60%和 40%，而对于工况 7，二者分别约为 83%和 17%。当轴向荷载为水合物沉积物强度的 30%时，水合物分解引起的变形仅为孔隙压力下降导致的变形的 25%。

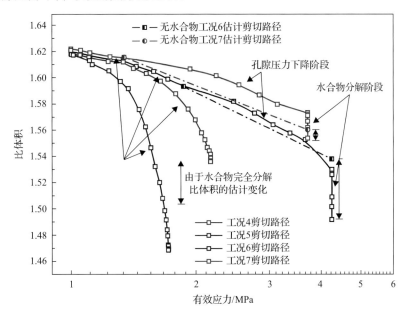

图 6.17　不同轴向荷载下水合物沉积物在剪切和降压分解过程中的剪切路径

3. 初始水合物饱和度的影响

初始水合物饱和度直接决定了储层的开采潜力，对沉积物强度影响显著。图 6.18 为不同饱和度水合物沉积物在剪切和降压分解过程中的偏应力、体积应变及有效应力比随轴向应变变化规律。初始水合物饱和度越高，水合物沉积物的强度越高，剪切过程中产生的体积变形越小。最大轴向荷载作用下，高初始水合物饱和度沉积物在整个降压过程中表现出最大的轴向应变和体积应变，不同初始水合物饱和度的天然气水合物沉积物并没有发生破坏。

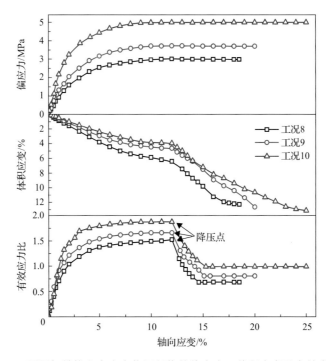

图 6.18　不同初始饱和度水合物沉积物的偏应力、体积应变及有效应力比

图 6.19 为水合物分解过程中不同水合物饱和度的沉积物轴向应变、体积应变、水合物饱和度和孔隙压力随时间变化的特征。不同水合物饱和度的沉积物在孔隙压力下，降压阶段的轴向变形速率和体积变形速率较为相似。图 6.13 和图 6.16 的结果表明，有效应力和有效应力比越大，孔隙压力下降阶段沉积物的轴向变形和体积变形越明显，而图 6.19 中的结果表明，有效应力越大、水合物饱和度较大的沉积物与其他沉积物的体积变形相似，这表明水合物饱和度对沉积物的变形行为也有重要的影响。这可能是因为较高的水合物饱和度可以提供较强的水合物胶结作用，甚至会形成土-水合物的颗粒团簇体，这使得沉积物更加坚硬，并且能够抵抗有效应力增加引起的体积变形，从而在孔隙压力下降阶段，承受较低有效应力的沉积物将产生相似的体积变形。而水合物饱和度较高的水合物沉积物在随后的水合物分解阶段，则表现出较大的轴向变形和体积变形。这是由于有效应力越大、水合物饱和度越高的沉积物压实程度越大，因此轴向变形和体积变形越严重；同时，沉积物中更多的水合物会分解成水和自由气，降低了基质颗粒之间的水合物

胶结作用和沉积物抵抗变形的能力，对于水合物饱和度较高的沉积物来说，这种影响则会更为严重。因此，水合物饱和度较高的沉积物在整个降压分解阶段比其他沉积物表现出更大的轴向变形和体积变形。

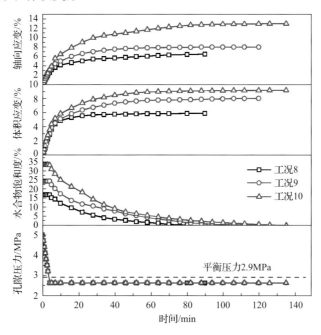

图 6.19 不同初始饱和度水合物沉积物的轴向应变、体积应变、
水合物饱和度和孔隙应力随时间变化

图 6.20 为不同饱和度水合物沉积物在剪切及降压分解过程中的剪切路径。不同饱和度的沉积物在剪切过程中拥有不同的剪切路径，相同的孔隙比条件下，饱和度越高的沉积物可以承受的有效应力越大，在降压分解后产生的孔隙比变化量也越大；降压分解过程中，相同有效应力条件下，不同水合物饱和度沉积物孔隙比并不相同。随后预测了孔隙压力下降和水合物分解导致的沉积物孔隙比变化量。在降压分解过程中，较高的轴向荷载会带来更大的有效应力，但是有效应力导致的沉积物孔隙比变化量会受到当前水合物饱和度的影响，这表明沉积物的初始水合物饱和度对于沉积物在降压分解中的应力路径有着重要的影响。计算孔隙压力下降和水合物分解导致的沉积物变形之间的占比，发现对于工况 8、工况 9 和工况 10，二者贡献率分别约为 52%、46%、33% 和 48%、54%、67%。这一结果表明水合物饱和度会影响降压分解中孔隙压力下降和水合物分解导致的沉积物变形，当水合物饱和度为 33.64% 时，水合物分解引起的沉积物变形为孔隙压力下降导致的沉积物变形的 2 倍左右。

6.2.2 注热过程水合物沉积物力学特性

注热开采法是将天然气水合物储层的温度提高到相平衡压力所对应的温度以上，导致水合物分解从而实现天然气开采的一种方法[25-27]。本节通过提高围压油的温度、向水合物沉积物加热的方式，研究了不同注热温度对水合物沉积物变形行为的影响。

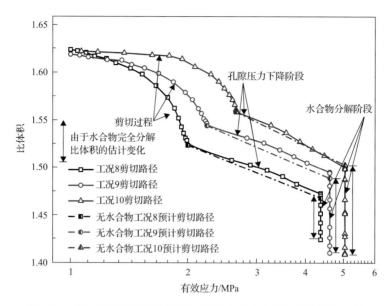

图 6.20　剪切和降压过程中不同初始饱和度水合物沉积物剪切路径

1. 注热温度的影响

注热温度直接影响了储层的开采效率。图 6.21 为不同注热温度下水合物沉积物的偏应力与体积应变随轴向应变的变化曲线，可以看出相同水合物饱和度的沉积物表现出相似的偏应力、弹性模量和体积应变特性。在注热过程中，温度的变化导致沉积物和油的体积都会发生一定的变化，因此无法准确测量沉积物在注热分解过程中的体积应变特性，图 6.21 没有包含注热过程沉积物体积应变曲线。在注热分解过程中，所有沉积物承受的荷载(4MPa)超过了不含水合物的沉积物的强度(2.3MPa)，导致沉积物在注热分解过程中发生了破坏，直接表现为轴向应变达到 20%以上仍有继续增大的趋势，具体的增长速率如图 6.22 所示。Hyodo 等[24]也发现当水合物砂质沉积物承受的荷载高于纯砂的强度

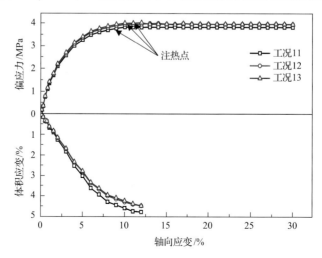

图 6.21　不同注热温度下水合物沉积物的偏应力及体积应变

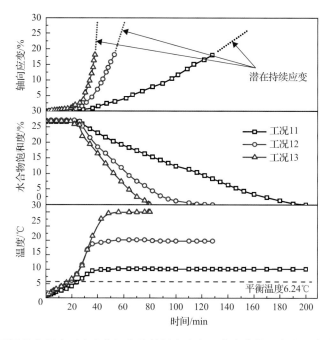

图 6.22 不同注热温度下水合物沉积物的轴向应变、水合物饱和度和温度随时间变化

时，水合物分解会导致试样破坏。因此，水合物分解后沉积物所承受的轴向荷载与纯沉积物强度之间的差别，是实际水合物开采需要考虑的重要因素。

图 6.22 为注热分解过程水合物沉积物的轴向应变、水合物饱和度和温度随时间的变化。在实验过程中，压力室温度由外部冷库和恒温槽控制，保证试样的温度从 1℃逐渐增大到 10℃、20℃或 30℃以促进水合物分解。在注热初期，沉积物中水合物饱和度并没有立即发生变化，这是由于沉积物温度需要通过一定时间的热交换才能达到水合物的相平衡温度，这段时间沉积物的轴向应变基本为零。随着温度的进一步升高以及三轴压力室内围压油与水合物沉积物热交换的充分进行，水合物开始慢慢分解。不同注热温度下水合物分解都引起了沉积物严重的轴向变形，所有沉积物在注热分解完成后均发生了破坏，这与降压分解过程中沉积物的变形性质有所不同。

在注热分解中，当沉积物的温度超过了水合物的相平衡温度时，水合物开始缓慢分解，水合物的分解破坏了水合物对基质颗粒的胶结作用，沉积物在恒定的轴向荷载和有效围压下被持续压缩，最后出现严重的轴向变形；当水合物残余饱和度开始降低时，沉积物受到的轴向荷载大于纯沉积物的强度，此时沉积物的有效应力比已经超过纯沉积物能承受的最大值，这是沉积物发生破坏的主要原因。在较高的注热温度下，沉积物会产生较大的轴向剪切速率，30℃注热温度下沉积物的轴向变形速率是 10℃注热温度下的 3倍以上。这是因为较高的水合物分解速率会导致试样的强度衰减幅度较大，在更短的时间内降低了沉积物抵抗变形的能力。因此，在相同的水合物饱和度和有效应力条件下，较高的注热温度会使水合物沉积物更早的发生破坏。

在注热初期，水合物分解速率较慢，主要是由于水合物分解是一种吸热反应，在沉积物的温度超过天然气水合物相平衡温度之前，水合物一直处于稳定状态，当温度逐渐升高,沉积物中只会释放少量的游离甲烷气体。随着注热的持续进行,沉积物温度开始超过水合物相平衡温度,天然气分解速率逐渐增加,然后保持在一个近似恒定的值。注热温度对水合物分解速率有较大影响,注热温度越高,水合物分解速率越高,是因为注热温度越高,围压油与沉积物之间的温差越大,相同注热时间内可提供给水合物分解的热量也就越高,从而导致了更高的水合物分解速率。在相同的平均有效应力下,水合物沉积物的产气率主要取决于注热温度。

2. 初始水合物饱和度的影响

图 6.23 为剪切和注热分解过程中不同初始饱和度水合物沉积物的偏应力和体积应变随轴向应变的变化曲线。在注热分解阶段中,尽管不同初始水合物饱和度的沉积物承受的轴向荷载不同,但是都已经超过纯沉积物试样的强度(2.3MPa),因此所有沉积物的轴向应变在达到20%之后仍然继续增加,不同初始水合物饱和度沉积物在注热分解后都发生了破坏。

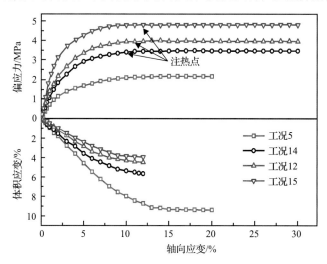

图 6.23　不同初始饱和度水合物沉积物的偏应力和体积应变曲线

图 6.24 为注热分解过程中不同初始饱和度水合物沉积物的轴向应变、水合物饱和度和温度随时间的变化曲线。水合物在完全分解前,不同水合物饱和度沉积物的轴向应变均大于 20%。尽管沉积物的初始水合物饱和度不同,水合物可以增大沉积物的强度,而水合物分解后对沉积物基质的胶结作用也会消失,因此沉积物在受到超过其破坏值的轴向荷载时,无法维持其本身的承载能力,沉积物在水合物分解时会发生持续的轴向应变,所有的沉积物在水合物完全分解后发生了破坏。

同时可以发现,初始水合物饱和度越高的沉积物,轴向剪切速率越大,并且首先达到破坏状态。这可能是由于相同程度的水合物饱和度的降低,会导致较高轴向荷载下的沉积物发生更大幅度的强度降低,进而导致更高的轴向应变率[28]。因此,在利用注热法开采水合物的过程中,水合物饱和度越高的试样能承受的轴向荷载越大,但其轴向应变的速率也越高,沉积物发生破坏的速率也越快。尽管如此,对于初始水合物饱和度较高的水合物沉积物,其水合物分解需要较长的时间,具有更好的可采性。

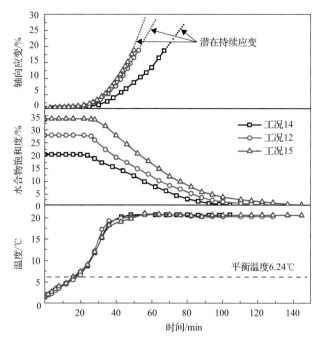

图 6.24　不同初始饱和度天然气水合物沉积物的轴向应变、水合物饱和度和温度随时间变化

3. 有效围压的影响

因为不同有效围压下水合物沉积物应力-应变曲线较为相似，本节不再赘述。针对不同有效围压、不同初始水合物饱和度的沉积物进行了剪切和注热分解实验，测试了水合物分解后的沉积物强度。图 6.25 为在不同有效围压下水合物沉积物在水合物分解前后的强度变化。有效围压的增加提高了沉积物强度，不同围压下水合物分解后的沉积物强度均与不含水合物的沉积物的强度类似。

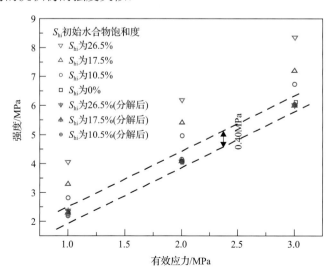

图 6.25　不同有效围压下水合物沉积物在水合物分解前后强度

4. 莫尔-库仑准则分析

采用莫尔-库仑准则来分析水合物生成与分解对沉积物强度的影响。图 6.26 为有效围压分别为 1MPa、2MPa、3MPa，剪切速率为 1%/min，水合物饱和度分别为 0%、10.5%、17.5%和 26.5%时的水合物分解前后沉积物的莫尔应力圆和莫尔-库仑破坏包络线。基于岩土力学理论，由莫尔-库仑破坏包络线的截距和斜率可以得到水合物沉积物试样的黏聚力和内摩擦角，表 6.6 为水合物分解前后不同初始水合物饱和度沉积物的黏聚力及内摩擦角。随着初始水合物饱和度从 0%增加到约 26.5%，沉积物的黏聚力从 0.21MPa 增加到0.70MPa，而内摩擦角从 29.0°增加到 30.6°。这表明水合物的存在不仅会影响沉积物的摩擦分量，还会影响沉积物的黏聚力分量；随着初始水合物饱和度的增加，沉积物的黏聚力和内摩擦角均会增加，而黏聚力的增幅要大于内摩擦角；水合物分解后沉积物的黏聚力会产生大幅度降低，饱和度约 26.5%的水合物沉积物分解后的黏聚力约为分解前的10%左右。这表明水合物沉积物强度的增加主要是由黏聚力分量控制，而这一结果在国际上类似的研究中并不明显[14, 29, 30]。这一现象可能是由水合物饱和度增加导致的水合物赋存形态改变所导致的。当初始水合物饱和度从 0%增加到约 26.5%左右，沉积物孔隙空间内水合物的形态由液桥填充型向胶结型和承载型转变，水合物饱和度的增加会导致基质颗粒间水合物胶结作用变强，这一作用会限制基质颗粒在剪切过程中的旋转和滑移，黏聚力的增加在水合物沉积物强度的增加中起到了主导作用[28, 30]。此外，水合物分解后不同初始水合物饱和度的沉积物的黏聚力和内摩擦角基本相同，表明初始水合物饱和度对水合物完全分解后的沉积物强度性质没有产生明显的影响。

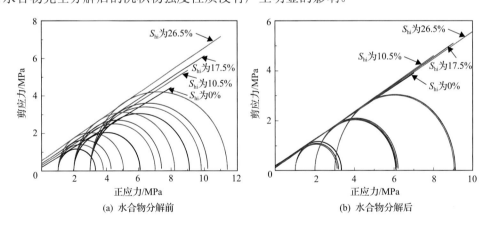

图 6.26　水合物沉积物莫尔圆及破坏包络线

表 6.6　水合物分解前后不同初始水合物饱和度沉积物黏聚力及内摩擦角

参数	试验条件	初始水合物饱和度			
		0%	10.5%	17.5%	26.5%
黏聚力/MPa	剪切速率为 1%/min	0.21	0.31	0.41	0.70
	剪切速率为 1%/min（S_{hc}=0%）	0.052	0.079	0.068	0.053
内摩擦角/(°)	剪切速率为 1%/min	29.0	29.3	29.8	30.6
	剪切速率为 1%/min（S_{hc}=0%）	29.4	29.3	28.8	29.3

6.3 二氧化碳置换开采沉积物力学特性

二氧化碳置换开采法是通过向储层内注入二氧化碳，并通过置换的方式开采水合物内天然气的方法[31]。这种方法不仅可以开采天然气水合物，还能将二氧化碳气体封存到储层中实现温室气体减排，同时还可以使水合物储层保持一定的力学稳定性[31, 32]。本节对天然气水合物和二氧化碳水合物沉积物进行了一系列等压固结实验和剪切实验，研究了水合物饱和度、有效围压对天然气水合物和二氧化碳水合物沉积物压缩指数、强度和变形特性的影响规律，分析了天然气水合物和二氧化碳水合物沉积物力学特性差异的影响机理，初步评价了利用二氧化碳置换法开采天然气水合物时储层的力学稳定性，具体工况如表 6.7 所示。

表 6.7 试样参数及工况

试样	水合物	S_i/%	n_i	n_c	σ'_v/MPa	T_e/℃	S_h/%	备注
工况 22-1	天然气	30	0.4227			1	0	等压固结
工况 22-2	天然气	30	0.4185	0.4058	0.2	1	0	剪切
工况 22-3	天然气	30	0.4173	0.3898	1	1	0	剪切
工况 22-4	天然气	30	0.4162	0.3737	2	1	0	剪切
工况 22-5	天然气	30	0.4199	0.3589	3	1	0	剪切
工况 23-1	天然气	30	0.4301	0.4088	0.2	1	10.2	剪切
工况 23-2	天然气	30	0.4265	0.3857	1	1	10.1	剪切
工况 23-3	天然气	30	0.4189	0.3699	2	1	10.3	剪切
工况 23-4	天然气	30	0.4236	0.3616	3	1	10.6	剪切
工况 24-1	天然气	30	0.4193			1	17.2	等压固结
工况 24-2	天然气	30	0.4201	0.4042	0.2	1	16.6	剪切
工况 24-3	天然气	30	0.4187	0.3827	1	1	17.9	剪切
工况 24-4	天然气	30	0.4210	0.3710	2	1	18.4	剪切
工况 24-5	天然气	30	0.4196	0.3589	3	1	19.2	剪切
工况 25-1	天然气	40	0.4266			1	25.6	等压固结
工况 25-2	天然气	40	0.4230	0.4012	0.2	1	26.1	剪切
工况 25-3	天然气	40	0.4212	0.3815	1	1	26.3	剪切
工况 25-4	天然气	40	0.4175	0.3690	2	1	27.9	剪切
工况 25-5	天然气	40	0.4236	0.3581	3	1	28.7	剪切
工况 26-1	二氧化碳	30	0.4279			1	18.1	等压固结
工况 26-2	二氧化碳	30	0.4271	0.4062	0.2	1	16.4	剪切
工况 26-3	二氧化碳	30	0.4236	0.3833	1	1	17.5	剪切
工况 26-4	二氧化碳	30	0.4193	0.3701	2	1	16.1	剪切
工况 26-5	二氧化碳	30	0.4202	0.3592	3	1	18.8	剪切
工况 27-1	二氧化碳	40	0.4301			1	26.4	等压固结
工况 27-2	二氧化碳	40	0.4211	0.4037	0.2	1	26.9	剪切
工况 27-3	二氧化碳	40	0.4246	0.3800	1	1	27.7	剪切
工况 27-4	二氧化碳	40	0.4205	0.3710	2	1	28.1	剪切
工况 27-5	二氧化碳	40	0.4168	0.3586	3	1	29.4	剪切

6.3.1　水合物饱和度与有效围压的影响

如前所述，水合物饱和度直接决定了储层的开采潜力，同时，储层的埋深决定了有效围压，因此水合物饱和度和有效围压这两个因素是影响储层力学特性的主要因素。

图 6.27 为不含水合物沉积物、天然气水合物沉积物和二氧化碳水合物沉积物固结曲线、压缩指数 λ 和膨胀指数 k。计算压缩指数的方程如下所示：

$$\lambda = \frac{e_1 - e_2}{\log P_2 - \log P_1} = \frac{v_1 - v_2}{\log P_2 - \log P_1} \tag{6.3}$$

式中，e_1、e_2 为孔隙比；v_1、v_2 为比体积；P_1、P_2 为有效应力。

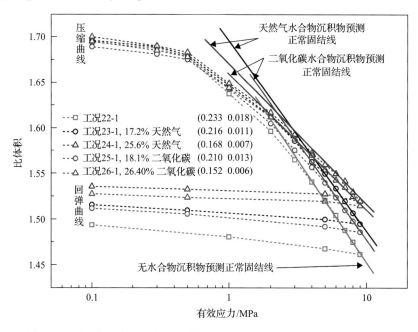

图 6.27　不同饱和度天然气水合物和二氧化碳水合物沉积物等压固结曲线
括号中的数值分别代表 λ、k

从图 6.27 中可以发现，随着水合物饱和度的升高，拥有相同初始孔隙比的沉积物呈现出不同的压缩状态。在有效应力较低时（小于 0.4MPa），不同饱和度水合物沉积物拥有较为相似的孔隙比，其压缩曲线较为相似；随着有效围压的增大，水合物沉积物的压缩曲线开始朝不同方向发展，呈现出不平行状态。在等压固结实验中，当孔隙比与有效应力的 log 值呈近似直线状，得出的这条曲线称为沉积物的正常固结线（NCL）。饱和度越高的水合物沉积物拥有更小的压缩指数和更小的膨胀指数，饱和度为 17.2%的天然气水合物沉积物的压缩指数比不含水合物沉积物减小了 8%左右，饱和度为 25.6%时压缩指数减小量达到 27%左右，而饱和度为 26.4%的二氧化碳水合物沉积物的压缩指数也减小了 33%左右。这表明水合物的存在降低了沉积物的可压缩性，水合物饱和度越高，这一效应越明显。这是因为水合物具有一定的黏聚性，水合物颗粒会分布在基质颗粒四周并起到胶结作用，增大了基质颗粒的黏聚力以及摩擦力，降低了水合物沉积物的可压缩性，使得沉积物在等压固结过程中产生更小的体积变化；随着水合物饱和度的升高，水合物颗粒会以聚集体的形式存在于沉积物孔隙中，形成土-水合物颗粒团簇体，部分水合物颗粒发挥了基质颗粒的作用，减小了沉积物的有效孔隙空间，使得沉积物在等压固结过程中拥有更小的孔隙比。

当天然气水合物和二氧化碳水合物沉积物的饱和度相似时，两种沉积物具有相似的压缩指数和膨胀指数。表明当水合物饱和度相似时，天然气水合物和二氧化碳水合物对沉积物固结特性的影响是相似的。这是因为固结过程中应力增加相对剪切过程较为缓慢，沉积物中的基质颗粒不会发生剧烈的滑移和旋转等行为，因此压力的增加并不会导致天然气水合物或二氧化碳水合物发生大量分解[33]，沉积物中水合物含量接近，水合物对沉积物发挥了相同程度的胶结作用和承载作用，从而使得天然气水合物和二氧化碳水合物沉积物在相同有效应力下具有相似的孔隙比，直接表现为相似的压缩系数。

图 6.28 为不同饱和度二氧化碳水合物和天然气水合物沉积物的偏应力和体积应变曲线，不同有效围压下二氧化碳水合物沉积物表现出明显的弹塑性性质(持续硬化)和剪缩性质。随着饱和度升高，二氧化碳水合物沉积物的变形逐渐减小。有效围压为 1MPa 时，饱和度为 0% 的沉积物最终体积应变为 9.7%，而饱和度为 27.7% 时，二氧化碳水合物沉积物最终体积应变约为 4.6%。

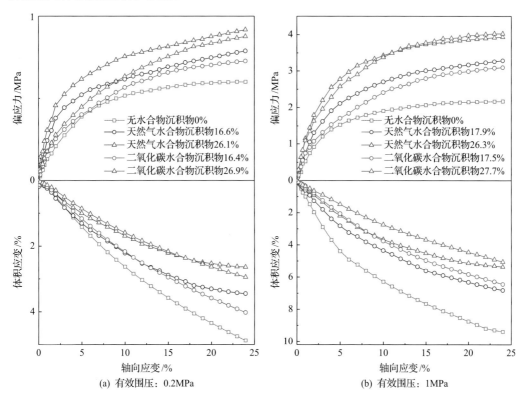

(a) 有效围压：0.2MPa   (b) 有效围压：1MPa

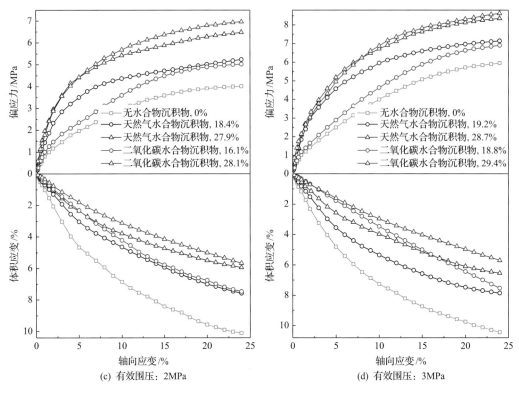

图 6.28　不同饱和度二氧化碳水合物和天然气水合物沉积物偏应力和体积应变曲线

通过二氧化碳水合物和天然气水合物沉积物的偏应力曲线对比可以发现，当水合物饱和度接近 17.5%时，二氧化碳水合物沉积物的弹性模量和强度都低于天然气水合物沉积物；当水合物饱和度增加到约 26.5%时，天然气和二氧化碳水合物沉积物的弹性模量几乎一致，而二氧化碳水合物沉积物的强度要略高于天然气水合物沉积物。同时，有效围压分别为 1MPa、2MPa、3MPa 时，二氧化碳水合物沉积物在相同轴向应变下的体积应变均小于天然气水合物沉积物。这是因为，在水合物饱和度较低时，水合物颗粒大多以液桥填充形态存在，水合物沉积物的强度增长可能与水合物本身的强度有关。

纯天然气水合物的强度要高于纯二氧化碳水合物的强度[15, 34]，因此天然气水合物更大程度上增强了沉积物在剪切过程中抵抗变形的能力，导致天然气水合物沉积物拥有相对较高的弹性模量和强度[35]；随着水合物饱和度的增加，水合物从液桥填充形态到胶结形态再到承载形态转变，增强了水合物颗粒在基质颗粒间的胶结作用，部分水合物颗粒在剪切过程中起到了沉积物骨架的作用，一些基质颗粒和水合物颗粒会形成土-水合物团簇体[33]。剪切中水合物的胶结作用对沉积物弹性模量和强度增加起主导作用，因此天然气水合物和二氧化碳水合物沉积物的初始弹性模量基本一致，随着剪切的进行，胶结在土颗粒接触面的部分水合物将被破坏[33]。而二氧化碳水合物比天然气水合物更加稳定[36]，因此可以认为剪切中二氧化碳水合物的破坏量会略低于天然气水合物，这就导致二氧化碳水合物比天然气水合物具有更强的胶结作用，呈现出更高的强度和较小的体积应变。

6.3.2　屈服和剪缩特性分析

屈服和剪缩特性直接反映了水合物沉积物的宏观变形规律。图 6.29 为不同饱和度二氧化碳水合物与天然气水合物沉积物的偏应力路径和屈服线。当水合物饱和度从 0%提高

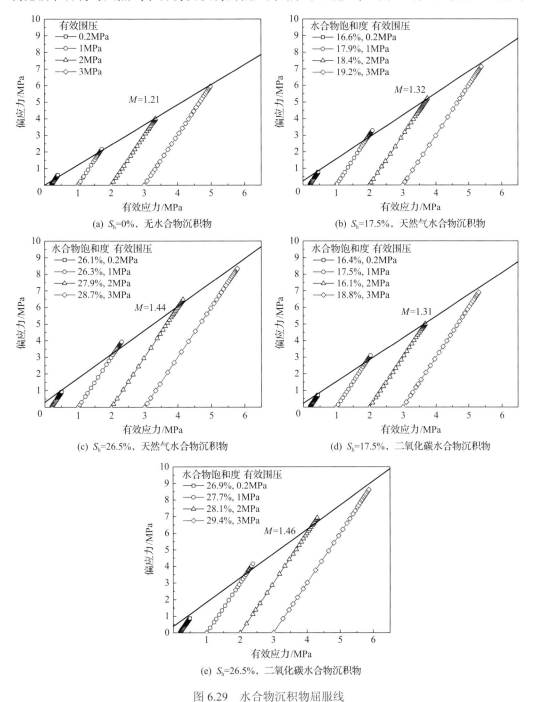

图 6.29　水合物沉积物屈服线

到 17.5%，最后达到 26.5%时，二氧化碳水合物沉积物屈服线的斜率(M 值)从 1.21 增长到 1.31，最后达到 1.46。这表明二氧化碳水合物的存在会明显增加沉积物的摩擦分量。在剪切过程中，虽然胶结在土颗粒接触面的部分二氧化碳水合物被破坏，但是剩余胶结在土颗粒接触面的二氧化碳水合物、单独存在的二氧化碳水合物颗粒以及土-水合物颗粒团簇体的共同作用，使得水合物沉积物的密度要高于无水合物沉积物[33]。当水合物饱和度相同时，二氧化碳水合物沉积物屈服线的斜率(M 值)、截距与天然气水合物沉积物基本一致，这表明这两种水合物的存在对沉积物的摩擦分量的影响是相似的。虽然两种水合物类型不同，但是相同饱和度下水合物赋存形态是较为类似的，低饱和度时水合物形态主要为液桥填充形态，较高饱和度时水合物形态主要为胶结形态和承载形态，两种水合物对沉积物产生的填充作用、胶结作用和承载作用也类似，这反映到宏观力学特性上就表现为相似的屈服线斜率(M 值)。

图 6.30 分别描述了在 0.2MPa、1MPa、2MPa、3MPa 有效围压下二氧化碳水合物和天然气水合物沉积物的剪缩性质。与天然气水合物沉积物类似，二氧化碳水合物沉积物表现出比无水合物沉积物更加弱化的剪缩性质，二氧化碳水合物饱和度的增加也减弱了水合物沉积物的剪缩行为，相同应力比状态下二氧化碳水合物沉积物拥有更小的变形。当有效围压为 3MPa 时，对于不含水合物沉积物，其最大应力比为 1.21，最大剪胀比为 1.8~2.4；对于饱和度为 29.4%的二氧化碳水合物沉积物，最大应力比为 1.5，最大剪胀比为 0.2~0.4。二氧化碳水合物的存在对沉积物的力学特性具有一定的影响，其饱和度增加使得沉积物具有更强的抵抗外部荷载的能力，相同的有效应力下发生的体积变形更小。尽管如此，在相同有效应力和水合物饱和度下，二氧化碳水合物沉积物的剪缩行为要弱于天然气水合物沉积物，相同有效应力下二氧化碳水合物沉积物产生的体积应变更小。例如，有效围压为 3MPa 时，二氧化碳水合物沉积物最大膨胀比为 0.4~0.6，而天然气水合物沉积物最大膨胀比为 0.9~1.5。这表明二氧化碳水合物和天然气水合物对沉积物的影响具有一定的差异性，而这一影响从水合物沉积物的强度和最终体积应变来看

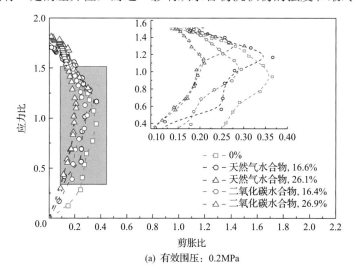

(a) 有效围压: 0.2MPa

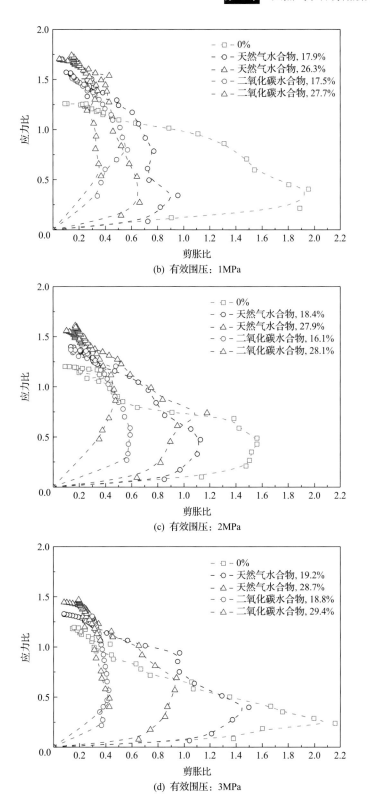

图 6.30 不同饱和度二氧化碳水合物和天然气水合物沉积物应力比-剪胀比曲线

并不明显。产生这一结果的可能原因是，二氧化碳水合物比天然气水合物更加稳定，这意味着在剪切中二氧化碳水合物的分解会少于天然气水合物，从而导致二氧化碳水合物沉积物在剪切过程中的相对比体积要大于天然气水合物沉积物，且二氧化碳水合物的稳定存在使其本身胶结作用持续时间更长，这也导致二氧化碳水合物沉积物在剪切过程中拥有更小的体积应变，表现为沉积物更弱化的剪缩性质[36]。同时，水合物形成后二氧化碳气体分子主要存在于较大笼子中，而甲烷分子更多地存在于小笼子中，客体分子对不同大小笼子的占有率可能影响水合物沉积物变形特性[37, 38]。

图 6.31 分别为在 0.2MPa、1MPa、2MPa、3MPa 有效围压下、不同饱和度二氧化碳水合物和天然气水合物沉积物的剪切路径。可以发现，随着水合物饱和度的提高，二氧化碳水合物沉积物在相同有效应力下拥有更大的孔隙比，这表明二氧化碳水合物的存在会明显降低沉积物的可压缩性。在相同有效围压条件下，二氧化碳水合物沉积物的剪切路径与天然气水合物沉积物并不相同：当饱和度为 17.5%时，二氧化碳水合物沉积物的剪切路径与天然气水合物沉积物类似；而当饱和度为 26.5%时，二氧化碳水合物沉积物的剪切路径会远离天然气水合物沉积物的剪切路径。结合图 6.28 分析，可以认为当水合物饱和度较低时，液桥填充形态和部分胶结形态的二氧化碳水合物和天然气水合物对沉积物的剪切路径具有相似的影响；而当水合物形态从液桥填充形态到胶结形态再到承载形态转变时，二氧化碳水合物更强的稳定性使得其胶结作用和承载作用对沉积物剪切路径影响要强于天然气水合物。

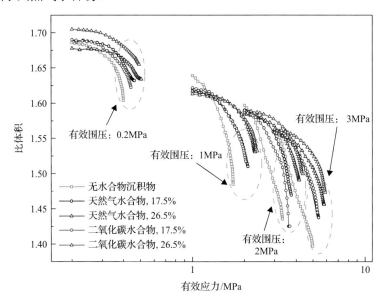

图 6.31 不同饱和度二氧化碳水合物和天然气水合物沉积物剪切路径

参 考 文 献

[1] Ting J M, Torrence Martin R, Ladd C C. Mechanisms of strength for frozen sand. Journal of Geotechnical Engineering, 1983, 109（10）: 1286-1302.

[2] Bagherzadeh-Khalkhali A, Mirghasemi A A. Numerical and experimental direct shear tests for coarse-grained soils. Particuology, 2009, 7(1): 83-91.

[3] Varadarajan A, Sharma K G, Venkatachalam K, et al. Testing and modeling two rockfill materials. Journal of Geotechnical and Geoenvironmental Engineering, 2003, 129(3): 206-218.

[4] Yun T S, Santamarina J C, Ruppel C. Mechanical properties of sand, silt, and clay containing tetrahydrofuran hydrate. Journal of Geophysical Research: Solid Earth, 2007, 112: B04106.

[5] Miyazaki K T N, Aoki K, Sakamoto Y, et al. Loading-rate dependence of triaxial compressive strength of artificial methane-hydrate-bearing sediment containing fine fraction. International Offshore and Polar Engineering Conference, Rhodes, 2012.

[6] Hyodo M, Nishimura A, Kajiyama S. Effect of fines on shear strength of methane hydrate bearing sand. Eleventh Ocean Mining and Gas Hydrates Symposium, Hawaii, 2015.

[7] 骆汀汀. 天然气水合物开采过程粉质沉积物力学特性研究. 大连: 大连理工大学, 2020.

[8] Li Y, Song Y, Yu F, et al. Experimental study on mechanical properties of gas hydrate-bearing sediments using kaolin clay. China Ocean Engineering, 2011, 25: 113-122.

[9] Li Y, Song Y, Liu W, et al. Analysis of mechanical properties and strength criteria of methane hydrate-bearing sediments. International Journal of Offshore and Polar Engineering, 2012, 22(4): 290-296.

[10] Chamberlain E, Groves C, Perham R. The mechanical behaviour of frozen earth materials under high pressure triaxial test conditions. Geotechnique, 1972, 22(3): 469-483.

[11] Alkire B D, Andersland O B. The effect of confining pressure on the mechanical properties of sand-ice materials. Journal of Glaciology, 1973, 12(66): 469-481.

[12] Ma W, Wu Z, Zhang L, et al. Analyses of process on the strength decrease in frozen soils under high confining pressures. Cold Regions Science and Technology, 1999, 29: 1-7.

[13] Parameswaran V, Jones S. Triaxial testing of frozen sand. Journal of Glaciology, 1981, 27(95): 147-155.

[14] Masui A, Haneda H, Ogata Y, et al. Effects of methane hydrate formation on shear strength of synthetic methane hydrate sediments. The Fifteenth International Offshore and Polar Engineering Conference, Seoul, 2005.

[15] Durham W B, Kirby S H, Stern L A, et al. The strength and rheology of methane clathrate hydrate. Journal of Geophysical Research: Solid Earth, 2003, 108(B4): ECV2-1-11.

[16] Durham W. Rheological comparisons and structural imaging of sI and sII end-member gas hydrates and hydrate/sediment aggregates. Proceedings of the 5th International Conference on Gas Hydrates, Trondheim, 2005.

[17] Arenson L U, Johansen M M, Springman S M. Effects of volumetric ice content and strain rate on shear strength under triaxial conditions for frozen soil samples. Permafrost and Periglacial Processes, 2004, 15(3): 261-271.

[18] Li D W, Wang R H. Frozen soil ant-shear strength character rand testing study. Journal of Anhui University of Science and Technology (Natural Science), 2004, 24(B05): 52-55.

[19] 李洋辉. 天然气水合物沉积物强度及变形特性研究. 大连: 大连理工大学, 2013.

[20] Matešić L V M. Strain-rate effect on soil secant shear modulus at small cyclic strains. Journal of Geotechnical and Geoenvironmental Engineering, 2003, 129(6): 536-549.

[21] Jessberger H L. A state-of-the-art report. Ground freezing: Mechanical properties, processes and design. Engineering Geology, 1981, 18(1-4): 5-30.

[22] 于锋. 甲烷水合物及其沉积物的力学特性研究. 大连: 大连理工大学, 2011.

[23] 朱一铭. 天然气水合物沉积物静动力学特性研究. 大连: 大连理工大学, 2016.

[24] Hyodo M, Li Y, Yoneda J, et al. Effects of dissociation on the shear strength and deformation behavior of methane hydrate-bearing sediments. Marine and Petroleum Geology, 2014, 51: 52-62.

[25] Kamath V, Holder G. Dissociation heat transfer characteristics of methane hydrates. AIChE Journal, 1987, 33(2): 347-350.

[26] Tang L G, Xiao R, Huang C, et al. Experimental investigation of production behavior of gas hydrate under thermal stimulation in unconsolidated sediment. Energy & Fuels, 2005, 19(6): 2402-2407.

[27] Ullerich J, Selim M, Sloan E. Theory and measurement of hydrate dissociation. AIChE Journal, 1987, 33(5): 747-752.

[28] Yoneda J, Hyodo M, Yoshimoto N, et al. Development of high-pressure low-temperature plane strain testing apparatus for methane hydrate-bearing sand. Soils and Foundations, 2013, 53(5): 774-783.

[29] Ghiassian H, Grozic J L. Strength behavior of methane hydrate bearing sand in undrained triaxial testing. Marine and Petroleum Geology, 2013, 43: 310-319.

[30] Kajiyama S, Wu Y, Hyodo M, et al. Experimental investigation on the mechanical properties of methane hydrate-bearing sand formed with rounded particles. Journal of Natural Gas Science and Engineering, 2017, 45: 96-107.

[31] Ohgaki K, Takano, K, Sangawa, H, et al. Methane exploitation by CO_2 from gas hydrates-phase equilibria for CO_2-CH_4 mixed hydrate system. Chemical Engineering of Japan, 1996, 29(3): 478-483.

[32] Espinoza D N, Santamarina J C. P-wave monitoring of hydrate-bearing sand during CH_4-CO_2 replacement. International Journal of Greenhouse Gas Control, 2011, 5(4): 1031-1038.

[33] Yoneda J, Jin Y, Katagiri J, et al. Strengthening mechanism of cemented hydrate-bearing sand at microscales. Geophysical Research Letters, 2016, 43(14): 7442-7450.

[34] Circone S, Stern L A, Kirby S H, et al. CO_2 hydrate: Synthesis, composition, structure, dissociation behavior, and a comparison to structure I CH4 hydrate. Journal of Physical Chemistry B, 2003, 107(23): 5529-5539.

[35] Hyodo M, Li Y, Yoneda J, et al. A comparative analysis of the mechanical behavior of carbon dioxide and methane hydrate-bearing sediments. American Mineralogist, 2014, 99(1): 178-183.

[36] Goel N. In situ methane hydrate dissociation with carbon dioxide sequestration: Current knowledge and issues. Journal of Petroleum Science and Engineering, 2006, 51(3-4): 169-184.

[37] Yuan Q, Sun C Y, Yang X, et al. Recovery of methane from hydrate reservoir with gaseous carbon dioxide using a three-dimensional middle-size reactor. Energy, 2012, 40(1): 47-58.

[38] Nago A, Nieto A. Natural gas production from methane hydrate deposits using CO_2 clathrate sequestration: State-of-the-art review and new technical approaches. Journal of Geological Research, 2011, 2011: 239397.

第 7 章

天然气水合物降压开采

　　降压法是一种相对高效、低耗且环境友好的水合物开采方法，已经在中国、美国和日本等国家的水合物试采项目中得到工程实践应用，是未来水合物商业化开采的基础方法[1, 2]。降压开采是根据水合物相平衡条件，通过抽取流体等方式降低储层压力，为水合物分解过程提供分解驱动力。本章系统介绍了水合物降压开采过程所涉及的储层参数变化及其影响因素，主要包括储层温度及传热特性、储层压力及渗流特性、孔隙内气-水-水合物饱和度、开采压力及降压幅度等，并详细分析了水合物降压分解产气速率与储层基础物性间的相互作用关系。围绕水合物降压开采涉及的主要科学问题，讨论了降压开采过程水合物分解与储层特征参数响应的关系，分析储层温度、压力与水合物分解进程的相互作用，阐述了降压开采过程产气速率和产出气水比变化规律，以及水合物饱和度对开采过程的影响；在降压开采的主要影响因素方面，讨论了降压方式、储层传热与渗流特性及水合物饱和度对水合物分解进程的影响特性，阐释了储层导热与有效传热对水合物分解不同阶段的控制规律；介绍了利用磁共振成像技术研究降压开采的进展与成果，重点比较了不同初始气-水-水合物饱和度的储层降压开采过程液态水实时分布的空间差异性；并分析了南海水合物储层条件下，水合物降压开采过程存在的问题及提高开采效率的方法。本章所述主要方法和结论可以为后续水合物开采研究提供重要参考。

7.1　天然气水合物降压开采特征参数

　　水合物开采是涉及水合物分解与储层特征变化的复杂过程。在降压开采过程中，储层压力降低产生 Joule-Thomson 效应，导致储层温度降低，引起储层间发生温差传热，而水合物的分解是一个吸热反应，使储层压力与温度呈现不同的响应特性[3-5]。另外，储层温度、压力的实时变化以及储层间传热又会影响水合物的分解进程，进而影响产气速率和开采效率。因而，亟须探明降压开采过程水合物分解特性，系统总结降压开采主要特征参数响应规律，为水合物降压开采调控提供基础支撑。

7.1.1　压力与温度

　　水合物降压开采过程中，储层压力变化是驱动水合物分解的主导因素，储层温度变化是水合物分解过程能量传递的宏观表现，研究储层压力与温度响应对分析水合物分解过程的热、动力学特性具有指导意义[6]。在降压开采过程中，储层压力的降低速率由产气速率和储层渗透率决定，产气速率越小，或者储层渗透率越低，储层压力变化速率越慢，水合物的分解也会放缓。

开采压力是水合物降压开采的主控参数，对开采进程及储层温度的影响显著。本节采用一套有效容积为 4.95L 的不锈钢高压反应釜，其内径为 300mm，深度为 70mm，如图 7.1 所示。反应釜中布置 16 支温度传感器和 3 支压力传感器，分别实时监测反应釜内、外圈温度和压力变化。不同开采压力的实验储层初始条件保持相同，温度和压力分别为 3.8℃和 3.8MPa 左右，水合物饱和度均为 20%左右，储层开采压力由背压阀分别控制为 2.2MPa、2.6MPa 和 3.0MPa，图 7.2 是三种开采压力下水合物储层实际压力随时间的变化曲线。

由于储层内自由气的释放，储层压力在前 10min 内迅速降低，并且压降速率接近一致，约为 0.16MPa/min，为产气管路的最大通量(与储层实际压力和开采设定压力的压差有关)。当储层实际压力降低到开采压力(大约需要 10min)后，开采压力越低，储层实时压力发生波动的可能性越大；尤其是 2.2MPa 开采过程中，10min 时储层压力降到了设定值后又发生短暂升高，这是由于短时间内大量水合物分解，而产气通量较小，天然气没有及时产出，出现了明显的压力起伏现象，从而说明水合物降压开采储层压力受产气通量和水合物分解量的共同影响[7-9]。

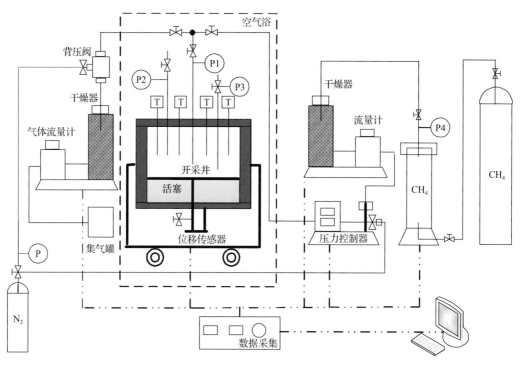

图 7.1 水合物降压开采实验装置示意图

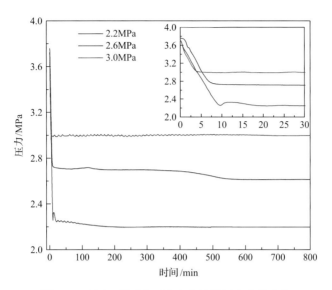

图 7.2 不同开采压力下水合物储层压力变化曲线

图 7.3 是三种开采压力下水合物储层温度随时间的变化曲线。开采早期储层温度迅速降低，中期近乎平稳，后期逐渐回升至初始值。储层早期温度减小趋势相同，并且开采压力越低，温度降幅越大，主要遵循 Joule-Thomson 效应的变化规律。开采中期储层温度相对平稳，没有较大变化，但 2.6MPa 开采时的储层内圈温度和 2.2MPa 开采时的内、外圈温度出现了强弱不一的温度波动，存在放热反应（水合物二次生成或结冰）。开采中期储层温度稳定阶段持续时间与开采压力有关，开采压力越高，持续时间越长，主要是由于开采压力高，水合物分解速率较低，分解时间较长。后期储层温度回升过程主要表现为内、外圈温度变化速率不同，先是内圈高、外圈低，后是外圈高、内圈低，是水合物分解吸热和储层间有效传热共同作用的结果。

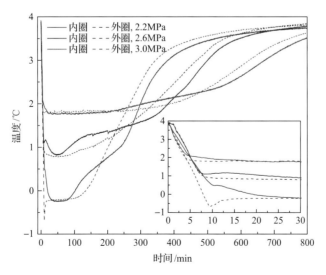

图 7.3 不同开采压力下储层温度变化

当储层压力降至开采压力后，储层的温度变化主要受到储层传热和水合物分解的共同影响。2.6MPa 开采 8min 时，储层内圈附近温度略有上升，根据其温度、压力可以判断为局部的水合物二次生成放热。2.2MPa 开采 10min 时，温度、压力不能满足水合物的二次生成，但可以诱发结冰放热。因为冰的融化过程同水合物分解一样，属于吸热反应，会抑制储层温度的回升，所以 2.2MPa(结冰多)开采温度平稳时间比 2.6MPa(结冰少)要长。

开采过程中，储层外围包括上、下盖层可为其提供热量，储层后期温度回升是外围有效传热大于水合物分解吸热的直接反映，图 7.3 中储层内、外圈温度回升速度出现差异，尤其温度曲线的交叉，是二者综合作用的结果。在开采后期储层温度回升过程中，内圈温度先是高于外圈，是由于储层内圈水合物较外圈少，内圈附近的水合物基本完成分解，有效传热只需用于储层升温，而外圈附近仍有水合物分解或冰融化需要吸热，温度回升迟缓，此时储层内圈的热量来源主要是反应釜上、下盖层。随着外圈附近水合物基本分解完全，外圈温度几乎同样只受到有效传热的影响，并且外圈与反应釜体的换热效果更好，储层外圈温度逐渐超过内圈，并一直领先一定的温度，是储层有效传热造成的温度梯度。因而，降压开采过程储层温度变化主要受储层降压速度、水合物分解进程和储层有效传热三个因素控制，并分别在开采过程的早、中、后期起到主导作用，同时需要考虑可能发生结冰和水合物二次生成的影响。

7.1.2 产气速率

水合物降压开采产气主要来源于储层自由气和水合物分解气两部分，除了储层分布类型和初始水合物饱和度影响外，同时还受到水合物分解动力学以及储层传热、渗流控制。可根据温度响应将开采进程划分为三个阶段：早期产气速率较高，储层自由气大量产出，水合物分解速度较快，主要受储层渗流控制；中期产气主要来源于水合物分解，以水合物分解动力学及储层有效传热为主导；后期产气较少，来源于残余水合物分解以及储层温度回升，主要受储层有效传热控制[10]。

基于 2.2MPa、2.6MPa 和 3.0MPa 三种开采压力储层产气实验数据，比较了不同开采压力下水合物降压开采产气速率等变化情况，如图 7.4 所示。产气速率在开采早期较高，均在较短时间内达到了最大产气速率，开采压力越低，产出自由气量越多，高产气速率时间越长，与图 7.2 储层压力响应时间基本同步。2.2MPa 开采 5min 时，储层实时压力大约为 2.8MPa，自由气产出速率下降，水合物分解驱动力较小，产气速率出现微小降低，稍后水合物分解速度增加，产气速率随即回到最高值，说明早期降压阶段产气包含部分水合物分解的贡献。2.2MPa 开采 10min 时，产气速率在下降中途突然上升，对应的正是7.1.1 节中推断的结冰现象，结冰放热造成储层温度上升了 0.4℃(图 7.3)，水合物瞬间分解量增加，产气速率突然增快，当产气速率达到最高值时，多余的分解气来不及产出，造成储层压力升高，直到产气速率下降，压力同步回落到开采压力。

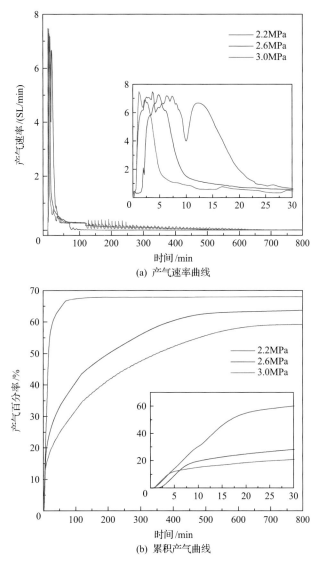

图 7.4 不同开采压力下水合物储层实时产气曲线

开采早期的产气包括储层自由气和水合物分解气,而开采中、后期的产气主要来源于水合物分解,水合物分解受储层的有效传热控制,因而 2.6MPa 和 3.0MPa 开采 10min 后的实时产气速率比较接近,从图 7.4(b)展示的储层累积产气曲线也可以看出,这两个开采压力下的累积产气曲线具有相似性。开采中、后期的持续时长主要与水合物剩余量有关,2.2MPa、2.6MPa 和 3.0MPa 三种开采压力在早期产气分别完成约 55%、18% 和 14%,在中、后期的产气量分别为 13%、45% 和 45%,2.6MPa 和 3.0MPa 水合物剩余量相同,但由于 2.6MPa 开采时温度低,储层有效传热量大,水合物瞬时分解量大,产气完成所需时间短。

水合物降压开采实际上包括水合物分解和天然气产出两个过程,在整个降压开采过程,产出的天然气一部分是水合物分解气,另一部分是储层自由气,因而在前期压力下降阶段和后期温度回升阶段，产气包括这两部分，只有处于恒压等温过程的产气才全部来源于水合物分解气[11]。因而，降压开采过程中水合物的实际分解时间要小于产气时间，时间之差在于水合物分解结束时储层温度没有回升到环境温度。当开采井产气通量有限时，水合物实时分解速率高于实时产气速率，分解而未产出的天然气会造成储层压力升高(图 7.2)。

决定水合物分解时间的影响因素较多，主要有水合物饱和度、分解驱动力和有效传热。分解驱动力越小、有效传热越差，水合物实时分解速率越慢，水合物分解时间越长，而水合物饱和度提高，水合物分解时间增长[12]。虽然水合物实时分解速率受储层实际温度、压力等因素的影响，但并不会影响整体的分解进程，因为水合物分解时间和实时分解速率之间的关系还需要考虑水合物饱和度等因素。水合物分解速率常数[13]是一个基于储层水合物量和水合物分解时间的特征参数，能够有效反映单位分解时间内在储层传热、渗流综合控制下水合物分解的速率，可用于评价水合物分解过程。水合物分解速率常数 K_d 可以表示为

$$\frac{n_h}{n_h^i} = \exp(-K_d t) \tag{7.1}$$

式中，n_h 为储层内实时的水合物量；n_h^i 为储层内初始水合物量；t 为时间。

储层内实时水合物量可以表示为

$$n_h = \frac{\rho_h V_P S_{hc}}{M_h} \tag{7.2}$$

式中，M_h 为水合物的摩尔质量；ρ_h 为水合物密度；S_{hc} 为实时水合物饱和度；V_P 为储层孔隙体积。联合式(7.1)和式(7.2)可得

$$\frac{S_{hc}}{S_{hi}} = \exp(-K_d t) \tag{7.3}$$

式中，S_{hi} 为初始时刻水合物饱和度。最终，水合物分解速率常数可用下式表示：

$$K_d = -\frac{d\left[\ln\left(S_{hc}/S_{hi}\right)\right]}{dt} \tag{7.4}$$

7.1.3 气水比

水合物降压开采过程会伴随产水，孔隙水饱和水合物储层的降压开采还需考虑产水特性。气水比(标准状况下水合物开采产气和产水的体积比)是水合物开采进程的重要特征参数之一。

本节采用有效体积 1L 的反应釜，通过水合物生成后持续注水的方式，控制储层孔隙内水合物和水的饱和度分别在 37%和 58%左右，储层内自由气仅占孔隙体积的 5%左右，可以认为是水饱和水合物储层。储层初始温度和压力分别为 4℃和 8MPa，开采压

力分别设置为 2.2MPa、2.6MPa 和 3.0MPa，分别记录开采过程产气和产水实时数据，研究不同开采压力下水饱和储层内水合物产气、产水特性，分析开采过程产出气水比的变化规律。

图 7.5 是不同开采压力下水合物水饱和储层降压开采过程气水比实时变化曲线。在开采过程中，气水比随开采进程逐渐增大，且增大速率逐渐减小。在降压开采早期，储层内压力未达到平衡，压差容易造成气、水流动，产气速率较快，伴随产水比例较高，因而气水比较小。随着产水的进行，储层内水量减少，产水比例相应降低，气水比逐渐增大。气水比增大的速率不断减小，与储层产气速率有关。图 7.5 开采过程气水比曲线与图 7.4(b)产气曲线相似，说明储层内水的产出方式主要是产气携带。水合物分解气水比约为 170，产出的气水比最大为 130，说明实际产出的水多于水合物分解产生的水，表明降压开采过程产水主要来源于孔隙内初始水。

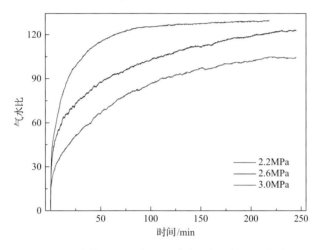

图 7.5　水饱和储层降压开采过程实时气水比曲线

图 7.5 表明，开采压力越低，气水比始终保持较大值，3.0MPa、2.6MPa 和 2.2MPa 降压开采过程的最终气水比分别为 105、120 和 130 左右。开采压力越低，水合物分解产气速率越快。由于气体具有更好的流动性，产水受管路最大流量的约束，气水比提高。在早期的压力降低阶段，三个工况的气水比是基本一致的，产气伴随的产水比例是相同的，气水比增大速率相同，主要是受储层内实时水量影响。随储层压力稳定，开采压力越小，水合物分解越快，产气速率越快，伴随产水比例越小，气水比增大速率不相同，主要是受水合物分解产气的影响。最终的气水比差异，主要是由于产气量不同，开采压力越低，总产气量越多，而总产水量相对比较接近，总气水比就越高。

图 7.6 是不同开采压力下水合物水饱和储层降压开采过程对应的气、水实时产出关系曲线，产气和产水进程均采用百分比的形式呈现。产气和产水的实时关系可以分为两个明显的阶段：第一阶段，产气近乎 10%，对应的产水大约为 40%、55%，属于储层自由气产出控制的产水阶段；第二阶段，余下 90%的产气过程对应的产水只占总产水量的 45%～60%，属于水合物分解气产出控制的产水阶段。第一阶段是集中产水阶段，但历时极短，只有 30s 左右，并且几乎不受开采压力的影响。进入第二阶段后，产气速率上

升，产水速率下降，气水比升高，不同开采压力下的产水与产气速率比例略有差别，但整体相差不大，产水进程几乎与产气进程呈线性，说明水饱和储层水合物分解产气过程持续伴随着产水。

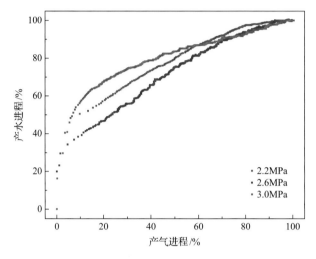

图 7.6　水饱和储层降压开采过程产气与产水实时关系图

降压开采过程储层产水主要是受水合物分解和天然气产出的影响，因而，影响水合物分解速率和天然气产出速率的因素，同样会影响产水及改变气水比。在水合物还未分解的降压早期，储层内自由气远小于自由水量，产水率远大于产气率，随着自由水量的减小和水合物分解的进行，产气率逐渐升高，产水率下降，储层产出气水比不断提高。水合物分解速率越大，实时分解气越多，伴随产水速率的变化并非固定，因为产气对不同水量储层的产水作用机制不同。当储层水量较多时，开采管路中气、水产出时具有竞争关系；当储层水量较少时，产水被产气驱动，产水速率与产气速率呈正相关。图 7.6 中，3.0MPa 下的产水速率在产气进程为 10%～40% 时先增快后减慢，正是由于其开采压力高，水合物分解速率慢，产水主要受储层水量的影响，随着储层实际水量的降低，产水速率从与产气竞争变成受产气驱动。

储层产水是水饱和储层降压开采的一个重要特征，开采压力不同，产出的气水比不同。在储层水量较多时，产水会在很大程度上限制产气，因而，提高开采过程气水比是提高水合物开采效率的重要手段。

7.2　天然气水合物降压开采影响因素

水合物降压开采涉及水合物分解和天然气产出两个过程，水合物分解由相平衡热力学和分解动力学共同控制，天然气产出受渗流与传质限制，因此，储层传热、渗透等特性对水合物分解具有重要影响[14]。水合物储层降压分解主要受储层显热和传热的影响控制，水合物自身还受其分解动力学控制，储层温度及有效传热对水合物分解进程产生重要影响，水合物降压分解特性与储层传热因素具有内在关联性[15, 16]。因此，根据水合物储层降压开采过程的温度和压力实际变化，结合开采压力、储层环境初始温度及水合物相平衡条件，可以将水合物储层降压产气过程归纳为以下三个阶段(图 7.7)。

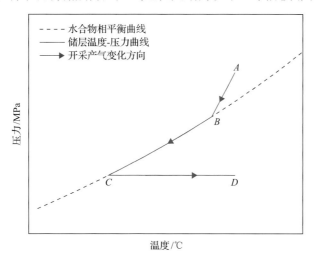

图 7.7 水合物降压产气路径示意图

第一阶段(A-B)：储层压力降低，自由气产出，Joule-Thomson 效应造成储层温度降低，储层压力高于此时温度所对应的相平衡压力，水合物仍可保持热力学稳定状态。

第二阶段(B-C)：储层压力和温度继续下降，水合物遵循相平衡规律发生分解，自由气产出和水合物分解致使储层温度进一步降低，主要受储层显热控制。

第三阶段(C-D)：储层恒压产气，储层温度变化是水合物分解和有效传热综合作用的结果，随着水合物逐渐分解，有效传热逐渐作用于储层温度回升，最终升回环境温度。

水合物降压产气的三个阶段中，A-C 阶段经历时间较短，主要取决于降压方式和储层渗透率，B 点位置主要由水合物开始分解的时间决定，与储层初始压力有关，C 点位置受储层显热影响，主要与降压方式与储层比热有关；C-D 阶段经历时间较长，主要与水合物饱和度和储层有效传热有关，而较高的水合物饱和度或较差的导热系数，均会造成储层温度和压力在 C 点附近长时间停留。围绕这些过程及其影响因素，本节分别研究降压方式、储层导热系数、储层比热、储层渗透率及水合物饱和度对水合物降压开采的影响规律，重点分析不同影响因素对水合物分解过程及分解效率的作用规律，并分析其内在影响机制。

7.2.1 降压方式

储层压力降低是驱动水合物分解的主导因素，是造成初期储层温度降低的重要因素，通过控制降压方式可以调节储层实际压力与温度的变化速率，改变水合物分解驱动力，控制水合物的分解进程[17]。7.1 节中涉及的降压过程均为单步直接降压，直接将压力降至开采压力，储层压力快速下降，引起储层温度显著降低，影响水合物分解速率[18]。为有效缓解压力下降引发的储层温度降低，分别采用梯度降压和匀速降压两种方法，研究不同降压方式对水合物降压开采速度的影响。

　　梯度降压是采用多步降压方式,将总降压幅度分为多步依次降压,每步降压之间间隔一定时间。实验采用了两种降压梯度,分别为每隔 5min 降 0.1MPa 和每隔 15min 降 0.2MPa,最终开采压力均为 2.0MPa,图 7.8 为梯度降压过程中储层实际压力和水合物分解速率实时变化曲线。在梯度降压方式下,储层实际压力变化并不完全与设定梯度一致,尤其是 20~60min,储层实际压力阶梯式降低不明显,尤其是每隔 5min 降 0.1MPa 过程甚至出现了实际压力的连续式降低,究其原因为水合物集中在这段时间内发生分解,实时分解产气量较高,产气口流量有限,因而压力下降缓慢,正因如此,在 20min 前和 60min 后,水合物分解产气较少,实际压力变化与设定梯度基本吻合。

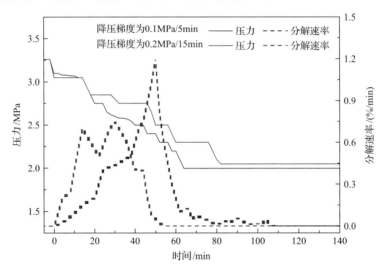

图 7.8　梯度降压过程中储层压力与水合物分解速率变化曲线

　　每隔 5min 降 0.1MPa 的降压速度大于每隔 15min 降 0.2MPa,平均速度分别为 0.02MPa/min 和 0.013MPa/min,然而梯度降压慢的(每隔 15min 降 0.2MPa)过程水合物集中分解阶段反而较早,每隔 15min 降 0.2MPa 的梯度过程,在压力降到 2.75MPa 时,水合物基本全部分解,而每隔 5min 降 0.1MPa 的梯度降压过程,在 2.4MPa 时水合物分解速率才达到最大。这说明影响水合物分解的是梯度降压的降压梯度而不是间隔时间,每步降压幅度较大时,很容易造成水合物的不稳定,使其在前期发生大量分解。此外,降压幅度大时,Joule-Thomson 效应造成的温度下降应该更多,但并没有看出明显的分解速率差异,所以压力变化幅度小的梯度降压过程温度变化应该并不明显。增大降压幅度可以促使水合物提前分解,减小降压幅度可以让水合物受分解压力驱动力控制分解,因而,调整降压幅度是控制水合物降压分解快慢的重要手段,分解较慢时加大降压幅度,分解较快时减小降压幅度,可以实现水合物持续分解。

　　匀速降压是采用连续缓慢降压替代单步直接降压,保持特定的减压速率,增长降压的时间,避免压力瞬时降幅过大。实验分别选取了 0.01MPa/min、0.012MPa/min、0.015MPa/min 和 0.02MPa/min 四个降压速率,最终压力降低至 2.0MPa。图 7.9 是不同速度下的匀速降压过程储层压力和水合物分解速率变化，储层压力下降速度越快，水合物集中分解阶段越早。0.01MPa/min、0.012MPa/min、0.015MPa/min 和 0.02MPa/min 四个降压速率下，水合物分解速率均呈现随时间先增大后减小的"正态分布"，最大值对应的时间分别大约为 81min、64min、53min 和 36min，而储层对应的实际压力均在 2.4MPa 左右，说明匀速降压过程水合物分解由实际压力控制。

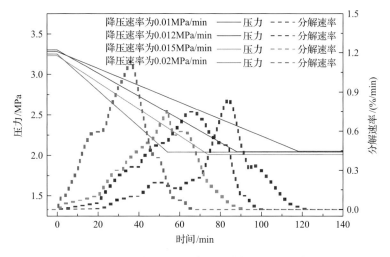

图 7.9　匀速降压过程储层压力与水合物分解速率变化曲线

　　匀速降压过程，储层实时压力变化较小，Joule-Thomson 效应不明显，储层内有效传热状况几乎相同，因此不同速率下的储层温度变化相近，水合物集中分解阶段的压力相同。匀速降压的速率改变了到达分解压力的时间，当匀速降压速率小时，较高压力的持续时间增长，水合物分解时间会增长，所以匀速降压的速率不能过小，但也不能过大，因为可能造成储层温度降低，减慢水合物分解速率。因此，匀速降压方式将水合物分解模式从有效传热控制变成分解压力驱动力控制，实际运用过程中可以在水合物分解较少的前期和后期适当提高降压速率，以实现降压全过程水合物高效分解产气。

7.2.2　储层导热系数

　　储层导热系数直接影响其传热特性，对水合物分解、二次生成和结冰过程具有重要作用[19]，因此，需探明储层导热系数对水合物降压分解进程的影响规律[20]。本节利用石英砂、白刚玉和金刚砂三种热物性差异较大的材料(表 7.1)模拟水合物储层，探究导热系数对水合物降压分解的影响。

表 7.1　不同导热性能材料主要参数

储层材料	平均粒径/μm	密度/(g/cm³)	孔隙度/%	导热系数/[W/(m·K)]	比热/[J/(kg·K)]
石英砂	230.4	2.58	37.8	1.35	742
白刚玉	263.8	3.96	38.1	28.82	775
金刚砂	244.3	3.22	38.0	41.90	673

图 7.10 是 2.6MPa 开采压力下三种储层内水合物降压分解过程温度变化曲线，水合物储层温度在降压前 10min 迅速降低，且在前 50min，三种水合物储层的内、外圈温度曲线走势基本相同。不同导热系数储层降压开采过程温度曲线变化特性完全符合 7.1.1 节中的储层温度响应规律，并且开采压力越低，分解时间越短。石英砂储层等温分解时间最长，白刚玉次之，金刚砂最短，说明储层导热系数越大，水合物分解越快。白刚玉和金刚砂储层在温度回升阶段并没有出现内、外圈温度交替现象，而且外圈温度回升早于内圈，说明外圈水合物早于内圈分解完。储层导热系数的增大，显著增强了储层的传热能力，提高了储层的有效传热量，储层内、外圈温度的差异主要由传热控制，水合物在外围传热的控制下明显呈现沿径向由外向内的分解规律。

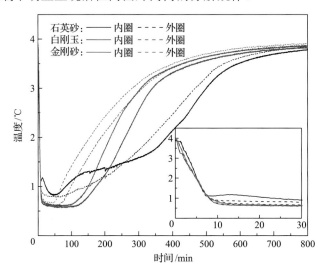

图 7.10 不同导热系数储层中水合物降压分解过程温度变化(开采压力为 2.6MPa)

图 7.11 为 2.6MPa 下水合物在石英砂、白刚玉和金刚砂三种储层中的累积产气曲线，由于水合物饱和度接近，相同开采压力下，最终产气百分率基本一致。在降压早期(前 10min)，不同导热系数的储层产气速率十分接近，而这一阶段正是储层压力、温度迅速下降的阶段，主要是储层显热发挥作用的阶段。这一阶段，储层释压和水合物分解均使储层温度下降，具体下降的程度与降压幅度和储层显热有关，显热主要与材料的比热有关。而实验中开采压力相同，因为储层初始温度、压力和水合物饱和度也几乎相同，三种储层材料比热又比较接近，所以储层温度变化相同。当储层压力达到开采设定压力，储层温度也不再降低，水合物分解转而受储层有效传热控制。在这一阶段，石英砂、白刚玉和金刚砂中的平均产气速率则分别为 0.246SL/min、0.434SL/min 和 0.467SL/min，持续时长分别为 500min、300min 和 250min，表明水合物分解速率随储层导热系数的增大而明显增大。石英砂、白刚玉和金刚砂的导热系数分别为 1.35W/(m·K)、28.82W/(m·K) 和 41.90W/(m·K)，导热系数越大，相同温度梯度下，储层有效传热量越大。当储层有效传热能力高时，水合物分解热量充足，单位时间可以分解的水合物量高，因而分解速率快、分解时间短、产气速率高[21]。

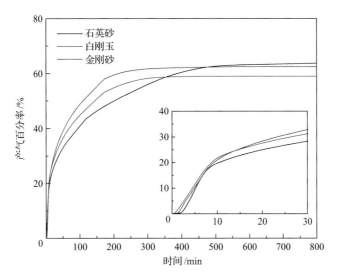

图 7.11 不同导热系数储层中水合物降压分解过程累积产气曲线(开采压力为 2.6MPa)

图 7.12 为水合物在石英砂、白刚玉和金刚砂三种储层内,开采压力分别为 2.2MPa、2.6MPa 和 3.0MPa 时的分解速率常数。分解速率常数 K_d 随着开采压力的升高而降低,随着储层导热系数的增大而升高。导热系数较大时,增强了水合物储层的传热能力,促使更多的外部热量传入,加速了水合物的分解。开采压力较高时,水合物储层温度下降较小,储层有效传热能力较低,水合物分解也就越缓慢,水合物分解速率没有明显差异。开采压力越低,储层导热系数的差异对水合物分解速率常数的影响越显著,表明对于高导热系数的水合物储层,采用较低的开采压力可以获得更快的水合物分解速率,因此降压开采具有明显的优势。

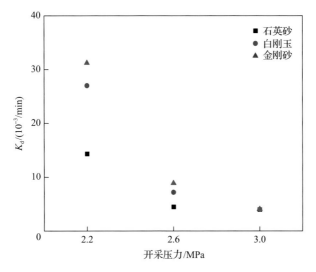

图 7.12 不同储层和压力条件下的水合物分解速率常数

降压开采过程分解时间主要消耗在开采中期,即水合物恒压分解阶段,这一阶段直接决定了整体开采效率。该阶段水合物分解速率受储层有效传热控制,因此提高储层有效传热能力是提高水合物持续分解产气速率的关键。

7.2.3 储层比热容

储层比热(C_{ps})是影响储层温度变化能力的热物性参数,决定了水合物分解过程储层显热的利用程度[22]。本节通过模拟研究,探明储层材料比热容对水合物降压开采过程的影响。一般天然的储层,如沙或黏土,其比热大致变化范围是0.83~1.38kJ/(kg·K),模拟中选取 0kJ/(kg·K)、0.8kJ/(kg·K)和 1.6kJ/(kg·K)三种比热,考虑储层和上、下盖层的热量交换,重点分析降压开采过程水合物储层显热对水合物降压分解的影响。

图 7.13 是不同比热储层中水合物降压分解的累积产气量和产气速率,可以看出快速产气发生在前 110min 左右,之后产气速率降低直至模拟过程结束。在前 100min,储层材料比热容越高,水合物分解产气率越快,在达到最大产气速率后,仍会持续一段时间,然后曲线开始陡降,而低比热储层需要更长的时间达到最大产气速率,达到最大产气速率后也只保持了较短时间。

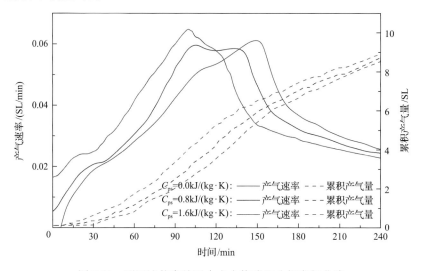

图 7.13 不同比热容储层中水合物降压分解产气曲线

从累积产气率上来看,100min 时,比热为0kJ/(kg·K)、0.8kJ/(kg·K)和 1.6kJ/(kg·K)的储层累计产气率分别达到 27.47%、32.42%和 40.85%,160min 时分别达到 64.82%、68.60%和72.22%。说明较高的比热为水合物分解提供更多显热,单位时间能够分解更多的水合物。当储层有效传热和能量变化相同时,比热越高,储层温度变化梯度越小,水合物分解驱动力大,产气速率越高。

图 7.14 是三种比热储层降压分解过程100min 和 160min 时的温度分布。100min 时,高比热储层温度分布均匀,平均温度高于其他两种,水合物分解前缘更加深入岩心内部。160min 时,储层内水合物几乎完全分解,温度相对平均分布。在沉积层与上、下盖层有热量交换时,水合物分解所需的大量热量来自于上、下盖层,产气速率及产气量所受的影响小于没有盖层换热的情况,储层与上、下盖层热量交换为水合物分解提供大量热量。

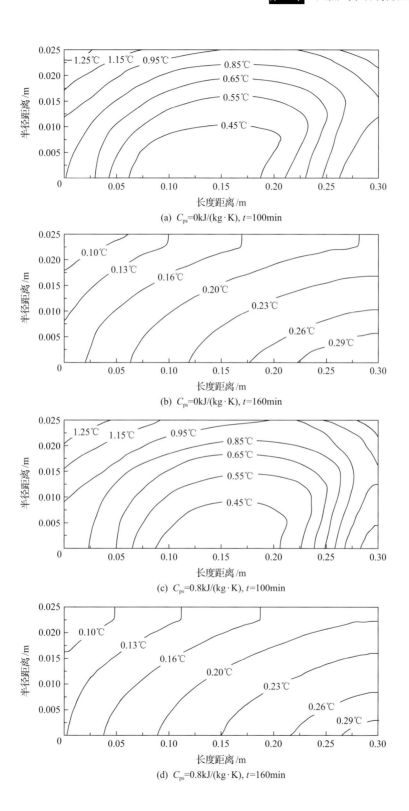

(a)　C_{ps}=0kJ/(kg·K), t=100min

(b)　C_{ps}=0kJ/(kg·K), t=160min

(c)　C_{ps}=0.8kJ/(kg·K), t=100min

(d)　C_{ps}=0.8kJ/(kg·K), t=160min

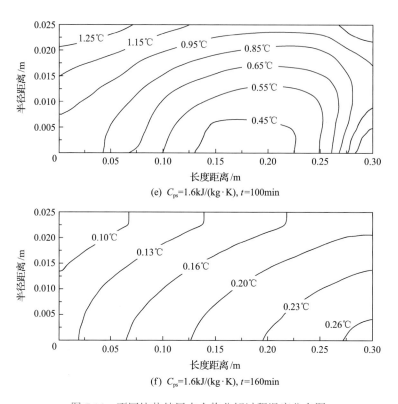

(e) $C_{ps}=1.6kJ/(kg·K)$, $t=100min$

(f) $C_{ps}=1.6kJ/(kg·K)$, $t=160min$

图 7.14　不同比热储层水合物分解过程温度分布图

储层比热对产气速率具有明显的影响,比热容增大,储层显热增多。在降压开采早、中期,储层温度变化梯度小,为水合物提供了较高的分解驱动力,水合物单位时间可分解量增大。在中、后期,在相同的传热条件下,储层温度回升较慢,有效传热较差,产气速率反而随着比热增大而下降,但由于剩余水合物不多,对产气结果的影响并不明显。水合物降压开采早期,水合物分解速率受储层显热控制,储层比热容决定了降压阶段的温度下降梯度,进而改变了水合物分解驱动力,影响了水合物分解速率。在实际开采过程中,需要根据储层比热等显热条件,确定合理的降压梯度和速度,才能使水合物储层温度保持在较高水平,一方面能够提供较高的水合物分解驱动力,另一方面能够有效防止水合物二次生成甚至是结冰的发生,确保水合物降压开采产气持续正常。

此外,水合物分解过程可以引入斯特藩数(Stefan, Ste 表示)来分析储层显热对水合物分解传热的影响,Ste 数是用来研究单界面或者多界面相变传热过程的一种无量纲数。储层中水合物的 Ste 数来源于水合物降压分解过程的能量方程,它表示储层及其内各组分显热与水合物分解热的比值,定义如下:

$$Ste = \frac{C_{ps}\Delta T}{\varphi \Delta H} \cdot \frac{\rho}{\rho_h} \tag{7.5}$$

式中,ρ 和 ρ_h 分别为储层和水合物密度;ΔT 为储层初始温度和最低温度的差值(即图 7.7 中的 A 点至 C 点温差);φ 为多孔介质孔隙度;ΔH 为水合物的分解热。

7.2.4 储层渗透率

渗透率是反映储层渗流能力的重要参数，主要受骨架与孔隙复杂结构影响。储层渗透率直接影响开采过程气、水的有效运移，制约开采进程[23]。通常，在组成矿物颗粒大小与形状、颗粒的排列方式、孔隙结构、胶结物的分布等诸多因素的影响下，储层渗透率具有空间非均质性和各向异性特征[24]。渗透率空间异性(非均质性和各向异性)影响了热质传递的方向和路径，对水合物的分解具有重要影响，由于实验很难模拟出想要的空间异性储层，通常采用数值模拟研究渗透率空间异性对水合物降压分解的影响[25, 26]。

储层渗透率的空间异性是通过对每一个网格进行渗透率设定(包含水平方向渗透率 k_h 和垂直方向渗透率 k_v)实现的，具体参数列在表 7.2 中。非均质性储层分为层状分布、块状分布和随机分布三种假设渗透率分布状态，其平均渗透率与均质性储层渗透率相同，各向异性储层假设水平方向渗透率和竖直方向渗透率存在 10 倍差异。

表 7.2 储层渗透率模拟参数

工况	非均质性	各向异性	分布特性	渗透率
PS1	—	—		$k_v=k_h=6.8\times10^{-14}\mathrm{m}^2$
PS2	√	—	层状	$k_v=k_h=6.8\times10^{-15}\sim3.4\times10^{-13}\mathrm{m}^2$
PS3	√	—	块状	$k_v=k_h=6.8\times10^{-15}\sim3.4\times10^{-13}\mathrm{m}^2$
PS4	√	—	随机	$k_v=k_h=6.12\times10^{-14}\sim7.48\times10^{-14}\mathrm{m}^2$
PS5	—	√		$k_v=0.1k_h=6.8\times10^{-14}\mathrm{m}^2$

图 7.15 是不同渗透率分布储层降压开采累积产气量，渗透率的空间差异性对水合物分解具有不同的影响。前 30m³ 的产气主要为降压过程储层内自由气的释放，各向异性储层最快，层状分布的非均质性储层最慢，另外两种非均质性储层和无空间异性的储层完全相同。30m³ 后的产气主要为水合物分解产气，各向异性储层内水合物分解速率最快，

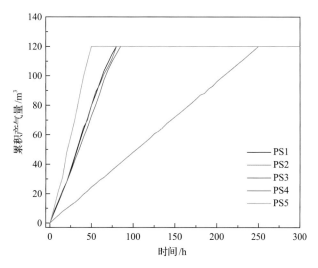

图 7.15 不同渗透率分布储层降压开采累积产气量

层状分布的非均质性储层内水合物分解最慢，随机分布的非均质性储层内水合物分解速率和无空间异性的储层几乎完全一致，块状分布的非均质性储层内水合物分解速率比无空间异性的储层稍慢。

各向异性储层由于水平方向渗透率较高，渗流速度较快，能够有效促进气体产出和水合物的持续分解。非均质性储层的整体渗透能力与其非均质分布有密切关系；随机非均质性储层渗透率几乎等于其平均渗透率；块状非均质性储层渗透率略低于平均渗透率；层状非均质性储层渗透率最差，明显低于平均渗透率，主要原因在于区域性的低渗透层的存在大大抑制了层内流体渗流，使天然气产出和水合物分解具有明显的分层特点。

储层渗透率对水合物降压开采具有明显的影响，储层渗透率越大，渗流能力越强，气、水产出越快，水合物分解越快。而储层非均质性的影响主要取决于其分布状态，规则的非均质性分布明显改变降压开采产气速度，由渗透率较小的区域决定整体。储层渗透率随机分布对降压开采产气速率没有明显的影响，整体的非均质性被随机分布消除。实际海洋水合物储层的渗透率受地层深度影响较大，水平方向的渗透率差异性较竖直方向的小，因而在实际开采过程中需要重点考虑深度方向上渗透率变化对产气速率的影响。

7.2.5 水合物饱和度

水合物降压开采过程由水合物分解动力学与储层传热传质共同控制，在储层其他条件相同的情况下，水合物饱和度是影响开采时间的关键参数。理论上，水合物饱和度越高，分解吸热越多，储层的温度响应越慢，储层有效传热对水合物的分解进程影响越大[27]。为此，通过石英砂储层中水合物合成方法，在 4.95L 的反应釜内合成三个水合物饱和度的样品，进行水合物降压开采实验研究。

实验合成了三种饱和度(44.29%、53.37%、64.78%)的水合物储层，开采压力为 2MPa，获得了如图 7.16 所示的实时产气速率曲线。产气初期为压力缓慢降低阶段，储层内自由气逐渐释放出来，水合物开始分解，产气速率从 0SL/min 开始增大，当温度、压力稳定时，水合物分解驱动力和储层有效传热量均变化不大，水合物分解速率趋于平稳。

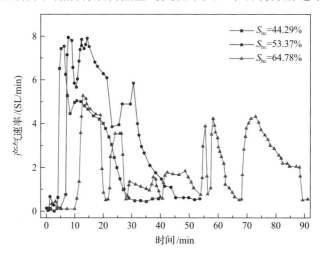

图 7.16　不同水合物饱和度储层产气速率曲线

随着水合物饱和度从 44.29%上升到 64.78%，分解时长逐渐加长，分别为 40min、55min、90min，并且产气速率波动越发明显。一般情况下，储层孔隙内较多的水合物降低了储层传质，但储层传热性质相近，水合物分解驱动力不会有较大差异，因而水合物饱和度越高，分解时间越长。结合降压开采过程温度和累积产气曲线(图 7.17)，降压开采前期温度和产气均有较大差异，这一阶段耗时随饱和度增加逐渐加长，主要受储层传质控制，高饱和度水合物降低储层渗透率，延长了自由气释放时间。之后，由于储层有效传热限制水合物分解，储层进入恒压等温产气阶段，这一阶段持续时间随着水合物饱和度的增大而变长。

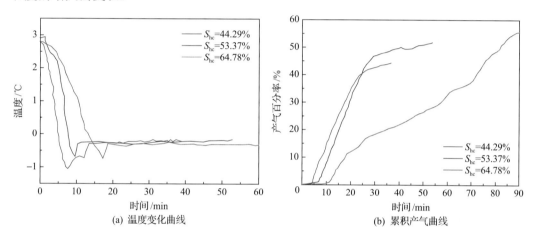

图 7.17　不同水合物饱和度储层降压开采储层温度和累积产气曲线

图 7.17(a)表明水合物降压开采过程储层温度先是迅速降低至–0.5℃以下，触底后上升至大约–0.2℃，而后温度一直维持不变，进入水合物分解吸热与储层有效传热平衡阶段。图 7.17(b)的产气曲线表明，水合物没有在温度触底骤升时发生快速分解，反而有所减慢(水合物饱和度 64.78%开采 20min 时)，说明温度升高的原因是局部的水合物二次生成。根据 Kamath[28]提出的水合物相平衡公式，–0.2℃对应的水合物相平衡压力略高于2MPa，发生水合物二次生成前，储层内压力高于相平衡压力，温度低于相平衡温度，二次生成后储层温度压力接近相平衡条件。水合物饱和度越高，储层渗透性越差，储层压力降低越慢，同时温度下降越慢，所以发生二次生成的时间推迟，但由于三组实验开采压力相同，最终均能维持在同一温度下分解。

当水合物进入等压等温分解产气阶段时，主要受到储层有效传热控制，水合物分解速率基本恒定。44.29%和 53.37%水合物饱和度的产气曲线随时间变化的斜率接近，说明其瞬时水合物分解量相同。影响这一阶段时间长短的因素主要是水合物饱和度，水合物饱和度越高，分解时间越长。因为此阶段温度、压力相同，水合物分解驱动力相同，实时分解量相同，水合物总量是影响其分解时间的关键因素。而水合物饱和度 64.78%的分解过程前期的水合物分解速率与前两种水合物饱和度工况接近，在 27~72min 内产气速率较低，是由于较高的水合物饱和度分解产水较多，一方面阻碍天然气及时产出，另一方面水的产出能携带走更多的热量，抑制了水合物的分解。

从图 7.17(b) 累积产气曲线可以看到，随着水合物饱和度不断提高(由 44.29% 增加至 53.37%、64.78%)，水合物分解最终产气百分率也逐步增大，分别为 44.93%、51.93% 和 56.25%，体现出高饱和度水合物储藏的高收益。然而，高饱和度水合物分解过程中产气速率容易波动，主要是由于水合物分解产生的气、水对储层传热传质特性产生影响，分解持续时间越长，储层传热传质特性越容易发生改变，产气速率越容易不稳定。因此，对于高饱和度水合物，降压开采在传质传热方面受到很大限制[29, 30]，要充分考虑储层基础物性及其变化，增强传热、传质效果，提高天然气采收效率。

7.3 储层水含量对天然气水合物分解的影响

水合物分解为气和水的相变反应，是水合物开采区别于常规油气开采的本质特征。储层水含量的变化会显著影响储层的孔隙、传热与渗流特性，对水合物分解进程产生重要影响[29]。而水合物降压开采过程中储层水含量是动态变化的，水含量增大的原因包括水合物分解和渗流，水含量减小的原因主要是渗流和产出[31, 32]。降压开采过程中储层内流体渗流，对水合物储层水含量产生影响，而发生渗流的水既可能源自水合物分解，也可能是储层内的初始水。因此，水合物储层降压开采常伴随产水，气水比对水合物开采进程具有重要影响，试采工程对产出气水比也关注较多[33]。

不同水含量储层降压开采，既要研究水合物分解产水特性，又要探明储层不同水含量对水合物分解的影响。研究储层水含量对水合物分解的影响需要准确获取水合物和水的变化规律，本节利用 MRI 可以分辨同种原子核不同物质形态的技术特点，准确区分液体(水)中的 ^{1}H 和固体(水合物)中的 ^{1}H，研究开采过程水合物分解与液态水含量的变化特性[12]。

7.3.1 开采过程储层水含量变化

储层水含量对水合物分解具有重要影响，而其含量又与开采进程有关，根据储层水含量可以将其分为气过量(HGS)、低水量(LWS)和高水量(HWS)三种[34]，高、低水量储层需要研究储层水含量与水合物分解的相互影响，而气过量储层主要涉及水合物分解产水特性，因而，需要先对气过量储层降压开采过程储层水含量变化特性进行研究。

气过量储层降压开采模拟实验在 274.15K 下进行，其相平衡压力约为 2.98MPa，选择开采压力分别为 2.8MPa、2.6MPa、2.4MPa 和 2.2MPa，研究不同压力下储层水合物分解特性。气过量储层内水合物降压分解是直接将生成后的水合物进行降压。

图 7.18 是不同开采压力下气过量储层水合物分解过程中核磁信号变化量(ΔMI)及压力变化曲线，图 7.19 是对应的 MRI 图像，ΔMI 的增加说明水合物在不断分解，产生了大量的液态水，相应时刻的 MRI 图像越来越亮。因为在 274.15K 时，2.8MPa 开采压力更接近于水合物的相平衡压力，开采压力越低，水合物分解驱动力越大，水合物分解越快，所以 2.8MPa 下分解速率最慢，2.2MPa 最快。另外，由于 HGS4 工况的水合物饱和度较低，其 ΔMI 曲线在分解结束后低于其他工况。HGS3 工况水合物在 2.4MPa 下分解

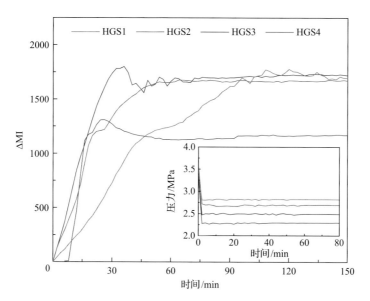

图 7.18　气过量储层开采过程水信号及压力变化曲线图

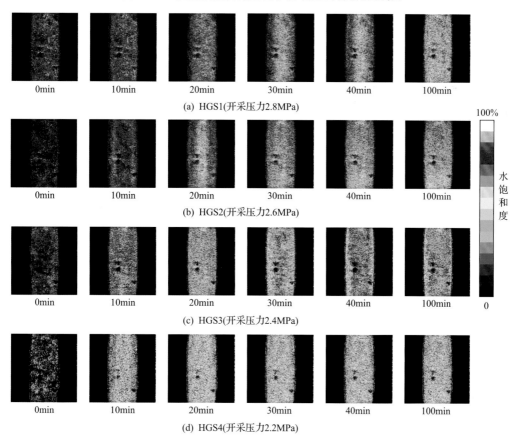

图 7.19　气过量储层开采过程 MRI 图像

过程的 ΔMI 波动较大，在 30min 左右出现了一个波峰，主要是因为水合物分解较快，在储层内累积大量的液态水而没有及时产出，HGS4 工况中 2.2MPa 分解过程同样出现信号值波动，而开采压力较高时，分解速率慢，储层内不会产生水的积聚。

对比 MRI 图像也可以看出，分解过程大量的液态水呈长条状集中在储层中轴线附近，表明水合物主要呈现径向上由中心向外缘的分解模式，轴向上没有明显的高度差异，可以推断，气过量条件下水合物降压分解主要受传质而非传热的影响。因为 MRI 反应釜开采口位于正上方，所以在降压开采模式下，水合物分解产气均由上部产出，储层中轴线位置也因此具有较好的气体渗流特性，中轴线附近水合物分解较快。而分解后期，MRI 图像稍有变暗，说明水积聚过多时可能被天然气带出储层。四组实验水合物平均分解速率有所差别，最大相差达到 1%/min，说明开采压力对水合物分解的作用明显。开采压力越低，水合物分解驱动力越大，水合物分解速度越快。从 MRI 图像中也可以看出，10min 时，除 HGS1 工况外的其他工况的分解过程 MRI 图像均有明显变化，特别是 HGS4 工况显著增亮。

此外，图 7.18 内插图表明，储层实际的压力值在水合物分解过程中有小的波动，这是因为水合物的分解会产生液态水和气，导致砂质储层内气和水的移动性较大，从而导致压力值的变化。从储层初始水合物饱和度和分解后残余水量的变化来看，不同开采压力下均有少量液态水流出，所以会导致压力值的变化。降压开采气过量的水合物储层，仍会出现局部液态水的聚集、流动等影响水合物分解、气体产出的现象，初始水过量的储层受到的影响将会更加明显，因此，接下来将分别讨论低水量和高水量储层内水合物降压分解特性。

7.3.2 低水量储层降压开采

实验通过分解前注水驱替储层残余气的方式改变液态水饱和度，获得低液态水饱和度的水合物样本，来模拟不同水合物储层类型，研究不同开采压力对低液态水饱和度下水合物分解的影响。图 7.20 为水合物分解过程储层实际压力和水合物饱和度变化量(HSR)的实时曲线。

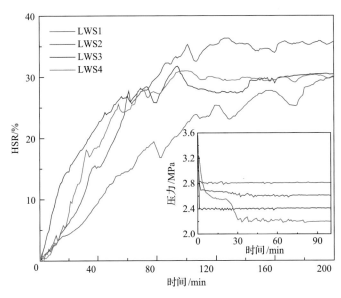

图 7.20 低水量储层降压开采过程水合物饱和度及储层压力变化曲线

低水量储层水合物降压分解大约需要 100min,前 60min 水合物分解速率较快,60min 后分解速率有所变慢,80min 后分解基本接近尾声。在分解过程中,水合物会分解出大量的液态水和天然气,天然气会在储层内流动,从而改变储层内液态水的分布。当水合物的分解速率较高时,储层瞬时产出的液态水和天然气增多,天然气在产出时易将液态水带出储层,因此,HSR 值在增长一段时间后会突然下降,出现一个小的波峰。在分解速度较快的阶段,天然气和液体水的流动性较大,使得储层内的压力并不稳定,压力曲线有很多小的波动,HSR 曲线出现的小波动同样与水的流动性有关。

图 7.21 是不同开采压力下低水量储层水合物分解过程 MRI 图像。2.6MPa 下的初始液态水主要分布在中下部,10min 时,储层中间较亮区域开始向上增大,随后继续向四周和上方扩大。水合物在 25~62min 的分解速率较高,63min 储层上部有明显变暗区域,这是由于部分水流出了储层。62min 之前的图像,这一现象并没有出现,而从 80min 的图像可看出水合物仍在继续分解,表明大量分解产生的水集中在岩心管中间,并且逐渐向上延伸,当分解速率较高时,产气会将液态水一并带出岩心管。2.4MPa 下水合物分解较快的区间大概在 20min 前,HSR 曲线在 73min 附近出现小波峰,随着水合物的不断分解,在 94min 时达到了最大值,而后 HSR 曲线开始下降,这说明部分液体水离开储层,接着 HSR 曲线上升了一段才保持稳定,说明仍有少量水合物继续分解。

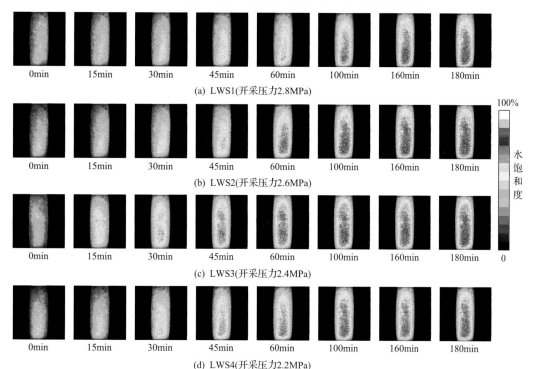

图 7.21　低水量储层水合物分解过程 MRI 图像

分解过程 MRI 图像表明,储层下部的液态水的信号强度要比其他位置强,水合物分解产生的水分布在初始液态水附近,水合物分解前缘位置与液态水分布有关,储层孔隙内液态水是水合物降压分解过程的重要影响因素。从图 7.20 可以看出，开采压力越高，HSR 曲线的增长速度越慢，水合物分解速率越慢，压力曲线的波动也较少。LWS1 工况中 HSR 曲线的增长速度要慢于其他三组，并且在分解的初始阶段，压力曲线的波动也较少，这是因为 2.8MPa 的开采压力更接近于水合物的相平衡压力，同时也可以看出 LWS1 工况的平均分解速率要低于其他组。LWS3 工况的 HSR 曲线的斜率在 15min 之前要高于其他工况，压力曲线的波动次数较多，表明在此时间段内水合物分解的较快，HSR 曲线大约在 94min 时达到最大值。在所有实验工况中，LWS3 工况的平均分解速率是最高的。LWS4 工况的 HSR 曲线斜率也较高，其平均分解速率接近于 LWS3 工况。而对于 LWS2 工况，HSR 曲线的斜率及平均分解速率都高于 LWS1 工况，低于 LWS3 工况和 LWS4 工况。不同压力下水合物分解时长接近，水合物平均分解速率差距不大。整体上，开采压力越低，水合物分解越快，低水量储层水合物的分解主要受分解驱动力影响，当传热条件相同时，分解驱动力越大，分解越快。

低水量储层初始液态水主要分布在中轴线位置附近，15min 时，所有工况的图像整个区域变亮，代表水合物已经大面积分解，水合物的分解速率较大，说明不同压力的水合物分解模式相似。30~100min 时，液态水区域向外延伸增长，水合物分解前缘与储层的传质有关。因为液态水具有较高的比热和导热系数，水合物分解过程温度变化小，所以液态水含量的增多对于提高储层有效传热的影响更明显，尤其是水直接作为导热介质加速了与其接触水合物从储层中的吸热[15]，所以使得水合物分解由初始水的积聚位置开始，不同于气过量储层水合物的分解特性。LWS4 工况中较亮的信号出现在 45min，比 LWS2 的要快一些，而 60min 后，LWS2、LWS3 和 LWS4 工况中水合物的分解速率并没有明显差异。100min 时，四个工况图像都显示储层内都积累了大量的液态水，并且水的分布变化很小，表明水合物分解结束后的液态水分布状态是相似的。

低水量储层内水合物在不同开采压力下的分解模式是类似的，都是从储层中轴附近初始水较多位置开始向外延伸分解，表明储层内存在的液态水对水合物分解具有诱导作用。开采压力低时，水合物分解稍快，但差异并不明显，主要原因在于液态水限制了储层内气、水的及时产出，影响水合物分解驱动力。储层水含量较低，分解水也束缚在储层内，这也是开采结束后储层内残余水含量较高的原因。降压开采过程储层液态水有利于诱导与其接触的水合物分解，但由于限制了气体产出速率，会延缓水合物整体分解进程。

图 7.22 是气过量与低水量储层内水合物在不同压力下的降压分解特性对比结果，图中 R_d、T_d 和 S_{we} 分别表示降压开采过程水合物平均分解速率、分解时间和开采后储层内残余水饱和度。水合物的平均分解速率基本与开采压力呈负相关，主要受分解相平衡热力学和分解动力学控制。而低水量条件下的平均分解速率普遍比气过量条件下的低，储层内初始液态水的存在影响了水合物的分解进程，并且液态水改变了储层气体的相对渗透率，气体的产出受到影响，因而储层初始水是影响水合物降压分解的重要参数之一。图 7.21 分解过程 MRI 图像表明，低水量储层水合物与初始水分布有关，与气过量储层水合物分解过程明显不同，储层内初始液态水的存在改变了水合物的分解起始位置和发展方向。

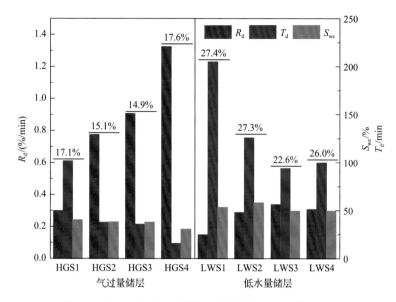

图 7.22 气过量与低水量储层水合物降压分解数据对比

7.3.3 高水量储层降压开采

进一步提高储层含水量,研究不同开采压力对高液态水饱和度下水合物分解的影响。实验中采用了水合物生成后高压注水驱替的方式进一步提高储层内液态水饱和度,得到初始高水量的水合物储层,并研究相同开采压力下水合物降压分解特性。

图 7.23 是分解过程储层 ΔMI 和压力实时变化曲线,图 7.24 为对应的 MRI 图像。整体上,开采压力越低,平均分解速率越高,ΔMI 曲线的波动较多,说明水合物分解与液态水流出较为显著。而 MRI 图像表明,初始液态水均主要分布在储层边缘位置(单侧或两侧),并形成流动通道,水合物分解会首先发生在储层液态水聚集的边缘位置,并逐渐向储层中间蔓延,伴随着液态水不断流出储层,当流出较多而分解较慢时,储层液态水含量发生下降。另外,当初始液态水主要集中在储层右侧边缘时,分解的水合物率先发

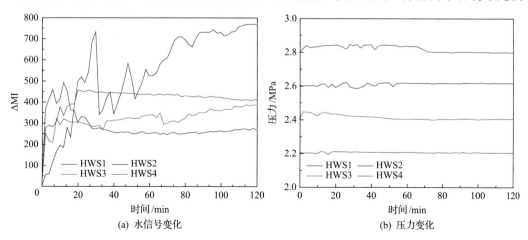

(a) 水信号变化 (b) 压力变化

图 7.23 高水量储层降压开采过程储层水信号及压力变化曲线

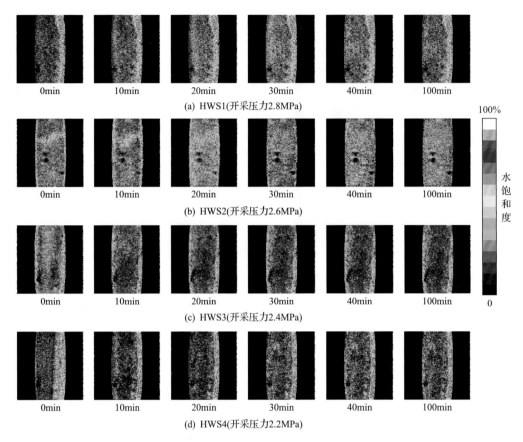

图 7.24　高水量储层水合物分解过程 MRI 图像

生在初始水聚集位置附近，随后才在左侧边缘附近出现水合物分解水，这意味着储层内液态水分布是影响水合物分解的最主要因素。

高水量储层压力降低后，ΔMI 曲线很快升高，水合物分解造成储层水含量提高。而后，ΔMI 曲线出现多次波动，对应的实际压力曲线也出现了多次波动，储层中的水在增加的过程中不断流出，表明储层初始水饱和度较高会增大水的流动性，气、水的流动性导致储层压力的不稳定。ΔMI 曲线的波动性反映了储层内水量的不稳定性，对应的压力曲线同样出现波动情况，受气、水产出的不连续性影响。从 MRI 图像上可以看出，2.4MPa 的分解过程和 2.6MPa 相似，分解前水还是主要分布在储层两侧边缘，降压后，不同局部位置液态水信号不时地发生增强或减弱，表明高水饱和度下水合物在分解过程中产生的水流动性大，易随气体产出。储层两侧聚集了大量的水，导致水合物从两侧向中间分解，并且局部高水饱和度区域附近的水合物更容易发生分解。

储层注水驱替实现水过量的过程形成了水流动通道，主要分布在储层两侧边缘，随后储层边缘的液态水量明显增加，接着水大面积从两侧向中间继续延伸，这说明高水量储层的水合物分解是从两侧向中间分解的，主要还是受初始水分布的影响。MRI 信号值先增大后减小，图像显示储层内水发生区域性流动。几乎所有储层呈现从两侧向中间分解的趋势，部分储层还出现了上部中间位置水合物率先分解的现象，图像中上部水合物分解出来的水后续会消失，高水量储层的水合物分解过程表现出较强气、水流动性。此外，高水量储层水合物在降压分解过程的前 40min 内，液态水的分布波动性变化明显较大，说明这一阶段水合物分解较多，水流动性较大，高水量储层内水合物降压分解主要受储层初始液态水影响。

比较不同开采压力下高水量储层水合物分解过程，HWS4 工况中水合物在 26min 左右分解结束，快于其他工况，可能是由于其开采前压力和开采设定压力相差较大。其他工况之间水合物分解速率虽有差异，但差距非常小，说明开采压力对高水量储层水合物分解速率的影响较小。较高的水饱和度对水合物分解具有明显的引导作用，并且水合物分解产气能够不断携带部分液态水一同产出，使储层内水含量保持在大约 40%的饱和度水平，这可能与储层砂质材料的润湿性有关。此外，高水量储层水合物分解过程中，气、水流动性较大，储层内压力和水含量的波动较为明显，气、水产出主要受水合物分解产气量的影响。因此，高水量储层在降压开采过程必须考虑其孔隙水的及时排出，否则可能降低天然气在储层内的流动速度，在保证较好的渗透性条件下，可以增大储层的水含量，以促进水合物分解。

图 7.25 是气过量与高水量储层水合物在不同压力下的降压分解结果。高水量储层降压前的初始压力比气过量条件的大，初期降压幅度相对较大，但整体比较发现，气过量储层的水合物平均分解速率仍略高于高水量储层，说明储层内初始存在的液态水能够延缓水合物分解进程。初始水较多的储层内水合物的分解同样主要处于液态水聚集区域，与低水量储层类似。液态水对水合物具有封锁作用，在一定程度上限制了水合物与周围孔隙的接触，抑制了储层内水合物的自由分解。水过量储层减少了水合物与气相的接触，使得水合物主要与水相接触，形成水饱和水合物体系，水合物相平衡热力学控制参数由气相天然气压力转为水相天然气浓度，因而水合物分解主要通过气体向水中传质的方式进行，分解速率明显减慢。而高水量储层水合物分解过程及结束后残余水饱和度一直保持在较高水平，比开

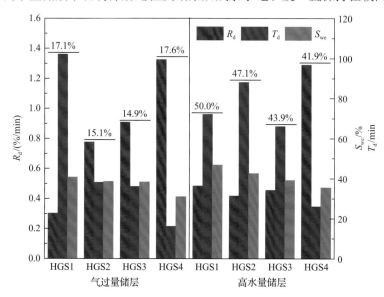

图 7.25　气过量与高水量储层水合物降压分解结果对比

采前液态水饱和度略有降低，且最终残余水饱和度与开采压力呈正相关，表明水过量储层水合物降压开采具有较高的产水率，且产水量大于水合物分解水量。

7.3.4 不同水含量储层产水

综合 7.3.1~7.3.3 节中三类储层的水合物降压开采实验研究结果，系统比较气过量、低水量和高水量储层水合物降压分解特性的差异性。气过量储层降压分解是在水合物生成后随即进行的降压分解，其使得水合物在含有气过量的多孔介质内分解，分解前多孔介质内液态水在 12.9%~17.5%。而低水量储层的水合物降压分解，是在气过量的基础上驱替注入了部分液态水，并维持储层原有压力，其分解前液态水饱和度范围在 22.6%~27.4%。高水量储层水合物的降压分解，是在低液态水饱和度的基础上，通过高压注水驱替的方式进一步提高了分解前储层内液态水饱和度，范围在 43.9%~50.0%，并且分解前储层压力较高。相同水含量储层条件下，不同开采压力下的水合物平均分解速率差距非常小，但是相同开采压力的不同水含量储层内水合物平均分解速率差异较为明显，影响这种差异的因素有很多，除了初始水含量外，还可能与水合物饱和度、分解前后的压差等有关[35, 36]。

图 7.26 为高、低水量储层内水合物降压分解结果对比。在两种条件下，水合物平均分解速率基本都随着开采压力降低而增大，表明含水储层水合物降压开采依然受分解动力学控制。相同开采压力下，高水量储层的水合物平均分解速率均略高于低水量储层，虽然高水量储层开采前的压力较高，开采降压梯度较大，但也会带来更大的温度下降，并不会引起水合物分解的加速，所以高水量水合物分解较快主要是因为高水量储层初始含水量高，在水合物分解产气过程，有更多的液态水能够被天然气携带离开储层，提高了储层的气、水流动性，为后续水合物分解提供了较好的气、水流动通道。液态水存在条件下的水合物分解容易受气、水传质过程影响，低水量时水合物分解水主要还是留存

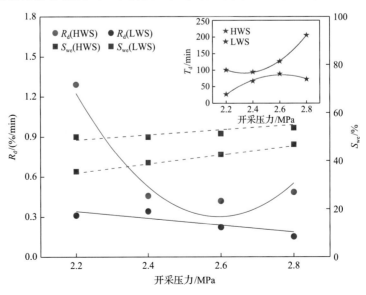

图 7.26　高、低水量储层水合物降压分解结果对比

在储层内，改变了水合物的分解模式，影响了分解气的产出，而高水量时液态水在降压伊始就可与天然气一起产出，保证了水合物持续分解。

含水储层降压开采后，残余水饱和度均随着开采压力的降低而降低，开采过程产气与产水息息相关。图 7.27 比较了不同开采压力下水合物分解产水率，储层初始水饱和度越高，降压开采水合物产水越多，高水量储层产水最多，最低的为气过量储层。高水量储层在分解期间液态水流动性很大，天然气在产出的过程中会将大量的液态水携带出储层，这也意味着天然气的产出会受到液态水的阻碍。而低水量储层下的水合物产水量并没有很高，大部分水依然存于储层内，但这部分水会阻碍天然气的产出，一定程度上影响水合物的分解进程。气过量储层在开采期间也有少量水产出，水合物分解水大部分留在储层内，但由于残余水量不高，并未对气体产出造成阻碍。因此，水合物降压开采过程必须控制好储层内的水量，防止其阻碍气体产出而延缓水合物分解进程，并且储层产水能力与其初始水量和开采条件密切相关。

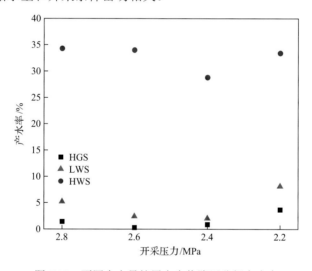

图 7.27　不同含水量储层水合物降压分解产水率

水合物降压开采受储层传热传质限制，水具有较好的传热能力，但同时降低了气体传质和储层渗透性能，限制了天然气的快速产出，对水合物分解进程起到阻碍作用，降低了平均分解速率，并且储层初始水的存在改变了水合物的分解模式，致使水附近水合物优先分解并不断推移。开采过程水合物分解产气、产水对储层性质产生改变，从而影响了水合物分解进程，尤其是储层内初始水含量及其分布极大改变了局部储层的传热传质特性。因此，开采过程需要增强储层内气、水流动性，防止储层内液态水积聚，控制产出气水比保证水合物持续分解，提高水合物实际开采效率。

7.4　南海沉积物内天然气水合物降压产气特性

南海是我国水合物主要远景资源区[37]，其水合物赋存储层主要为泥质细粉砂型储层[38]，我国水合物资源勘探开发人员多次在南海北部海域进行钻探作业，获得了大量数据资料和真实岩心。2017 年中海油田服务股份有限公司工程勘探中心在南海北部荔湾海域 LW3-H4-1C 站位钻取了一批海底沉积物非保压岩心，本书对该批岩心样品进行了一系列基础物性及热物性方面的分析。

表 7.3 列出了南海 LW3-H4-1C 站位不同海底深度处沉积物的含水率、中值粒径以及热物性参数分析检测数据[39]。含水率的测量是根据《煤和岩石物理力学性质测定方法 第 9 部分：煤和岩石含水率测定方法》（GB/T 23561—2009）中的方法，对非保压沉积物样品进行检测，不同深度的沉积物含水率均在 30%附近，表明海底储层内孔隙成分比较接近。沉积物粒径采用《粒度分析激光衍射法 第 1 部分：通则》（GB/T 19077.1—2008）中的方法，利用激光粒度分布仪测定，中值粒径仅有十几微米，整体粒径偏细，在开采过程中泥沙容易造成井筒堵塞，因而需要根据粒度分布布置多重滤网来防止泥沙堆积造成井筒堵塞。而且南海沉积物复杂的成分造成粒径分布范围较大，具体粒径分布大致为 20%的黏土（小于 4μm），70%的粉砂（4～63μm），5%的细砂（63～250μm），5%的中、粗砂（大于 250μm），小粒径的颗粒会填补大粒径堆积形成的孔隙空间，造成孔隙度严重降低，在一定程度上影响沉积层渗透特性，因此南海沉积物中的产气、产水效率远不如砂质沉积物。南海沉积物岩心样品热物性是利用平板热源法并通过热常数分析仪测量的，包括导热系数、热扩散率和比热三个参数。

表 7.3　南海 LW3-H4-1C 站位沉积物样品分析主要结果

取样深度/m	含水率/%	中值粒径/μm	导热系数/[W/(m·K)]	热扩散率/(mm²/s)	比热/[MJ/(m³·K)]
120	32.60	10.62	1.72	0.66	2.59
121	34.03	14.96	1.66	0.64	2.60
122	29.97	12.47	1.61	0.61	2.63
123	29.51	13.28	1.55	0.59	2.62

储层导热系数和热扩散率是其有效传热能力的主要参数，热量有效传递正是水合物开采过程所需温度驱动力的来源途径。南海沉积物样品有效传热能力与加拿大 Mallik 样品相近，理论上适合采用降压法开采或联合注热手段，加快水合物分解速率，提高整体开采效率。本节采用该站位海底 122m 处取得的沉积物样品，在有效容积为 1L 的反应釜内完成水合物样本重塑（图 7.28），研究降压开采过程水合物分解产气及储层温度变化特性，为后续深入研究提供基础数据支持。

南海沉积物导热系数较低，储层有效传热较差，当分解产气较快时，很容易引起水合物二次生成或结冰，因此需要考虑不同降压开采模式，分别研究单步直接降压和两步梯度降压两种模式下的南海沉积物储层降压开采特性[40, 41]。单步直接降压直接设置为 2MPa，两步梯度降压先将开采压力设为 4MPa 维持 20min 后再二次降为 2MPa。表 7.4 列出了南海沉积物储层内重塑的水合物饱和度、储层初始温度、降压模式以及水合物分解时间。

(a) 低水量　　　　　　　　　　(b) 高水量

图 7.28　南海沉积物实验重塑样本照片

表 7.4　含水合物南海沉积物降压开采主要参数

工况	S_H/%	开采前温度/℃	开采压力/MPa	t_{95}/min
S1	16.22	1	2	39.9
S2	18.12	1	2	32.7
S3	21.41	1	2	75.9
S4	23.76	1	2	152.9
S5	10.86	5	4	62.9
D1	10.10	1	4(20min)-2	37.8
D2	12.25	2	4(20min)-2	50.9
D3	11.16	3	4(20min)-2	40.8
D4	11.44	5	4(20min)-2	39.6

注：①S_H 为开采前水合物饱和度；②分解时间 t_{95} 为水合物分解完成 95%时所需时间。

　　图 7.29 为降压过程中开采总产气和自由气产量的实时变化曲线，相同时间总产气量和自由气产量之差为水合物分解产气量，图 7.30 是其分解百分率变化曲线。水合物饱和

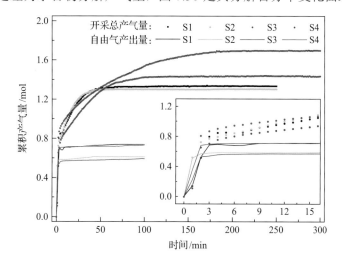

图 7.29　单步直接降压开采过程产气曲线

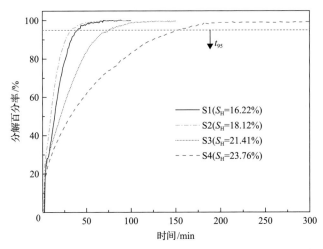

图 7.30　单步直接降压开采过程水合物分解百分率曲线

度越低,水合物分解越快,但水合物饱和度为 16.22% 的 S1 工况的分解速度比饱和度稍高的 S2 工况慢,主要原因在于其前 30% 的产气阶段(前 3min 的分解过程)产气速率偏低,而从图 7.29 内插图中可以看出,S1 工况在 2min 时分解产气量和自由气产气量均偏小,存在着局部的二次生成延缓了其分解产气进程。

图 7.31 为两步梯度降压开采过程水合物实时分解曲线,D1~D4 工况初始储层温度不同,S5 工况为 4.0MPa 开采压力下的单次直接降压对比实验,可以看出水合物饱和度和储层温度均影响水合物的分解速率。在相同初始温度下(D4 和 S5 工况),水合物饱和度越低,分解速率越快。在降压第一阶段,开采压力为 4MPa 时,D2 工况的水合物分解速率低于其他工况下的分解速率,因为 D2 工况的水合物饱和度高,并且温度下降较少,储层有效传热量较低。当降压进入第二阶段,即开采压力设置为 2MPa 时,D2 工况水合物分解速率立即升高,在 6min 内分解了 40%,之后分解速率再次下降,表明水合物饱和度较高时,在降压第一阶段水合物分解速率比低饱和度的慢,但是在降压第二阶段初始时刻,水合物分解速率明显增大。

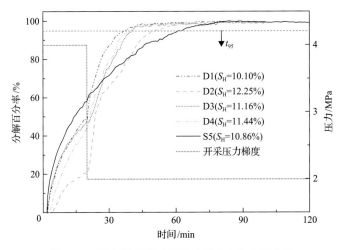

图 7.31　两步梯度降压开采过程水合物分解曲线

图 7.32 是水合物降压开采过程中储层温度变化情况。在降压初始阶段，由于 Joule-Thomson 效应和少量水合物的分解，温度迅速下降，并且水合物饱和度越大，温度下降越多。待温度快速下降阶段结束后，储层吸收周围热量而缓慢升温，最终所有工况的储层温度均回到初始值，但两步梯度降压过程温度前期下降幅度小且后期温度回升时间早。结合图 7.30 和图 7.31 可以发现，水合物分解还未结束时，储层温度就开始回升，并且回升速率比较接近。在回到初始温度之前，水合物已完全分解，说明储层在提供水合物分解热量的同时，仍有部分热量能够用于自身的温度回升，主要原因在于南海沉积物导热系数较低、比热容较大，水合物分解对储层温度变化的影响较小。

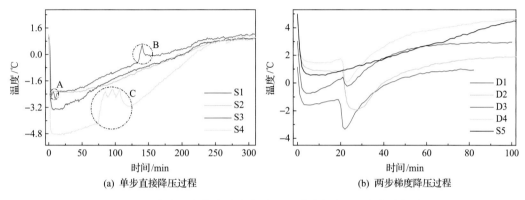

(a) 单步直接降压过程　　　　　　　(b) 两步梯度降压过程

图 7.32　南海沉积物内水合物降压开采过程储层温度变化曲线

南海沉积物储层有效传热较差，水合物分解速率缓慢，储层内初始降压后温度的变化值影响分解过程速率，因而水合物分解的时长主要受其饱和度影响。储层降压前期自由气的释放会导致温度下降 4~6℃，温度降低幅度随水合物饱和度增加而增大，这是因为水合物饱和度较高时，降压初期水合物分解量也较多，水合物分解增加储层热量消耗，造成了储层温度降低幅度的增大。单步降压过程，储层温度较低，可能引发水合物二次生成或结冰。图 7.32(a) 中，区域 A 是在初始降压阶段出现温度升高，同时产气曲线有所停顿(图 7.30)，表示水合物二次生成的发生；区域 B 是水合物已经分解完全后出现温度升高，从-0.8℃升到 0℃左右，属于结冰现象；区域 C 是在水合物分解阶段出现的温度波动，该阶段产气速率较快，归因于结冰放热，并且储层内不同区域结冰时间不同步，使温度曲线出现小波浪形变化。

两步降压过程中每一步降压温度均会有所下降，温度下降程度依然主要受水合物饱和度和自由气量的综合影响，整体上减小了单步降压带来的储层温度降低，增大了第二阶段水合物分解驱动力，提高了水合物整体分解速率。因此，多步梯度降压或连续式降压，更能提高储层温度响应速率，保证水合物分解驱动力，及时产出储层孔隙自由气和水合物分解气，是提高水合物开采效率的重要举措。

参 考 文 献

[1] Li X S, Yang B, Zhang Y, et al. Experimental investigation into gas production from methane hydrate in sediment by depressurization in a novel pilot-scale hydrate simulator. Applied Energy, 2012, 93: 722-732.

[2] Li B, Li X S, Li G, et al. Depressurization induced gas production from hydrate deposits with low gas saturation in a pilot-scale hydrate simulator. Applied Energy, 2014, 129: 274-286.

[3] Haligva C, Linga P, Englezos P, et al. Recovery of methane from a variable-volume bed of silica sand/hydrate by depressurization. Energy & Fuels, 2010, 24(2): 2947-2955.

[4] Li G, Li B, Li X S, et al. Experimental and numerical studies on gas production from methane hydrate in porous media by depressurization in pilot-scale hydrate simulator. Energy & Fuels, 2012, 26(10): 6300-6310.

[5] Wang Y, Feng J C, Li X S, et al. Large scale experimental evaluation to methane hydrate dissociation below quadruple point in sandy sediment. Applied Energy, 2016, 162: 372-381.

[6] 朱自浩. 多孔介质中天然气水合物降压分解特性研究. 大连: 大连理工大学, 2015.

[7] Song Y C, Cheng C X, Zhao J F, et al. Evaluation of gas production from methane hydrates using depressurization, thermal stimulation and combined methods. Applied Energy, 2015, 145: 265-277.

[8] Zhao J F, Zhu Z H, Song Y C, et al. Analyzing the process of gas production for natural gas hydrate using depressurization. Applied Energy, 2015, 142: 125-134.

[9] Zhao J, Yu T, Song Y, et al. Numerical simulation of gas production from hydrate deposits using a single vertical well by depressurization in the Qilian Mountain permafrost, Qinghai-Tibet Plateau, China. Energy, 2013, 52: 308-319.

[10] Zhao J F, Liu D, Yang M J, et al. Analysis of heat transfer effects on gas production from methane hydrate by depressurization. International Journal of Heat and Mass Transfer, 2014, 77: 529-541.

[11] 刘笛. 多孔介质中天然气水合物分解过程传热分析. 大连: 大连理工大学, 2014.

[12] Wang S, Yang M, Wang P, et al. In situ observation of methane hydrate dissociation under different backpressures. Energy & Fuels, 2015, 29(5): 3251-3256.

[13] Oyama H, Konno Y, Suzuki K, et al. Depressurized dissociation of methane-hydrate-bearing natural cores with low permeability. Chemical Engineering Science, 2012, 68(1): 595-605.

[14] 于明豪. 多孔介质中甲烷水合物降压分解的数值模拟研究. 大连: 大连理工大学, 2016.

[15] Kneafsey T J, Moridis G J. X-ray computed tomography examination and comparison of gas hydrate dissociation in NGHP-01 expedition (India) and Mount Elbert (Alaska) sediment cores: Experimental observations and numerical modeling. Marine and Petroleum Geology, 2014, 58: 526-539.

[16] Oyama H, Konno Y, Masuda Y, et al. Dependence of depressurization-induced dissociation of methane hydrate bearing laboratory cores on heat transfer. Energy & Fuels, 2009, 23(5): 4995-5002.

[17] 王斌. 天然气水合物降压开采特性及效率优化研究. 大连: 大连理工大学, 2019.

[18] Wang B, Fan Z, Wang P F, et al. Analysis of depressurization mode on gas recovery from methane hydrate deposits and the concomitant ice generation. Applied Energy, 2018, 227: 624-633.

[19] 程传晓. 天然气水合物沉积物传热特性及对开采影响研究. 大连: 大连理工大学, 2015.

[20] Li X Y, Wang Y, Li X S, et al. Experimental study of methane hydrate dissociation in porous media with different thermal conductivities. International Journal of Heat and Mass Transfer, 2019, 144: 118528.

[21] Cheng C, Zhao J, Yang M, et al. Evaluation of gas production from methane hydrate sediments with heat transfer from over-underburden layers. Energy & Fuels, 2015, 29(2): 1028-1039.

[22] Yu M H, Li W Z, Dong B, et al. Simulation for the effects of well pressure and initial temperature on methane hydrate dissociation. Energies, 2018, 11(5): 1179.

[23] 马小晶. 储层物性对甲烷水合物分解影响的模型研究. 大连: 大连理工大学, 2014.

[24] Costa A. Permeability-porosity relationship: A reexamination of the kozeny-carman equation based on a fractal pore-space geometry assumption. Geophysical Research Letters, 2006, 33(2): L02318.

[25] Zhao J, Zheng J, Li F, et al. Gas permeability characteristics of marine sediments with and without methane hydrates in a core holder. Journal of Natural Gas Science and Engineering, 2020, 76: 103215.

[26] Yang L, Ai L, Xue K H, et al. Analyzing the effects of inhomogeneity on the permeability of porous media containing methane hydrates through pore network models combined with ct observation. Energy, 2018, 163: 27-37.

[27] 高祎. 多类型甲烷水合物藏降压开采特性研究: 大连理工大学, 2019.

[28] Kamath V A. Study of heat transfer characteristics during dissociation of gas hydrates in porous media. Pittsburgh: University of Pittsburgh, 1984.

[29] Chong Z R, Yang M J, Khoo B C, et al. Size effect of porous media on methane hydrate formation and dissociation in an excess gas environment. Industrial & Engineering Chemistry Research, 2016, 55（29）: 7981-7991.

[30] Chong Z R, Yin Z, Tan J H C, et al. Experimental investigations on energy recovery from water-saturated hydrate bearing sediments via depressurization approach. Applied Energy, 2017, 204: 1513-1525.

[31] Yang M J, Sun H R, Chen B B, et al. Effects of water-gas two-phase flow on methane hydrate dissociation in porous media. Fuel, 2019, 255: 115637.

[32] Chen B B, Yang M J, Sun H R, et al. Visualization study on the promotion of natural gas hydrate production by water flow erosion. Fuel, 2019, 235: 63-71.

[33] Chong Z R, Yin Z Y, Tan J H C, et al. Experimental investigations on energy recovery from water-saturated hydrate bearing sediments via depressurization approach. Applied Energy, 2017, 204: 1513-1525.

[34] 付喆. 不同类型甲烷水合物藏降压分解特性研究. 大连: 大连理工大学, 2016.

[35] Yang M, Fu Z, Zhao Y, et al. Effect of depressurization pressure on methane recovery from hydrate-gas-water bearing sediments. Fuel, 2016, 166: 419-426.

[36] Yang M, Fu Z, Jiang L, et al. Gas recovery from depressurized methane hydrate deposits with different water saturations. Applied Energy, 2017, 187: 180-188.

[37] Ye J L, Qin X W, Xie W W, et al. The second natural gas hydrate production test in the South China Sea. China Geology, 2020, 3（2）: 197-209.

[38] Wu N, Zhang H, Yang S, et al. Gas hydrate system of Shenhu Area, Northern South China Sea: Geochemical results. Journal of Geological Research, 2011: 370298.

[39] Kuang Y, Yang L, Li Q, et al. Physical characteristic analysis of unconsolidated sediments containing gas hydrate recovered from the Shenhu Area of the South China Sea. Journal of Petroleum Science and Engineering, 2019, 181: 106173.

[40] Yang M J, Zheng J N, Gao Y, et al. Dissociation characteristics of methane hydrates in South China Sea sediments by depressurization. Applied Energy, 2019, 243: 266-273.

[41] Yang M J, Zhao J, Zheng J N, et al. Hydrate reformation characteristics in natural gas hydrate dissociation process: A review. Applied Energy, 2019, 256: 113878.

第8章

天然气水合物注热开采

水合物降压开采后期，随着地层压力的释放以及分解过程储层砂堵、水合物二次生成、结冰等情况的出现，产气速率下降、开采效率逐渐降低。同时，对于低渗透率水合物储层，压力传播范围有限，降压开采存在局限性。注热开采的基本方式是通过注入井向水合物储层中注入热量，提高储层温度，打破水合物相平衡条件，促使水合物分解。因此，注热开采能够弥补水合物开采效率降低的问题。注热开采的热源可以是热水、热盐水、热蒸气等流体。另外，有研究人员提出利用太阳能、电磁波、微波等作为水合物开采的热源。本章首先针对常规的注热水方法阐述了水合物注热开采过程中相关储层参数变化，分析了储层因素对注热开采的影响。其次，介绍了水合物注热-降压联合开采、水合物微波加热开采的产气特性。

8.1 天然气水合物注热开采特征参数

与降压开采相比，水合物注热开采过程需要额外提供热量，常用能源利用效率来评估注热开采的经济性。本节围绕注热流体开采过程，论述了压力与温度、产气速率与产气百分比、能源利用系数等特征参数的变化规律。

8.1.1 压力与温度

水合物注热开采过程，注入的热流体与储层骨架、水、水合物等发生热量交换，储层温度和压力随时间不断发生变化。同时，温度和压力的空间分布也呈现不均匀性，与距注入井距离有密切关系。根据热流体注入次数，每口注热井可匹配单口或多口产气井，主要分为单井单循环和多井多循环两种模式。单井单循环模式下，热流体一次全部注入，仅匹配一口产气井。多井多循环模式下，热流体分多次注入，每次注入分别对应不同产气井。为探究水合物注热开采过程特征参数的响应规律，以热水为热源，采用双井双循环注热开采方法开展实验[1]。控温反应釜环境温度稳定控制在 3℃，背压设置为 3.2MPa；热水温度为 40℃，注入流速为 20mL/min；水合物初始饱和度为 S_{hi}=64.78%。

反应釜压力及深度、半径相同的两个测点温度随时间的变化关系如图 8.1 所示。0-B 为第一循环注热分解过程，B-D 为第二循环注热分解过程。其中，0-A 为第一循环的注热与焖井过程，B-C 为第二循环的注热与焖井过程。在第一和第二循环中，储层温度总体呈现先上升后下降的变化，表明注入的热流体与水合物进行了快速热量交换。在第一循环产气阶段(A-B)，储层温度急速下降，随后下降速度变缓并最终保持几乎不变。在产气初始阶段，温度快速降低，然后缓慢下降，最终保持在较低值。然而，第二循环产气阶段(C-D)的储层温度随产气过程升高，表明此时水合物分解量已经不大，分解主要发生在第二循环注热与焖井阶段。

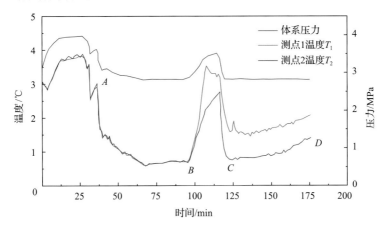

图 8.1 水合物注热分解过程储层压力及相同半径不同位置处温度变化

虽然各测点与注入井距离相同，但是其温度变化趋势呈现明显差异，尤其是在第二循环阶段。随着水合物分解，其饱和度不断降低，内部传热的差异性越来越明显，储层温度在空间分布更加不均匀。

在第一循环 0-A 阶段，储层压力先升高，维持一段时间后再降低，与温度的变化趋势一致。但是在第一循环产气阶段(A-B)，储层压力基本保持不变。在第二循环阶段(B-D)，储层压力的变化规律与第一循环阶段类似，但是压力的变化幅度要低于第一循环对应值。第一循环阶段，不同位置处的温度基本无差异。而在第二循环阶段，与注热井距离更近处温度更高，表明热流体的渗流随半径的延伸逐渐减弱。温度是水合物注热开采的主导因素，提高注入热流体的温度能增大开采驱动力。但是，注热开采导致储层压力增大，抑制水合物分解，水合物注热开采过程需协同考虑储层内部热量传递及储层压力变化的影响。

8.1.2 产气速率与产气百分比

水合物开采过程产气特性主要包括产气量、产气速率等。实验室研究时，为描述产气量占比的变化规律，提出了产气百分比概念。产气百分比是指水合物分解产生的天然气总量与合成水合物前气体总量的比值。根据两循环注热开采方法，水合物初始饱和度为 $S_{hi}=64.78\%$ 时水合物注热分解产气速率及产气百分比随时间的变化关系如图 8.2 所示。

第一循环过程中，在注热与焖井阶段，未进行产气操作，尚无产气速率与产气量。焖井结束后，打开产气井口阀门，累积的自由气与部分水合物分解气瞬时以较大流速通过流量计。缓冲罐避免了气体的突发式外泄，累积流量稳步上升，直至流速稳定一段时间后降至较低范围内。在 B 时刻，第一注热循环结束。在第一轮循环的 A-B 段稳定分解

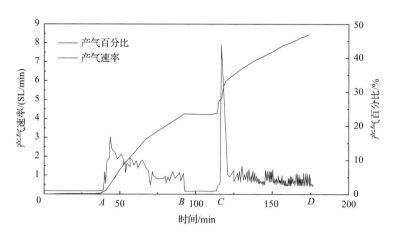

图 8.2 水合物注热开采过程产气速率及产气百分比曲线

过程中，产气速率呈现总体平稳，但逐渐降低的趋势。相比于降压开采，注热开采有良好的储层热量补充作用，产气速率总体平稳。水合物分解呈现逐步减缓的态势，产气速率逐渐降低，直至在背压控制下，分解处于较低水平。

第二循环过程中，焖井结束后，开始第二轮注热的常规产气过程。在第二循环的 C-D 稳定分解阶段，产气速率瞬间增长。主要原因有：①第一轮循环结束后，水合物分解虽处于较低水平但仍在分解；②第二轮注热焖井过程中有热量进一步输入，水合物分解驱动力增强；③在第二轮循环中，水合物饱和度相比于第一轮有明显降低，吸热效应也相应减弱。这些因素共同导致在第二轮的 B-C 注热与焖井时间段内，天然气量有了显著的累积，也导致了第二轮分解开始后，产气量快速增长。

因此，采用注热法进行水合物开采时，在焖井结束后，应采取一定的缓冲措施，减缓气体的爆发式外泄。在第二循环产气阶段初期，累积的气体快速流出后，产气速率很快降低至较低水平，残余水合物进行稳定的分解。由于此时的饱和度较低，水合物分解速率相比于第一循环处于更低的水平，直至分解结束。

8.1.3 能源利用系数

水合物注热开采过程，热能利用效率直接决定开采效率及可行性。本节通过分析能源利用系数，对水合物注热开采效率进行评估。能源利用系数 ξ 定义为产出甲烷气总热值与消耗能源的比值[2-4]：

$$\xi = \frac{V_t \cdot M_{gas}}{E} \tag{8.1}$$

式中，V_t 为标准条件下的累积产气量；M_{gas} 为标准体积甲烷气热值；E 为外部注入的总热量。对于注热流体法水合物开采，$E = C_w \cdot M_w \cdot (T_w - T_0)$，其中 M_w 为注入热水质量，T_w 为注入热水温度，T_0 为环境温度，C_w 为水的比热。

为阐释水合物注热开采过程开采效率变化规律，以热水为热源，采用两循环注热开采方法开展实验[4]。注入热水温度为 60℃，背压设置为 3.2MPa；注入流速为 20mL/min；

每循环注热时长为 10min，焖井时长为 10min。水合物初始饱和度为 S_{hi}=51.61% 时，第一循环和第二循环的能源利用系数分别为 42.85 和 36.65，主要是由于开采过程中水合物饱和度发生变化。采用单循环注入模式开采水合物时，能源利用系数约为 20.60[5,6]。本节采用的两个循环阶段能源利用系数均大于该值，表明多循环注热更有利于提高开采效率。采用 MH21-HYDRES 模拟在实验室尺度和实地水合物储层尺度的水合物开采过程，结果表明多循环注热和焖井能够显著提高水合物的产气效率[7]。在相同的水合物饱和度和相同的注入热量情况下，与单循环注热过程相比，两循环注热开采使能源利用系数提高约 12%[8]。因此，水合物注热开采过程，多循环注热能够显著提高能源效率和水合物的开采效率。

8.2 天然气水合物注热开采影响因素

水合物注热开采过程，储层内热质传递过程复杂，储层传热特性决定着压力、温度、产气速率、产气百分比、开采效率等特征参数的演变规律。研究传热相关参数对水合物注热开采特征参数的作用规律，对优化水合物注热开采过程、提高开采效率具有重要意义。另外，储层渗透特性不仅影响水合物注热开采过程气水运移特性，同时与其他参数耦合影响储层传热。本节主要阐释不同工况水合物注热开采过程中，储层导热系数、储层比热、水合物饱和度等因素对开采特性的影响。

8.2.1 储层导热系数

储层导热系数控制热量传递进程，直接影响水合物注热开采过程热量分配。本节采用数值模拟方法，分析储层导热系数对注热开采产气速率、累积产气量、水合物饱和度、温度和压力的影响[9]。

不同导热系数储层中，水合物注热分解的产气速率和累积产气量随时间变化如图 8.3 所示。当储层导热系数从 1.5W/(m·K) 增大到 8W/(m·K) 时，在注热开采初期，产气速率与累积产气量均显著减小。但是，随着分解的进行，导热系数为 8W/(m·K) 的储层，其产气速率与累积产气量逐渐超过导热系数为 1.5W/(m·K) 的储层的对应值。最终，较高导热系数的储层，比较低导热系数储层更快地结束产气。在 15min 之前，导热系数为 1.5W/(m·K) 的储层，其累积产气量一直高于导热系数为 8W/(m·K) 的储层。而在 17min 左右，两条曲线出现交点，此后导热系数为 8W/(m·K) 的储层一直保持累积产气量领先，直至水合物分解结束，两条曲线重合。

水合物注热分解 3min 时，不同导热系数储层的水合物饱和度分布如图 8.4 所示。当储层导热系数为 1.5W/(m·K) 时，水合物饱和度分布跨度较大，近岩心壁的水合物分解较多，分解程度深。而导热系数为 8W/(m·K) 时，水合物饱和度分布均匀，整体饱和度偏高。与导热系数为 1.5W/(m·K) 的储层相比，较高导热系数储层内的水合物分解更多发生在近岩心壁部分，分解的水合物量更少，并且最大的水合物饱和度值更小。这一结果也可以解释导热系数较小的储层在注热开采的前期产气量大于导热系数较大储层。

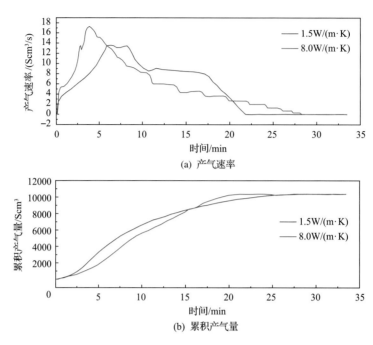

(a) 产气速率

(b) 累积产气量

图 8.3　不同导热系数储层水合物注热分解产气特性

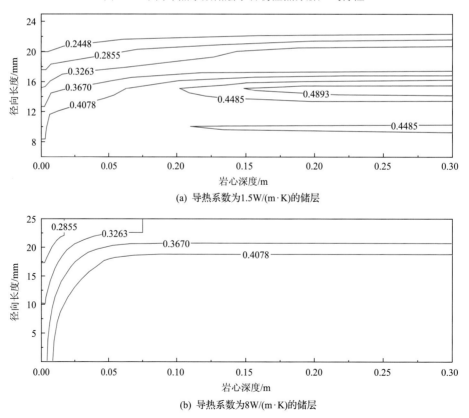

(a) 导热系数为1.5W/(m·K)的储层

(b) 导热系数为8W/(m·K)的储层

图 8.4　水合物注热分解 3min 时不同导热系数储层的水合物饱和度分布

水合物注热分解 3min 时，不同导热系数储层的温度分布如图 8.5 所示。可见，温度呈径向分布。当导热系数为 1.5W/(m·K) 时，温度分布跨度较大，近岩心壁的最高温度明显大于导热系数为 8W/(m·K) 时的对应值。当导热系数为 8W/(m·K) 时，温度分布跨度较小，整个岩心温度分布均匀，且温度整体较高。当导热系数为 8W/(m·K) 时，热量更快向岩心中心传递。而导热系数为 1.5W/(m·K) 时，热量向岩心中心传递较慢，更多的热量用于近岩心壁的水合物分解。

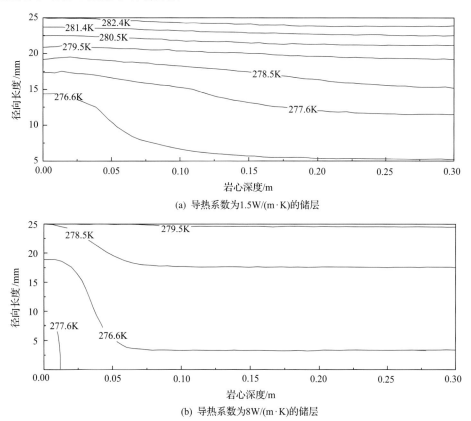

(a) 导热系数为 1.5W/(m·K) 的储层

(b) 导热系数为 8W/(m·K) 的储层

图 8.5　水合物注热分解 3min 时不同导热系数储层温度分布

水合物注热分解 3min 时，不同导热系数储层的压力分布如图 8.6 所示。当导热系数为 1.5W/(m·K) 时，储层具有较高的压差，水合物分解集中在近岩心壁端，而近岩心中心分解的较少，因此，近岩心壁压力较大，同时产生较大压差，有利于气体排出。而多孔介质材料导热系数为 8W/(m·K) 时，岩心的整体压力较大，但压差较小，水合物分解遍布整个岩心，整个岩心中的分解情况相近；岩心压差较小，气体排出少，导致高压区域明显大于导热系数为 1.5W/(m·K) 时的情况。同时，大面积的高压区域也导致了相平衡温度的提高。因此，虽然温度高于导热系数为 1.5W/(m·K) 时对应值，但水合物分解量很小，与图 8.4 的饱和度分布情况一致。

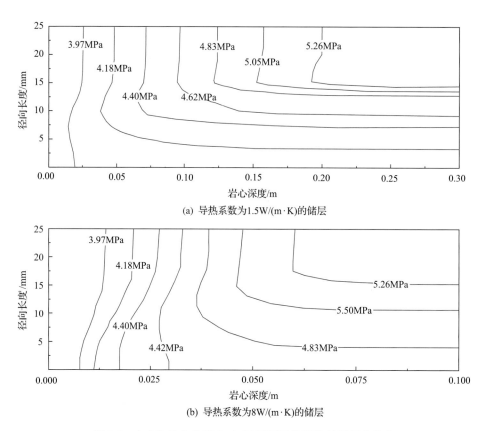

图 8.6　水合物注热分解 3min 时不同导热系数储层压力分布

由以上分析可知，较大的导热系数使热量更多地传递入岩心中心，岩心中整体温度分布均匀且较高，达到水合物分解温度，使岩心中水合物大量分解。反应初期，较大的导热系数，有利于热量快速传递到岩心内部，导致岩心内部温度整体上升较快、温度分布均匀，且整体小于较小导热系数的对应值。较小的导热系数，不利于热量快速传递到岩心内部，边缘温度较早达到水合物分解要求，边缘处水合物率先分解，产气量和产气速率大于较大导热系数的对应值。随着反应进行，较大的导热系数使得岩心内部温度整体上升，达到分解温度时，水合物大量分解并快速分解完毕。较小的导热系数，使得热量向岩心中心传递较慢，导致水合物一直以较缓慢的速度进行分解，需要更长的时间进行反应。其他研究者也发现了类似储层导热系数对累积产气量的影响规律[10]。

8.2.2　储层比热

水合物注热开采过程，部分注入热量以显热形式被吸收。在总注入热量一定的情况下，显热大小直接决定水合物分解所需要的潜热量，进而影响注热开采特性。水合物注热开采过程中，显热改变主要来自储层骨架、气、水及水合物。其中，储层骨架和水所吸收显热影响最大，其他部分影响非常小。因此，本节主要分析储层比热对水合物注热开采特性的影响[9]。

对于一般储层材料，例如沙或黏土，其比热 C_{ps} 大致变化范围为 0.83～1.38kJ/(kg·K)。因此，选取三种典型比热值，分别为 0kJ/(kg·K)、0.8kJ/(kg·K) 和 1.6kJ/(kg·K)。不同比热储层中水合物注热分解产气特性如图 8.7 所示。储层比热越小，产气速率越大，也越快实现完全分解。这是由于较小的比热条件下，储层骨架吸收的热量明显变少，更多的注入热量被水合物分解消耗。相同时间段内，比热越小，累积产气量也越大。当比热为 0kJ/(kg·K) 时，水合物获得的热量达到当前条件下的最大值，产气速率和累积产气量也是该条件下的最大值。虽然，实际水合物开采条件下，多孔介质材料比热不可能达到 0kJ/(kg·K)，但是，这一结果提供了对应条件下注热开采产气速率和累积产气量的极限值。水合物注热开采条件下，水合物分解反应时间明显短于降压分解的情况，并且很快达到完全分解。最大产气速率明显高于降压分解时的对应值，表明注热开采明显提高了水合物的产气速率。

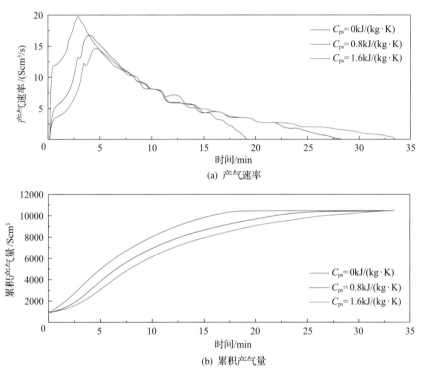

图 8.7 不同比热储层水合物注热分解产气特性

水合物注热分解 3min 时，不同比热储层的温度分布如图 8.8 所示。对于注热开采过程，出口端不降压，水合物分解所需热量全部来自径向换热。因此，温度沿径向的变化非常明显。当储层比热为 0kJ/(kg·K) 时，注入热量大量用于水合物分解，因此，平均温度最高。而比热为 0.8kJ/(kg·K) 时，相比于比热为 1.6kJ/(kg·K) 的储层，温度分布更均匀且温度整体更高。较小的比热储层，温度升高吸收的热量较少，促使热量更快地向内部传递。

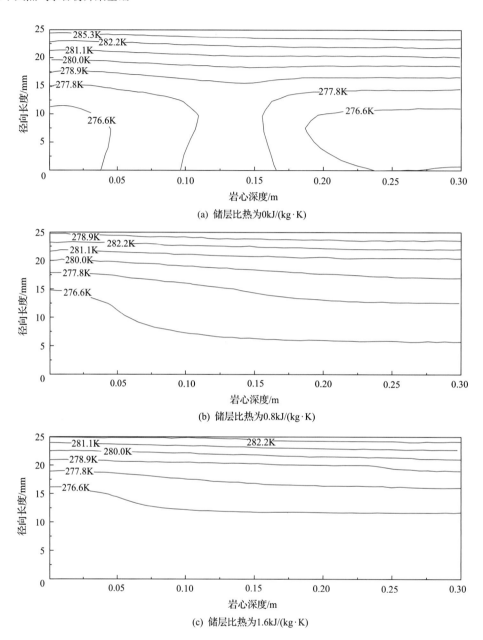

图 8.8　水合物注热分解 3min 时不同比热储层的温度分布

图 8.9 为水合物注热分解 3min 时不同比热储层的水合物饱和度分布图。当储层比热为 0kJ/(kg·K)时，水合物饱和度明显低于其他两组。比热为 0.8kJ/(kg·K)时，相较于比热为 1.6kJ/(kg·K)的储层，其水合物饱和度更低，尤其是在分解的前缘部分。当比热为 0kJ/(kg·K)时，水合物饱和度呈现径向分布特征。但是，当比热为 0.8kJ/(kg·K)和 1.6kJ/(kg·K)时，水合物饱和度并不完全按照径向分布，在岩心中心与岩心壁间出现一个水合物饱和度特别高的区域。

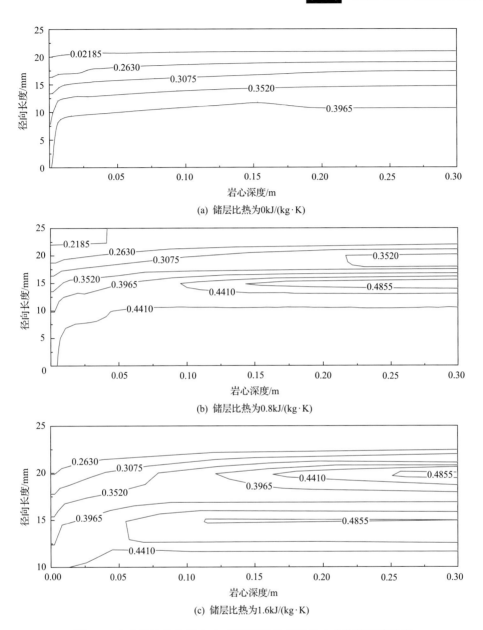

(a) 储层比热为0kJ/(kg·K)

(b) 储层比热为0.8kJ/(kg·K)

(c) 储层比热为1.6kJ/(kg·K)

图 8.9 水合物注热分解 3min 时不同比热储层的水合物饱和度分布

在水合物注热分解 3min 时，不同比热水合物储层内部的压力分布如图 8.10 所示。C_{ps} 为 0.8kJ/(kg·K) 和 1.6kJ/(kg·K) 时，在岩心壁远离出口端的区域有较大的压力，且压力分布朝向出口端呈放射状分布。在岩心壁附近，水合物饱和度最低。但是，由于非出口端气体不能及时排出，气压急剧上升。同时，由于一直有热量向岩心中心沿径向传递，岩心中心水合物也有部分分解。因此，靠近岩心壁远离出口端处，部分水合物无法在压力升高前分解。而压力升高提高了该部分的相平衡温度，抑制了水合物的分解，导致夹层部分的水合物饱和度明显高于其他部分。而储层比热为 0kJ/(kg·K) 时，未出现此现象，充分表明储层显热对于水合物注热分解有显著的影响。

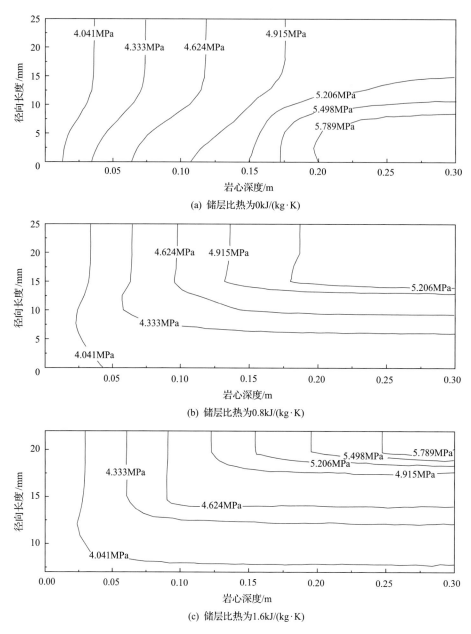

图 8.10 水合物注热分解 3min 时不同比热储层的压力分布

8.2.3 水合物初始饱和度

自然界中储层内水合物饱和度分布通常呈现非均质性。同时，水合物开采过程，储层内水合物饱和度也会发生动态变化。通过两循环注热开采实验，探究注热开采过程水合物初始饱和度对注热开采特征参数的影响[4,11]。反应釜外环境温度稳定控制在 3℃，背压设置为 3.2MPa，热水温度为 60℃，注入流速为 20mL/min，每循环注热时长为 10min，焖井时间为 10min，水合物初始饱和度分别为 31.90%、41.31% 和 51.61%。

不同水合物初始饱和度下，注热开采过程产气特性与热开采效率如表 8.1 所示。对应条件下，产气百分比与平均产气速率如图 8.11 所示。随着水合物初始饱和度 S_{hi} 提高，整体产气百分比和平均产气率都升高。水合物分解所需热量由注入热水供给，注入的热水同时会提高水合物储层的温度，因此，部分热量会被储层自身显热消耗。对于低初始饱和度水合物，注入热水的热量更多消耗在储层自身显热上，用于水合物分解的热量相对较少，因此开采效率较低。当水合物初始饱和度由 31.90% 增大至 51.61% 时，能源利用系数由 18.15 升高到 39.75。

表 8.1　不同水合物初始饱和度下注热开采特征参数

工况	S_{hi}/%	产气时间/min	产气量/SL	ξ	平均产气速率/(SL/min)	产气率/%
工况 1	31.90	84.1	48.20	18.15	0.83	28.29
工况 2	41.31	129.2	71.19	26.84	0.71	33.32
工况 3	51.61	158.1	96.17	39.75	0.70	43.68

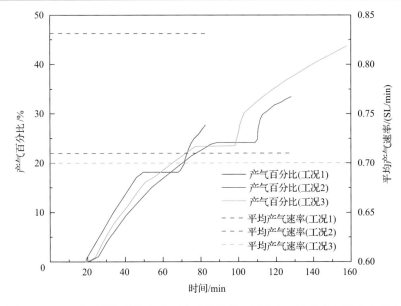

图 8.11　不同水合物初始饱和度下水合物注热开采产气百分比和平均产气速率

首轮注热开采时，由于水合物初始饱和度高于次轮注热时的残余水合物饱和度，首轮产气量高于次轮产气量。三种水合物初始饱和度时，首轮和次轮累计产气量分别为 29.49SL 和 16.68SL、49.55SL 和 18.73SL、54.51SL 和 46.62SL。随水合物初始饱和度 S_{hi} 提高，次轮的产气量也显著提高，表明在相同注热量条件下，两循环注热显著提升高水合物饱和度储层的产气量和产气率。然而，随着水合物初始饱和度提高，水合物分解需要更长时间，因此，当水合物初始饱和度由 31.90% 增大至 51.61% 时，平均产气速率从 0.83SL/min 降至 0.70SL/min。在相同注入时间和注入速度情况下，水合物初始饱和度为 44.29%，注入 40℃ 热水时，平均产气速率为 1.67SL/min。而注入 60℃ 热水，在较低水合物初始饱和度时 (31.9%)，平均产气速率仅为 0.83SL/min。表明注入热水温度并不能显著提高产气速率。利用 TOUGH+HYDRATE 软件模拟水合物注热开采过程，结果显示对于低初始饱和度水合物，随着热水注入，水合物饱和度快速降低，继续注入的热水热量消耗在储层自身显热上[6]。

水合物初始饱和度分别为 31.90%、41.31%和 51.61%时，第一循环的能源利用系数分别为 23.49、38.95 和 42.85，而第二循环的能源利用系数分别为 13.11、14.72 和 36.65。第二循环时，水合物的残余饱和度低于第一循环。水合物初始饱和度越高，注热开采越容易获得高的热开采效率。因此，相同的水合物初始饱和度工况下，第一循环的能源利用系数值显著高于第二循环。水合物初始饱和度越高，第一和第二循环对应的能源利用系数也越高，整体热开采效率也越高。水合物注热开采效率与水合物饱和度及储层特性有紧密的关系，水合物初始饱和度升高会引起热开采效率显著提高[12]。

不同水合物初始饱和度下水合物注热开采储层平均温度变化如图 8.12 所示，注入的热水能够显著提高水合物储层的温度。当水合物快速分解时，储层的温度也逐渐降低，表明注入的热水和储层自身的显热同时供应水合物分解所吸收的热量。随着水合物初始饱和度增加，分解温度也逐渐降低。当第一循环注热开采结束时，储层的温度随着水合物饱和度增加而降低。表明对于低饱和度水合物更多的热量消耗在储层自身显热上，而对于高饱和度水合物，更多的热量用于水合物的分解。在整个开采过程，尽管也有温度的快速下降，但是，开采温度均高于冰点(−0.24℃，3.2MPa)。因此，水合物注热开采能够有效地解决结冰和产气堵塞问题，从而提高水合物的实际开采效率。

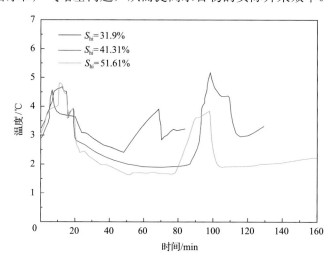

图 8.12　不同水合物初始饱和度下水合物注热开采储层平均温度

8.3　天然气水合物注热-降压联合开采产气特性

根据储层导热系数、比热、水合物初始饱和度等因素对注热开采过程产气速率、开采效率等的影响规律，可以看出，注热开采过程水合物分解速度较快、对水合物藏适应性强，能够克服降压开采的局限性。但是，注热开采储层内传热过程复杂，注入的热量大部分作用在地层显热,热量损失大、热能利用率偏低。注热-降压联合开采方法被认为是更有效的开采方式,能够弥补降压开采水合物藏适应性及二次生成的不足,同时弥补注热开采热量损失大的缺点。与单一开采方法相比,水合物注热-降压联合开采方法具有更好的开采效果[13-15],本节重点阐述气饱和、水饱和两种类型水合物储层的注热-降压联合开采特性。

8.3.1 气饱和条件下产气特性

通过注热水方式,开展了水合物注热-降压联合开采实验[16]。实验过程,注水速率为 6mL/min,注水持续时间为 46min,温水注入起始时刻分别为降压产气起始时刻和降压产气 73min,详细实验参数如表 8.2 所示。

表 8.2 气饱和条件下注热-降压联合开采方法水合物分解实验参数

工况	P_1/MPa	n_{G0}/mol	S_{h1}/%	S_{G1}/%	P_d/MPa	v_i/(mL/min)	T_i/℃	t_{i1}/min	t_{i2}/min
1	6.16	1.95	31.54	62.28	2	—			
2	6.15	1.94	31.30	62.33	2	6	20	47	0
3	6.10	1.91	30.49	62.55	2	6	30	47	0
4	6.18	1.94	31.12	62.41	2	6	30	46.90	73
5	6.24	1.98	32.20	62.16	2	6	40	46.70	73

注:P_1 为水合物生成稳定后(即降压分解前)反应釜内压力;n_{G0} 为水合物生成前反应釜内甲烷气体摩尔数,即实验注入反应釜内甲烷量;S_{h1} 为水合物生成稳定后反应釜内水合物的饱和度;S_{G1} 为水合物生成稳定后反应釜内甲烷气体的饱和度;P_d 为产气压力;v_i 为注入温水的速率;T_i 为注入温水的温度;t_{i1} 为温水注入时长;t_{i2} 为开始注水前降压时长。

1. 水合物开采过程温度压力变化

工况 1 单纯使用降压法进行水合物分解,降压结束后储层出现结冰现象。工况 2 和工况 3 在降压的同时分别恒流持续 47min 注入 20℃和 30℃温水。工况 4 和工况 5 降压 73min 后分别恒流持续 47min 注入 30℃和 40℃的温水。在产气 73min 后注气,是因为工况 4 和工况 5 中注水口生成水合物,导致温水难以注入。

气饱和条件下注热-降压联合开采水合物时,储层温度与压力变化情况如图8.13所示。从注水开始到注水结束,储层温度一直上升。但注水温度越高,储层温度反而越低。这是由于注水温度越高水合物分解速率越高,吸热量更大。同时可以发现,在降压 73min 后开始注水时,同一注水温度下储层温度上升更高[16]。原因是降压后注水前大部分的水合物已经分解,注入温水的热量主要用来升高储层温度。

注水时储层压力并不会随着注水的进行一直呈上升趋势。工况 2~工况 5 储层压力开始上升的时刻分别为降压 18min、26min、109min、99min。储层压力上升所持续的时间分别为 26min、18min、14min、14min。表明储层压力上升总是延后于注水开始时刻,且压力上升所持续的时间与注水时储层内水合物的量有很大关系。注水时储层内水合物量越大,储层压力上升时间和储层从 2MPa 开始上升到恢复为 2MPa 整个过程所持续的时间越长。从储层压力变化图也可以看出,降压与注水同时进行时,储层压力上升的幅度,远高于降压 73min 后注水时的储层压力上升幅度。同时,对比工况 2~工况 5,储层

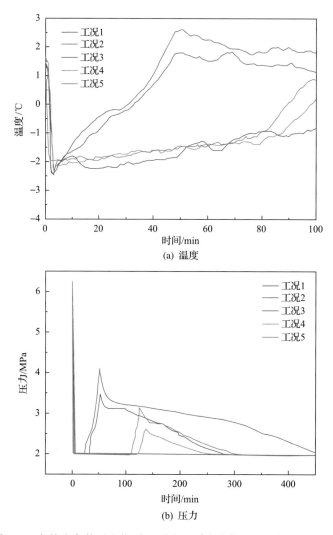

图 8.13 气饱和条件下注热-降压联合开采水合物储层温度与压力变化

压力上升的幅度与注水时储层内水合物饱和度关系非常密切。水合物饱和度越高，压力上升幅度越大。对于工况 4 和工况 5，在产气 73min 注入温水时，注水温度越高，储层压力上升幅度越大。

2. 水合物开采过程中产气产水特性分析

针对气饱和的水合物储层，使用注热-降压联合开采方法分解水合物时，累积产气量和实时产气速率如图 8.14 所示。工况 1～工况 5 产气前 5min，由于降压的作用储层累积产气量变化情况类似。此时，注热对工况 2 和工况 3 累积产气量影响较小。产气 5min后注热，对产气的影响较为明显。工况 2 和工况 3 的累积产气量和累积产气量增长速率要高于工况 1、工况 4、工况 5，并且注热温度越高，累积产气量增长速率越大。产气 30min后，工况 2 和工况 3 的产气速率降为 0，产气 100min 后，工况 2 和工况 3 的累积产气量又开始增加。实验结果表明，对于工况 2 和工况 3，储层降压的同时注入温水会促进水合物分解，且注入的温水温度越高水合物分解速率越快。但随着注水的进行，反应釜内的气体不能及时排出，釜内压力升高，水合物停止分解，产气速率下降。直到注水过程结束，随着反应釜内气体和水的排出，储层压力下降，水合物重新开始分解。对于工况 4和工况 5，前 70min 储层的累积产气量和产气速率与工况 1 近似。70min 之后，储层累积产气量和产气速率相比工况 1 明显增大。此时，注水温度对工况 2 和工况 3 的产气速率和最终累积产气量几乎没有影响。对于工况 4 和工况 5，注入温水前储层内水合物已经分解完或水合物剩余量很少。累积产气量和产气速率增加是由于注入的水占据了储层孔隙，促使储层内甲烷自由气排出。

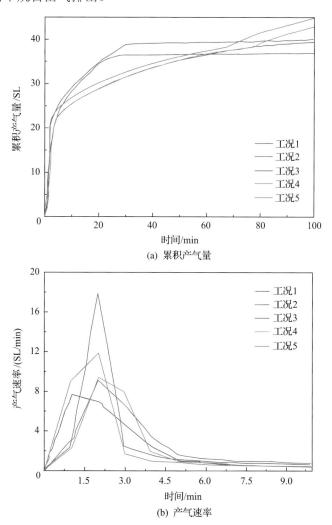

图 8.14 气饱和条件下注热-降压联合开采水合物时累积产气量与实时产气速率

累积产水量与热水注入时间直接相关，如图 8.15 所示。相比降压的同时进行温水注入，降压 73min 后才开始注水使得产水量下降，气水比升高。降压同时进行注水，会导致水合物分解产生的气体被大量注入的水带出。而降压 73min 后注水，此时储层内水合物的量很少，产气速率较低，注入的水大量留在反应釜内。累积产水量除了与注水开始时间有关，同时与注水温度也有关。对于工况 2 和工况 3，降压的同时开始注水，注水温度越高，水合物分解速率越快，产气和产水时间越短，因而产水量越少。而对于工况 4 和工况 5，降压 73min 后开始注水时，产水量与注水量有关。注水时间越长，产气产水时间越长，产水量越大。

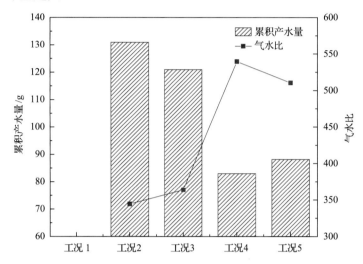

图 8.15　气饱和条件下注热-降压联合开采水合物时产水量和气水比情况

从图 8.14 可以看出，对于整个产气过程来说，相比使用单纯降压法而言，注热-降压联合开采方法导致平均产气速率降低。降压 73min 后注水会使得平均产气速率升高，注水温度越高，平均产气速率越高。产气前 120min 内，与单纯降压法相比，注热-降压联合开采的平均产气速率降低量很少。注水温度为 30℃时，平均产气速率相比单纯降压法会略有升高。因此，基于以上对工况 1～工况 5 平均产气速率的分析，水合物注热-降压联合开采过程，注水开始时刻的控制十分关键，既不能在水合物刚开始分解时注水，也不能在水合物分解结束后注水。

8.3.2　水饱和条件下产气特性

在水饱和条件下，进行了水合物注热-降压联合法的分解实验[17]。首先生成水合物样品，其水合物饱和度为 24%。其次对生成的水合物样品进行降压分解，分解过程中向反应釜内以 6mL/min 的恒定速率注入 20℃、30℃和 40℃的温水，实验参数如表 8.3 所示。

表 8.3　水饱和条件下注热-降压联合开采方法水合物分解实验参数

工况	P_1/MPa	n_{G0}/mol	S_{h1}/%	S_{w1}/%	P_d/MPa	v_i/(mL/min)	T_i/℃	R_p/(SL/min)
1	6.02	0.83	24.53	75.12	2	——	——	0.05
2	5.91	0.81	24.00	75.51	2	6	20	0.07
3	6.00	0.82	24.22	75.57	2	6	30	0.05
4	6.01	0.83	24.53	75.27	2	6	40	0.10

注：S_{w1} 为水合物生成稳定后反应釜内甲烷气体的饱和度；R_p 为水合物分解时的平均产气速率。

1. 水合物开采过程温度压力变化

图 8.16 为水饱和条件下注热-降压联合法开采水合物过程中储层温度和压力变化情况。工况 1 采用纯降压的分解方式，工况 2~工况 4 降压的同时进行温水注入。注入温水的温度分别为 20℃、30℃和 40℃，注入时间分别为 44.67min、46.37min 和 45.58min，注入的速率均为 6mL/min。

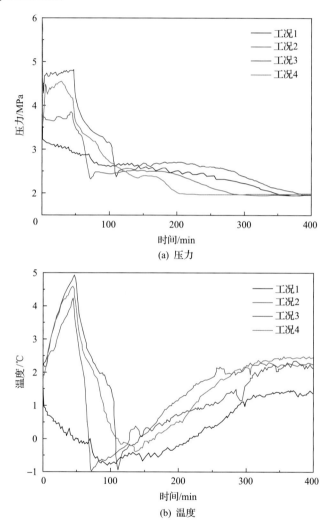

(a) 压力

(b) 温度

图 8.16　水饱和条件下注热-降压联合开采水合物时储层压力与温度变化

单纯使用降压法进行水合物分解时，降压开始后由于水合物分解吸热，储层温度会缓慢下降。降压的同时向储层内注入温水，会使储层温度逐渐上升，注热结束后由于环境传热和水合物的分解吸热，储层温度剧烈下降。对于注水温度为 20℃和 30℃的工况 2 和工况 3，温度降到最低后储层内出现了结冰现象。工况 2 产气 73min 时和工况 3 产气 112min 时，储层温度和压力同时剧烈变化，而注入温度为 40℃的工况 4 水合物分解时，储层内并未出现明显的结冰现象。因此，对于水饱和的水合物储层，采用注热-降压联合开采法进行水合物分解时，当注入温水的温度较低时，开采过程中储层内极易出现结冰现象。

与气饱和储层内水合物分解不同，水饱和储层的水合物分解产气时，储层压力并不会快速降到产气背压设定值 2MPa，而是降到 3.2MPa 左右。由于水合物分解开始缓慢下降，在降压的同时注入温水时，由于温水的注入，产气初始时刻储层的压力的下降范围要小于纯降压实验。随后，由于水合物分解和注水因素，储层压力剧烈上升并维持恒定一段时间。注水结束后，储层压力缓慢降到产气背压设定值 2MPa。储层压力下降速率一直在变化，这是由于注水结束后水合物分解速率较低，产气较少，储层压降较为明显。当储层压力下降到对应温度的相平衡压力 3.5MPa 左右时，水合物大量分解，使储层压力下降缓慢。之后，由于水合物分解吸热，储层温度下降，水合物分解变缓，储层压力下降变快。当储层压力下降到 2.5MPa 左右(最低温度所对应的相平衡压力)时，水合物大量分解产气，储层压力出现上升趋势。

2. 水合物开采过程中产气产水特性分析

水饱和条件下注热-降压联合开采水合物时累积产气量如图 8.17 所示。水饱和时，水合物分解时的累积产气量受注入温水的影响较大。单纯使用降压法时，累积产气量约为 15dm^3。注热-降压联合开采时，产气量约为 20dm^3。这是由于注入的温水占据了多孔介质的孔隙，将更多的甲烷气体驱替出来。同时可以看出，累积产气量与水合物饱和度也有关系，水合物饱和度越高，累积产气量越大。

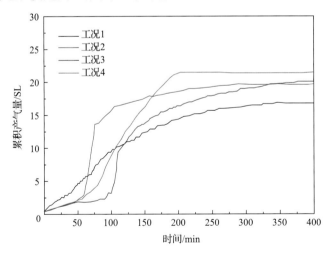

图 8.17 水饱和条件下注热-降压联合开采水合物时累积产气量

水饱和条件下，注热-降压联合开采水合物时，实时产气速率结果表明：注水过程中的水合物分解速率较单纯使用降压法的低。实验工况 2～工况 4 注水过程中储层的产气量基本相同，与注水温度无关。注水结束后产气速率并不会立刻上升，说明此时水合物分解速率较慢，这是由于储层内压力较高。对于实验工况 2～工况 4，当储层压力下降到

3.2MPa 左右时，水合物产气速率出现峰值，但水合物最高实时产气速率与注水温度并不成正相关。对于工况 4，累积产气量的增长速率的趋势为先慢后快，而实验工况 2 和工况 3 中累积产气量的增长趋势为先慢后快再慢。这是工况 2 和工况 3 中在产气 73min 和 111min 时储层内结冰的原因。因此，水饱和的水合物储层中，当注水温度较低时，出现结冰现象，减弱水合物分解，阻碍储层产气。

累积产水量与注水量有关，注水速率相同时，注水时间越长，最终产水量越多。使用注热-降压联合开采可以提高平均产气速率，但平均产气速率除了与注水温度有关，也与注水时间有关；注水温度越高，平均分解速率越高；注水时间越长，平均产气速率越低。

8.4　天然气水合物微波加热开采产气特性

原位直接加热是一种新型水合物注热开采方法，引起学者广泛关注[18]。微波加热传播范围广、空间加热、不需要载热介质，可以提供快速、均匀的热量，已被应用于石油工业领域[19]。一些学者采用实验和数值方法探索了微波加热在水合物开采领域的应用[20,21]。本书采用数值模拟方法研究了水合物微波加热开采过程水饱和度、微波传播深度、产气速率、水合物饱和度、产气百分比等参数的变化特性，分析了初始水饱和度、初始水合物饱和度、储层比热、储层导热系数对产气特性的影响规律。

8.4.1　储层饱和度影响

1. 初始水饱和度的影响

不同初始水饱和度的水合物储层，微波开采过程中平均水饱和度和微波传播深度随时间变化曲线如图 8.18(a) 所示。工况 1～工况 3 分别对应储层初始水饱和度 28%、21% 和 35%。储层平均水饱和度分别由初始时刻的 21%、28% 和 35%增加至水合物分解结束时刻 40.7%、47.5% 和 54.7%。较高初始水饱和度储层具有较快的平均水饱和度增加速率。微波传播深度由初始时刻的 0.157m、0.109m 和 0.083m，减小到结束时刻的 0.056m、0.048m 和 0.042m。此时，微波传播深度已经小于储层厚度 0.056m。初始水饱和度为 21% 时，微波传播深度比其他两种工况下大，说明该工况下储层底部也可以有效吸收微波能量。由于微波传播深度随水饱和度的增加而减小，液态水对于分解过程中微波能量的吸收与转化具有重要作用。微波传播深度减小，造成微波传播的衰减，导致储层不同深度受热不均匀，因此不同区域呈现不同的温度变化和水合物分解特征。

不同初始水饱和度下，三个测温点温度 T_a、T_b 和 T_c 随产气百分比的变化如图 8.18(b) 所示。在产气百分比为 0 时，三组工况下，T_a、T_b 和 T_c 均快速升高。高初始水饱和度意味着储层内部存在较多液态水，可以更好地吸收微波辐射能量。在微波吸收和微波传播衰减的共同作用下，较高的初始水饱和度下，T_b 和 T_c 较大。而测温点 a 在反应釜底部，在三组工况中 T_a 基本相同。较高初始水饱和度下，微波传播深度较小，储层内部温度梯度较大。

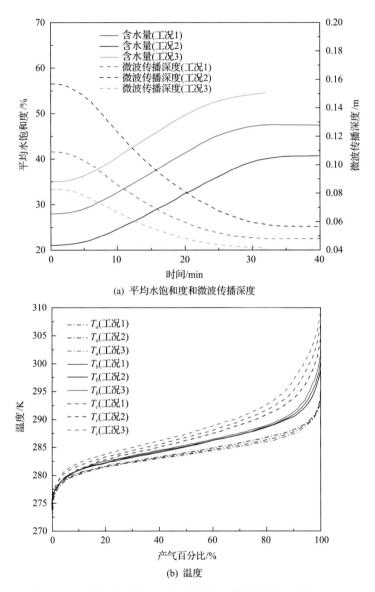

(a) 平均水饱和度和微波传播深度

(b) 温度

图 8.18 不同初始水饱和度储层微波开采过程平均水饱和度、
微波传播深度以及 T_a、T_b 和 T_c 变化（工况 1～3）

当初始水饱和度为 28%时（工况 1），尚未产气时三个测温点温度由 274.15K 分别增加到 275.24K（T_a）、275.49K（T_b）和 275.70K（T_c）。该过程储层内部温度逐渐升高至相平衡温度，水合物保持稳定。三个测温点温差较小，原因是此时微波传播深度较大，为 0.109m，远大于储层厚度 0.056m。T_a、T_b 和 T_c 在产气百分比为 0%～10%时快速增加，说明该阶段水合物分解产气吸热速率较慢。在产气百分比为 10%～90%时，升温速率下降，可解释为水合物快速分解，气体快速产出吸收大量热量。在水合物分解产气的末期，在工况 1 条件下，T_a、T_b 和 T_c 分别快速增加到 297.25K、303.24K 和 309.34K。分解过程水饱和度增加造成微波传播深度快速下降，储层上下部热量输入不均。储层尺度的微波加热水合物分解过程，将会导致微波加热源与远离加热源储层之间更大的温差，导致远离加热源储层处水合物沿相平衡曲线分解。

因此，微波加热开采水合物过程可以分为两个阶段：第一阶段，水合物储层被加热到相平衡温度，水合物保持稳定，该结果与未产气时反应釜内温度均匀增加一致；第二阶段，反应釜内温度升高压力保持稳定，打破水合物相平衡，水合物分解。以上表明微波加热可以提供充足、及时的热量，促进水合物分解。微波加热分解在相平衡曲线上的表现特征与水合物降压分解过程截然不同。降压过程中，由于水合物分解吸热和外围传热不及时，水合物存在沿相平衡曲线分解的阶段，甚至出现热量不足导致水合物二次生成和结冰现象。

不同初始水饱和度下产气速率随时间变化曲线如图 8.19 所示。较高初始水饱和度具有较高的最大产气速率，水合物分解过程较快。三组工况中，最大产气速率分别为 15.62×10^{-5} mol/min（初始水饱和度 21%）、17.38×10^{-5} mol/min（初始水饱和度 28%）和 18.85×10^{-5} mol/min（初始水饱和度 35%）。在 0～10min，初始水饱和度为 35% 时（工况 3）产气速率较快，这是由于储层内液态水较多可以更多地吸收微波辐射的能量并将其转化为热能。然而，工况 2 中初始水饱和度较低，快速产气阶段可以持续更长时间，原因是较低的初始水饱和度下微波传播深度较大，水合物储层吸收转化微波辐射能量较均匀。与较高初始水饱和度的工况相比，水合物在反应釜内分解更均匀。不同初始水饱和度下 16min 时储层内部水合物饱和度分布如图 8.20 所示。较高初始水饱和度导致较大的水合物饱和度梯度，微波辐射深度衰减严重，与图 8.19 中产气速率情况吻合。

2. 初始水合物饱和度的影响

不同初始水合物饱和度 S_{hi} 工况下，平均水饱和度和微波传播深度随时间变化曲线如图 8.21（a）所示。工况 4、工况 5、工况 6 对应的 S_{hi} 分别为 15%、25% 和 35%。工况 4～工况 6 时，水合物完全分解后，储层内部平均水饱和度分别为 39.8%、47.5% 和 56%，微

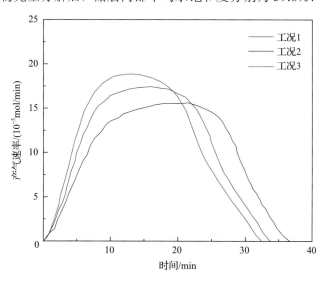

图 8.19　不同初始水饱和度下产气速率随时间变化曲线（工况 1～3）

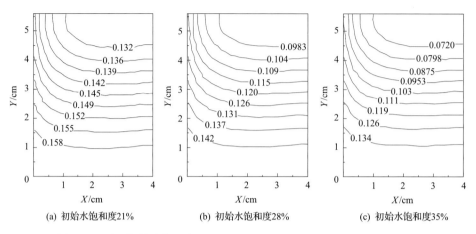

(a) 初始水饱和度21%　　(b) 初始水饱和度28%　　(c) 初始水饱和度35%

图 8.20　不同初始水饱和度工况下 16min 时储层内部水合物饱和度分布

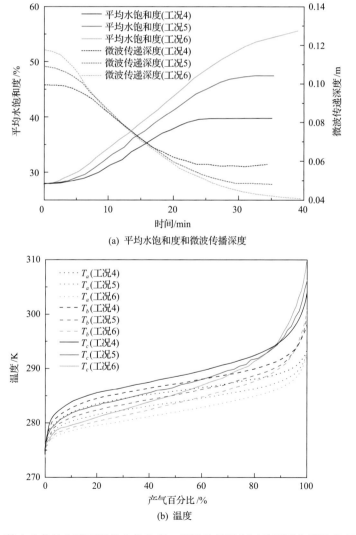

(a) 平均水饱和度和微波传播深度

(b) 温度

图 8.21　不同初始水合物饱和度下平均水饱和度、微波传播深度以及不同位置温度变化(工况 4~6)

波传播深度分别由初始时刻的 0.098m、0.109m 和 0.118m 衰减到 0.058m、0.048m 和 0.041m。可以看出，由于平均水饱和度的快速增加，在 0～10min，初始水合物饱和度为 35%时，微波传播深度比其他工况衰减更快。在 10～20min 时，三组工况具有相似的微波传播深度。而 20min 之后，较高初始水合物饱和度的工况，可以产生更多液态水，导致微波传播深度更小。

不同初始水合物饱和度下，不同测点温度 T_a、T_b 和 T_c 随产气百分比的变化如图 8.21（b）所示。当产气百分比在 85%以下时，初始水合物饱和度为 35%工况中 T_a、T_b 和 T_c 比其他工况下的值小，储层温度升高较慢，表明微波被吸收后转化的热量大部分被水合物吸收并快速分解，而一小部分用于提高储层温度。当产气百分比大于 85%时，较高初始水合物饱和度工况下，产生更多的水，从而可以更有效吸收和转化微波辐射的能量，初始水合物饱和度为 35%工况下，T_a、T_b 和 T_c 的变化速率高于其他两组工况。

图 8.22 为不同初始水合物饱和度下产气速率随时间变化曲线。水合物分解初期，较高初始水合物饱和度工况下，转化的热量更多地被用于促进水合物分解而不是用来增加储层温度，因此产气速率增加较快。工况 4～工况 6 时，最大产气速率分别为 $14.90×10^{-5}$mol/min、$17.38×10^{-5}$mol/min 和 $18.99×10^{-5}$mol/min。除了较快的产气速率，初始水合物饱和度为 35%工况中，快速产气持续时间更长，表明在较高初始水合物饱和度情况下，可以实现快速持续的产气，微波加热对高饱和度水合物储层更适用。

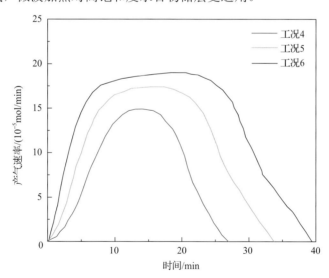

图 8.22　不同初始水合物饱和度下产气速率随时间变化曲线（工况 4～6）

8.4.2　储层热物性影响

1. 储层比热的影响

为研究储层比热对水合物微波加热开采产气特性的影响，选取三种多孔介质比热为 0kJ/(kg·K)、0.92kJ/(kg·K) 和 1.8kJ/(kg·K)，分别对应工况 7、工况 8 和工况 9。图 8.23 为不同储层比热下不同测点温度 T_a、T_b 和 T_c 随产气百分比的变化。较低比热的储层，其升温消耗的热量较少，在产期初期温度升高速率较大。工况 7 中 T_a、T_b 和 T_c 均比其他两组高，表明较低比热储层热量浪费较少。图 8.24 为不同储层比热下产气速率随时间变化。工况 7～工况 9 时，最大产气速率分别为 20.05×10^{-5}mol/min、17.38×10^{-5}mol/min 和 15.41×10^{-5}mol/min，水合物完全分解需要时间分别为 26.65min、34.40min 和 41.10min。工况 7 具有较快的产气过程、较高的最大产气速率和分解初期较快的产气速率增加速度。结果表明，储层比热在消耗微波转化的热量方面具有重要作用。

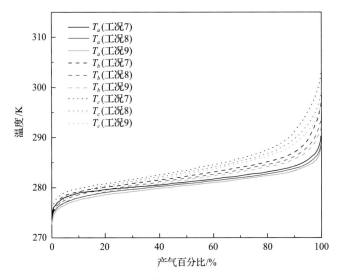

图 8.23　不同比热储层测温点温度随产气百分比变化曲线

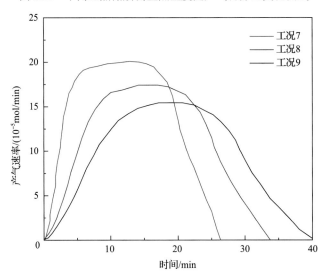

图 8.24　不同比热储层产气速率随时间变化曲线

2. 储层导热系数的影响

微波传播深度的衰减导致微波加热方式从直接加热向由温差引起的宏观传热机制转

变。为研究储层导热系数对水合物微波加热开采产气特性的影响，分别选取三种导热系数 $0W/(m\cdot K)$、$1.9W/(m\cdot K)$ 和 $8.0W/(m\cdot K)$，对应工况 10、工况 11 和工况 12。图 8.25 为不同导热系数储层测温点温度 T_a、T_b 和 T_c 随产气百分比的变化曲线。导热系数为 $8.0W/(m\cdot K)$ 工况下的 T_a 高于其他两组对应值，而工况 12 的 T_c 低于其他两组的对应值。较高多孔介质导热系数下，储层内具有有效宏观传热，有效减小了产气过程中储层内温度梯度。因此，储层内部有效传热能够有效减小微波加热源与远离加热源储层之间的温度梯度。

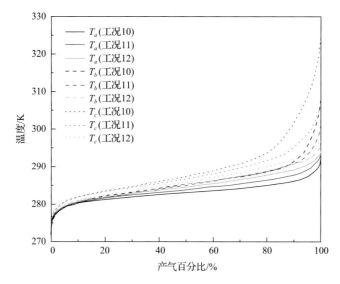

图 8.25　不同导热系数储层测温点温度 T_a、T_b 和 T_c 随产气百分比变化曲线

不同储层导热系数下 16min 时，水合物饱和度分布如图 8.26 所示。导热系数为 $0W/(m\cdot K)$ 工况下，储层上部水合物饱和度低于其他两组工况，下部水合物饱和度高于其他两组工况。而导热系数为 $8.0W/(m\cdot K)$ 工况下，水合物饱和度梯度最小。较高导热系数可促进储层内部有效传热，水合物分解相对均匀，会减小储层内部水合物饱和度梯度。

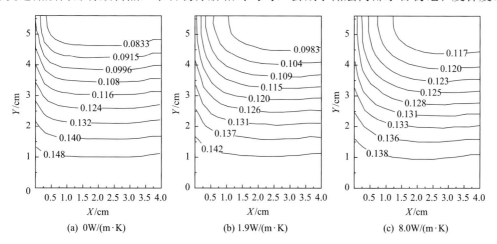

图 8.26　不同导热系数储层 16min 时水合物饱和度分布

　　不同导热系数储层的产气速率变化曲线如图 8.27 所示。0～20min，三种工况下产气速率展现出相同的趋势。较低的导热系数储层，达到最大产气速率的时间稍快。在这一时间段，导热系数为 0W/(m·K)，其上部温度较高，水合物分解速率较快，因此产气速率较高。工况 10～工况 12 时，最大产气速率分别为 17.64×10^{-5}mol/min、17.38×10^{-5}mol/min 和 16.91×10^{-5}mol/min，产气时间分别为 39.97min、34.40min 和 32.30min。可以看出，储层导热系数主要影响水合物后期分解产气，较高导热系数能够减少水合物分解时间，促进水合物后期分解产气并维持有效产气速率。

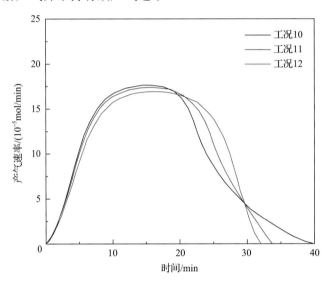

图 8.27　不同导热系数储层的产气速率变化曲线

参 考 文 献

[1] 刘丽国. 不同饱和度水合物开采实验研究. 大连: 大连理工大学, 2012.

[2] Li X S, Wang Y, Duan L P, et al. Experimental investigation into methane hydrate production during three-dimensional thermal huff and puff. Applied Energy, 2012, 94: 48-57.

[3] Selim M S, Sloan E D. Heat and mass-transfer during the dissociation of hydrates in porous-media. AICHE Journal, 1989, 35(6): 1049-1052.

[4] Song Y, Cheng C, Zhao J, et al. Evaluation of gas production from methane hydrates using depressurization, thermal stimulation and combined methods. Applied Energy, 2015, 145: 265-277.

[5] Li X S, Wang Y, Li G, et al. Experimental investigations into gas production behaviors from methane hydrate with different methods in a cubic hydrate simulator. Energy & Fuels, 2012, 26(2): 1124-1134.

[6] Li G, Li X S, Li B, et al. Methane hydrate dissociation using inverted five-spot water flooding method in cubic hydrate simulator. Energy, 2014, 64: 298-306.

[7] Kurihara M, Sato A, Ouchi H, et al. Prediction of gas productivity from Eastern Nankai Trough methane-hydrate reservoirs. SPE Reservoir Evaluation & Engineering, 2009, 12(3): 477-499.

[8] Wang Y, Li X S, Li G, et al. Experimental investigation into methane hydrate production during three-dimensional thermal stimulation with five-spot well system. Applied Energy, 2013, 110: 90-97.

[9] 刘笛. 多孔介质中天然气水合物分解过程传热分析. 大连: 大连理工大学, 2014.

[10] Moridis G J, Collett T S, Dallimore S R, et al. Numerical studies of gas production from several CH₄ hydrate zones at the Mallik Site, Mackenzie Delta, Canada. Journal of Petroleum Science and Engineering, 2004, 43(3): 219-238.

[11] 程传晓. 天然气水合物沉积物传热特性及对开采影响研究. 大连: 大连理工大学, 2015.

[12] Fitzgerald G C, Castaldi M J, Zhou Y. Large scale reactor details and results for the formation and decomposition of methane hydrates via thermal stimulation dissociation. Journal of Petroleum Science and Engineering, 2012, 94-95: 19-27.

[13] Pang W X, Xu W Y, Sun C Y, et al. Methane hydrate dissociation experiment in a middle-sized quiescent reactor using thermal method. Fuel, 2009, 88(3): 497-503.

[14] Jin G, Xu T, Xin X, et al. Numerical evaluation of the methane production from unconfined gas hydrate-bearing sediment by thermal stimulation and depressurization in Shenhu Area, South China Sea. Journal of Natural Gas Science & Engineering, 2016, 33: 497-508.

[15] Moridis G J, Reagan M T, Kim S J, et al. Evaluation of the gas production potential of marine hydrate deposits in the Ulleung Basin of the Korean East Sea. SPE Journal, 2007, 14(4): 759-781.

[16] Yang M, Ma Z, Gao Y, et al. Dissociation characteristics of methane hydrate using depressurization combined with thermal stimulation. Chinese Journal of Chemical Engineering, 2019, 27(9): 2089-2098.

[17] 马占权. 降压联合热激法甲烷水合物开采特性研究. 大连: 大连理工大学, 2019.

[18] 樊震. 多孔介质中天然气水合物分解实验与模拟研究. 大连: 大连理工大学, 2017.

[19] Sysoev S, Kislitsyn A. Modeling of Microwave Heating and Oil Filtration in Stratum. London: Intech Open Access Publisher, 2011.

[20] Islam M R. A new recovery technique for gas production from Alaskan gas hydrates. Journal of Petroleum Science and Engineering, 1994, 11: 267-281.

[21] Nasyrov N M, Nizaeva I G, Sayakhov F L. Mathematical simulation of heat-and-mass transfer in gas hydrate deposits in a high-frequency electromagnetic field. Journal of Applied Mechanics and Technical Physics, 1997, 38: 895-905.

第 9 章

天然气水合物置换开采

水合物置换开采是一种新颖的开采方法，特别是在利用 CO_2 作为置换气体时，既能实现 CH_4 开采，又能封存 CO_2，缓解温室效应[1]。置换开采的原理是将 CO_2(或 CO_2/N_2 的混合物)注入海底水合物赋存区域，使水合物中 CH_4 被 CO_2 替换，同时实现 CH_4 水合物安全高效开采和 CO_2 长期稳定的地质封存[2]。此外，在水合物置换开采中，生成的 CO_2 水合物对于维持水合物储层地质稳定性也有着积极的作用，可防止因 CH_4 水合物相变分解引起的地层塌陷失稳[3]。

从热力学与动力学角度，已经证明了置换开采方法的可行性，并尝试了气态、液态以及乳化后的 CO_2 对水合物的置换开采。但相关置换速率与效率瓶颈问题仍未突破，内在控制机制尚不清晰，置换进程中后期 CO_2 突破水合物表层(CH_4/CO_2 混合水合物)的扩散阻碍成为该方法实际应用的制约难点[4]。本章将主要围绕水合物置换开采原理及置换过程中不同相态区域的 CH_4 开采率和影响机制展开论述，并分析了结合法强化水合物置换开采方法及小客体分子氮气强化置换开采的潜力。

9.1 置换开采原理

置换开采法从 1993 年提出至今，已经发展了二十多年，作为一种潜在的水合物商业开采方法，其开采能力、可行性及控制原理备受关注。水合物储层中 CO_2 置换是一个涉及气体渗流扩散、热量传递、客体分子交换以及潜在的前沿界面相变(CH_4 水合物分解、CO_2 水合物生成)的复杂过程，其置换开采原理将分别从热力学可行性、动力学可行性、力学可行性以及置换开采机制方面进行介绍。

9.1.1 置换开采热动力学可行性

置换开采的热力学可行性决定了置换反应的自发性。CH_4-CO_2-H_2O 体系相平衡实验及理论计算表明[5]，在低于 283K 温度时，CO_2 水合物比 CH_4 水合物具有更加温和的热力学相平衡区域。由于相平衡热力学差异的存在，当 CO_2 注入 CH_4 水合物储层时，CH_4 水合物会转化为更稳定的 CO_2 水合物，同时释放出 CH_4 气体。从相变热方面分析，CO_2 水合物生成放出的热量是 73.3kJ/mol[6]，CH_4 水合物的分解热是 54.19kJ/mol[7]，也就是说 CO_2 水合物生成所释放的能量大于 CH_4 水合物分解所需要的能量，置换反应不需外界提供额外的热量[8]。

根据化学热力学基本理论，自发化学反应总是向着 Gibbs 自由能减小的方向进行。在温度范围 271.2～275.2K、压力 3.25MPa 条件下，CO_2 置换 CH_4 反应的 Gibbs 自由能为负值，置换反应将会自发进行，CH_4 和 CO_2 在气相和水合物相的逸度差成为置换反应的主要驱动力[9]。此外，CO_2 水合物生成的活化能包含了固体物质扩散所需的能量，CO_2 分子有效传质过程可以降低 CO_2 置换过程的活化能，促使置换反应更加有效的进行。置换开采的动力学可行性分析通常考虑 CH_4 和 CO_2 对水合物笼子的占有能力的不同，从水合物笼型结构上来看，CH_4 水合物、CO_2 水合物和任意比例下的 CH_4-CO_2 混合水合物，其晶体结构都是 sI 结构。sI 水合物晶体结构包含有两个小笼子(笼子类型：5^{12}；平均半径：3.95Å)和六个大笼子(笼子类型：$5^{12}6^2$；平均半径：4.33Å)，假设其被 CH_4 分子和 CO_2 分子全部占据，那么 CH_4 水合物和 CO_2 水合物以及其混合水合物具有共同的化学式分子($8X·46H_2O$)和水合数(5.75)。通过光谱实验研究发现(图 9.1)[2]：在水合物生成过程中，CH_4 优先占据小笼子，CO_2 占据大笼子；CH_4-CO_2 混合气体生成 sI 水合物时，水合物笼子的占有方式与气体组分无关，CO_2 和 CH_4 将分别占据水合物的大、小笼子。因此，当 CO_2 注入 CH_4 水合物层时，CH_4 水合物大笼子中的 CH_4 能被 CO_2 置换。由于 sI 水合物晶体具有更多的大笼子(大、小笼子比 4∶1)，在置换过程中大部分的 CH_4 可以被 CO_2 从水合物中置换出来。

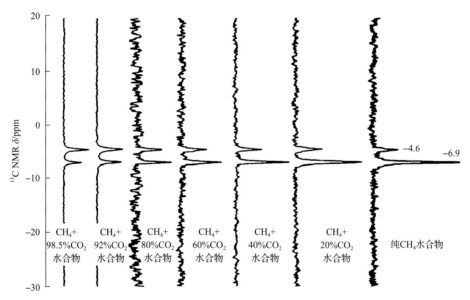

图 9.1 CH_4-CO_2 混合水合物生成的 ^{13}C 核磁共振(NMR)谱图(改编自文献[2])
$1ppm=10^6$

9.1.2 置换开采力学可行性

CO_2 置换水合物不仅提供了一种水合物的开采方式和 CO_2 海底封存的有效途径，同时能避免水合物分解引起储层胶结弱化与变形，有效维持水合物开采强度和抗变形能力。本节通过对比 CO_2 水合物、CH_4 水合物及 CO_2-CH_4 混合水合物的储层强度特征，分析置换过程中储层强度变化[3]。

图 9.2 为纯 CH_4 水合物、纯 CO_2 水合物以及 $40\%CO_2+60\%CH_4$ 的二元混合水合物在相同储层孔隙度(40%)和水合物饱和度(60%)下，不同温度和围压对储层强度的影响。比较置换前后整个沉积物力学特性变化关系，可以看出，随着 CO_2 水合物的生成，储层强度相比于纯 CH_4 水合物有显著提升，证实了置换后的水合物储层更加稳定。此外，当围压和应变速率等储层条件相同时，储层强度随着温度的升高而呈现下降趋势，水合物混合类型不会改变温度对其变化的影响趋势；当温度和应变速率等条件相同时，储层强度随着围压的增大先增大后减小，此时水合物沉积物的组成对强度变化的影响规律有一定的差异。因此，置换开采水合物从力学性质方面分析是可行的，在真实海底水合物开采过程中，可以有效缓解潜在的环境和安全风险，避免储层胶结弱化造成地层变形与结构物失稳。

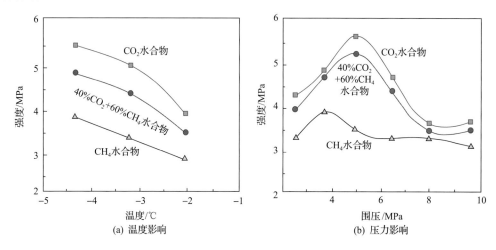

图 9.2　不同组分 CO_2-CH_4 混合水合物储层强度

(a)围压为 5MPa，应变速率为 1.0mm/min；(b)温度为–10℃，应变速率为 1.0mm/min

9.1.3　置换开采机制

CO_2 置换水合物是将 CO_2 注入水合物赋存区域，水合物笼子结构不变，笼子中的 CH_4 被 CO_2 替换发生客体分子交换，同时实现 CH_4 水合物安全高效开采和 CO_2 长期稳定的地质封存。在实际水合物储层置换开采过程中，随着 CO_2 注入发生客体分子交换时，往往还伴随着气体渗流扩散、热量传递等复杂过程。此外，近年来也有学者提出，置换还涉及前沿界面相变（CH_4 水合物分解、CO_2 水合物生成）（图 9.3）。目前有关置换开采机制中的客体分子交换和前沿界面相变在国际上尚存在争议，尽管已有许多的理论模拟过程，但仍缺乏有效的实验技术和结果进行直接证明。

置换进程通常可以分为快速表面置换和缓慢内部置换两个阶段[10-13]。置换初期主要在 CH_4 水合物表面快速发生，外部温压等环境条件和客体分子竞争占据置换反应控制的主导地位；随着表面置换逐渐形成 CH_4-CO_2 混合水合物，CO_2 向 CH_4 水合物内部进行扩散受到了阻碍，导致 CH_4 产气速率和置换效率显著降低，此时 CO_2 在混合水合物层间扩散渗透能力成为置换反应的主控因素。

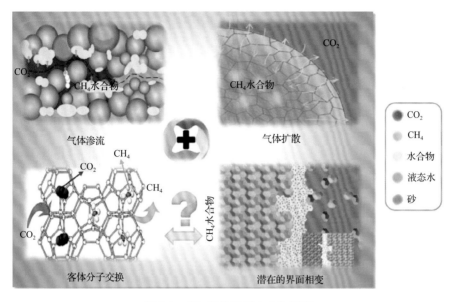

图 9.3 CO₂ 置换开采水合物机理

我国南海水合物储层以泥质粉砂颗粒为主，泥质粉砂等细颗粒与水合物间的相互作用，改变了沉积物整体的渗透特性、热学、力学等基础物性，对置换过程不同阶段的热质传递、分解气水渗流及物化反应速率有着显著的影响，使得 CO_2 置换过程更加复杂[14-18]。一方面，泥质粉砂颗粒形成的微小孔隙伴随有明显的毛细作用和矿物吸附作用，影响水合物的成核方式和赋存规律，造成 CO_2 与 CH_4 水合物置换时的相界面减小，使热质传递更加困难[14]；另一方面，气-水-水合物三相的空间分布对置换历程的影响更加明显，CO_2 在孔隙中和水合物表层的渗流扩散能力减弱，进一步阻碍深层置换，水合物产气速率明显降低甚至停止[15]。

9.2 多相态区天然气水合物置换开采

CO_2 置换开采水合物通常划分为三个相态区(图 9.4 中 A 区域、B 区域和 C 区域)的置换格局[19]。其中，在 A 区域，CH_4 水合物和 CO_2 水合物都处于稳定态，CO_2 为液态；在 B 区域中，CH_4 水合物和 CO_2 水合物仍处于稳定态，CO_2 为气态；在 C 区域中，CH_4 水合物处于非稳定态，CO_2 水合物处于稳定态，CO_2 为气态。本节将围绕上述三个相态区域，对水合物置换开采规律、CO_2 封存效率及影响机制进行论述。此外，近年来超临界 CO_2 置换以及 CO_2 乳液置换表现出更好的置换效率和速率，成为国内外学者关注的新热点[20-22]，本节将进行简要介绍。

9.2.1 多相态区置换效率定义与计算

多相态区域置换效率主要由 CH_4 开采率和 CO_2 封存率评价，其定义与计算涉及置换反应前后的质量守恒、水合物饱和度以及组成成分变化。

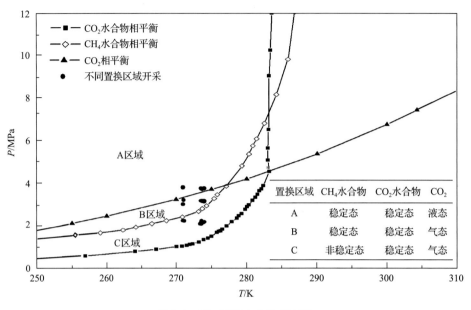

图 9.4 CO_2 置换水合物相态图

CH_4 水合物的饱和度 S_h 基于水合物生成前后 CH_4 气体的摩尔消耗量 $\Delta n_h^{CH_4}$ 进行计算，定义为 CH_4 水合物体积 V_h 与孔隙体积 V_{pore} 的比值：

$$S_h = \frac{V_h}{V_{pore}} \times 100\% \tag{9.1}$$

$$V_h = \frac{\Delta n_h^{CH_4} \times M_h}{\rho_h} \tag{9.2}$$

$$V_{pore} = V_{cha} \times \Phi_{BZ} \tag{9.3}$$

式中，M_h 为 CH_4 水合物的摩尔质量（124.14g/mol）；ρ_h 为 CH_4 水合物的密度（0.92g/cm³）；V_{cha} 为置换反应釜的体积；Φ_{BZ} 为本章所使用的多孔介质填充材料的孔隙度。

多孔介质的孔隙度由填充材料质量（m_{BZ}）计算所得

$$\Phi_{BZ} = \frac{V_{BZ}}{V_{cha}} = \frac{m_{BZ}}{V_{cha} \times \left(G_{S,BZ} \times \rho_w\right)} \tag{9.4}$$

式中，ρ_w 为去离子水的密度（1.0g/cm³）；$G_{S,BZ}$ 为填充材料的相对密度；V_{BZ} 为填充材料的体积。

水合物生成前后 CH_4 气体的摩尔变化量 $\Delta n_h^{CH_4}$ 由其在气相中的消耗量和溶解量变化计算所得

$$\Delta n_h^{CH_4} = \left(n_{inj}^{CH_4} + n_{sol\text{-}inj}^{CH_4}\right) - \left(n_{res}^{CH_4} + n_{sol\text{-}res}^{CH_4}\right) \tag{9.5}$$

式中，$n_{inj}^{CH_4}$ 为水合物生成前注入 CH_4 气体的物质的量；$n_{res}^{CH_4}$ 为水合物生成后 CH_4 气体残余的物质的量；$n_{sol-inj}^{CH_4}$、$n_{sol-res}^{CH_4}$ 分别为水合物生成前后 CH_4 气体在水中的溶解量。

利用气体状态方程计算 CH_4 气体的物质的量：

$$n_{inj}^{CH_4} = \frac{P_{inj} \times V_{pore}}{Z_{inj}^{CH_4} \times R \times T_{inj}} \tag{9.6}$$

$$n_{res}^{CH_4} = \frac{P_{res} \times V_{res}^{CH_4}}{Z_{res}^{CH_4} \times R \times T_{res}} \tag{9.7}$$

式中，P_{inj}、T_{inj} 分别为生成水合物前 CH_4 气体注入时的压力和温度；P_{res}、T_{res} 分别为生成水合物后的压力和温度；R 为气体常数 $[8.3145\text{J}/(\text{mol} \cdot \text{K})]$；$V_{res}^{CH_4}$ 为水合物生成后的残余 CH_4 气体体积；$Z_{inj}^{CH_4}$ 为生成水合物前 CH_4 气体注入时的压缩因子；$Z_{res}^{CH_4}$ 为生成水合物后 CH_4 气体注入时的压缩因子。

残余 CH_4 气体体积 $V_{res}^{CH_4}$ 由自由水体积变化和水合物生成体积计算得到

$$V_{res}^{CH_4} = V_{pore} - V_h - V_{res,w} \tag{9.8}$$

$$V_{res,w} = V_{inj,w} - V_{h,w} \tag{9.9}$$

$$V_{h,w} = \frac{h_w \times \Delta n_h^{CH_4} \times M_w}{\rho_w} \tag{9.10}$$

式中，$V_{res,w}$ 为水合物生成后残余水体积；$V_{inj,w}$ 为初始水体积；$V_{h,w}$ 为水合物生成过程中水消耗的体积；h_w 为 CH_4 水合物的水合数；M_w 为去离子水的摩尔质量(18g/mol)。

联立求解式(9.1)～式(9.10)可计算出 CH_4 水合物的饱和度 S_h。式中气体压缩因子 Z 的计算通常采用 Benedict-Webb-Rubin(BWR)方程、雷德利希-邝(Redlich-Kwong，RK)方程和彭-罗宾森(Peng-Robinson，PR)方程，本节着重介绍 Peng-Robinson 方程：

$$Z = \frac{P \times V_m}{R \times T} \tag{9.11}$$

$$P = \frac{RT}{V_m - b} - \frac{a \times \alpha}{V_m^2 + 2bV_m - b^2} \tag{9.12}$$

$$a = \frac{0.45724 R^2 T_c^2}{P_c} \tag{9.13}$$

$$b = \frac{0.07780 RT_c}{P_c} \tag{9.14}$$

$$\alpha=\left[1+\left(0.37464+1.54226\omega-0.26992\omega^2\right)\times\left(1-T_r^{0.5}\right)\right]^2 \tag{9.15}$$

式中，V_m 为气体摩尔体积；T_r 为相对温度；P_c、T_c 分别为临界压力和临界温度；ω 为偏心因子；α 为受相对温度 T_r 和偏心因子控制的函数方程。

CH_4 气体和 CO_2 气体的相关参数如表 9.1 所示。

表 9.1　CH_4 气体和 CO_2 气体主要参数

气体	临界压力 P_c/MPa	临界温度 T_c/K	偏心因子 ω/$[kJ/(kg\cdot K)]$	溶解热 $\Delta H_{solution}$/(J/mol)	亨利常数 $K_H^{298.15K}$/$[mol/(m^3\cdot atm)]$
CH_4	4.599	190.6	0.01142	−39580	0.599
CO_2	7.376	304.2	0.225	−19960	35

注：1atm=1.01325×10⁵Pa。

置换后的气体为 CH_4 和 CO_2 混合气体，Peng-Robinson 方程只适用于单一气体压缩因子的计算，因此需要利用阿马加(Amagat)定律(本章采用)或道尔顿(Dalton)定律对混合气体的压缩因子进行校正：

$$Z\left(T,P\right)=\sum_{i=1}^{N}y_i\times Z_i\left(T,P\right) \tag{9.16}$$

式中，Z_i 为各组分 i 的压缩因子；y_i 为气相各组分 i 的体积分数。

在气-液两相体系中，CH_4 和 CO_2 在水中的溶解度通过亨利定律进行简单的估算；对于气-液-水合物三相体系，由于水合物的存在对体系中气体溶解度影响很大，目前尚未有成熟的方法对 CH_4 和 CO_2 在溶液中的溶解度进行预测，建议以选择文献中已存在的数据进行使用为主，亨利定律计算结果仅作参考，其计算过程如下：

$$X_{CH_4/CO_2}=K_H^T\times V_w\times\frac{P}{P_{atm}} \tag{9.17}$$

$$K_H^T=K_H^{298.15K}\times\exp\left[\frac{-\Delta H_{solution}}{R}\times\left(\frac{1}{T}-\frac{1}{298.15K}\right)\right] \tag{9.18}$$

式中，$K_H^{298.15K}$ 为气体在常压、298.15K 时的亨利常数；$-\Delta H_{solution}$ 为气体溶解热(表 9.1)；P_{atm} 为大气压(0.101325MPa)；V_w 为水体积。

以 CH_4 水合物在溶液中的溶解度为例，图 9.5 总结了 6.0MPa 下纯水体系和气-水-水合物三相体系中温度对 CH_4 的溶解度的影响。在纯水体系中，CH_4 的溶解度随着温度的升高而降低；在水合物存在的情况下，CH_4 的溶解度随着温度的升高而升高。CH_4 在纯水体系和水合物共存体系中的溶解度的逸度差造成了 CH_4 水合物生成，也会对置换反应过程的反应速率造成影响。

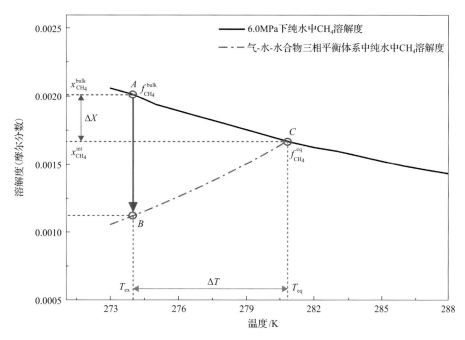

图 9.5　6.0MPa 下纯水体系和气-水-水合物三相体系中 CH_4 的溶解度

T_{ex}-系统温度；T_{eq}-相平衡温度；$x_{CH_4}^{int}$-水合物相平衡温度 T_{eq} 时在气-水-水合物三相体系中的溶解度；

$x_{CH_4}^{bulk}$-系统温度 T_{ex} 时 CH_4 气体在纯水体系中的溶解度；$f_{CH_4}^{bulk}$-CH_4 在水相中的逸度；$f_{CH_4}^{eq}$-CH_4 在水合物中的逸度

当生成一定饱和度的 CH_4 水合物后，开始向储层中注入 CO_2 气体进行置换反应，置换过程中 CH_4 和 CO_2 的物质的量变化如下：

$$\Delta n_h^{CH_4} = n_{mix,h}^{CH_4} + n_g^{CH_4} \tag{9.19}$$

$$n_{inj}^{CO_2} = n_{mix,h}^{CO_2} + n_g^{CO_2} \tag{9.20}$$

式中，$n_{inj}^{CO_2}$ 为置换前注入 CO_2 的物质的量；$n_{mix,h}^{CH_4}$、$n_{mix,h}^{CO_2}$ 分别为置换后混合水合物中 CH_4 和 CO_2 的物质的量；$n_g^{CH_4}$、$n_g^{CO_2}$ 分别为置换后气相中 CH_4 和 CO_2 的物质的量。

置换结束后，对气相和水合物分解气进行分别取样收集，并利用气相色谱分析 CH_4 和 CO_2 在气相和水合物相中的体积分数。

其中，气相中 CH_4 和 CO_2 的物质的量为

$$n_g^{mix} = n_{mix,g}^{CH_4} + n_{mix,g}^{CO_2} \tag{9.21}$$

$$n_g^{mix} = \frac{P_{mix,g} \times V_{mix,g}}{Z_{mix,g}^{mix} \times R \times T_{mix,g}} \tag{9.22}$$

$$n_{mix,g}^{CH_4} = n_g^{mix} \times x_{mix,g}^{CH_4} \tag{9.23}$$

$$n_{\text{mix,g}}^{\text{CO}_2} = n_{\text{g}}^{\text{mix}} \times x_{\text{mix,g}}^{\text{CO}_2} \tag{9.24}$$

式中，$T_{\text{mix,g}}$、$P_{\text{mix,g}}$、$V_{\text{mix,g}}$、$Z_{\text{mix,g}}$ 分别为置换结束后气相中的温度、压力、体积和压缩因子；$n_{\text{g}}^{\text{mix}}$ 为置换结束后气相中混合气体的物质的量；$x_{\text{mix,g}}^{\text{CH}_4}$、$x_{\text{mix,g}}^{\text{CO}_2}$ 分别为 CH_4 和 CO_2 在气相中的体积分数。

水合物相中 CH_4 和 CO_2 的物质的量为

$$n_{\text{h}}^{\text{mix}} = n_{\text{mix,h}}^{\text{CH}_4} + n_{\text{mix,h}}^{\text{CO}_2} \tag{9.25}$$

$$n_{\text{h}}^{\text{mix}} = \frac{P_{\text{mix,h}} \times V_{\text{mix,h}}}{Z_{\text{mix,h}}^{\text{mix}} \times R \times T_{\text{mix,h}}} \tag{9.26}$$

$$n_{\text{mix,h}}^{\text{CH}_4} = n_{\text{h}}^{\text{mix}} \times x_{\text{mix,h}}^{\text{CH}_4} \tag{9.27}$$

$$n_{\text{mix,h}}^{\text{CO}_2} = n_{\text{h}}^{\text{mix}} \times x_{\text{mix,h}}^{\text{CO}_2} \tag{9.28}$$

式中，$T_{\text{mix,h}}$、$P_{\text{mix,h}}$、$V_{\text{mix,h}}$、$Z_{\text{mix,h}}$ 分别为置换结束水合物相分解后的温度、压力、体积和压缩因子；$n_{\text{h}}^{\text{mix}}$ 为置换结束后水合物相中混合气体的物质的量；$x_{\text{mix,h}}^{\text{CO}_2}$、$x_{\text{mix,h}}^{\text{CH}_4}$ 分别为 CO_2 和 CH_4 在水合物分解样中的体积分数。

根据置换前后气相和水合物相中 CH_4 和 CO_2 的物质的量变化，定义水合物置换 CH_4 开采率 η_{CH_4} 和 CO_2 封存率 η_{CO_2} 为

$$\eta_{\text{CH}_4} = \left(n_{\text{g}}^{\text{CH}_4} / \Delta n_{\text{h}}^{\text{CH}_4} \right) \times 100\% = \left[\left(\Delta n_{\text{h}}^{\text{CH}_4} - n_{\text{mix,h}}^{\text{CH}_4} \right) / \Delta n_{\text{h}}^{\text{CH}_4} \right] \times 100\% \tag{9.29}$$

$$\eta_{\text{CO}_2} = \left[\left(n_{\text{inj}}^{\text{CO}_2} - n_{\text{g}}^{\text{CO}_2} \right) / n_{\text{inj}}^{\text{CO}_2} \right] \times 100\% = \left(n_{\text{mix,h}}^{\text{CO}_2} / n_{\text{inj}}^{\text{CO}_2} \right) \times 100\% \tag{9.30}$$

9.2.2　气态和液态 CO_2 置换开采

气态和液态 CO_2 置换开采是国内外置换研究初期的关注重点，对其置换过程的开采特性、主控因素及微观机理开展了大量研究。本节中所述气态 CO_2 置换开采，是在压力 3.1MPa、温度 273.65K 下，持续进行 50h，综合分析储层中 CH_4 水合物饱和度对置换 CH_4 开采率和 CO_2 封存率的影响（工况见表 9.2）。图 9.6 分析对比了气态 CO_2 置换前后 CH_4 和 CO_2 的物质的量变化，结果发现置换过程中 CH_4 的开采量与 CO_2 的封存量，并不完全遵循一比一的客体分子交换微观过程。这是由于 CO_2 在与 CH_4 水合物发生置换的同时，也会与储层中的自由水结合生成 CO_2 水合物。在气态 CO_2 置换开采低水合物饱和度样品（$S_{9\text{-}1}$）时，CO_2 的封存量（0.045mol）远远大于 CH_4 的开采量（0.03mol）。这是由于储层中的 CH_4 水合物饱和度极低，孔隙中自由水饱和度较高，注入的 CO_2 气体优先与孔隙中的自由水形成 CO_2 水合物后，再与 CH_4 水合物进行置换反应。

表 9.2　气态 CO_2 置换开采条件

参数	样品名称					
	S_{9-1}	S_{9-2}	S_{9-3}	S_{9-4}	S_{9-5}	S_{9-6}
压力/MPa	3.09	3.12	3.11	3.10	3.09	3.12
温度/K	274.0	273.6	273.7	273.8	273.9	274.0
CH_4 水合物饱和度 S_h^{ini} /%	8.2	12.5	14.6	18.6	21.1	24.8
CO_2 注入量 $n_{CO_2}^{inj}$	0.146	0.151	0.140	0.141	0.143	0.148

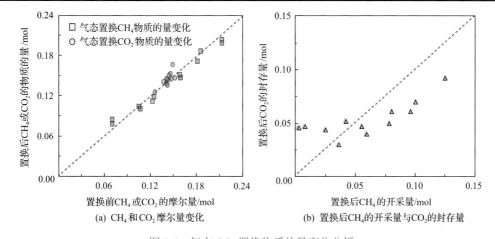

图 9.6　气态 CO_2 置换物质的量变化分析

对于气态 CO_2 置换，随着 CH_4 水合物饱和度的增加（从 8.2%增大到 24.8%），CH_4 水合物与 CO_2 的置换比表面积增大，CH_4 开采率从 3.81%增大至 45.43%。但是，当 CH_4 水合物饱和度增加到某一临界值以后，由于孔隙被大量 CH_4 水合物填充，CO_2 扩散阻力增大，会引起 CH_4 开采率减小。另外，由于残余水与 CH_4 水合物饱和度的共同影响，气态置换的 CO_2 封存率随着水合物饱和度的增加先减小后增大。在 8.2%水合物饱和度下，孔隙中的较多的残余水与 CO_2 生成 CO_2 水合物，CO_2 封存率最高可达 30.59%；当水合物饱和度增加到 24.8%时，置换比表面积的增大，强化了 CO_2 封存，CO_2 封存率最高可达 40.45%。

液态 CO_2 相比于气态 CO_2 具有更强的孔隙扩散能力，同时置换反应的驱动力也得到增强。本节介绍的液态 CO_2 置换开采结果是在压力 3.7MPa、温度 273.65K 下进行 50h 置换的数据（工况见表 9.3）。下面将综合分析储层中 CH_4 水合物饱和度对置换 CH_4 开采率和 CO_2 封存率的影响。如图 9.7 所示，随着水合物饱和度的增加（从 8.7%增大到 24.8%），CH_4 开采率从 9.70%增大至 50.27%。相比于气态置换，CH_4 开采率在相同水合物样品条件下普遍增加 3.39%（S_{9-2} 与 S_{9-8} 对比）～5.76%（S_{9-5} 与 S_{9-10} 对比）。这是由于液态 CO_2 相比于气态 CO_2 具有更强的孔隙扩散能力，加强了 CO_2 置换开采过程，CH_4 开采率得到提升。此外，液态 CO_2 强化置换对 CO_2 封存量的提升更大（最大增加 18.75%），CO_2 封存率达到 29.07%～57.44%，这是由于液态 CO_2 孔隙扩散能力的增强，不仅加强了水合物置换开采过程，也促进了 CO_2 与孔隙中自由水结合为 CO_2 水合物，从而提高了 CO_2 封存量。

表 9.3 液态 CO_2 置换开采条件

参数	样品名称					
	S_{9-7}	S_{9-8}	S_{9-9}	S_{9-10}	S_{9-11}	S_{9-12}
压力/MPa	3.70	3.67	3.71	3.69	3.72	3.68
温度/K	273.7	273.7	273.5	273.6	274.0	273.7
CH_4 水合物饱和度 S_h^{ini} /%	8.7	12.2	15.3	18.5	21.3	24.8
CO_2 注入量 $n_{CO_2}^{inj}$	0.160	0.164	0.160	0.165	0.163	0.162

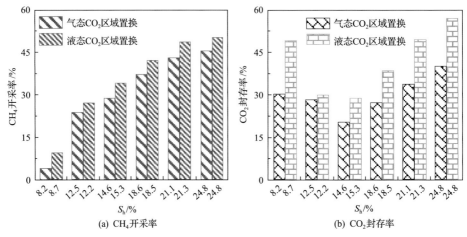

图 9.7 气态/液态 CO_2 置换开采

9.2.3 非稳定态 CH_4 水合物置换开采

CO_2 扩散能力和置换反应驱动力是决定水合物置换开采中 CH_4 开采率和 CO_2 封存率的关键因素。当置换条件处于非稳定态 CH_4 水合物置换区域时(图 9.4 中 C 区域)时,CH_4 水合物处于非稳定状态,有利于加强置换过程中的 CH_4 产出和 CO_2 封存。本节利用气态 CO_2 置换非稳定态 CH_4 水合物,并与稳定态置换的 CH_4 开采率和 CO_2 封存率进行了对比分析(图9.8)。

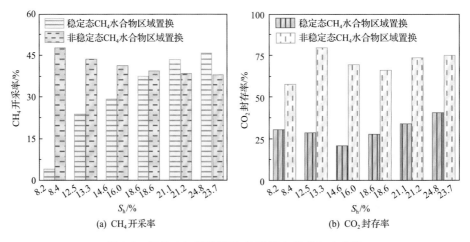

图 9.8 气态 CO_2 置换稳定态/非稳定态 CH_4 水合物

在非稳定态置换初期，CH_4 水合物分解较快，CH_4 开采率迅速增加；同时 CH_4 水合物分解水和孔隙中的残余水与 CO_2 结合生成水合物。随着置换反应的进一步进行，气相中的 CH_4 分压逐渐增加，体系达到新的平衡态，CH_4 水合物分解基本停止，CO_2 置换过程占据主导地位。本节中所述非稳定态 CH_4 水合物区域置换开采，是在压力 2.1MPa、温度 273.65K 下，持续进行 50h（工况见表 9.4）。

表 9.4　非稳定态 CH_4 水合物置换开采条件

参数	样品名称					
	$S_{9\text{-}13}$	$S_{9\text{-}14}$	$S_{9\text{-}15}$	$S_{9\text{-}16}$	$S_{9\text{-}17}$	$S_{9\text{-}18}$
压力/MPa	2.11	2.09	2.05	2.06	2.13	2.19
温度/K	273.7	273.5	273.4	273.5	273.8	273.6
CH_4 水合物饱和度 S_h^{ini} /%	8.4	13.3	16.0	18.6	21.2	23.7
CO_2 注入量 $n_{CO_2}^{ini}$	0.071	0.070	0.074	0.075	0.069	0.073

随着水合物饱和度的增加（从 8.4% 到 23.7%），CH_4 开采率从 47.23% 减小至 37.56%。对于较低水合物饱和度的 CH_4 水合物，CH_4 在置换初期大量产出，前期分解后残留的 CH_4 水合物较少，表现高的 CH_4 开采率；而此时对应的孔隙中自由水较多，水合物反应驱动平衡主要受制于 CO_2 向 CO_2 水合物转换的能力。对于较高水合物饱和度的 CH_4 水合物，残留的 CH_4 水合物较多，在 CH_4 水合物表面，CO_2 与分解水转换为 CO_2 水合物，造成孔隙堵塞，CO_2 扩散至 CH_4 水合物表层进行置换反应的阻碍增加，表现出低的 CH_4 开采率。具体而言，通过与气态 CO_2 置换稳定态 CH_4 水合物相比可以发现：在低水合物饱和度（8.4%～18.6%）时，非稳定态 CH_4 水合物置换的 CH_4 开采率高于稳定态 CH_4 水合物置换；在高水合物饱和度（21.2%～23.7%）时，非稳定态 CH_4 水合物置换的 CH_4 开采率反而低于稳定态 CH_4 水合物置换。因此，对于低水合物饱和度水合物储层，非稳定态 CH_4 水合物置换开采是更优选择。

对比气态 CO_2 置换开采稳定态和非稳定态 CH_4 水合物可以看出，所有水合物样品的 CO_2 封存量均提升 27.17%～51.15%，CO_2 封存率达到 57.76%～79.71%。通常认为，置换初期非稳定态 CH_4 水合物分解产生的自由水对 CO_2 封存的提升具有重要意义。

9.2.4　CO_2 乳液及超临界 CO_2 置换开采

气态或液态 CO_2 置换开采水合物时，孔隙中首先生成的 CO_2 水合物会阻碍 CO_2 向含水合物相扩散，导致置换过程缓慢。在自然界中，储层中水合物多存在于多孔介质中，其置换速率会进一步减小到大容积体系的 1/4～1/2，实际置换速率更低，这是制约 CO_2 置换开采水合物方法现场应用的主要因素之一[23,24]。

如图 9.9 所示，CO_2 乳液的制备是由液态 CO_2 为分散相、水为连续相搅拌制备得到[25]。由于 CO_2 乳液具有更好的扩散性与传导率，可以有效增强水合物置换开采过程中的 CO_2 分子扩散与热传导，从而强化置换开采率。相关研究发现最高 CO_2 置换开采速率可以达到常规液态置换的 1.5 倍[24]。利用 CO_2 乳化液置换水合物方法从 2004 年提出发展至今[26]，很快引起了各国研究者的广泛重视，美国、挪威、中国以及日本等国的研究团队先后开展了相关研究工作，为增强 CO_2 置换开采水合物提供了一条重要思路。尽管与传统置换技术相比，CO_2 乳化液置换具有良好的应用前景，但是现在对于该方法的研究仍处于起步阶段，想要在实际开采中得到应用，仍需要克服许多技术困难，尤其是乳化液制备技术还有待提高。乳化液的含量和种类、乳化液中分散相和连续相的比例以及分散相的粒度等因素对置换的影响都是今后进一步研究的重点。在实际开采中，还将考虑储层的富集情况、乳化液的输送等问题，分析 CO_2 乳化液置换水合物的微观过程及其控制机理，对于未来实现水合物安全高效开采、封存 CO_2 具有重要意义。

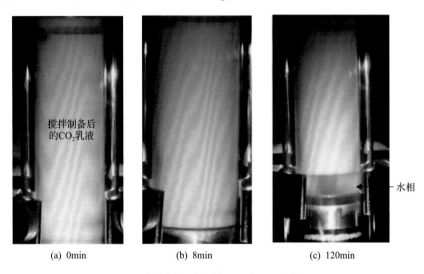

(a) 0min   (b) 8min   (c) 120min

图 9.9　CO_2 乳液制备后的静置形态（改编自文献[25]）

如图 9.10 所示，当温度高于 31.1℃，压力高于 73.8atm 时，CO_2 进入超临界状态。此时 CO_2 变成一种"像液体"的黏稠状高密度流体。超临界 CO_2 具有一些特殊的性质：

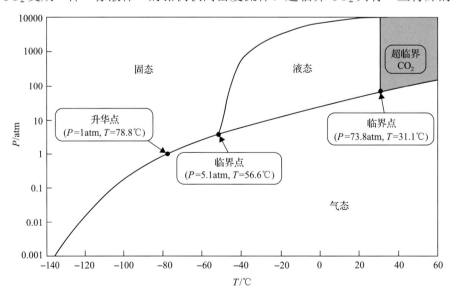

图 9.10　CO_2 相平衡图及超临界 CO_2 区域

①密度大，近于液体，是气体的几百倍；②黏度低，近于气体，比液体黏度要小 2 个数量级；③流动性好和扩散性强，扩散系数介于气体和液体之间，约为气体的 1/100，比液体大几百倍。这些特殊的性质使得超临界 CO_2 具有良好的溶解特性和传质特性，其较低的表面张力使得 CO_2 能够迅速渗透进入微孔隙。因此，越来越多的学者开始关注超临界态 CO_2 置换开采水合物，有望解决置换反应速率慢、置换效率低导致难以现场应用的瓶颈问题。

9.3 天然气水合物置换开采强化方法

虽然 CO_2 置换开采被认为是一种环境友好、具有发展前景的开采方法，但其存在着置换速率慢、置换效率低等缺点，制约了该方法在实际水合物开采中的应用价值。本书在 9.2 节中介绍的液态 CO_2 置换以及非稳定态 CH_4 水合物置换，能够增强 CH_4 开采和 CO_2 封存，但置换中后期 CH_4-CO_2 混合水合物层对 CO_2 扩散的阻碍作用仍然存在，进而继续影响置换过程。尽管 CO_2 乳液和超临界态 CO_2，能够强化置换中后期 CO_2 在微孔隙中的传质扩散过程，但其内在控制机理仍未探明，以及大批量乳液的高制作成本和高压 CO_2 的风险问题未知，成为目前工程应用的制约因素。

为解决上述问题，研究学者提出在置换中后期，可以结合降压、注热及注抑制剂等方法，打破置换中后期 CH_4-CO_2 混合水合物层的阻碍作用，增强 CO_2 向水合物内部的扩散，从而提升水合物置换开采率[20-22,28]。本节围绕 CO_2 置换与传统方法结合强化水合物方法，分析了多相态区置换开采 CH_4 开采率和 CO_2 封存率。

9.3.1 降压强化置换开采

在降压法开采过程中，"稳定降压速率"或"阶段降压"的相态调控方法，可以有效缓解 CH_4 水合物分解过程中的水合物二次生成反应及结冰效应，避免产气过程中引起的孔隙堵塞，加速水合物分解速率和 CH_4 产气效率[27,28]。水合物置换开采过程中，储层多孔介质内孔隙 CH_4-CO_2 混合水合物对 CO_2 渗流扩散的阻碍，是该方法应用的制约关键。因此，本节在水合物置换开采中，引入连续性降压，保持孔隙通道连通性，增强 CO_2-水渗流扩散机制，加强 CH_4 水合物的开采。

降压强化置换开采的流程如图 9.11 (a) 所示，在气态 CO_2 区域置换进行 15h 后，引入 2h 的降压结合置换阶段。在该阶段，置换温度首先降低至 268.15K，利用"自保护效应"排除一定量的 CH_4 气体，当置换压力降低至 1.6MPa 后，将温度回升至 273.65K 维持 2h 置换。再次注入 CO_2 气体至初期置换条件，继续反应 23h，在开采 CH_4 水合物的同时，生成 CO_2 水合物维持储层稳定。

为了对比不同水合物饱和度下气态 CO_2 置换和降压强化置换开采的 CH_4 开采率，需要定义气态 CO_2 置换的 CH_4 开采率 $\eta_{CH_4}^{g}$ [图 9.11 (b) 中蓝色三角形] 和降压强化置换开采率 $\eta_{CH_4}^{com}$ [图 9.11 (b) 中红色圆形]，其中 $\eta_{CH_4}^{com}$ 由降压控制强化阶段开采率 $\eta_{CH_4}^{com-dep}$ [图 9.11 (b) 中红色方形] 以及气态 CO_2 置换阶段开采效率 $\eta_{CH_4}^{com-g}$ [图 9.11 (b) 中红色菱形] 组成：

$$\eta_{CH_4}^{com} = \eta_{CH_4}^{com-dep} + \eta_{CH_4}^{com-g} \tag{9.31}$$

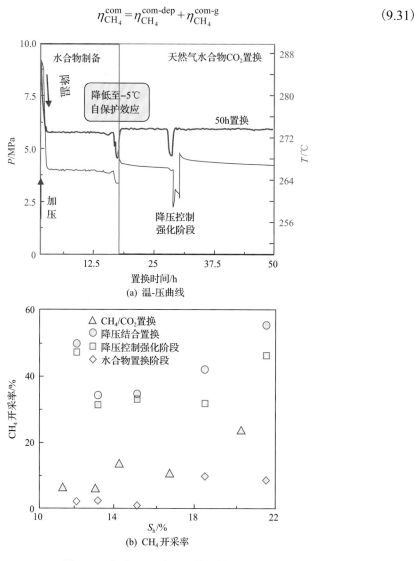

(a) 温-压曲线

(b) CH₄ 开采率

图 9.11　气态 CO_2/降压强化置换开采

　　降压强化置换开采将 CH_4 开采率从 8.21%～25.38%提升至 35.10%～57.47%, 90%以上的 CH_4 开采发生在降压强化阶段, 证实了降压强化阶段有效地增强了气体置换过程。

　　为了进一步分析降压对置换开采过程的强化原理, 本节将引入阿夫拉米(Avrami)模型和缩核(Shrinking Core)模型对气态置换过程进行全历程描述, 探讨分析降压强化置换开采机制。Avrami 模型和 Shrinking Core 模型是经典的晶体结晶动力学方程, 被逐渐应用于水合物晶体生长过程的动力学拟合。Avrami 模型用于描述水合物结晶初期的非均质成核、快速生长阶段; Shrinking Core 模型用于描述水合物晶体向内扩散生长的缓慢阶段。整个结晶描述过程与水合物气体置换的快速表面置换阶段和随后的受 CO_2-扩散能力限制的缓慢置换阶段非常相似。

　　Avrami 模型和 Shrinking Core 模型的动力学描述方程如下所示。

Avrami 模型:

$$\beta = 1 - \exp\left(k_{\text{avr}} - t^{n_{\text{avr}}}\right) \tag{9.32}$$

Shrinking Core 模型:

$$(1-\beta)^{1/3} = \sqrt{2k_{\text{shr}}\left(t-t^*\right)}\Big/ r + \left(1-\beta^*\right)^{1/3} \tag{9.33}$$

式中, β 为随着时间 t 变化的置换率(任意时刻 t 的 $\beta = \eta_{\text{CH}_4}$); t^* 为 Shrinking Core 阶段开始时间(此处为置换过程中 CO_2 扩散限制阶段开始时间); β^* 为置换过程中 CO_2 扩散限制阶段开始时的置换率 $\eta_{\text{CH}_4}^*$; k_{avr}、k_{shr} 分别为 Avrami 阶段和 Shrinking Core 阶段的反应速率常数; n_{avr} 为 Avrami 指数; r 为缩核半径。

气态 CO_2 置换过程主要由两个阶段组成[表 9.5 和图 9.12(a)]: 符合 Avrami 模型的置换 I 阶段和符合 Shrinking Core 模型的置换 II 阶段。在置换 I 阶段(0~3h), CO_2 置换主要在 CH_4 水合物层表面发生, 该阶段置换速率快, CH_4 开采率占整个过程的 60%以上; 而随着置换反应的进行, 在置换 II 阶段(20~50h), CH_4 水合物层表面被 CO_2 置换后, 逐渐形成致密的 CH_4-CO_2 混合水合物。CO_2 向 CH_4 水合物内部扩散阻力增大, CH_4 开采反应速率降低, 此阶段的 CH_4 开采率仅占整个过程的 20%左右。

表 9.5　气态 CO_2 置换过程 Avrami 模型和 Shrinking Core 模型

置换过程	Avrami 模型		Shrinking Core 模型		
	k_{avr}	n_{avr}	t^*/h	β^*	$k_{\text{shr}}^* = -\sqrt{2k_{\text{shr}}}\big/r$
气态 CO_2 置换	0.0201	0.59787	3	0.0380	−0.0037

注: k_{shr}^* 表示 Shrinking Core 阶段的表观速率常数。

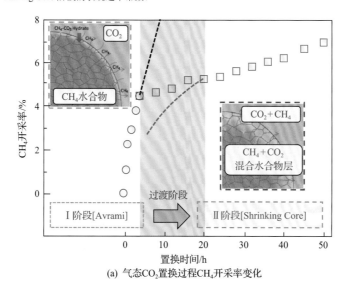

(a) 气态CO_2置换过程CH_4开采率变化

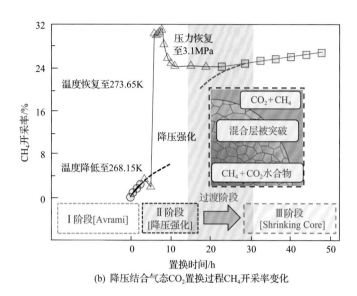

(b) 降压结合气态CO_2置换过程CH_4开采率变化

图 9.12　Avrami 模型及 Shrinking Core 模型探讨降压强化气体置换机制

在两个置换阶段之间，存在一个过渡区域（3～20h），CH_4 开采率低于 Avrami 模型拟合，高于 Shrinking Core 模型拟合，置换反应逐渐从快速表面置换向内部缩核扩散-缓慢置换过渡。综上所述，在过渡区域和置换 II 阶段，CH_4 水合物层表面逐渐形成的 CH_4-CO_2 混合水合物对 CO_2 向内扩散的阻碍，是制约整个置换反应速率的主要因素。

通过在过渡区域初期引入连续性降压，打破 CH_4-CO_2 混合水合物对 CO_2 的传质阻碍，保持孔隙通道连通性，增强 CO_2-水渗流扩散机制，加强后续置换阶段的 CH_4 开采率。降压强化气体置换 η_{CH_4} 时变规律的 Avrami 模型和 Shrinking Core 模型如表 9.6 所示，并将 CH_4 开采率时变规律和拟合曲线绘制在图 9.12（b）中。

表 9.6　降压强化置换开采过程 Avrami 模型和 Shrinking Core 模型

置换过程	Avrami 模型		Shrinking Core 模型		
	k_{avr}	n_{avr}	t^*/h	α^*	$k_{shr}^* = -\sqrt{2k_{shr}}/r$
降压控制强化气体置换	0.0235	0.49433	12	0.2453	−0.0172

降压强化置换开采主要由三个阶段组成：符合 Avrami 模型的置换 I 阶段、降压强化置换 II 阶段和符合 Shrinking Core 模型的置换III阶段。与气态 CO_2 置换一致，在置换 I 阶段（0～3h），主要发生快速表面置换；之后降压强化置换 II 阶段，引入连续性降压方式，置换温压条件处于 CH_4 水合物非稳态区域，水合物表面的 CH_4-CO_2 混合水合物部分分解，突破 CO_2 传质，发生深层次的 CO_2 置换，CH_4 开采率得到大幅度提升（从 2% 提升到 25% 左右）；当降压强化阶段结束后，置换反应经历与气态 CO_2 置换过程相似的过渡区域和内部缩核扩散-缓慢置换III阶段。该结果论证了气态降压控制强化气体置换的置换机制，为突破 CO_2-水合物层渗流扩散阻碍，提出相态调控加强 CH_4 水合物开采的新方法的发展提供了理论依据。

9.3.2 注热强化置换开采

水合物置换开采进程，可以划分为典型的快速表面置换阶段和内部缩核扩散-缓慢置换阶段。如图 9.13 所示，在置换中后期，设计注热阶段，并考虑到 CO_2 水合物相比于 CH_4 水合物具有更好的热力学稳定性，打破置换前期在水合物表面形成的 CH_4-CO_2 混合水合物层，增强 CO_2 向水合物内部的扩散，从而提升水合物气体置换。本节围绕 CO_2 置换注热强化开采方法，分析了多相态区置换开采 CH_4 开采率和 CO_2 封存率。

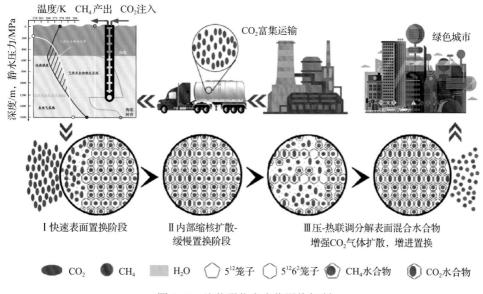

图 9.13 注热强化水合物置换机制

注热强化置换开采的流程如图 9.14(a)所示，在不同相态区域置换进行 4h 后，引入 2h 的注热结合置换阶段，置换温度首先升高至 279.15K，压力也会随之升高。最后将置换温度从 279.15K 降低至 273.65K，进行后续置换过程。水合物气体置换温度在 271.0K(冰点以下置换)和 273.65K 下展开，并针对液态 CO_2 置换、气态 CO_2 置换以及非稳定态 CH_4 水合物置换，结合注热强化过程[图 9.14(b)]，分析对比 CH_4 开采率和 CO_2 封存率。对于液态 CO_2 注热强化置换，如图 9.15(a)所示，CH_4 开采率达到 21.98%~63.28%，相对于传统的液态置换开采(CH_4 开采率为 9.70%~50.72%)，CH_4 开采率平均提升约 15%。这是因为在内部缩核扩散-缓慢置换阶段，引入的联合注热，使水合物表面的 CH_4-CO_2 混合水合物部分分解，CO_2 突破传质阻力向内部扩散，发生更深层次的水合物气体置换，CH_4 开采率被增强。另外，由于温、压条件的变化，注热强化置换从液态 CO_2 与 CH_4 水合物稳定区域变化为液态 CO_2 与 CH_4 水合物非稳定区域，对于水合物气体置换更加有利。

对于气态 CO_2 和非平衡态 CH_4 水合物注热强化置换，如图 9.15(b)和(c)所示，CH_4 开采率分别从 3.81%~45.43%(气态 CO_2 置换)增强至 11.55%~59.16%(气态 CO_2 注热强化置换)，从 37.56%~47.23%(非平衡态 CH_4 水合物置换)增强至 50.71%~64.63%(非平衡态 CH_4 水合物注热强化置换)，再次证实了注热强化置换在水合物开采上具有一定优势。

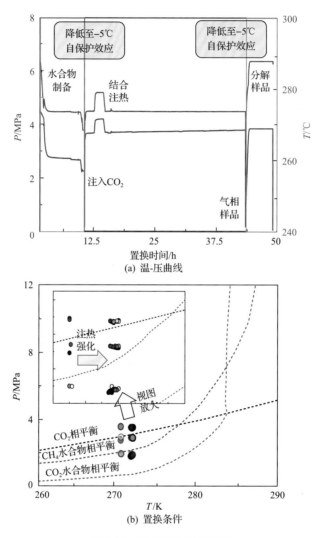

(a) 温-压曲线

(b) 置换条件

图 9.14 注热强化置换开采

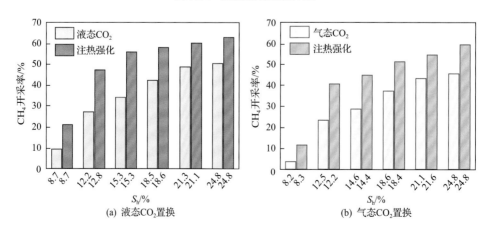

(a) 液态CO₂置换

(b) 气态CO₂置换

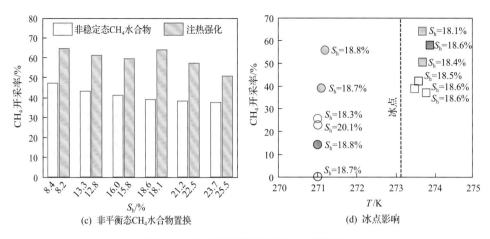

图 9.15　注热强化置换开采 CH₄ 开采率

图 9.15(d) 表示了冰点对注热强化不同相态区域置换 CH₄ 开采特性的影响：由于冰层对 CO_2 扩散的阻碍作用，冰点以下的 CH₄ 开采率极低；而注热强化后的 CH₄ 开采率相比于冰点以上提升更加明显。该结果表明注热强化置换对于永久冻土地带水合物资源的开采优势将更加明显。

对于液态 CO_2 注热强化置换封存 CO_2 而言，如图 9.16(a) 所示：在低水合物饱和度

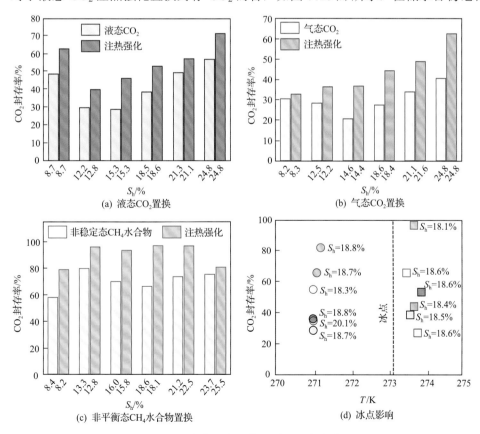

图 9.16　注热强化置换开采 CO_2 封存率

下，CO_2 主要以与自由水结合生成的 CO_2 水合物形式封存；在高水合物饱和度下，CO_2 主要参与置换并占据 CH_4 水合物中的大笼子形式封存。注热强化置换后，表面的 CH_4-CO_2 混合水合物被打破，发生深层次置换封存 CO_2 的同时，表面新分解产生的自由水与 CO_2 也结合生成 CO_2 水合物，进一步提升 CO_2 封存率。图 9.16(b) 所示的气态 CO_2 注热强化置换封存 CO_2 也有相同的规律。对于非稳定态 CH_4 水合物置换封存 CO_2 而言，如图 9.16(c) 所示：由于水合物的不稳定分解，CO_2 更多地与自由水结合生成 CO_2 水合物封存，注热强化置换使 CO_2 封存率增强至 79.23%~96.73%，进一步提高了置换封存 CO_2 实际应用的可能性。

图 9.16(d) 为结冰对注热强化置换 CO_2 封存率的影响，结果表明：结冰对于 CO_2 封存率影响较小，这是因为虽然冰层对 CO_2 扩散存在阻碍作用，难以发生 CH_4 水合物的置换，但是 CO_2 更容易与冰形成水合物实现封存。

由于引入的注热阶段需要对整个目标储层进行加热，存在能量耗散，可能成为注热强化水合物置换实际应用的制约因素。本节引入能源回收效率 ξ，对注热强化水合物置换的 CH_4 开采热效率和 CO_2 封存热效率进行评估：

$$\xi_{CH_4,enh} = \frac{V_{CH_4,enh} \times q_{CH_4}^v}{Q_{enh}} \tag{9.34}$$

$$\xi_{CO_2,enh} = \frac{n_{CO_2,enh} \times q_{CO_2}^n}{Q_{enh}} \tag{9.35}$$

式中，$\xi_{CH_4,enh}$ 和 $\xi_{CO_2,enh}$ 分别为强化阶段 CH_4 产出和 CO_2 封存的能源回收效率；$V_{CH_4,enh}$ 为强化阶段产出的 CH_4 累积产气量；$q_{CH_4}^v$ 为标准状况下单位体积 CH_4 气体燃烧热值（37640kJ/m^3）；$q_{CO_2}^n$ 为标准状况下单位摩尔 CO_2 气体封存平均消耗能量（350kJ/mol）；$n_{CO_2,enh}$ 为强化阶段封存的 CO_2 气体摩尔量；Q_{enh} 为强化阶段所消耗的能量，由以下公式进行表达：

$$\begin{cases} Q_{enh} = Q_{enh,rep} + Q_{enh,inp} \\ Q_{enh,rep} = n_{MH,diss} \cdot \Delta H_{MH,diss} + n_{CH,form} \cdot \Delta H_{CH,form} \\ Q_{enh,inp} = \delta Q \times (T_{heat} - T_0) \end{cases} \tag{9.36}$$

其中，$Q_{enh,rep}$ 为强化阶段置换所消耗的热量（近似认为由 CH_4 水合物分解热和 CO_2 水合物生成热组成）；$\Delta H_{MH,diss}$、$\Delta H_{CH,form}$ 分别为 CH_4 水合物的分解焓（54.49kJ/mol）和 CO_2 水合物的生成焓（–57.98kJ/mol）；$n_{MH,diss}$、$n_{CH,form}$ 分别为强化阶段分解的 CH_4 的物质的量和封存的 CO_2 的物质的量；$Q_{enh,inp}$ 为储层被加热所消耗的能量；T_0 为储层初始温度；T_{heat} 为储层被加热后的温度；δQ 为玻璃砂、固态 CH_4 水合物、液态水和气态 CO_2 所构成储层的热容，由以下公式进行计算：

$$\delta Q = C_{v,s}V_s + C_{n,w}n_w + C_{n,MH}n_{MH} + C_{n,CO_2}n_{CO_2} \tag{9.37}$$

式中，$C_{v,s}$、$C_{n,w}$、$C_{n,MH}$、C_{n,CO_2} 分别为玻璃砂、水、CH_4 水合物和 CO_2 的比热[分别为 1566.4kJ/($m^3 \cdot K$)、4200kJ/($mol \cdot K$)、223.5kJ/($mol \cdot K$)、27.5kJ/($mol \cdot K$)]；V_s 为玻璃砂的体积；n_w、n_{MH}、n_{CO_2} 分别为水、CH_4 水合物和 CO_2 的物质的量。

注热强化水合物置换的 CH_4 产出能源效率和 CO_2 封存能源效率如图 9.17 所示，通过回收产出 CH_4 气体，不同样品的能源效率达到 2.17%～22.92%；而通过封存 CO_2，总能源回收效率可达到 2.41%～34.48%，表明了注热强化置换将是一种潜在水合物开采方法。

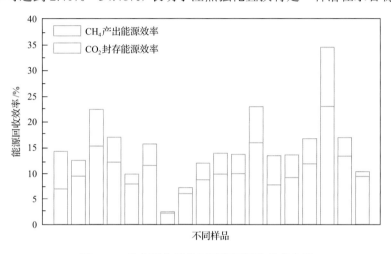

图 9.17　注热强化置换开采能源回收效率分析

9.3.3　抑制剂强化置换开采

由于抑制剂对水合物生成的抑制作用有很好的选择性，利用抑制剂强化置换开采是近年来提出的一种新型强化置换方式，通常认为该方式可以将置换效率缓慢的 CO_2-CH_4 置换过程强化为两个快速反应的过程：①热力学抑制剂下的 CH_4 水合物的快速分解；②CO_2 水合物的快速生成。最终解决单一 CO_2 置换过程中置换速率和效率较低的问题。

有学者提出可以将热力学抑制剂甲醇和 CO_2 连续注入储层中，以提升置换效率(图 9.18)[28,29]，具体思路是：由于含 CH_4 水合物的多孔介质具有较低的渗透率，首先注入甲醇溶液段塞，以分解水合物开采层入口处的 CH_4 水合物堵塞区域，为后续注入流体(甲醇+CO_2)在多孔介质中的流动扩散提供更好的渗流通道；其次利用双泵同时向水合物储层中注入甲醇+CO_2，进入快速置换分解产气阶段。

目前该方法尚处于研究思路提出阶段，国内外许多研究者正在进行相关研究，研究成果报道不多，其置换潜能和经济效益尚不清楚。此外，抑制剂法开采水合物所存在的抑制剂回收、污染环境等问题也一直是其大规模应用的制约因素。而 CO_2 置换开采水合物的最大优势在于环境友好以及维持储层稳定性，有望实现水合物安全、高效开采。联合抑制剂注入带来的负面效应，是否会成为其强化置换开采现场应用的限制，还需要进一步的深入研究。

图 9.18　抑制剂强化置换开采研究思路(改编自文献[29])

9.3.4　混合气置换开采

CO_2 只能置换 CH_4 水合物大笼子中的 CH_4，存在理论置换极限，而利用 CO_2+N_2 二元混合气体能够同时置换 CH_4 水合物大小笼子中的 CH_4，最终形成 CH_4、CO_2、N_2 的 sⅠ型水合物。由于 N_2 的分子尺寸较小，更容易形成 sⅡ型水合物结构，在热力学上相比于 CH_4 水合物和 CO_2 水合物的生成需要更加苛刻的温度、压力条件。本节将以 CO_2+N_2 置换开采水合物为例，对水合物混合气置换开采规律及影响机制进行论述，阐明混合气开采水合物的优势和潜力。

1. 混合气置换开采原理

水合物置换开采过程中，CO_2 分子优先取代大笼子中的 CH_4；由于 CO_2 分子直径过大，无法在小笼子中稳定存在，理论极限置换率为 75%。N_2 分子是已知笼形水合物中较小的客体分子，通过向 CH_4 水合物中加入 CO_2+N_2 二元混合物，大笼子中的 CH_4 被 CO_2 置换出的同时，小笼子中的 CH_4 被 N_2 驱替出，理论极限置换率达到 100%。

如图 9.19 所示，当 N_2 作为第二客体分子加入 CO_2 客体分子中时，其生成的混合水合物的相平衡曲线向 N_2 水合物的相平衡曲线靠近。随着 CO_2 和 N_2 比例的变化，其相平衡曲线在 N_2 和 CO_2 水合物之间变化。可以发现，在一定比例 CO_2 与 N_2 混合形成的水合

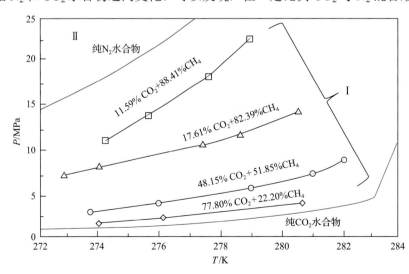

图 9.19　CO_2+N_2 混合水合物相平衡图(改编自文献[1])

物中，总存在比 CH_4 水合物具有更加温和的热力学相平衡区域。由于相平衡热力学差异的存在，当 CO_2-N_2 混合气注入 CH_4 水合物储层时，CH_4 水合物会转化为更稳定的混合水合物，同时释放出 CH_4 气体。

小客体分子 N_2 强化水合物置换开采的可行性主要取决于其在分子尺寸上的优势，N_2 分子与 CH_4 分子相比，分子更小，更加优先占据 sⅠ型水合物的小笼子。当进行 N_2+CO_2 置换开采水合物时，小客体分子 N_2 取代 CH_4 水合物小笼子(sⅠ-S)中的 CH_4 分子，而 CO_2 分子优先取代大笼子(sⅠ-L)中的 CH_4 分子。实验证明，使用气态 CO_2+N_2 混合气置换开采水合物，CH_4 回收率可达 85%，而同样条件下使用纯 CO_2 置换开采水合物，CH_4 回收率只有 64%[1](图 9.20)。此外，对于 sⅡ 和 sH 型水合物，N_2/CO_2 置换过程常常伴随着水合物晶体结构的转变，CH_4 开采率也受初始水合物的结构类型影响[2,4,30-33]，其 CH_4 开采率普遍较高(表 9.7)。

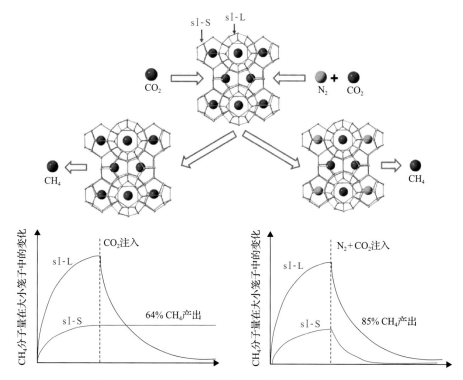

图 9.20　CO_2+N_2 混合气置换水合物原理(改编自文献[1])

表 9.7　注入气体类型、结构变化以及 CH_4 置换率[2,4,30-33]

初始结构	注入气体	CH_4 开采率%	结构变化	温度/K	压力/MPa
sⅠ	20% CO_2+80% N_2	85	—	274.15	3.5
sⅠ	50% CO_2+50% N_2	51	—	274	10
sⅡ	20% CO_2+80% N_2	92	sⅡ 转化为 sⅠ	274.15	12
sH	20% CO_2+80% N_2	92	sH 转化为 sⅠ	274.15	12

2. 氮气强化置换开采特性

N_2 强化水合物置换开采过程中，会受到气体组成成分、温度、压力、水合物饱和度等多方面环境条件的影响，本节利用置换后水合物相中残留的 CH_4 分子占有率这一特征参数，综合分析不同因素对 N_2 强化开采置换特性的影响，其主要反应条件参数如表 9.8 所示。

表 9.8　不同置换条件下的氮气强化开采

条件参数	CO2/N2 注入组分比例影响					
	S_{9-19}	S_{9-20}	S_{9-21}	S_{9-22}	S_{9-23}	S_{9-24}
压力/MPa	2.96	3.62	4.85	6.13	7.18	14.26
温度/K	273.7	273.7	273.6	273.5	273.8	273.4
CH_4 水合物饱和度 S_h^{ini} /%	23.1	22.8	21.7	23.0	22.4	22.5
$CO_2|N_2$ 气体成分	100%CO_2	79.35%CO_2+20.65%N_2	59.86%CO_2+40.14%N_2	49.79%CO_2+50.21%N_2	39.75%CO_2+60.25%N_2	20.04%CO_2+79.96%N_2
CO_2 注入分压力/MPa	2.96	2.87	2.90	3.05	2.85	2.86

条件参数	CH_4 水合物饱和度影响					
	S_{9-25}	S_{9-26}	S_{9-27}	S_{9-28}	S_{9-29}	S_{9-30}
压力/MPa	5.94	6.13	5.46	14.22	14.26	13.82
温度/K	273.4	273.5	273.7	273.0	273.9	274.0
CH_4 水合物饱和度 S_h^{ini} /%	13.9	22.8	35.0	14.0	23.0	31.2
CO_2+N_2 气体成分	49.79%CO_2+50.21%N_2	49.79%CO_2+50.21%N_2	49.79%CO_2+50.21%N_2	20.04%CO_2+79.96%N_2	20.04%CO_2+79.96%N_2	20.04%CO_2+79.96%N_2
CO_2 注入分压力/MPa	2.96	3.05	2.72	2.85	2.86	2.77

条件参数	压力影响					
	S_{9-34}	S_{9-35}	S_{9-36}	S_{9-37}	S_{9-38}	S_{9-39}
压力/MPa	3.36	4.35	5.39	6.13	6.38	7.00
温度/K	273.8	273.7	273.4	273.3	273.8	273.4
CH_4 水合物饱和度 S_h^{ini} /%	22.4	21.9	21.8	22.5	22.0	22.3
CO_2+N_2 气体成分	49.79%CO_2+50.21%N_2	49.79%CO_2+50.21%N_2	49.79%CO_2+50.21%N_2	49.79%CO_2+50.21%N_2	49.79%CO_2+50.21%N_2	49.79%CO_2+50.21%N_2
CO_2 注入分压力/MPa	1.67	2.18	2.68	3.05	3.18	3.51

条件参数	温度影响					
	S_{9-41}	S_{9-42}	S_{9-43}	S_{9-44}	S_{9-45}	S_{9-46}
压力/MPa	2.99	2.96	5.69	6.13	14.81	14.26
温度/K	271.2	273.4	271.0	273.8	271.1	273.4
CH_4 水合物饱和度 S_h^{ini} /%	23.0	22.8	22.5	22.7	22.8	22.6
CO_2+N_2 气体成分	100%CO_2	100%CO_2	50.12%CO_2+49.88%N_2	50.12%CO_2+49.88%N_2	20.04%CO_2+79.96%N_2	20.04%CO_2+79.96%N_2
CO_2 注入分压力/MPa	2.99	2.96	2.35	3.05	2.97	2.86

首先分析 CO_2/N_2 注入组分比例对混合气置换开采特性的影响。在相同的 CH_4 水合物饱和度(23%左右)、置换温度(273.65K 左右)以及 CO_2 注入分压力(2.9MPa 左右)等条件下闷罐持续进行 50h。不同比例的 CO_2 混合物选取为 100%、79.35%、59.86%、49.79%、39.75%和 20.04%(表 9.8);由于 CO_2/N_2 注入比例的变化,置换总压力也有所不同,分布于 2.96~14.26MPa。结果发现[图 9.21(a)],在闷罐置换开采 CH_4 水合物中,较小的 N_2 注入比例为最佳的置换条件($CO_2:N_2=4:1$)。然而,某些开放式驱替置换开采的研究结果表明,高比例的 N_2 反而有利于 CH_4 水合物的置换开采,CH_4 开采率最高可达 92%($CO_2:N_2=1:4$)[1]。这是因为:一方面,不断注入的 N_2 会使水合物沉积层中的自由水被驱替,防止孔隙中 CO_2 优先与自由水结合形成水合物阻碍置换;另一方面,持续注入的 N_2 会不断减少 CH_4 水合物气相分压力,从而使 CH_4 开采率得到提升。

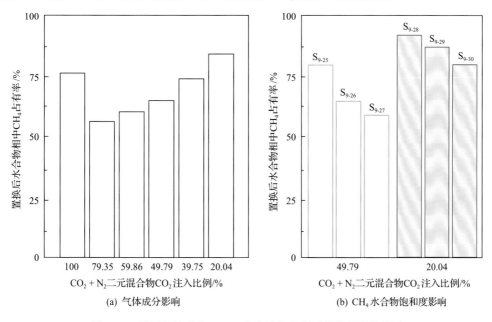

图 9.21　不同气体成分、CH_4 水合物饱和度对置换开采的影响

其次分析 CH_4 水合物饱和度对混合气置换开采特性的影响。选取 15%、25%、35% 三个饱和度条件,分别在 49.79% CO_2 与 20.04% CO_2 混合气注入下闷罐持续进行 50h(表 9.8)。结果发现[图 9.21(b)],随着 CH_4 水合物饱和度的增加,CH_4 水合物与 CO_2 的置换比表面积增大,置换后水合物相中残留的 CH_4 减少,开采率得到提升;可以预期的是,当 CH_4 水合物饱和度进一步增大到多孔介质中孔隙被大量 CH_4 水合物填充时,CO_2 和 N_2 的扩散阻力增大,反而会使 CH_4 开采率减小。尽管储层水合物饱和度在变化,但适当比例 N_2(此处为 $CO_2:N_2=1:1$)的引入均使水合物相中残留的 CH_4 占有率减少,开采率增加;而过量的 N_2(此处 $CO_2:N_2=1:4$)反而使被取代置换出的 CH_4 量减少。虽然水合物矿藏资源的 CH_4 水合物饱和度发生了变化,但小客体分子 N_2 引入的强化置换结果仍然有效。

温度和压力调控决定了水合物置换相态发生区域,会进一步对 CH_4 开采率和 CO_2 封存率产生影响。为分析置换压力对混合气置换开采特性的影响，在相同的 CH_4 水合物饱和度（22.0%左右）、置换温度（273.65K）以及混合气体成分（CO_2：N_2=1∶1）等条件下闷罐持续进行 50h。通过改变 CO_2 注入分压力（1.67～3.51MPa）并引起置换总压变化（3.36～7.00MPa），分析对比置换后水合物相中 CH_4 分子占有率变化，结果如图 9.22（a）所示：随着置换压力的增加，增强了孔隙内 CO_2 的渗流扩散，水合物相置换后残留的 CH_4 明显减少，置换 CH_4 开采率增强。这一现象在置换总压达到 7.00MPa 时更为明显，此时 CO_2 注入分压力（3.51MPa）到达液态 CO_2 置换条件，水合物相中残留的 CH_4 占有率进一步减少至 43%。

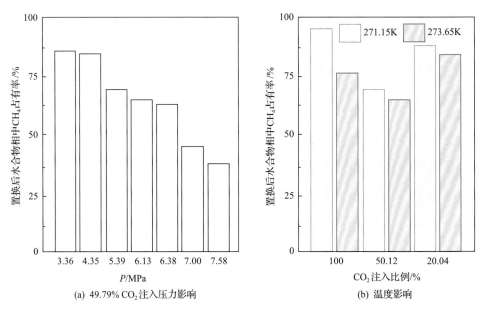

(a) 49.79% CO_2 注入压力影响   (b) 温度影响

图 9.22　不同压力、温度对置换开采的影响

接下来分析置换温度对混合气置换开采特性的影响。在相同的 CH_4 水合物饱和度（22.0%左右）、CO_2 注入分压力（2.9MPa左右）闷罐持续进行50h，对比不同混合气体（100% CO_2、50.12% CO_2 以及 20.04% CO_2）注入比例下温度（271.15K 和 273.65K）对置换开采 CH_4 的影响，结果如图 9.22（b）所示：对于纯 CO_2 置换开采，由于冰层对 CO_2 扩散的阻碍作用，冰点对于置换开采的效率影响较为显著，置换后水合物相中 CH_4 占有率存在较大差异。随着小客体分子 N_2 的引入，冰点影响有所减小。这可能是由于加入的 N_2 在冰点以下的扩散能力依然较强，且低温环境有利于 CO_2+N_2 混合水合物的生成，对置换开采 CH_4 的影响减小。这表明了小客体分子 N_2 引入强化水合物置换的另一个潜在优势，即对永久冻土层的水合物开采。然而该现象从未在相关的文献中出现，需要在后续的研究中做进一步探索。

此外，N_2 强化气态 CO_2 置换时变规律如图 9.23 所示：混合气置换开采水合物仍然包含表面快速置换和缓慢内部置换两个阶段，混合水合物层对气体传质扩散的阻碍依旧是置换开采的主要制约因素。因此，在混合气置换开采 CH_4 水合物的过程中，建议考虑加入降压或注热阶段强化。图 9.23（b）为气态置换区域两个样品置换开采最终的 CH_4 开采

率和 CO_2 封存率，N_2 强化后的 CH_4 开采量有比较明显的提升，而 CO_2 封存量增加比较少。这是因为引入的小客体分子 N_2 主要增强了 5^{12} 小笼子中 CH_4 的开采，而对 CO_2 的封存无明显提升。

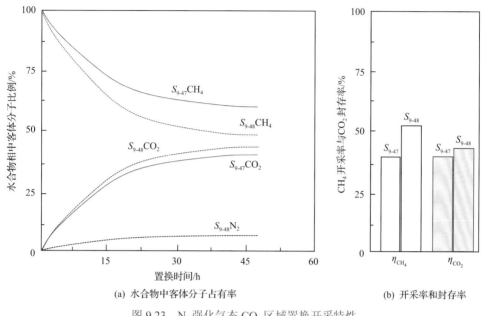

(a) 水合物中客体分子占有率　　　　(b) 开采率和封存率

图 9.23　N_2 强化气态 CO_2 区域置换开采特性

3. 混合气置换开采展望

尽管小客体分子 N_2 强化置换开采在近年来才逐渐被研究，相比于纯 CO_2 置换开采水合物，目前还缺乏系统的研究，但是，这种方法有望能实现水合物的安全、高效开采。首先 CO_2 结合 N_2 置换开采水合物是一个环境友好的过程，可以避免水合物直接分解产生大量自由水并引起储层安全问题；其次，烟道气废气(20% CO_2+80% N_2)可以作为 N_2 强化置换开采的直接原料，这样可以减少烟道气等废气在气体分离的成本，并可以实现其直接封存；再次，N_2 可以强化置换开采水合物，提高 CH_4 产气效率；最后，结合 N_2 注入可以解决 CO_2 直接注入置换的一些工程隐患，比如纯 CO_2 在注入水合物储层中容易引起 CO_2 液化，生成 CO_2 水合物造成管道堵塞问题，而在结合 N_2 注入时可以有效控制这个问题[1]。

2012 年 5 月，在美国阿拉斯加北坡普拉德霍湾油田，由美国康菲石油公司、日本国家石油天然气和金属公司以及美国能源部合作进行了水合物气体置换现场试采。整个现场试采过程在 CH_4 水合物的相平衡之上进行，向储层中注入了 23% CO_2+77% N_2 的混合气，最终累计产 CH_4 气体 2000m^3，但并未提及 CO_2 的封存效率。Baldwin 等利用 MRI 成像进行了前期的实验研究[1]，研究结果发现置换过程中并未出现大量的自由水，且孔隙中的残余水会随着混合气体的注入流出岩心，这些结果说明，N_2+CO_2 混合气注入置换开采水合物的另一潜在优势可能是利用 N_2 的注入驱替岩心中的自由水，避免 CO_2 与自由水生成大量 CO_2 水合物堵塞孔隙通道，从而阻碍置换开采水合物的进程。

　　水合物置换开采过程的微观结构可视化和原位力学特性变化分析,对于探究置换相界面动态变化时空特性、评价置换开采可行性和解析储层稳定性具有重要意义,目前尚未有相关成熟的研究方法和结果报道。同时,水合物置换开采过程分解前沿界面和客体分子交换的相互作用目前在国际上仍存在很大分歧,需要得到更多的研究关注。

参 考 文 献

[1] Koh D Y, Kang H, Lee J W, et al. Energy-efficient natural gas hydrate production using gas exchange. Applied Energy, 2016, 162: 114-130.

[2] Lee H, Seo Y, Seo Y T, et al. Recovering methane from solid methane hydrate with carbon dioxide. Angewandte Chemie-International Edition, 2003, 42(41): 5048-5051.

[3] 沈治涛. CH₄-CO₂水合物沉积物力学性质研究. 大连: 大连理工大学, 2015.

[4] Park Y, Kim D Y, Lee J W, et al. Sequestering carbon dioxide into complex structures of naturally occurring gas hydrates. Proceedings of the National Academy of Sciences of the United States of America, 2006, 103(34): 12690-12694.

[5] Sloan Jr E D, Koh C A. Clathrate Hydrates of Natural Gases. 3rd ed. New York: CRC press, 2007.

[6] Ota M, Abe Y, Watanabe M, et al. Methane recovery from methane hydrate using pressurized CO₂. Fluid Phase Equilibria, 2005, 228: 553-559.

[7] Handa Y P, Stupin D. Thermodynamic properties and dissociation characteristics of methane and propane hydrates in 70-angstrom-radius silica-gel pores. Journal of Physical Chemistry, 1992, 96(21): 8599-8603.

[8] Anderson G K. Enthalpy of dissociation and hydration number of carbon dioxide hydrate from the clapeyron equation. Journal of Chemical Thermodynamics, 2003, 35(7): 1171-1183.

[9] Ota M, Saito T, Aida T, et al. Macro and microscopic CH₄-CO₂ replacement in CH₄ hydrate under pressurized CO₂. Aiche Journal, 2007, 53(10): 2715-2721.

[10] 颜克凤, 李小森, 陈朝阳, 等. 二氧化碳置换开采天然气水合物研究. 现代化工, 2012, 32(8): 42-49.

[11] 王金宝, 郭绪强, 陈光进, 等. 二氧化碳置换法开发天然气水合物的实验研究. 高校化学工程学报, 2007, (4): 715-719.

[12] Lee B R, Koh C A, Sum A K. Quantitative measurement and mechanisms for CH₄ production from hydrates with the injection of liquid CO₂. Physical Chemistry Chemical Physics, 2014, 16(28): 14922-14927.

[13] Komatsu H, Ota M, Smith R L, et al. Review of CO₂-CH₄ clathrate hydrate replacement reaction laboratory studies-properties and kinetics. Journal of the Taiwan Institute of Chemical Engineers, 2013, 44(4): 517-537.

[14] Demirbas A. Methane hydrates as potential energy resource: Part 2-methane production processes from gas hydrates. Energy Conversion and Management, 2010, 51(7): 1562-1571.

[15] Waite W F, Santamarina J C, Cortes D D, et al. Physical properties of hydrate-bearing sediments. Reviews of Geophysics, 2009, 47: RG4003.

[16] Pandey J S, von Solms N. Hydrate stability and methane recovery from gas hydrate through CH₄-CO₂ replacement in different mass transfer scenarios. Energies, 2019, 12(12): 2309.

[17] Li B, Xu T F, Zhang G B, et al. An experimental study on gas production from fracture-filled hydrate by CO₂ and CO₂/n-2 replacement. Energy Conversion and Management, 2018, 165: 738-747.

[18] Jung J W, Espinoza D N, Santamarina J C. Properties and phenomena relevant to CH₄-CO₂ replacement in hydrate-bearing sediments. Journal of Geophysical Research-Solid Earth, 2010, 115: B10102.

[19] Goel N. In situ methane hydrate dissociation with carbon dioxide sequestration: Current knowledge and issues. Journal of Petroleum Science and Engineering, 2006, 51(3-4): 169-184.

[20] Zhang L X, Yang L, Wang J Q, et al. Enhanced CH₄ recovery and CO₂ storage via thermal stimulation in the CH₄/CO₂ replacement of methane hydrate. Chemical Engineering Journal, 2017, 308: 40-49.

[21] Zhao J F, Zhang L X, Chen X Q, et al. Experimental study of conditions for methane hydrate productivity by the CO_2 swap method. Energy & Fuels, 2015, 29(11): 6887-6895.

[22] Zhao J F, Zhang L X, Chen X Q, et al. Combined replacement and depressurization methane hydrate recovery method. Energy Exploration & Exploitation, 2016, 34: 129-139.

[23] 陈光进, 孙长宇, 马庆兰. 气体水合物科学与技术. 第 2 版. 北京: 化学工业出版社, 2007.

[24] Zhou X T, Fan S S, Liang D Q, et al. Determination of appropriate condition on replacing methane from hydrate with carbon dioxide. Energy Conversion and Management, 2008, 49(8): 2124-2129.

[25] Yuan Q, Wang X H, Dandekar A, et al. Replacement of methane from hydrates in porous sediments with CO_2-in-water emulsions. Industrial & Engineering Chemistry Research, 2014, 53(31): 12476-12484.

[26] McGrail B, Zhu T, Hunter R, et al. A new method for enhanced production of gas hydrates with CO_2. AAPG Hedberg Conference, 2004: 12-16.

[27] 张伦祥. 天然气水合物相变微观特性与气体置换机制研究. 大连: 大连理工大学, 2019.

[28] Zhang L X, Zhao J F, Dong H S, et al. Magnetic resonance imaging for in-situ observation of the effect of depressurizing range and rate on methane hydrate dissociation. Chemical Engineering Science, 2016, 144: 135-143.

[29] Khlebnikov V, Antonov S, Mishin A, et al. A new method for the replacement of CH_4 with CO_2 in natural gas hydrate production. Natural Gas Industry B, 2016, 3(5): 445-451.

[30] Khlebnikov V, Gushchin P, Antonov S, et al. Methane hydrate, gas production from hydrates, replacement method, thermodynamic hydrate inhibitor. Earth, 2018, 22(2): 35-43.

[31] Schicks J M, Luzi M, Beeskow-Strauch B. The conversion process of hydrocarbon hydrates into CO_2 hydrates and vice versa: Thermodynamic considerations. Journal of Physical Chemistry A, 2011, 115(46): 13324-13331.

[32] Shin K, Park Y, Cha M J, et al. Swapping phenomena occurring in deep-sea gas hydrates. Energy & Fuels, 2008, 22(5): 3160-3163.

[33] Matsui H, Jia J H, Tsuji T, et al. Microsecond simulation study on the replacement of methane in methane hydrate by carbon dioxide, nitrogen, and carbon dioxide-nitrogen mixtures. Fuel, 2020, 263: 116640.

第 10 章

天然气水合物开采储层稳定性

水合物开采会引起沉积物内各相物质交换及各个物理场变化。以降压开采为例，井筒降压引起地层内部孔压梯度变化，驱动流体在多孔介质中渗流；而渗流会带走沉积层中的热量，引起热对流；同时，降压引起有效应力的提高，导致沉积层发生变形。因此，水合物开采是一个多场耦合的过程。本章主要从储层稳定性的角度出发，模拟开采过程中储层内各物理量的变化，解析它们之间的耦合关系，建立耦合多物理场的计算模型，进而对储层稳定性进行评价。本章基于前面所介绍的水合物沉积物渗流、传热、力学和化学特性，结合水合物沉积物物理、力学实验研究成果，集合描述水合物开采各物理过程主要控制方程，应用多场耦合有限单元法，建立水合物开采过程地层多场耦合响应分析数值模型，对水合物开采过程多场耦合作用下的储层稳定性进行分析，并应用该模型模拟我国南海水合物边坡水平井开采过程，给出水合物开采对边坡稳定性影响的评价[1]。

10.1 天然气水合物沉积物临界状态本构模型

水合物储层稳定性的关键问题是如何描述多场耦合作用下水合物储层受力变形规律。在岩土力学中，往往通过建立岩土本构模型来描述岩土体应力-应变关系。根据水合物沉积物力学实验研究成果可以发现，与其他沉积物相比，水合物沉积物的应力-应变关系以及剪胀关系不仅与有效应力状态、温度、应力和变形历史以及颗粒组成、孔隙形态等相关，同时还受到水合物饱和度、水合物赋存形态等因素的影响。因此，有必要建立一套适用于水合物沉积物的本构模型。与其他类型的沉积物相似，水合物沉积物也存在明显的临界状态，但不同的是，水合物沉积物的临界状态与沉积物内水合物胶结结构相关。传统的塑性本构模型虽然能够描述应力-应变特性，但多是基于德鲁克假设和塑性势假设，屈服函数、流动法则和硬化规律是相互独立的，并且有时会存在冲突，这种冲突往往会导致模型不满足热力学第二定律。为了使模型能够自动满足热力学第二定律，本节模型中的屈服函数与流动法则由耗散函数导出，硬化规律由自由能函数的塑性部分给出，使整个框架严格满足广义热力学定律。因此本节基于能量耗散理论，考虑了水合物对沉积物应力-应变关系及剪胀关系的影响，建立了水合物沉积物的临界状态本构模型[1,2]。剪胀关系可以通过耗散函数推导出来而不需要进行塑性势的假设。相对于传统的水合物沉积物临界状态模型，该模型考虑了屈服面剪胀和剪缩部分不等的情况，并且能够模拟非椭圆型屈服面。

10.1.1　耗散函数与流动法则

根据 Collins 和 Hilder[3]的建议，临界状态模型的耗散函数 $\delta\varphi$ 可以写成椭圆形式：

$$\delta\varphi = \left[A^2 \left(\mathrm{d}\varepsilon_{\mathrm{v}}^{\mathrm{p}} \right)^2 + B^2 \left(\mathrm{d}\varepsilon_{\mathrm{s}}^{\mathrm{p}} \right)^2 \right]^{1/2} \tag{10.1}$$

式中，A 和 B 为关于应力和硬化参数的函数；体积塑性应变 $\varepsilon_{\mathrm{v}}^{\mathrm{p}}$ 与广义剪应变 $\varepsilon_{\mathrm{s}}^{\mathrm{p}}$ 分别为与平均耗散应力 π' 与耗散偏应力 τ 的共轭变量。该形式保证了耗散函数为正，即耗散函数满足热力学第二定律，根据 Ziegler 假设[4]，可以给出耗散应力的表达式：

$$\pi' = \frac{\partial \delta\varphi}{\partial \mathrm{d}\varepsilon_{\mathrm{v}}^{\mathrm{p}}} = \frac{A^2 \mathrm{d}\varepsilon_{\mathrm{v}}^{\mathrm{p}}}{\delta\varphi} \tag{10.2}$$

$$\tau = \frac{\partial \delta\varphi}{\partial \mathrm{d}\varepsilon_{\mathrm{s}}^{\mathrm{p}}} = \frac{B^2 \mathrm{d}\varepsilon_{\mathrm{s}}^{\mathrm{p}}}{\delta\varphi} \tag{10.3}$$

应力不变量与耗散应力之间的关系满足 $\pi'=P'-\rho'$ 和 $\tau=q-\xi$，其中，ρ' 是平均转移应力，它决定了硬化规律，ξ 是转移偏应力。应力不变量与耗散应力不变量之间的关系可以由自由能的弹塑性解耦假设导出[5]。由于该模型为各向同性模型，转移偏应力为 0，P' 是平均有效应力，q 是偏应力。因此，屈服面可以将耗散应力与塑性应变增量的关系代入耗散函数中，得到

$$\frac{\left(P' - \rho' \right)^2}{A^2} + \frac{q^2}{B^2} = 1 \tag{10.4}$$

而根据能量耗散理论，流动法则可以由耗散函数直接给出：

$$D = \mathrm{d}\varepsilon_{\mathrm{v}}^{\mathrm{p}} / \mathrm{d}\varepsilon_{\mathrm{s}}^{\mathrm{p}} = \frac{\left(P' - \rho' \right) B^2}{q A^2} \tag{10.5}$$

当 $P'<\rho'$ 时，$D<0$，沉积物表现为剪胀；当 $P'>\rho'$ 时，$D>0$，沉积物表现为剪缩；当 $P'=\rho'$ 时，$D=0$，沉积物表现为临界状态。

Collins 和 Houlsby[5]提出，塑性应变增量是屈服面在耗散应力空间中对耗散应力的导数，而在真实应力空间中可以写为

$$\mathrm{d}\varepsilon^{\mathrm{p}} = \Lambda \frac{\partial \left(f\left(\boldsymbol{\sigma}', \varepsilon^{\mathrm{p}} \right) - \overline{f}\left(\boldsymbol{\sigma}', \varepsilon^{\mathrm{p}}, \boldsymbol{\chi} \right) \right)}{\partial \boldsymbol{\sigma}'} \tag{10.6}$$

式中，$\boldsymbol{\sigma}'$ 为有效应力；ε^{p} 为塑性应变；$f\left(\boldsymbol{\sigma}', \varepsilon^{\mathrm{p}} \right)$ 是在真实应力空间中表示的屈服面；$\overline{f}\left(\boldsymbol{\sigma}', \varepsilon^{\mathrm{p}}, \boldsymbol{\chi} \right)$ 是在耗散应力空间中表示的屈服面；Λ 是塑性乘子；$\boldsymbol{\chi}$ 是耗散应力。可以定义

函数 F：

$$F = f\left(\boldsymbol{\sigma}', \varepsilon^{\mathrm{p}}\right) - \bar{f}\left(\boldsymbol{\sigma}', \varepsilon^{\mathrm{p}}, \boldsymbol{\chi}\right) \tag{10.7}$$

本节没有导出 F 的具体形式，因为可以根据剪胀函数来给出塑性流动规律。需要指出的是，F 不是传统的塑性势函数，而仅仅是真实应力空间中的屈服函数与耗散应力空间中的屈服函数之差。由于屈服面是由耗散函数导出的，该屈服面和流动法则可自动满足热力学第二定律[3]。

对于 P'-q 应力空间的屈服面有

$$\mathrm{d}\varepsilon_{\mathrm{v}}^{\mathrm{p}} = \varLambda \partial F / \partial P' \tag{10.8}$$

$$\mathrm{d}\varepsilon_{\mathrm{s}}^{\mathrm{p}} = \varLambda \partial F / \partial q \tag{10.9}$$

联合剪胀函数 D，可以得到

$$\partial F / \partial P' = D \cdot \partial F / \partial q \tag{10.10}$$

$$\mathrm{d}\boldsymbol{\varepsilon}^{\mathrm{p}} = \varLambda \frac{\partial F}{\partial \boldsymbol{\sigma}'} = \varLambda \left(\frac{\partial F}{\partial P'} \frac{\partial P'}{\partial \boldsymbol{\sigma}'} + \frac{\partial F}{\partial q} \frac{\partial q}{\partial \boldsymbol{\sigma}'} \right) = \varLambda \frac{\partial F}{\partial q} \left(D \frac{\partial P'}{\partial \boldsymbol{\sigma}'} + \frac{\partial q}{\partial \boldsymbol{\sigma}'} \right) \tag{10.11}$$

设 $\varLambda' = \varLambda \partial F / \partial q$，$\varLambda' = \varLambda \dfrac{\partial F}{\partial q}$ 和 $\boldsymbol{d} = D \dfrac{\partial P'}{\partial \boldsymbol{\sigma}'} + \dfrac{\partial q}{\partial \boldsymbol{\sigma}'}$，可以得到

$$\mathrm{d}\varepsilon_{\mathrm{v}}^{\mathrm{p}} = \varLambda' \tag{10.12}$$

$$\mathrm{d}\varepsilon_{\mathrm{s}}^{\mathrm{p}} = \varLambda'D \tag{10.13}$$

$$\mathrm{d}\boldsymbol{\varepsilon}^{\mathrm{p}} = \varLambda'\boldsymbol{d} \tag{10.14}$$

式中，$\boldsymbol{d}$ 为塑性流变方向。

10.1.2 硬化规律

随着饱和度和密度的增加，与体变相关的屈服应力也会变化，这可以由体积硬化规律给出。Uchida 等[6]提出了水合物沉积物的双硬化规律参数模型。其中，描述水合物饱和度对沉积物剪胀特性和黏聚力影响的硬化参数分别为 P_{cs}'、P_{cc}' 和 P_{cd}'。P_{cs}' 作为沉积物先期固结压力与修正剑桥模型采用的是相同的硬化规律表达式。如图 10.1 所示，相对于传统的屈服面，水合物沉积物的屈服面因为引入了 P_{cc}' 和 P_{cd}' 这两个硬化参数使其屈服面变大。

正如之前所述，平均有效应力和平均转移应力的相对大小控制了剪胀和剪缩特性，由于屈服面在 P'、q 空间中是一个闭合的曲线，平均有效应力一定为该曲线上对应的最大平均有效应力和最小平均有效应力之间的某个数。利用插值的方法给出平均有效应力的表达式：

$$\rho' = \frac{1}{2}\gamma\left(P'_{cc} + P'_{cd} + P'_{cs}\right) - \left(1 - \frac{\gamma}{2}\right)P'_{cc} \tag{10.15}$$

式中，γ 为一个插值系数，决定了屈服面上剪胀部分与剪缩部分的占比；P'_{cc}、P'_{cd}、P'_{cs} 均为硬化参数。

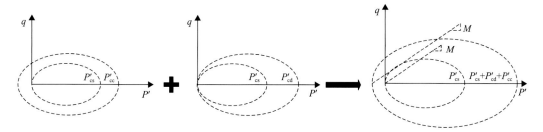

图 10.1　引入两个硬化参数描述胶结与密度变化对屈服面的影响

与修正剑桥模型相同，先期固结压力的表达式为

$$dP'_{cs} = \frac{\nu P'_{cs}}{\lambda - \kappa}d\varepsilon_v^p \tag{10.16}$$

式中，λ 为正常固结曲线的对数斜率；κ 为卸载曲线的对数斜率；ν 为孔隙比。

水合物的存在一方面使得沉积物密度增加，另一方面使得沉积物骨架形成胶结结构，使其表现为一种结构性土的特性。水合物密度的增加主要体现在其饱和度的变化对整体变形的影响，故水合物饱和度在硬化规律中起重要的作用，而沉积物胶结结构的变化一方面产生于外部剪切荷载对胶结结构的作用，另一方面产生于水合物分解或形成对水合物饱和度的影响。为了描述水合物沉积物这一特性，Uchida 等[6]提出了力学饱和度 S_h^{mec}，并假设其与水合物相关的两个硬化参数分别表示为

$$P'_{cc} = c\left(S_h^{mec}\right)^d \tag{10.17}$$

$$P'_{cd} = a\left(S_h^{mec}\right)^b \tag{10.18}$$

式中，a、b、c、d 均为拟合参数。

为描述剪切引起的胶结结构破坏，Uchida 等[6]同时引入了结构因子 χ，令 χ 满足：

$$\chi = \chi_0 \exp\left(-m\varepsilon_s^p\right) \tag{10.19}$$

式中，χ_0 为初始结构因子；m 为拟合参数。

即随着剪切的进行，χ 从 χ_0 降到 0。Lin 等[7]提出了一个广义饱和度的概念，引入 χ_2 来区分不同的水合物赋存形态的影响。然而，真实的实验很难界定究竟哪一部分水合物是孔隙填充型的，哪一部分是胶结型的，而且不同水合物赋存形态相互转化，所以完全区分它们是很难做到的。故本节采用了 Uchida 等[6]提出的力学饱和度的形式：

$$S_h^{mec} = \chi S_h \tag{10.20}$$

对式(10.17)~式(10.20)给出微分形式:

$$dP_{cc}' = cd \left(S_h^{mec} \right)^{d-1} dS_h^{mec} \tag{10.21}$$

$$dP_{cd}' = ab \left(S_h^{mec} \right)^{b-1} dS_h^{mec} \tag{10.22}$$

$$dS_h^{mec} = \chi dS_h - m S_h^{mec} d\varepsilon_s^p \tag{10.23}$$

$$d\chi = -m\chi d\varepsilon_s^p \tag{10.24}$$

式中，S_h 为水合物饱和度。

综上所述，P_{cc}' 和 P_{cd}' 可以用来描述水合物的存在对强度的提高，以及沉积物受剪切时结构的破坏带来的强度衰减。如图 10.1 所示，P_{cc}' 同时扩大了屈服面的左右两边，这使得模型可以描述水合物的存在对沉积物黏聚强度的提高，P_{cd}' 只扩大了屈服面的右边。这样，当沉积物在给定平均有效应力条件下屈服时，模型可以给出更大的剪胀角，可以模拟水合物的存在使沉积物表现更明显的剪胀特性。

10.1.3 真实应力空间中的屈服面

屈服面的具体函数形式需要满足以下几个条件：
(1)当 $q=0$ 时，在拉方向上，满足 $P' = -P_{cc}'$；
(2)当 $q=0$ 时，在压方向上，满足 $P' = P_{cc}' + P_{cd}' + P_{cs}'$；
(3)当 $P'=\rho'$ 时，屈服面与临界状态线相交：$q/M = \rho' + P_{cc}'$。
设 $A = a_1 P' + a_2 q + a_3 P_{cc}' + a_4 P_{cd}' + a_5 P_{cs}'$，$B = b_1 P' + b_2 q + b_3 P_{cc}' + b_4 P_{cd}' + b_5 P_{cs}'$，代入上述条件，可以得到

$$A = (1-\gamma)P' + \frac{1}{2}\gamma \left(P_{cd}' + P_{cs}' \right) + P_{cc}' \tag{10.25}$$

$$B = (1-\alpha)MP' + \alpha M\rho' + MP_{cc}' \tag{10.26}$$

式中，M 为临界状态线的斜率；γ 为一个比例系数，用于调整临界状态点在屈服面上的位置，也就是屈服面上剪胀部分与剪缩部分的分界点；a_1、a_2、a_3、a_4、a_5、b_1、b_2、b_3、b_4、b_5 均为待定系数；α 的物理意义可以通过将屈服面对 P' 和 q 进行偏微分得到

$$\left[\frac{2(P'-\rho')}{A^2} - 2\frac{(P'-\rho')^2}{A^3}(1-\gamma) - 2\frac{q^2}{B^3}(1-\alpha)M \right]dP' + 2\frac{q}{B^2}dq = 0 \tag{10.27}$$

将 $P'=\rho'$，$q=B$ 代入式(10.27)可得：$dq/dP'=\pm(1-\alpha)M$。可以看出，α 用于描述临界状态处屈服面函数曲线的斜率。将 A 和 B 的表达式代入式(10.27)，可以得到

$$\frac{\left[P' - \dfrac{1}{2}\gamma\left(P'_{cc} + P'_{cd} + P'_{cs}\right) + \left(1 - \dfrac{\gamma}{2}\right)P'_{cc}\right]^2}{\left[(1-\gamma)P' + \dfrac{1}{2}\gamma\left(P'_{cd} + P'_{cs}\right) + P'_{cc}\right]^2} + \frac{q^2}{\left[(1-\alpha)MP' + \alpha M\rho' + MP'_{cc}\right]^2} = 1 \tag{10.28}$$

当 $\gamma = 1$，$\alpha = 1$ 时，可以得到

$$M^2\left(P' + P'_{cc}\right)\left(P' - P'_{cc} - P'_{cd} - P'_{cs}\right) + q^2 = 1 \tag{10.29}$$

式 (10.29) 是一个椭圆形屈服面，与 Uchida 等[6]的屈服面具有相同的形式。当考虑非线性应力-应变关系时，需要引入 Hashiguchi[8]提出的次加载面的概念，加入次加载面后屈服面的表达式变为

$$\frac{\left[P' - \dfrac{1}{2}\gamma\left(P'_{cc} + P'_{cd} + P'_{cs}\right)R + R\left(1 - \dfrac{\gamma}{2}\right)P'_{cc}\right]^2}{\left[(1-\gamma)P' + \dfrac{1}{2}\gamma R\left(P'_{cd} + P'_{cs}\right) + P'_{cc}\right]^2} + \frac{q^2}{\left[(1-\alpha)MP' + \alpha MR\rho' + RMP'_{cc}\right]^2} = 1 \tag{10.30}$$

式中，R 为屈服面内当前应力状态与对应屈服面应力状态的比值，其演化规律为

$$dR = -u \ln R \left| d\varepsilon^p \right| \tag{10.31}$$

式中，u 为一个描述应力比演化规律的比例系数；$\left| d\varepsilon^p \right|$ 为由 Hashiguchi[8]在 1998 年提出的塑性应变张量的大小。

10.1.4 弹性关系与弹塑性关系

假设弹性剪切模量与水合物力学饱和度的关系满足线性关系：

$$G = \frac{3K(1-2\mu)}{2(1+\mu)} + m_2 S_h^{mec} \tag{10.32}$$

式中，$K = \dfrac{\nu P'}{\kappa}$，$\nu$ 为孔隙比；μ 为泊松比；m_2 用来描述水合物饱和度对剪切模量的影响。

由一致性法则可得

$$df = \frac{\partial f}{\partial \boldsymbol{\sigma}'} : d\boldsymbol{\sigma}' + \frac{\partial f}{\partial P'_{cc}} dP'_{cc} + \frac{\partial f}{\partial P'_{cd}} dP'_{cd} + \frac{\partial f}{\partial P'_{cs}} dP'_{cs} + \frac{\partial f}{\partial R} dR = 0 \tag{10.33}$$

式中，f 为屈服面。

联立弹塑性假设：$d\boldsymbol{\varepsilon} = d\boldsymbol{\varepsilon}^e + d\boldsymbol{\varepsilon}^p$，可以重新书写式 (10.33) 得

$$df = \frac{\partial f}{\partial \boldsymbol{\sigma}'} : \boldsymbol{E}^e : \left(d\boldsymbol{\varepsilon} - d\boldsymbol{\varepsilon}^p\right) + \frac{\partial f}{\partial P'_{cc}} dP'_{cc} + \frac{\partial f}{\partial P'_{cd}} dP'_{cd} + \frac{\partial f}{\partial P'_{cs}} dP'_{cs} + \frac{\partial f}{\partial R} dR = 0 \tag{10.34}$$

式中，E^e 为弹性模量矩阵。

将式(10.21)～式(10.24)以及式(10.31)代入式(10.33)中，可以得到

$$
\frac{\partial f}{\partial \boldsymbol{\sigma}'} : \boldsymbol{E}^e : \left(d\boldsymbol{\varepsilon} - d\boldsymbol{\varepsilon}^p\right) + \frac{\partial f}{\partial P_{cc}'} cd\left(S_h^{mec}\right)^{d-1}\left(\chi dS_h - m S_h^{mec} d\varepsilon_s^p\right) +
$$
$$
\frac{\partial f}{\partial P_{cd}'} ab\left(S_h^{mec}\right)^{b-1}\left(\chi dS_h - m S_h^{mec} d\varepsilon_s^p\right) + \frac{\partial f}{\partial P_{cs}'} \frac{\nu P_{cs}'}{\lambda - \kappa} d\varepsilon_v^p + \frac{\partial f}{\partial R} u \ln R \left|d\varepsilon^p\right| = 0
$$

(10.35)

然后使用方程式(10.12)～式(10.14)替换相关的项，可以解出

$$
\Lambda' = \frac{\dfrac{\partial f}{\partial \boldsymbol{\sigma}'} : \boldsymbol{E}^e : d\boldsymbol{\varepsilon} + \left[\dfrac{\partial f}{\partial P_{cc}'} cd\left(S_h^{mec}\right)^{d-1} + \dfrac{\partial f}{\partial P_{cd}'} ab\left(S_h^{mec}\right)^{b-1}\right]\chi dS_h}{\dfrac{\partial f}{\partial \boldsymbol{\sigma}'} : \boldsymbol{E}^e : \boldsymbol{d} + \dfrac{\partial f}{\partial P_{cc}'} dm P_{cc}' + \dfrac{\partial f}{\partial P_{cd}'} bm P_{cd}' - \dfrac{\partial f}{\partial P_{cs}'} \dfrac{\nu P_{cs}'}{\lambda - \kappa} D + \dfrac{\partial f}{\partial R} u \ln R |\boldsymbol{d}|}
$$

(10.36)

将式(10.36)代入应力的表达式 $d\boldsymbol{\sigma} = \boldsymbol{E}^e d\boldsymbol{\varepsilon}^e + d\boldsymbol{E}^e \boldsymbol{\varepsilon}^e + \dfrac{d\boldsymbol{\sigma}}{dT} dT$ 中。根据 Uchida 等[6]的定义，$d\boldsymbol{E}^e = \boldsymbol{E}^h \chi dS_h$，最后可以推导出应力与温度、应变以及饱和度之间的增量关系：

$$
d\boldsymbol{\sigma}' = \left(\boldsymbol{E}^e - \frac{\boldsymbol{E}^e : \boldsymbol{d} \otimes \dfrac{\partial f}{\partial \boldsymbol{\sigma}'} : \boldsymbol{E}^e}{\dfrac{\partial f}{\partial \boldsymbol{\sigma}'} : \boldsymbol{E}^e : \boldsymbol{d} + H}\right) : d\boldsymbol{\varepsilon}
$$
$$
+ \left\{\boldsymbol{E}^h \chi \boldsymbol{\varepsilon}^e - \frac{\boldsymbol{E}^e : \boldsymbol{d}\left[\dfrac{\partial f}{\partial P_{cc}'} cd\left(S_h^{mec}\right)^{d-1} + \dfrac{\partial f}{\partial P_{cd}'} ab\left(S_h^{mec}\right)^{b-1}\right]\chi}{\dfrac{\partial f}{\partial \boldsymbol{\sigma}'} : \boldsymbol{E}^e : \boldsymbol{d} + H}\right\} dS_h
$$
$$
+ \left(\frac{d\boldsymbol{\sigma}}{dT} - \frac{\boldsymbol{E}^e : \boldsymbol{d} \dfrac{\partial f}{\partial \boldsymbol{\sigma}'} \dfrac{\partial \boldsymbol{\sigma}'}{\partial T}}{\dfrac{\partial f}{\partial \boldsymbol{\sigma}'} : \boldsymbol{E}^e : \boldsymbol{d} + H}\right) dT
$$

(10.37)

式中，$H = \dfrac{\partial f}{\partial P_{cc}'} dm P_{cc}' + \dfrac{\partial f}{\partial P_{cd}'} bm P_{cd}' - \dfrac{\partial f}{\partial P_{cs}'} \dfrac{\nu P_{cs}'}{\lambda - \kappa} D + \dfrac{\partial f}{\partial R} u \ln R |\boldsymbol{d}|$。

10.1.5 模型验证

Masui 等[9]进行了一些人工合成水合物的三轴试验来预测自然界中的水合物沉积物的力学行为，本节将利用这套数据进行验证。对于人工合成的水合物沉积物，本节使用了表 10.1 列出的参数来模拟。图 10.2 给出了孔隙填充型、胶结型和不含水合物的沉积物的应力-应变关系。图 10.3 给出了这三种类型沉积物的剪胀关系。结果显示，对于不同类型的水合物沉积物，模型都能准确地给出曲线拟合结果。同时，对比了自然界中水合物沉积物的三轴试验数据，具体的参数如表 10.2 所示。图 10.4 和图 10.5 中可

以看出，自然界中的水合物沉积物也具有与人工合成的试样相似的应力-应变关系与剪胀关系。当水合物饱和度为 7.7%时，试样出现较弱的应变软化和剪胀现象，而当饱和度为 37.6%时，剪切引起的应变软化非常明显。通过图 10.6 可以看出，水合物的峰值强度随水合物饱和度的降低而减弱。与 Masui 等[9]的三轴排水试验对比，证明了模型模拟的水合物沉积物应力-应变关系和剪胀关系的准确性，以及其相对于传统临界状态模型更广泛的适用性。

表 10.1　人工合成水合物沉积物的模型参数

参数	值	参数	值
μ	0.2	χ_0	1
P_{cs0}/MPa	12	a	14(孔隙填充型)
M	1.07		42(胶结型)
m	1(孔隙填充型)	b	1.6
	3(胶结型)	c	0.8(孔隙填充型)
γ	0.9(S_h=0)		0.1(胶结型)
	1.05(孔隙填充型)	d	1
	1.13(胶结型)	u	18
λ	0.16	m_2/MPa	250(孔隙填充型)
κ	0.004		850(胶结型)
α	1.1(S_h=0)	ν	1.59
	1(孔隙填充型)	S_h	0.409(孔隙填充型)
	1(胶结型)		0.407(胶结型)

注：P_{cs0} 表示先期固结压力。

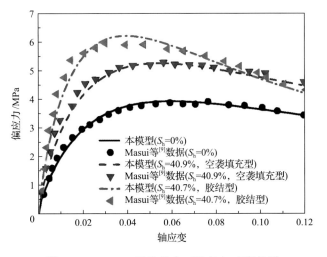

图 10.2　Toyoura 砂的排水三轴应力-应变关系

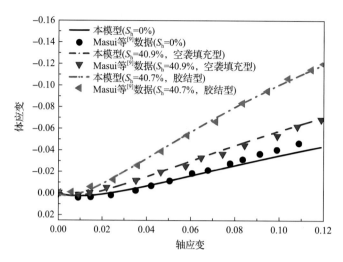

图 10.3　Toyoura 砂的排水剪胀关系

表 10.2　Nankai 水合物沉积物的模型参数

参数	值	参数	值
μ	0.2	a	20
P_{cs0}/MPa	3.6	b	1
M	1.37	c	0.1
χ_0	1	d	1
m	2	u	41
γ	1.06	m_2/MPa	200
λ	0.15	v	1.54
κ	0.01	S_h	0.376
α	1.08		

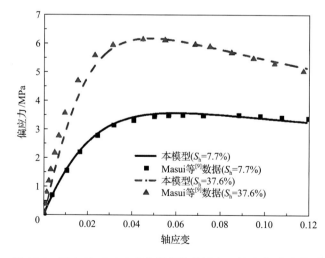

图 10.4　日本 Nankai 水合物沉积物的排水三轴应力-应变关系

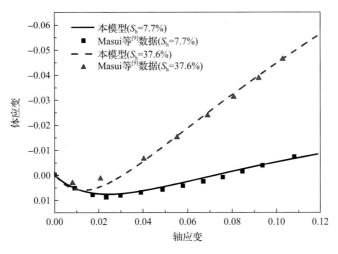

图 10.5 日本 Nankai 水合物沉积物的排水三轴剪胀关系

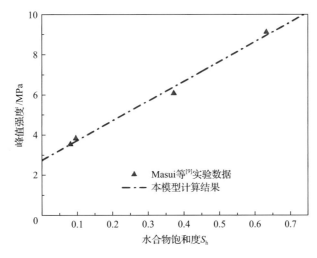

图 10.6 峰值强度与饱和度之间的关系

10.2 天然气水合物开采多物理场耦合数值模拟

水合物开采过程数值模拟是研究水合物开采过程储层稳定性变化的重要手段,国际上在数值模拟方面的研究已取得了很大的进展。Kimoto 等[10]首次尝试将岩土力学与流体热耦合来分析水合物分解对土体变形和强度的影响,但是模型极其复杂,参数繁多,且不能分析水合物胶结变化引起的应变软化。Rutqvist 和 Tsang[11]基于 TOUGH+HYDRATE 的程序,利用 FLAC 进行半耦合计算,实现了岩土力学与水合物分解模拟的结合。在该模型中,通过建立水合物饱和度与模量和强度的关系来模拟水合物分解对力学行为的影响。然而,该半耦合模型很难准确模拟水合物分解引起的应力松弛现象,仅考虑了热与流体对水合物沉积物力学的影响,没有考虑反方向的影响。Klar 等[12]开发了一套耦合传热、渗流和力学的模型，可以用来分析应力松弛现象。该模型基于孔隙材料力学导出，并且嵌入商用程序 FLAC 中。然而，模型中没有考虑应变软化问题。Uchida 等[6]将 MHCS 本构模型嵌入 Klar 等[12]开发的模型中，可以准确地模拟水合物分解时引起的应力松弛和体积收缩。本节在这些研究的基础上，基于加权余量法，建立了传热-渗流-变形-相变耦合模型，同时利用有限元软件 Comsol PDE 弱形式和结构力学模块进行离散和求解[1]。

　　已有研究表明水合物开采的数值模拟涉及位移场、压力场、温度场、化学场间的多物理场耦合，耦合模型的主要控制方程包括不同相的质量守恒方程、力平衡方程、能量守恒方程以及相变方程。如图 10.7 所示，耦合的物理过程包括力学、水合物分解、传热和渗流 4 个部分。对于力学，通过非饱和土的有效应力原理[13]建立了有效应力和孔隙压力之间的耦合关系，同时建立水合物沉积物的本构模型，描述有效应力和变形、温度、水合物饱和度的耦合关系。对于水合物分解，通过相平衡条件以及化学反应动力学，建立了分解速率与温度、压力之间的耦合关系，暂不考虑盐度和水合物浓度对沉积物的影响。对于传热，考虑了多相物质热传导、渗流引起的热对流、水合物分解引起的分解吸热。由于沉积物变形较小，没有考虑做功对传热的影响。对于渗流，分别建立了水和气体的两相渗流方程，考虑了变形、密度变化以及压力梯度在渗流方程中的耦合。采用了两相流达西定律和修正 van Genuchten 模型，同时考虑气体与水之间的耦合作用以及毛细力作用。

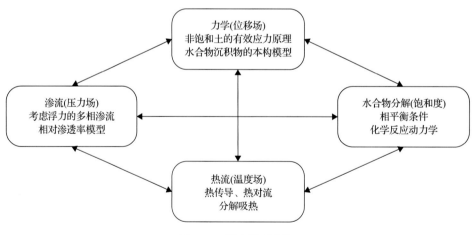

图 10.7　耦合模型框架

　　由于多场耦合问题的复杂性和特殊性，实际工程中需要提出并建立一套能够准确描述其力学行为的本构关系，以及能够考虑水合物分解过程中压力场、位移场和温度场双向全耦合作用的计算模型，这对于评价水合物储层稳定性是非常必要的。目前国际上提出的多场耦合模型多是仅仅考虑传热、水合物分解相变及渗流之间的耦合，储层变形并没有作为主要因素考虑进去，因此，很难对水合物储层稳定性进行评价。本书考虑了水合物分解引起的储层受剪引起的结构破坏，能够用来分析开采水合物引起的温度场、流场以及水合物饱和度的变化对储层变形的影响，并且可以分析储层内应力分布以及变形对水合物产气效率的反作用，实现了水合物开采效率-储层稳定性联合分析。

10.2.1　传热-渗流-变形-化学耦合控制方程

1. 控制方程

水合物沉积物主要由四种物质构成，分别是沉积物颗粒、水合物、水和甲烷气。分析的主要物理场包括温度场、压力场、水合物饱和度以及应力和变形，暂不考虑溶液浓度、盐度，以及其他物质水合物和气体浓度等影响，并且认为气体溶解对沉积物力学行为的影响不大，同时不考虑溶解度对渗流、传热和化学反应的影响。根据以上假设，下面给出描述水合物开采对沉积物力学行为影响的传热-渗流-变形-化学耦合控制方程[1]。

1) 基本定义

根据孔隙介质力学[14]给出如下体积组分的定义，设第 α 相物质的体积分数为

$$n_\alpha = \frac{V_\alpha}{V} \tag{10.38}$$

式中，α 为 s、w、g 或 h，分别代表沉积物颗粒、水、气体和水合物；V 为体积；V_α 为 α 物质所占的体积。

定义水合物饱和度为 $S_h = \dfrac{n_h}{n}$，其中 n 是沉积物孔隙率，n_h 为水合物孔隙率。孔隙其他部分由流体填充，流体包括气体和水。因此，定义流体体积分数为：$n_f = n - n_h = n(1 - S_h)$。定义水的饱和度为水的体积占整个孔隙体积的比值，即 $S_w = n_w/n$；同样孔隙气饱和度为气体体积占整个孔隙体积的比值；即 $S_g = n_g/n$。因此，可以得到

$$S_w + S_h + S_g = 1 \tag{10.39}$$

$$\frac{dS_w}{dt} + \frac{dS_g}{dt} + \frac{dS_h}{dt} = 0 \tag{10.40}$$

2) 质量守恒方程

根据连续介质力学，对于任一个物理场 f_a 的物质导数可以写成

$$\frac{d\int_\Omega f dV}{dt} = \int_\Omega \frac{df}{dt} + f\nabla \cdot \boldsymbol{v} dV \tag{10.41}$$

式中，Ω 为体积积分区域；$\nabla \cdot \boldsymbol{v}$ 为速度散度，根据孔隙介质理论和质量守恒定律，对于 α 物质，存在

$$\frac{d\int_\Omega \rho_\alpha n_\alpha dV}{dt} = \int_\Omega \frac{dm_\alpha}{dt} dV \tag{10.42}$$

式中，ρ_α 为 α 物质的密度；dm_α/dt 为 α 物质的质量累积(源或者汇)，通常该项由相变引起。令 $f = \rho_\alpha n_\alpha$，可以得到

$$\int_{\Omega} \frac{\mathrm{d}(\rho_\alpha n_\alpha)}{\mathrm{d}t} + \rho_\alpha n_\alpha \nabla \cdot \boldsymbol{v} \mathrm{d}V = \int_{\Omega} \frac{\mathrm{d}m_\alpha}{\mathrm{d}t} \mathrm{d}V \tag{10.43}$$

式 (10.43) 对应的微分形式为

$$\frac{\mathrm{d}(\rho_\alpha n_\alpha)}{\mathrm{d}t} + \rho_\alpha n_\alpha \nabla \cdot v = \frac{\mathrm{d}m_\alpha}{\mathrm{d}t} \tag{10.44}$$

相对于沉积物中对温度围压敏感的流体，温度和围压变化幅度不足以产生较大的沉积物颗粒膨胀和收缩，因此，在给出的连续性方程中忽略温度和压力对沉积物颗粒密度的影响：

$$-\frac{1}{1-n} \frac{\mathrm{d}n}{\mathrm{d}t} + \nabla \cdot v_\mathrm{s} = 0 \tag{10.45}$$

以沉积物作为骨架，则有 $\nabla \cdot v_\mathrm{s} = \mathrm{d}\varepsilon_\mathrm{v}/\mathrm{d}t$，其中，$\varepsilon_\mathrm{v}$ 为体积应变。

对于水和气体，可以给出控制二者流动的流体连续性方程：

$$n \frac{\mathrm{d}S_\mathrm{w}}{\mathrm{d}t} + S_\mathrm{w} \frac{\mathrm{d}n}{\mathrm{d}t} + \frac{n_\mathrm{w}}{\rho_\mathrm{w}} \frac{\mathrm{d}\rho_\mathrm{w}}{\mathrm{d}t} + n_\mathrm{w} \nabla \cdot v_\mathrm{w} = \frac{1}{\rho_\mathrm{w}} \frac{\mathrm{d}m_\mathrm{w}}{\mathrm{d}t} \tag{10.46}$$

$$n \frac{\mathrm{d}S_\mathrm{g}}{\mathrm{d}t} + S_\mathrm{g} \frac{\mathrm{d}n}{\mathrm{d}t} + \frac{n_\mathrm{g}}{\rho_\mathrm{g}} \frac{\mathrm{d}\rho_\mathrm{g}}{\mathrm{d}t} + n_\mathrm{g} \nabla \cdot v_\mathrm{g} = \frac{1}{\rho_\mathrm{g}} \frac{\mathrm{d}m_\mathrm{g}}{\mathrm{d}t} \tag{10.47}$$

同样可以给出水合物连续性方程：

$$n \frac{\mathrm{d}S_\mathrm{h}}{\mathrm{d}t} + S_\mathrm{h} \frac{\mathrm{d}n}{\mathrm{d}t} + \frac{n_\mathrm{h}}{\rho_\mathrm{h}} \frac{\mathrm{d}\rho_\mathrm{h}}{\mathrm{d}t} + n_\mathrm{h} \nabla \cdot v_\mathrm{h} = \frac{1}{\rho_\mathrm{h}} \frac{\mathrm{d}m_\mathrm{h}}{\mathrm{d}t} \tag{10.48}$$

由于沉积物骨架是由沉积物颗粒与水合物颗粒共同构成的，这里不考虑水合物从沉积物骨架中挤出，因此，$v_\mathrm{s} = v_\mathrm{h}$。

方程中的质量累积项满足化学反应过程中的质量守恒：

$$\frac{\mathrm{d}m_\mathrm{w}}{\mathrm{d}t} + \frac{\mathrm{d}m_\mathrm{g}}{\mathrm{d}t} + \frac{\mathrm{d}m_\mathrm{h}}{\mathrm{d}t} = 0 \tag{10.49}$$

对流体连续性方程进行变换，将流速替换成达西流速，以便代入达西渗流定律。达西流速可以写成：$q_\mathrm{w} = n_\mathrm{w}(v_\mathrm{w} - v_\mathrm{s})$ 以及 $q_\mathrm{g} = n_\mathrm{g}(v_\mathrm{g} - v_\mathrm{s})$，其中，$v_\mathrm{w}$、$v_\mathrm{g}$ 和 v_s 分别是孔隙水、孔隙气以及沉积物骨架的速度，分别将其代入式 (10.46) 和式 (10.47)，并且忽略 n_w 和 n_g 以及密度在空间中的分布对质量守恒的影响，可得

$$n \frac{\mathrm{d}S_\mathrm{w}}{\mathrm{d}t} + S_\mathrm{w} \frac{\mathrm{d}\varepsilon_\mathrm{v}}{\mathrm{d}t} + \frac{n_\mathrm{w}}{\rho_\mathrm{w}} \frac{\mathrm{d}\rho_\mathrm{w}}{\mathrm{d}t} + \nabla \cdot \boldsymbol{q}_\mathrm{w} = \frac{1}{\rho_\mathrm{w}} \frac{\mathrm{d}m_\mathrm{w}}{\mathrm{d}t} \tag{10.50}$$

$$n \frac{\mathrm{d}S_\mathrm{g}}{\mathrm{d}t} + S_\mathrm{g} \frac{\mathrm{d}\varepsilon_\mathrm{v}}{\mathrm{d}t} + \frac{n_\mathrm{g}}{\rho_\mathrm{g}} \frac{\mathrm{d}\rho_\mathrm{g}}{\mathrm{d}t} + \nabla \cdot \boldsymbol{q}_\mathrm{g} = \frac{1}{\rho_\mathrm{g}} \frac{\mathrm{d}m_\mathrm{g}}{\mathrm{d}t} \tag{10.51}$$

基于流体力学理论中的达西渗流定律，流体达西流速由水头梯度以及流体在孔隙介质中的渗透性共同决定，可以得到水的达西流速：

$$q_w = -\frac{k_h k_w}{\mu_w}\left(\nabla P_w - \rho_w g\right) \tag{10.52}$$

气体的达西流速：

$$q_g = -\frac{k_h k_g}{\mu_g}\left(\nabla P_g - \rho_g g\right) \tag{10.53}$$

式中，P_w 和 P_g 分别为水和气体的流体压力；k_w 和 k_g 分别为水和气体的相对渗透率；k_h 为水合物沉积物的有效渗透率，采用 $k_h = k_i(1-S_h)^N$ 来描述水合物饱和度 S_h 对水合物沉积物渗透性的影响，其中 k_i 为水合物沉积物的固有渗透率；μ_w 和 μ_g 分别为水和气体的渗透黏滞性系数；g 为重力加速度。

密度的变化可以通过状态方程给出

$$\frac{1}{\rho_w}\frac{d\rho_w}{dt} = \frac{1}{B_w}\frac{dP_w}{dt} - \beta_w \frac{dT}{dt} \tag{10.54}$$

$$\frac{1}{\rho_g}\frac{d\rho_g}{dt} = \frac{1}{B_g}\frac{dP_g}{dt} - \beta_g \frac{dT}{dt} \tag{10.55}$$

式中，B_w 和 B_g 分别为水和气体的体积压缩模量；β_w 和 β_g 分别为水和气体的热膨胀系数；T 为温度。

将式(10.52)~式(10.55)代入质量守恒方程式(10.50)和式(10.51)中，重新整理，可以得到

$$\frac{n_w}{B_w}\frac{dP_w}{dt} + \nabla \cdot \left[-\frac{k_h k_w}{\mu_w}\left(\nabla P_w - \rho_w g\right)\right] = \frac{1}{\rho_w}\frac{dm_w}{dt} - n\frac{dS_w}{dt} - S_w\frac{d\varepsilon_v}{dt} + n_w\beta_w\frac{dT}{dt} \tag{10.56}$$

$$\frac{n_g}{B_g}\frac{dP_g}{dt} + \nabla \cdot \left[-\frac{k_h k_g}{\mu_g}\left(\nabla P_g - \rho_g g\right)\right] = \frac{1}{\rho_g}\frac{dm_g}{dt} - n\frac{dS_g}{dt} - S_g\frac{d\varepsilon_v}{dt} + n_g\beta_g\frac{dT}{dt} \tag{10.57}$$

对于水合物，同样给出连续性方程：

$$n\frac{dS_h}{dt} = \frac{1}{\rho_h}\frac{dm_h}{dt} + n_h\beta_h\frac{dT}{dt} - S_h\frac{d\varepsilon_v}{dt} \tag{10.58}$$

3）能量守恒方程

水合物沉积物的能量守恒可以通过多相混合物理论来描述。通常认为外界对物体所做的功，一定程度可转化为动能的变化，满足机械能守恒定律。另外，内力做功对温度变化的影响极其微弱，这里为了保证计算速度，不考虑这部分的影响。因此，方程可以

写成如下形式:

$$C_{\mathrm{T}}\frac{\mathrm{d}T}{\mathrm{d}t}+\nabla\cdot\left(-K_{\mathrm{T}}\nabla T\right)+\nabla\cdot\left(C_{\mathrm{w}}\rho_{\mathrm{w}}q_{\mathrm{w}}T\right)+\nabla\cdot\left(C_{\mathrm{g}}\rho_{\mathrm{g}}q_{\mathrm{g}}T\right)=-\Delta HR_{\mathrm{h}} \tag{10.59}$$

式中，R_{h} 为水合物反应速率；K_{T} 为导热系数；C_{T} 为水合物沉积物的总比热，等于各部分比热之和，并且满足

$$C_{\mathrm{T}}=\rho_{\mathrm{s}}n_{\mathrm{s}}C_{\mathrm{s}}+\rho_{\mathrm{g}}n_{\mathrm{g}}C_{\mathrm{g}}+\rho_{\mathrm{h}}n_{\mathrm{h}}C_{\mathrm{h}}+\rho_{\mathrm{w}}n_{\mathrm{w}}C_{\mathrm{w}} \tag{10.60}$$

式中，C_{s} 为土体比热；C_{g} 为气体比热(需压力修正)；C_{h} 为水合物比热；C_{w} 为水的比热。

Q_A 为流体流动引起的热对流，满足

$$Q_A=\nabla\cdot\left(C_{\mathrm{w}}\rho_{\mathrm{w}}q_{\mathrm{w}}T\right)+\nabla\cdot\left(C_{\mathrm{g}}\rho_{\mathrm{g}}q_{\mathrm{g}}T\right) \tag{10.61}$$

$\mathrm{d}E_{\mathrm{h}}/\mathrm{d}t$ 为由水合物相变引起的热量吸收与释放：

$$\frac{\mathrm{d}E_{\mathrm{h}}}{\mathrm{d}t}=-\Delta HR_{\mathrm{h}} \tag{10.62}$$

式中，ΔH 为每摩尔水合物相变引起的热量变化，可以通过 Kamath 回归方程给出，其大小为 c_1+c_2T，其中 c_1 和 c_2 为两个回归系数。

Q_{T} 是水合物沉积物热传导引起的能量变化，满足

$$Q_{\mathrm{T}}=\nabla\cdot\left(-K_{\mathrm{T}}\nabla T\right) \tag{10.63}$$

K_{T} 可利用直接叠加各相导热系数的方法来获取：

$$K_{\mathrm{T}}=n_{\mathrm{s}}K_{\mathrm{Ts}}+n_{\mathrm{g}}K_{\mathrm{Tg}}+n_{\mathrm{h}}K_{\mathrm{Th}}+n_{\mathrm{w}}K_{\mathrm{Tw}} \tag{10.64}$$

式中，K_{Ts} 为固体导热系数；K_{Tg} 为气体导热系数；K_{Th} 为水合物导热系数；K_{Tw} 为水的导热系数。

由式(10.59)～式(10.64)可以得到

$$C_{\mathrm{T}}\frac{\mathrm{d}T}{\mathrm{d}t}+\nabla\cdot\left(C_{\mathrm{w}}\rho_{\mathrm{w}}\boldsymbol{q}_{\mathrm{w}}T\right)+\nabla\cdot\left(C_{\mathrm{g}}\rho_{\mathrm{g}}\boldsymbol{q}_{\mathrm{g}}T\right)+\nabla\cdot\left(-K_T\nabla T\right)=-\Delta HR_{\mathrm{h}} \tag{10.65}$$

4) 力平衡方程

力平衡方程可具体描述为

$$\nabla\cdot\left(-\boldsymbol{\sigma}\right)=\left(n_{\mathrm{s}}\rho_{\mathrm{s}}+n_{\mathrm{w}}\rho_{\mathrm{w}}+n_{\mathrm{g}}\rho_{\mathrm{g}}+n_{\mathrm{h}}\rho_{\mathrm{h}}\right)\boldsymbol{g} \tag{10.66}$$

$$\nabla P_{\mathrm{w}}+\frac{\mu_{\mathrm{w}}}{k_{\mathrm{h}}k_{\mathrm{w}}}\boldsymbol{q}_{\mathrm{w}}=\rho_{\mathrm{w}}\boldsymbol{g} \tag{10.67}$$

$$\nabla P_{\mathrm{g}}+\frac{\mu_{\mathrm{g}}}{k_{\mathrm{h}}k_{\mathrm{g}}}\boldsymbol{q}_{\mathrm{g}}=\rho_{\mathrm{g}}\boldsymbol{g} \tag{10.68}$$

式中，σ 为总应力；P_w 为孔隙水压力；P_g 为孔隙气压力；$\mu_w \boldsymbol{q}_w/(k_h k_w)$ 和 $\mu_g \boldsymbol{q}_g/(k_h k_g)$ 分别为孔隙水、气的渗透阻力。式(10.67)与式(10.68)是达西定律从动量守恒角度上的描述。达西定律描述了当流体通过多孔介质时，多孔介质动量变化情况。由于水合物沉积物为多孔介质，其有效应力是产生变形和影响强度的主要因素。根据有效应力原理，截面上应力等于有效应力加孔隙压力，可表示为

$$\boldsymbol{\sigma} = \boldsymbol{\sigma}' - P_p \boldsymbol{\delta} \tag{10.69}$$

式中，σ'为有效应力；P_p 为孔隙压力；$\boldsymbol{\delta}$ 为单位矩阵。对于水合物沉积物，孔隙压力的表达式为

$$P_p = \frac{S_w P_w + S_g P_g}{S_w + S_g} \tag{10.70}$$

本构方程：

$$\boldsymbol{\sigma}' = \boldsymbol{D} : \left(\boldsymbol{L} : \boldsymbol{u} - \boldsymbol{\varepsilon}^p \right) \tag{10.71}$$

式中，$\boldsymbol{D}$ 为弹性模量矩阵；$\boldsymbol{L} : \boldsymbol{u}$ 为应变；$\boldsymbol{\varepsilon}^p$ 为塑性应变。

2. 方程弱形式

上一小节中给出了控制水合物沉积物物理力学行为的微分方程。对于存在散度项的偏微分方程，需要给出方程的弱形式，以降低微分阶数、扩大解空间[15]。存在弱形式的控制方程主要包括：力平衡方程、流体渗流控制方程、气体渗流控制方程和能量守恒方程。将水合物饱和度变化控制方程、土水特征曲线、本构方程等代入式(10.68)～式(10.71)四个控制方程中，便可以得到以位移、孔隙水压、气压和温度四个独立变量为未知量的方程：

$$\nabla \cdot \left[-\boldsymbol{D} : \left(\boldsymbol{L} : \boldsymbol{u} - \boldsymbol{\varepsilon}^p \right) + \frac{S_w P_w + S_g P_g}{S_w + S_g} \boldsymbol{\delta} \right] = \boldsymbol{f} \tag{10.72}$$

$$\left(\frac{n_w}{B_w} - n \frac{\partial S_w}{\partial S_e} \frac{dS_e}{dP_c} \right) \frac{dP_w}{dt} + \nabla \cdot \left(-\frac{k_h k_w}{\mu_w} (\nabla p_w - \rho_w \boldsymbol{g}) \right) = \left(6 \frac{1}{\rho_w} M_w + \frac{1}{\rho_h} \frac{\partial S_w}{\partial S_h} M_h \right) R_h$$
$$-n \frac{\partial S_w}{\partial S_e} \frac{dS_e}{dp_c} \frac{dP_g}{dt} + \left(S_h \frac{\partial S_w}{\partial S_h} - S_w \right) \boldsymbol{\delta} : \boldsymbol{L} : \frac{d\boldsymbol{u}}{dt} + \left(n_w \beta_w - n_h \beta_h \frac{\partial S_w}{\partial S_h} \right) \frac{dT}{dt} \tag{10.73}$$

$$\left(\frac{n_g}{B_g} + n \frac{\partial S_g}{\partial S_e} \frac{dS_e}{dP_c} \right) \frac{dP_g}{dt} + \nabla \cdot \left[-\frac{k_h k_g}{\mu_g} (\nabla p_g - \rho_g \boldsymbol{g}) \right] = \left(\frac{1}{\rho_g} M_g + \frac{1}{\rho_h} \frac{\partial S_g}{\partial S_h} M_h \right) R_h$$
$$+n \frac{\partial S_g}{\partial S_e} \frac{dS_e}{dP_c} \frac{dP_w}{dt} + \left(S_h \frac{\partial S_g}{\partial S_h} - S_h \right) \boldsymbol{\delta} : \boldsymbol{L} : \frac{d\boldsymbol{u}}{dt} + \left(n_g \beta_g - n_g \beta_h \frac{\partial S_g}{\partial S_h} \right) \frac{dT}{dt} \tag{10.74}$$

$$C_T \frac{dT}{dt} + \nabla \cdot (-K_T \nabla T) + \nabla \cdot (C_w \rho_w \boldsymbol{q}_w T) + \nabla \cdot (C_g \rho_g \boldsymbol{q}_g T) = -\Delta H R_h \tag{10.75}$$

对散度项应用高斯公式并积分，以降低变量微分阶数，可以得到弱形式为

$$\int_\Omega \nabla \cdot \boldsymbol{W}_u \cdot \left(\boldsymbol{D} : \left(\boldsymbol{L} : \boldsymbol{u} - \boldsymbol{\varepsilon}^p \right) - \frac{S_w P_w + S_g P_g}{S_w + S_g} \boldsymbol{\delta} \right) dV = \int_\Omega \boldsymbol{W}_u \cdot \boldsymbol{f} dV + \int_{\partial\Omega} \boldsymbol{W}_u \cdot t dS \tag{10.76}$$

$$\int_\Omega \nabla W_{pw} \cdot \frac{k_h k_w}{\mu_w} (\nabla P_w - \rho_w \boldsymbol{g}) dV$$

$$= \int_\Omega W_{pw} \left[\left(6 \frac{1}{\rho_w} M_w + \frac{1}{\rho_h} \frac{\partial S_w}{\partial S_h} M_h \right) R_h - n \frac{\partial S_w}{\partial S_e} \frac{dS_e}{dP_c} \frac{dP_g}{dt} + \left(n_w \beta_w - n_h \beta_h \frac{\partial S_w}{\partial S_h} \right) \frac{dT}{dt} \right] dV$$

$$+ \int_\Omega W_{pw} \left[\left(S_h \frac{\partial S_w}{\partial S_h} - S_w \right) \boldsymbol{\delta} : \boldsymbol{L} : \frac{d\boldsymbol{u}}{dt} - \left(\frac{n_w}{B_w} - n \frac{\partial S_w}{\partial S_e} \frac{dS_e}{dP_c} \right) \frac{dP_w}{dt} \right] dV + \int_{\partial\Omega} W_{pw} \boldsymbol{n} \cdot \boldsymbol{q}_w dS \tag{10.77}$$

$$\int_\Omega \nabla W_{pg} \cdot \frac{k_h k_g}{\mu_g} (\nabla P_g - \rho_g \boldsymbol{g}) dV$$

$$= \int_\Omega W_{pg} \left[\left(6 \frac{1}{\rho_g} M_g + \frac{1}{\rho_h} \frac{\partial S_g}{\partial S_h} M_h \right) R_h + n \frac{\partial S_g}{\partial S_e} \frac{dS_e}{dP_c} \frac{dP_w}{dt} + \left(n_g \beta_g - n_h \beta_h \frac{\partial S_g}{\partial S_h} \right) \frac{dT}{dt} \right] dV \tag{10.78}$$

$$+ \int_\Omega W_{pg} \left[\left(S_h \frac{\partial S_g}{\partial S_h} - S_g \right) \boldsymbol{\delta} : \boldsymbol{L} : \frac{d\boldsymbol{u}}{dt} - \left(\frac{n_g}{B_g} + n \frac{\partial S_g}{\partial S_e} \frac{dS_e}{dP_c} \right) \frac{dP_g}{dt} \right] dV + \int_{\partial\Omega} W_{pg} \boldsymbol{n} \cdot \boldsymbol{q}_g dS$$

$$\int_\Omega \nabla W_T \cdot (K_T \nabla T - C_w \rho_w \boldsymbol{q}_w T - C_g \rho_g \boldsymbol{q}_g T) dV = \int_\Omega W_T \cdot \left(-\Delta H R_h - C_T \frac{dT}{dt} \right) dV + \int_{\partial\Omega} W_T \cdot \boldsymbol{n} \cdot q_T dV \tag{10.79}$$

式中，$\boldsymbol{n}$ 为边界法向矢量；W_u、W_{pw}、W_{pg} 和 W_T 分别为位移、孔隙水压、孔隙气压以及温度的试函数；S_e 为有效饱和度。

3. 常微分方程

选取拉格朗日(Lagrange)插值形函数，将 $\boldsymbol{N}_u$、N_{pw}、N_{pg}、N_T、$\boldsymbol{N}_{qw}$、N_{qg}、N_{qT} 代入弱形式中，可以得到常微分方程：

$$\boldsymbol{K}_{uu} : u + \boldsymbol{K}_{upg} P_g + \boldsymbol{K}_{upw} P_w = \boldsymbol{F}_u \tag{10.80}$$

$$\boldsymbol{C}_{pwu} \cdot \frac{d\boldsymbol{u}}{dt} + C_{pwpw} \frac{dP_w}{dt} + K_{pwpw} P_w + C_{pwpg} \frac{dP_g}{dt} + K_{pwT} \frac{dT}{dt} = F_{pw} \tag{10.81}$$

$$\boldsymbol{C}_{pgu} \cdot \frac{d\boldsymbol{u}}{dt} + C_{pgpw} \frac{dP_w}{dt} + C_{pgpg} \frac{dP_g}{dt} + K_{pgpg} P_g + C_{pgT} \frac{dT}{dt} = F_{pg} \tag{10.82}$$

$$C_{TT}\frac{\mathrm{d}T}{\mathrm{d}t} + K_{TT}T + K_{TT\mathrm{pw}}T + K_{TT\mathrm{pg}}T = F_T \tag{10.83}$$

式中：

$$\boldsymbol{K}_{uu} = \int_{\Omega} \nabla \cdot N_u \cdot \left(\boldsymbol{D} - \boldsymbol{D} : \frac{\partial \boldsymbol{\varepsilon}^{\mathrm{p}}}{\partial \boldsymbol{\varepsilon}} \right) : \boldsymbol{L}_* : N_u \mathrm{d}V$$

$$\boldsymbol{K}_{u\mathrm{pg}} = \int_{\Omega} \nabla \cdot \boldsymbol{N}_u \cdot \left(-\frac{S_{\mathrm{g}} N_{\mathrm{pg}}}{S_{\mathrm{w}} + S_{\mathrm{g}}} \boldsymbol{\delta} \right) \mathrm{d}V$$

$$\boldsymbol{K}_{u\mathrm{pw}} = \int_{\Omega} \nabla \cdot \boldsymbol{N}_u \cdot \left(-\frac{S_{\mathrm{w}} N_{\mathrm{pw}}}{S_{\mathrm{w}} + S_{\mathrm{g}}} \boldsymbol{\delta} \right) \mathrm{d}V$$

$$\boldsymbol{F}_u = \int_{\partial\Omega} \boldsymbol{N}_u \cdot \boldsymbol{t} \cdot N_t \mathrm{d}S + \int_{\Omega} \boldsymbol{N}_u \cdot \boldsymbol{f} \cdot N_{\mathrm{f}} \mathrm{d}V$$

$$\boldsymbol{C}_{\mathrm{pw}u} = \int_{\Omega} N_{\mathrm{pw}} \left(S_{\mathrm{w}} - S_{\mathrm{h}}\frac{\partial S_{\mathrm{w}}}{\partial S_{\mathrm{h}}} \right) \boldsymbol{\delta} : \boldsymbol{L}_* : N_u \mathrm{d}V$$

$$C_{\mathrm{pwpw}} = \int_{\Omega} N_{\mathrm{pw}} \left[\left(\frac{n_{\mathrm{w}}}{B_{\mathrm{w}}} - n\frac{\partial S_{\mathrm{w}}}{\partial S_{\mathrm{e}}}\frac{\mathrm{d}S_{\mathrm{e}}}{\mathrm{d}p_{\mathrm{c}}} \right) N_{\mathrm{pw}} \right] \mathrm{d}V$$

$$K_{\mathrm{pwpw}} = \int_{\Omega} \boldsymbol{\nabla} N_{\mathrm{pw}} \cdot \frac{k_{\mathrm{h}}k_{\mathrm{w}}}{\mu_{\mathrm{w}}} \left(\boldsymbol{\nabla} N_{\mathrm{pw}} \right) \mathrm{d}V$$

$$C_{\mathrm{pwpg}} = \int_{\Omega} N_{\mathrm{pw}} \left(n\frac{\partial S_{\mathrm{w}}}{\partial S_{\mathrm{e}}}\frac{\mathrm{d}S_{\mathrm{e}}}{\mathrm{d}P_{\mathrm{c}}} N_{\mathrm{pg}} \right) \mathrm{d}V$$

$$K_{\mathrm{pw}T} = \int_{\Omega} N_{\mathrm{pw}} \left[-\left(n_{\mathrm{w}}\beta_{\mathrm{w}} - n_{\mathrm{h}}\beta_{\mathrm{h}}\frac{\partial S_{\mathrm{w}}}{\partial S_{\mathrm{h}}} \right) N_T \right] \mathrm{d}V$$

$$F_{\mathrm{pw}} = \int_{\Omega} \boldsymbol{\nabla} N_{\mathrm{pw}} \cdot \frac{k_{\mathrm{h}}k_{\mathrm{w}}\rho_{\mathrm{w}}}{\mu_{\mathrm{w}}} \boldsymbol{g} \mathrm{d}V + \int_{\Omega} N_{\mathrm{pw}} \left(6\frac{1}{\rho_{\mathrm{w}}}M_{\mathrm{w}} + \frac{1}{\rho_{\mathrm{h}}}\frac{\partial S_{\mathrm{w}}}{\partial S_{\mathrm{h}}}M_{\mathrm{h}} \right) R_{\mathrm{h}} \mathrm{d}V + \sum_i \int_{\partial\Omega} N_{\mathrm{pw}} n \cdot \boldsymbol{N}_{\mathrm{qw}} \cdot \boldsymbol{q}_{\mathrm{w}} \mathrm{d}S$$

$$\boldsymbol{C}_{\mathrm{pg}u} = \int_{\Omega} N_{\mathrm{pg}} \left(S_{\mathrm{g}} - S_{\mathrm{h}}\frac{\partial S_{\mathrm{g}}}{\partial S_{\mathrm{h}}} \right) \boldsymbol{\delta} : \boldsymbol{L}_* : N_u \mathrm{d}V$$

$$C_{\mathrm{pgpw}} = \int_{\Omega} \left(-N_{\mathrm{pg}} n\frac{\partial S_{\mathrm{g}}}{\partial S_{\mathrm{e}}}\frac{\mathrm{d}S_{\mathrm{e}}}{\mathrm{d}P_{\mathrm{c}}} N_{\mathrm{pw}} \right) \mathrm{d}V$$

$$C_{\mathrm{pgpg}} = \int_{\Omega} N_{\mathrm{pg}} \left[\left(\frac{n_{\mathrm{g}}}{B_{\mathrm{g}}} + n\frac{\partial S_{\mathrm{g}}}{\partial S_{\mathrm{e}}}\frac{\mathrm{d}S_{\mathrm{e}}}{\mathrm{d}P_{\mathrm{c}}} \right) N_{\mathrm{pg}} \right] \mathrm{d}V$$

$$K_{\text{pgpg}} = \int_{\Omega} \nabla N_{\text{pg}} \cdot \frac{k_{\text{h}} k_{\text{g}}}{\mu_{\text{g}}} \left(\nabla N_{\text{pg}} \right) \mathrm{d}V$$

$$C_{\text{pg}T} = \int_{\Omega} N_{\text{pg}} \left(n_{\text{h}} \beta_{\text{h}} \frac{\partial S_{\text{g}}}{\partial S_{\text{h}}} - n_{\text{g}} \beta_{\text{g}} \right) N_T \mathrm{d}V$$

$$F_{\text{pg}} = \int_{\Omega} N_{\text{pg}} \left(6 \frac{1}{\rho_{\text{g}}} M_{\text{g}} + \frac{1}{\rho_{\text{h}}} \frac{\partial S_{\text{g}}}{\partial S_{\text{h}}} M_{\text{h}} \right) R_{\text{h}} \mathrm{d}V + \int_{\Omega} \nabla N_{\text{pg}} \cdot \frac{k_{\text{h}} k_{\text{g}} \rho_{\text{g}}}{\mu_{\text{g}}} \boldsymbol{g} \mathrm{d}V + \int_{\partial\Omega} N_{\text{pg}} n \cdot \boldsymbol{N}_{\text{qg}} \boldsymbol{q}_{\text{g}} \mathrm{d}S$$

$$C_{TT} = \int_{\Omega} N_T \cdot \left(C_T N_T \right) \mathrm{d}V \frac{\mathrm{d}T}{\mathrm{d}t}$$

$$K_{TT} = \int_{\Omega} \nabla N_T \cdot \left(K_T \nabla N_T + \left(C_{\text{w}} \rho_{\text{w}} \frac{k_{\text{h}} k_{\text{w}} \rho_{\text{w}}}{\mu_{\text{w}}} + C_{\text{g}} \rho_{\text{g}} \frac{k_{\text{h}} k_{\text{g}} \rho_{\text{g}}}{\mu_{\text{g}}} \right) \boldsymbol{g} N_T \right) \mathrm{d}V$$

$$K_{TT\text{pw}} = \int_{\Omega} \nabla N_T \cdot \left(C_{\text{w}} \rho_{\text{w}} \frac{k_{\text{h}} k_{\text{w}}}{\mu_{\text{w}}} \nabla N_{\text{pw}} P_{\text{w}} N_T \right) \mathrm{d}V T$$

$$K_{TT\text{pg}} = \int_{\Omega} \nabla N_T \cdot \left(C_{\text{g}} \rho_{\text{g}} \frac{k_{\text{h}} k_{\text{g}}}{\mu_{\text{g}}} \nabla N_{\text{pg}} P_{\text{g}} N_T \right) \mathrm{d}V T$$

$$F_T = \int_{\partial\Omega} N_T \cdot n \cdot \boldsymbol{N}_{\text{q}T} \boldsymbol{q}_T \mathrm{d}V + \int_{\Omega} N_T \cdot \left(-\Delta H R_{\text{h}} \right) \mathrm{d}V$$

式中，$\boldsymbol{L}_*$ 为微分算子矩阵；$\boldsymbol{D}$ 为弹性模量矩阵；ε 为应变；ε^{p} 为塑性应变；$\boldsymbol{t}$ 为面力张量；$\boldsymbol{f}$ 为体力张量；q_T 为热流；β_{h}、β_{w} 和 β_{g} 分别为水合物、水以及气体的热膨胀系数；k_{w} 和 k_{g} 分别为水和气体的相对渗透系数；μ_{w} 和 μ_{g} 分别为水和气体的黏滞性系数；B_{w} 为水的体积膨胀系数；M_{g}、M_{h} 和 M_{w} 分别为气体、水合物和水的摩尔质量；R_{h} 为水合物反应速率；$\boldsymbol{\delta}$ 为单位矩阵；n 为边界面法向矢量；g 为重力加速度。联立上述方程，并对指定的工况设置初值和边值条件，就可以得到整个求解初边值问题的方程列式。

10.2.2 方程求解与模型验证

1. 求解方法

首先进行时域离散，将常微分方程离散为代数方程组来进行求解。通常常微分方程组可以写成

$$0 = L\left(U, \dot{U}, \ddot{U}, t \right) - N_F\left(U, t \right) \Lambda \tag{10.84}$$

$$0 = M\left(U, t \right) \tag{10.85}$$

式中，L、N_F 以及 M 分别为刚度、约束力与约束；U 为自由度。在求解该微分方程之前，先化简拉格朗日乘子 Λ。当 $0 = M(U,t)$ 为线性方程或者时间相关，且当约束力雅克比为常数时，算法会消去约束 M。其他情况下，则保留约束 M 进行求解。采用内嵌在 Comsol Multiphysics 软件中的 IDA 求解器进行时间积分求解。IDA 求解器是 Lawrence Livermore 国家实验室基于 20 个世纪 90 年代在由 Brown 等[16]和 Moore 和 Petzold[17]提出的微分代数方程求解器 DASPK 的基础上，利用 C 语言进行开发的。在该求解器中，采用了可变阶数、可变步长的向后差分格式(BDF)，同时选择性地采用了一些稳定性控制器来解决因高度非线性导致的求解不稳定问题。

对于非线性问题，需要迭代求解。Comsol 提供了两种迭代方法：一种是统一迭代求解全部控制方程的整体直接求解器；另一种是分布式迭代求解器，对单个物理场控制方程进行求解后，将其代入其他的物理场控制方程进行求解。使用整体直接求解器求解一套多物理场耦合系统，与求解单个物理场控制方程收敛和稳定性的策略是一样的，所有的方程必须遵循相同迭代方法以及相同的收敛准则。而分布式求解可以针对不同的方程，采用不同的迭代方法和收敛准则，因此，可以针对不同的方程调整收敛速度。

迭代求解的线性化公式可以表示为

$$Q\Delta\ddot{U} + D\Delta\dot{U} + K\Delta U = L - N_F\Lambda \tag{10.86}$$

$$N\Delta U = M \tag{10.87}$$

式中，$K = -\partial L/\partial U$ 为刚度矩阵；$D = \partial L/\partial\dot{U}$ 为阻尼矩阵；$Q = \partial L/\partial\ddot{U}$ 为质量矩阵；ΔU 为每一步计算得到的 U 的增量；U 为自由度，点表示时间导数；N 为约束力；Λ 为拉格朗日乘子。为了解决耦合过程中的高度非线性问题，人们通常会采用阻尼牛顿法而不是牛顿法来构造迭代格式，即每一步迭代利用阻尼因子以使迭代步长缩小，但对于许多问题，阻尼牛顿法会使收敛速度变慢。

由于不同物理场控制方程之间刚度差别较大，为了降低条件数，减小刚度的奇异性，需要进行无量纲化处理。假设自由度 U 可以通过如下关系，化为一组无量纲化后的自由度 $\breve{U}$ 表示：

$$U = S\breve{U} \tag{10.88}$$

式中，S 为无量纲化系数矩阵。对线性方程组无量纲化后得到

$$\begin{bmatrix} \breve{K} & \breve{N}_F \\ \breve{N} & 0 \end{bmatrix}\begin{bmatrix} \breve{U} \\ \breve{\Lambda} \end{bmatrix} = \begin{bmatrix} \breve{L} \\ \breve{M} \end{bmatrix} \tag{10.89}$$

式中，$\Lambda = E_r\breve{\Lambda}$，$\breve{N}_F = SN_FE_r$，$\breve{K} = SKS$，$\breve{N} = E_rNS$，$\breve{L} = SL$，$\breve{M} = E_rM$，并且式中 E_r 是一个对角矩阵。

对于耦合气-水两相流，由于气体渗透性和压缩性与水的渗透性和压缩性相差甚大，如果以气压和水压作为独立未知量会使刚度矩阵奇异，求解难度增加。故采用以水压和有效水饱和度作为未知量，并在刚度矩阵中引入松弛因子，可以避免刚度矩阵的奇异，

有效且稳定地求解压力。

Comsol 使用相对误差控制积分精度,利用绝对误差控制误差累积。假设 U 是某一时间步上的解,E 是求解器在该时间步上对 U 的绝对误差做的估计。那么当误差满足下面条件,就认为计算在该时间步上收敛了:

$$\left[\frac{1}{M_f} \sum_j \frac{1}{N_j} \sum_i \left(\frac{|E_i|}{A_i + E_{rror}|U_i|} \right)^2 \right]^{1/2} < 1 \tag{10.90}$$

式中,E_{rror} 为相对误差;A_i 为自由度 i 的绝对误差;M_f 为参与耦合问题的物理场的个数;N_j 为第 j 个物理场的自由度个数。该收敛准则等价于 $E_i < A_i + E_{rror}|U_i|$。

2. 模型验证

利用该模型重新将 Uchida[18] 的算例进行验算,进而对模型进行验证。算例中采用的初始温度为 284K,对应于相平衡曲线上的压力值 8.3MPa,即当压力小于这个值时,水合物将发生分解。算例中的初始条件、边界条件及材料参数都与 Uchida 论文中的算例相同,开采井半径 r_{well} 为 0.15m。对开采井边界处的沉积物施加水平向约束边界,模拟 Uchida 的平面应变情况。考察两个局部位置 $r/r_{well}=1.5$ 和 5.0 处(r 为模型半径)的孔压 P_w、水合物饱和度 S_h、温度 T 以及相关的力学量的变化。初始孔隙压力、竖向有效应力和水平有效应力分别设置为 13MPa、3MPa 和 1.5MPa,对应的 $K_0=0.5$。水合物初始饱和度为 0.5,气体饱和度为残余气体饱和度,压力从 13MPa 经两天降低到 7MPa,并在之后的 18d 维持 7MPa 的压力。模型的具体参数如表 10.3 所示,力学参数采用表 10.4 中的参数。

表 10.3 模型参数[18]

参数	数值	参数	数值
n	0.35	$K_{Tw}/[\text{W}/(\text{m}\cdot\text{K})]$	0.556
B_w/GPa	2	$K_{Tg}/[\text{W}/(\text{m}\cdot\text{K})]$	0.0335
B_g	Pg	$K_{Th}/[\text{W}/(\text{m}\cdot\text{K})]$	0.394
P_0/kPa	10	$\beta_w/(1/\text{K})$	$13.41T-3717$
a,b,c	0.7,0.5,0.5	$\beta_g/(1/\text{K})$	$1/T$
K/m^2	10^{-13}	$\beta_h/(1/\text{K})$	4.6×10^{-4}
N	8	$C_s/[\text{J}/(\text{g}\cdot\text{K})]$	0.8
$K_{d0}/[\text{mol}/(\text{m}^2\cdot\text{Pa}\cdot\text{s})]$	124×10^3	$C_w/[\text{J}/(\text{g}\cdot\text{K})]$	$4.02+0.000577T$
$\Delta E_d/(\text{J/mol})$	-78300	$C_g/[\text{J}/(\text{g}\cdot\text{K})]$	$1.24+0.00313T$
$K_f/[\text{mol}/(\text{m}^2\cdot\text{Pa}\cdot\text{s})]$	0.5875×10^{-11}	$C_h/[\text{J}/(\text{g}\cdot\text{K})]$	2.01
$K_{Ts}/[\text{W}/(\text{m}\cdot\text{K})]$	3.92	N_h	6
$\rho_s/(\text{kg/m}^3)$	2800	P_{eq}	$e^{39.08-8520/T}$
$\rho_w/(\text{kg/m}^3)$	1000	$\rho_h/(\text{kg/m}^3)$	800

表 10.4 力学参数

参数	值	参数	值
μ	0.2	a	20
P_{cs0}/MPa	3.6	b	1
M	1.37	c	0.1
χ_0	1	d	1
m	2	u	41
γ	1.06	m_2/MPa	200
λ	0.15	ν	1.54
κ	0.01	S_h	0.376
α	1.08		

图 10.8 给出了与 Uchida 计算结果的比较, 可以清晰地看到, 在采用相同参数的条

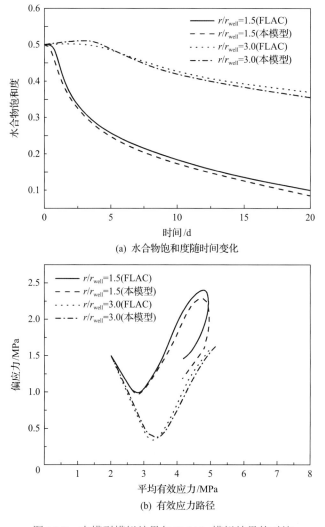

(a) 水合物饱和度随时间变化

(b) 有效应力路径

图 10.8 本模型模拟结果与 Uchida 模拟结果的对比

件下,本模型计算得到的结果与 Uchida 采用 FLAC 计算得到的结果基本吻合。模型可以准确地模拟降压引起的水合物分解、饱和度降低的过程。对于距离开采井较近的区域降压速度更快,水合物分解量更大,温度降低更快。图 10.8(b)给出了有效应力路径的模拟结果,由于初始条件为 K_0 固结,故在降压初始时,土层会发生从 K_0 固结向各向同性关系的过渡,故偏应力会降低。由于上下约束且水平向有效应力不断增大,甚至大于竖向有效应力时,偏应力再次升高。随着水合物的分解,发生了应力松弛现象,不论是平均有效应力还是偏应力都会降低。与 Uchida 应力路径计算结果比较,二者相差较大,这主要是由于:①此耦合模型公式与 Uchida 有所不同,二者计算得到的水合物饱和度有所差别,而这引起了较大的应力松弛结果的差别;②基于隐式有限单元法计算,较 Uchida 的显式有限体积法而言精度可控,故可以得到较高的计算精度;③采用了基于热力学方法的临界状态本构模型,而 Uchida 采用的是修正剑桥模型,二者计算结果有所不同。

10.3 天然气水合物开采储层稳定性影响因素

根据有效应力原理,决定水合物沉积物力学行为的有效应力等于作用在沉积物上的总应力减去孔隙流体压力。进行降压开采时,覆盖层的重量没有降低,但是孔隙压力会随着降压的进行而降低,故沉积层有效应力会提高。同时,沉积物会在有效应力的作用下发生变形,岩土工程中通常称之为沉积物的压缩与固结。压缩与固结特性和沉积物结构、应力状态、材料属性以及外界的荷载条件相关。压缩与固结往往会引起沉积物内部不可恢复的组构变化,如颗粒翻滚、黏土颗粒团簇结构变化、胶结结构破坏及颗粒破碎等。

水合物层中会夹杂黏性土或者其他不同类型的沉积物,由于土性的不同,水合物在不同层中的饱和度相差很大,因此水合物在沉积层中的分布是不均匀的。当不均匀分布的水合物发生分解时,一方面改变了不同层的沉积物密度,另一方面会使沉积物骨架结构发生破坏,使地层承载力下降,出现局部应变软化以及应力松弛现象。例如,在注热开采时,水合物分解产生气体,而气体的体积刚度远小于水和水合物,在排气条件较差的情况下,荷载会转移至气体上,致使有效应力降低,承载力下降。同时,沉积物的渗透性和导热性也会发生变化,改变水合物沉积层的压力场和温度场,而这些性质的变化也会间接地影响水合物沉积层的力学行为,最终引起地层不均匀变形、局部地层应力集中和边坡滑移等问题,故对水合物开采过程中的沉积层变形分析是非常必要的[1]。然而,目前的监测技术直接应用于实地监测的难度很大,因此,采用数值分析的方法对灾害进行预警是目前较好的分析手段。

10.3.1 井壁温度变化

引起温度变化的原因可能来自几个方面:一是钻井时,钻头摩擦会导致温度升高,当钻过水合物层时,高温会使沉积层中水合物发生分解,改变沉积层的物理力学特性。

二是在油气开采过程中，尤其是对于渗透性较差的油气藏时，会使用热水或温度较高的蒸汽进行驱油和驱气。另外，石油所处地层温度要高于浅层水合物所处地层温度，因此，当这些温度较高的流体流经开采井时，势必伴有热量损失。损失的热量一部分会传入水合物所处的沉积层中，使水合物沉积层温度升高。如图 10.9 所示，当开采井穿过水合物层时，热量会传入水合物沉积层，使沉积层的温度升高，温度升高会导致水合物发生分解，进而改变沉积层的物理力学特性。

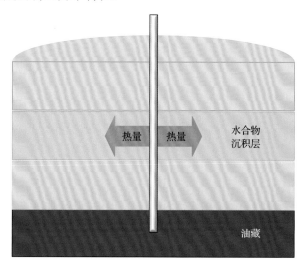

图 10.9　钻井对水合物沉积层的影响

在钻井或油气开采时，井壁温度升高将对水合物沉积层力学性质造成影响，因此需要依据数值模拟的方法进行灾害预警[1]。沉积层目标区网格、尺寸和边界条件如图 10.10 所示。网格大小的选取与渗透性、热传导、分解速率相关。水合物分解过程引起的网格敏感性问题，主要是网格尺寸不能充分描述水合物饱和度因分解发生陡降现象而引起的，故在水合物分解速率较快的井壁附近加密网格，尺寸大约为 0.5m，而在距离分解区较远处，扩散问题引起远处饱和度变化不大，故采用稀疏网格以提高计算效率。

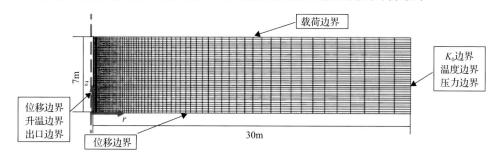

图 10.10　沉积层目标区网格、尺寸和边界条件

假设模型中各物理量绕环向变化规律一致，材料沿环向分布均匀，因此，可将问题简化为轴对称问题进行模拟。对称轴位于距模型左边界 0.15m 处。井壁升温工况的边界

条件与初始条件如表 10.5 所示。靠近井壁处沉积层温度从 284K 经过 2h 上升到 304K，之后保持在 304K。由于沉积层较深，层厚相对沉积层深度较小，沉积层自身重力的影响可以忽略。边界荷载大小可以通过计算上覆土层厚度(275m)和水深(1300m)来获得，竖向荷载边界为 16MPa，竖向有效应力为 3MPa，初始应力比 K_0=0.5，初始孔压为 13MPa，模型参数如表 10.3 所示，力学参数如表 10.4 所示。

表 10.5　井壁升温工况的边界条件与初始条件

初始条件与边界条件	数值	初始条件与边界条件	数值
远场压力 P_{far}/MPa	13	初始水合物饱和度 S_{h0}	$S_{h0}(z)$
初始压力 P_{w0}/MPa	13	初始气体饱和度 S_{g0}	S_{gr}
出口温度 T_{out}/K	284→304	初始应力比 K_0	0.5
远场温度 T_{far}/K	284	初始孔隙率 n_0	0.35
初始温度 T_0/K	284	先期固结压力/MPa	3.6
竖向荷载边界/MPa	16	位移边界	垂直约束

图 10.11 为初始水合物饱和度沿 z 轴方向的分布，根据渗透率试验，含水合物沉积层固有渗透率与水合物饱和度相关。图 10.12 给出了 r/r_{well}=2 截面各变量随开采时间的变化规律。其中，图 10.12(a)为 z 轴方向导水系数随开采时间的变化，当沉积层含有水合物时，其导水系数相对较低，随着水合物的分解，含水合物沉积层的渗透性提高。如图 10.12(b)所示，含水合物的沉积层水平有效应力降低，由于整个开采过程中，上覆土层的竖向总应力维持在 16MPa，故底部的水合物分解会导致体积收缩，表层土体向下塌陷，侧向约束致使表层水平有效应力升高。从图 10.12(c)可以看到，由于气、水不能及时排出，孔隙压力将会升高，当孔隙压力升高到一定程度后，水合物分解受到了抑制。如图 10.12(d)所示，气体饱和度最初由于热膨胀而升高，之后随着水合物的分解产气而进一步升高，同时气体饱和度的升高在一定程度上降低了沉积物的导水性。

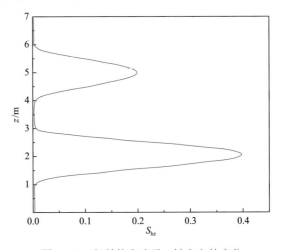

图 10.11　初始饱和度沿 z 轴方向的变化

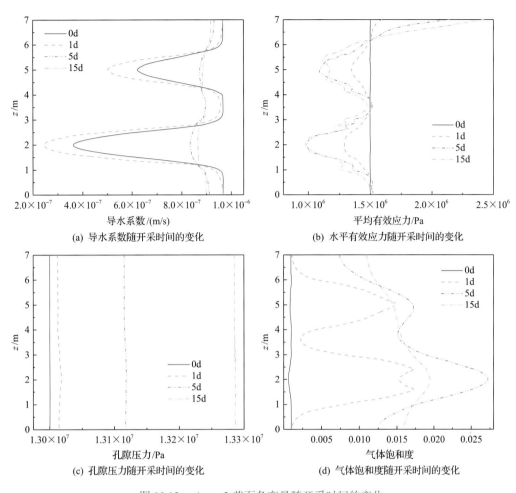

(a) 导水系数随开采时间的变化

(b) 水平有效应力随开采时间的变化

(c) 孔隙压力随开采时间的变化

(d) 气体饱和度随开采时间的变化

图 10.12　$r/r_{well}=2$ 截面各变量随开采时间的变化

　　图 10.13 分别描述了半径 r 为 0.3m 和 1.5m，高度 z 分别为距离沉积层目标区底面 2m、3.5m 和 5m 位置处，偏应力和体积应变随着水合物分解的变化规律。比较图 10.13(a) 可以看到，对于所有的考察点，只要处于分解区内，其应力都会因为水合物的分解而降低。如图 10.13(b) 所示，不含水合物的沉积层应力松弛会伴随体积的膨胀，这是因为水合物分解导致沉积层出现局部孔洞。而含水合物的沉积层在发生水合物分解后，沉积层会在外力作用下发生再次压缩，有效应力升高。对于径向位置为 1.5m 处，水合物没有发生分解，但是由于附近分解区域沿径向发生应力松弛，偏应力升高，平均有效应力降低。

　　综上所述，钻井或者油气开采过程中，开采井井壁温度升高并传热至沉积层，致使水合物沉积层中水合物发生分解，而水合物的分解会引起沉积层应力的重新调整。通过分析可知，分解区的沉积层水平压应力会降低，之后由于再次压缩，应力提高，但最终也未能达到原先的水平。值得注意的是，由于不同地层含有水合物的饱和度不同，应力沿轴向分布不均，应力的分布不均会引起工程结构物上的局部应力集中问题，影响结构物的稳定性。

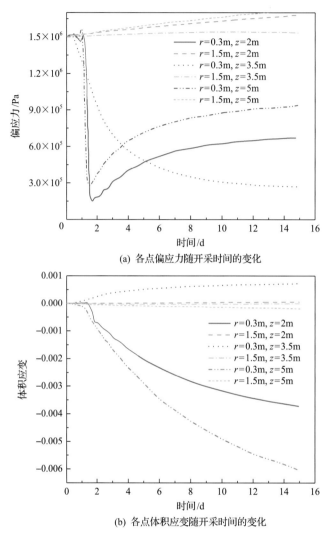

(a) 各点偏应力随开采时间的变化

(b) 各点体积应变随开采时间的变化

图 10.13　采样位置的各变量随开采时间的变化

10.3.2　降压开采过程

通过降压法进行水合物开采时，由于沉积层孔压降低，有效应力会升高，进而产生变形。同时，水合物的分解会导致沉积物骨架结构发生破坏，引起应力松弛，并可能引发局部应力集中、沉降不均匀等工程问题[19]。为了研究降压开采对沉积层力学行为的影响，模拟了水合物降压开采过程。网格划分与单井升温采用相同的方案，即加密分解区域的网格，而对于较远处的未分解区域，采用稀疏网格以提高计算效率。该算例是单井问题，对于各向同性材料，各物理量环向分布规律一致，同时本模型假设材料沿环向分布均匀，因此，可将问题简化为轴对称问题进行模拟。对称轴位于距离模型左边界 0.15m 处。单井降压工况的边初始条件和边界条件如表 10.6 所示，模型参数如表 10.3 所示。力边界条件通过计算上覆土层重量和水深来获得，上覆土层厚度为 310m，水深为 1000m。

目标区沉积层厚度为 8m,因此,重力引起的应力分布相对于上覆土层重量可以忽略。初始水合物饱和度沿 z 轴变化如图 10.14 所示。距离目标区底面 0～1m、3～4m 和 7～8m 的沉积层为渗透性较差的黏土层,而其他土层为渗透性较好的砂土层,且内部含有水合物。降压通过模型左侧边界(井壁出口边界)进行,压力从 13MPa 经过 2h 降低至 7MPa,然后压力维持在 7MPa,水合物发生分解。初始有效应力分别为竖向 3MPa、径向 1.5MPa,固结比为 0.5。

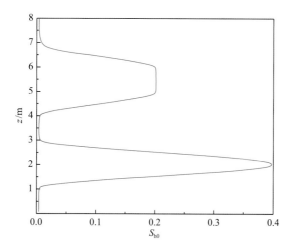

图 10.14 降压开采过程初始饱和度沿 z 轴方向的变化

表 10.6 单井降压工况的边界条件与初始条件

初始与边界条件	数值	初始与边界条件	数值
出口压力 P_{out}/MPa	13→7	初始水合物饱和度 S_{h0}	$S_{h0}(z)$
远场压力 P_{far}/MPa	13	初始气体饱和度 S_{g0}	S_{gr}
初始压力 P_0/MPa	13	初始应力比 K_0	0.5
出口温度 T_{out}	热对流	初始孔隙率 n_0	0.35
远场温度 T_{far}/K	284	先期固结压力 P_{cs}/MPa	4.5
初始温度 T_0/K	284	固有渗透率 K_i	$K_i(z)$
竖向荷载边界/MPa	16	位移边界	垂直约束

图 10.15 给出了 $r/r_{well}=6$ 的截面处,水合物沉积层内各物理量随着开采时间的变化规律。图 10.15(a) 显示水合物饱和度在降压过程中逐渐降低。图 10.15(b) 显示降压初期,沉积层体积发生收缩,但是含水合物层的体积应变较不含水合物层的体积应变小;随着水合物的分解和降压的继续进行,体积应变在不同层之间逐渐趋于一致,这是由于水合物的分解加速了含水合物层的体缩。如图 10.15(c) 所示,由于水合物分解是一个吸热过程,含水合物层温度降低,但是由于不含水合物沉积层的热量补给作用,含水合物层温度在分解后再次升高。如图 10.15(d) 所示,降压初期,根据有效应力原理,水平有效应力逐渐升高;当水合物发生分解时,由于沉积层胶结结构破坏,沉积层发生垮塌,水平向有效应力降低,并同时引起应力的分布不均。

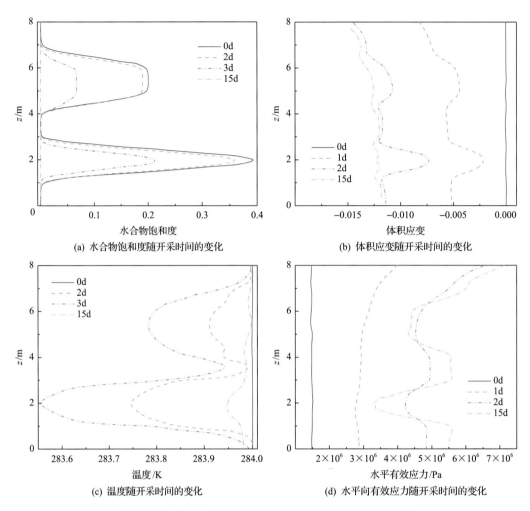

图 10.15　$r/r_{well}=6$ 位置处各变量随水合物开采时间的变化

　　图 10.16(a)给出了降压引起水合物分解过程中水合物饱和度的变化。通过比较图 10.16(a)和(b)可以看出,水合物沉积层的平均有效应力会随着降压的进行而逐渐升高,水合物分解的区域会出现平均有效应力降低的情况,这是由于水合物分解导致沉积物胶结结构破坏,发生应力的松弛现象。比较图 10.16(a)和(c)可以看出,降压会使远场的偏应力提高,而开采井附近区域的偏应力降低;水合物分解使开采井附近偏应力骤然下降,又由于水合物沉积层的再次压密,偏应力又再次升高。比较图 10.16(a)和(d)可以看出,不同层降压引起的体积应变有很大的差异,对于含水合物层,水合物的存在提高了沉积层的刚度,故体积应变较小,而当水合物分解后,沉积层刚度降低;对于黏土夹层,由于刚度较小,体积应变较大。比较图 10.16(a)和(e)可以看出,水合物分解导致温度降低,而来自黏土夹层的热量会使沉积层的温度升高。比较图 10.16(a)和(f)可以看出,水合物的分解使孔隙变大,提高了沉积层的渗透性。

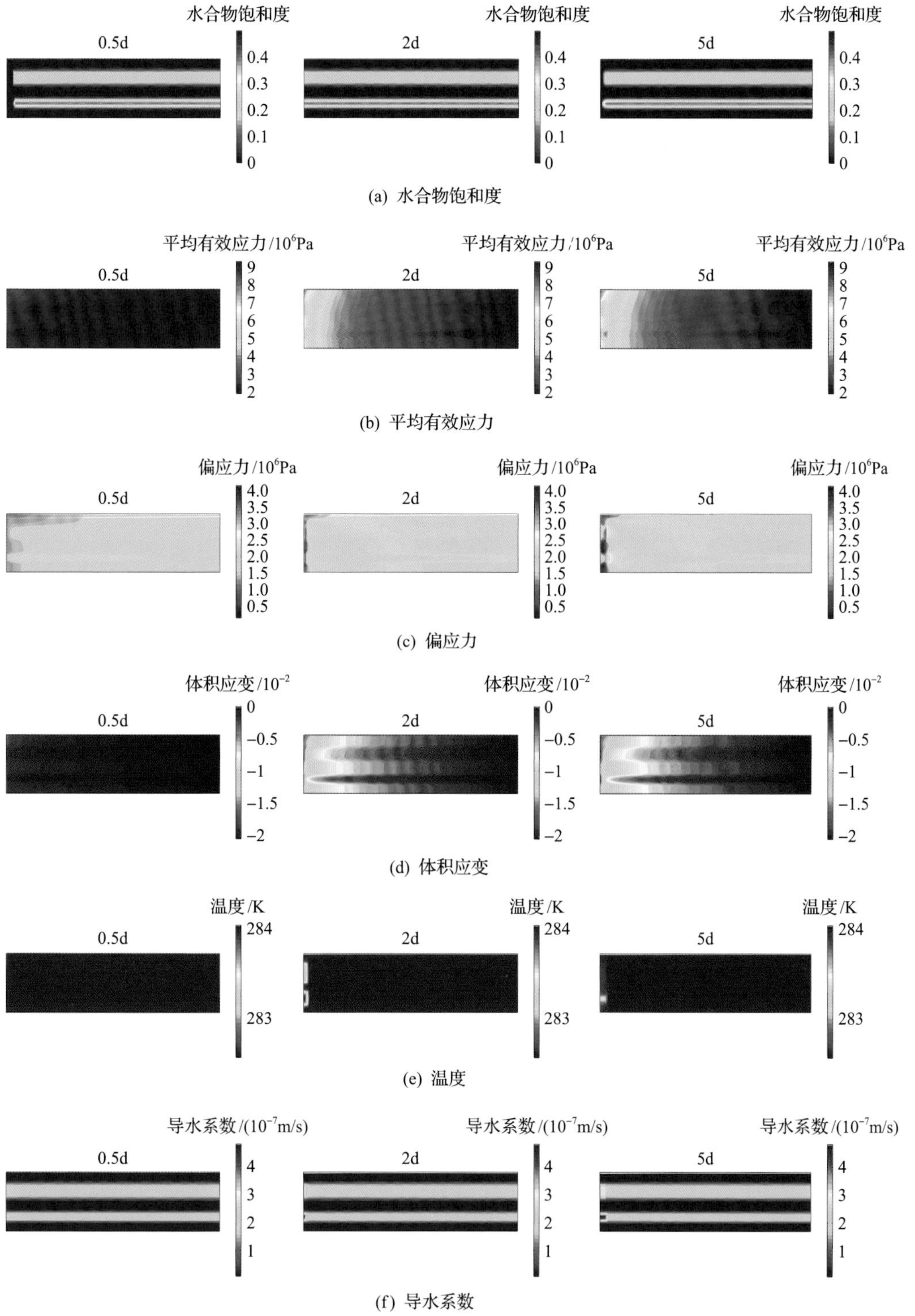

(a) 水合物饱和度

(b) 平均有效应力

(c) 偏应力

(d) 体积应变

(e) 温度

(f) 导水系数

图 10.16 降压开采工况下 t=0.5d、2d 和 5d 时，沉积层各变量随水合物开采的变化

10.3.3 多井开采模式

在实际工程中，往往会在相同断面布置数个开采井来提高开采效率，图 10.17 给出了一个多井开采的示意图。要真实地模拟多井开采，需要建立三维模型。由于在井间距离很小的情况下，水合物沉积物的物理力学性质沿开采井排布方向变化规律几乎一致，可以将模型进行简化。当然，这种简化并不适用于井间距离较大的情况，本模拟案例的目的是要了解在这种平面应变条件下，多场耦合模型是否能够合理地模拟水合物开采对地层的影响[1]。因此，假设开采井之间可以无限接近，通常假定井周围的影响区域重叠(对于单井开采 15d 的最大影响区域为 1m)。海底地层距离海平面 1300m，地层孔压 13MPa，地层温度 284K。假设开采井附近温度维持在 284K 左右，即开采井附近有热量补给。初始条件与边界条件如表 10.7 所示，模型参数如表 10.3 所示，力学参数如表 10.4 所示。网格与边界条件设置如图 10.18 所示，开采井直径 0.2m。初始水合物饱和度沿 z 轴方向的变化如图 10.19 所示。284K 对应的水合物相平衡压力为 8.7MPa，出口压力从 13MPa 经 1d 降低至 7MPa，然后维持在 7MPa 连续开采 60d。

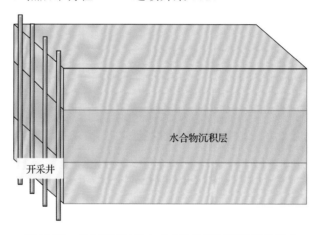

图 10.17　多井开采过程中水合物分解对沉积层的影响

表 10.7　多井开采工况的边界条件与初始条件

初始与边界条件	数值	初始与边界条件	数值
出口压力 P_{out}/MPa	13→7	初始水合物饱和度 S_{h0}	$S_{h0}(y)$
远场压力 P_{far}/MPa	13	初始气体饱和度 S_{g0}	S_{gr}
初始压力 P_0/MPa	13	初始应力比 K_0	0.5
出口温度 T_{out}/K	284	初始孔隙率 n_0	0.35
远场温度 T_{far}/K	284	先期固结压力 P_{cs}/MPa	3.6
初始温度 T_0/K	284	固有渗透率 k_i/mD	100
竖向荷载边界/MPa	18.2	位移边界	垂直约束
水平向有效应力/MPa	2.6	竖向有效应力/MPa	5.2

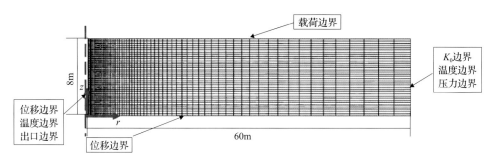

图 10.18 多井开采工况下目标区网格、尺寸和边界

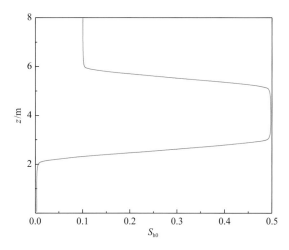

图 10.19 多井开采工况下初始水合物饱和度沿 z 轴方向的变化

图 10.20(a) 为沉积层各变量随水合物开采的变化, 多井开采水合物时, 初始降压引起水合物分解范围较单井开采要大很多, 10m 内区域水合物饱和度从 0.5 变化到 0.45 左右。然而, 水合物分解吸热降低了井场的温度, 如图 10.20(b) 所示, 温度的降低抑制了水合物的分解, 故水合物饱和度维持在 0.45 左右。由于开采井处有热量供给, 靠近开采井附近, 水合物继续分解, 并随着热传导的进行, 分解范围逐渐扩大。值得注意的是, 热对流会使分解区域的冷水反向回到开采井内, 故对流抑制了热传导的效率。比较图 10.20(b) 和(c) 可以看出, 中间水合物层底部分解较顶部快, 这是由于底部土层不含水合物, 温度没有降低, 故该层可向中间水合物层供热。通过比较图 10.20(a) 和(c) 可以看出, 水合物的分解使孔隙体积变大, 提高了沉积层的渗透性。比较图 10.20(a) 和(d) 可以看出, 水合物沉积层的平均有效应力会随着降压的进行而逐渐升高, 但没有因为水合物的分解而发生松弛, 这是因为在多井开采的条件下, 水合物分解引起的平均有效应力松弛量小于降压引起的平均有效应力提高量。比较图 10.20(a) 和(e) 可以看出, 降压会使偏应力在沉积层内整体提高, 但水合物分解区域发生了偏应力松弛现象, 且靠近井壁处分解量大, 应力松弛严重。

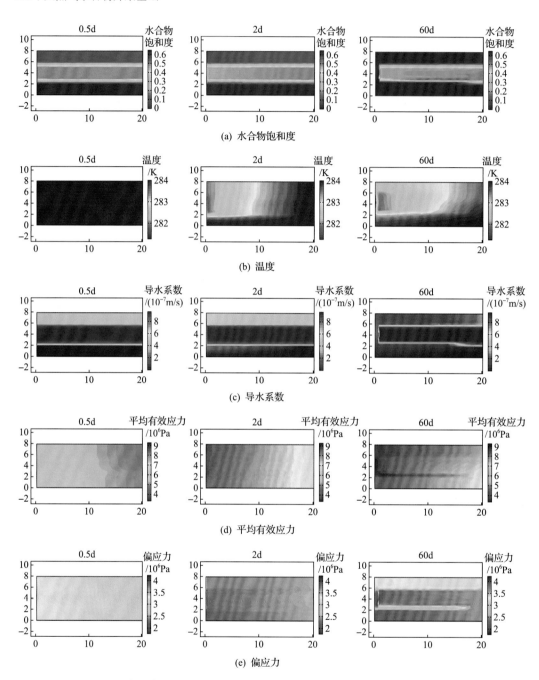

图 10.20　多井开采工况下 t=0.5d、2d 和 60d 时，沉积层各变量随水合物开采的变化

10.4　水合物开采储层稳定性分析案例

中国地质调查局在 2015 年 9 月对中国南海神狐海域 GMGS3-W19 站位的地质调查发现，钻位的水深为 1273.9m，水合物储层厚度约为 35m，存在于海床以下 135～170m[20]。

本节根据测量的地质数据构建出储层的几何模型，如图 10.21 所示，边坡度角为 15°，假定坡度长度为 400m，同时假定水合物储层与边坡平行。为了消除地应力对边界的影响，模型两侧各扩展到 ±300m，采用平面应变假设，模型的顶面为整个海底。水合物上覆层厚度为 135m，下伏层厚度为 94m，其中均不含水合物。水平开采井位于水合物层的正中心，位于海平面以下 1427m，长 50m，半径 0.15m。水合物储层顶部初始温度为 3.75℃，地热梯度为 0.045℃/m，模型中的温度分布是线性的。初始孔隙压力根据海底深度计算得出，地应力与沉积物的自重有关。除了底部边界，模型所有的边界条件都等于它们的初始值。根据调查数据的平均值，初始水合物饱和度为 0.45，初始孔隙度为 33%，低于日本南开海槽的 50%、阿拉斯加北坡的 40% 以及 Mallik 地区的 40%。井下压力设置为 4MPa，井眼周围的相平衡压力约为 7MPa，钻孔周围初始压力为 14MPa，在 12h 内，井筒压力从 14MPa 降低到 5MPa[21]。

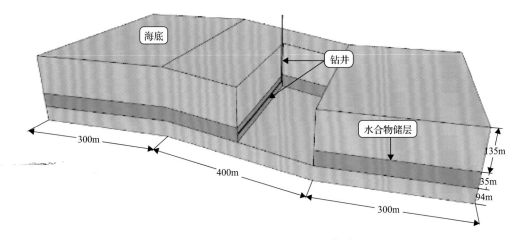

图 10.21 水合物储层的几何模型

模型中的网格如图 10.22 所示，开采井附近网格的平均尺寸为 0.05m，对于远场，网

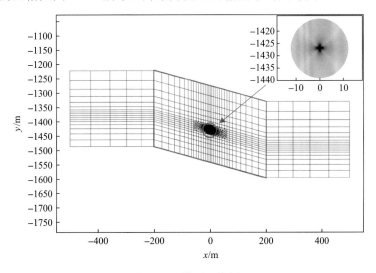

图 10.22 模型网格划分

格大小可达数百米，网格尺寸从井孔到远场呈对数分布，网格数为 26474。主要变量包括位移 u、孔隙水压力 P_w、孔隙气体压力 P_g、水合物饱和度 S_h 和温度 T。主要控制方程包括力平衡方程、两相流体流动方程、水合物分解方程和能量守恒方程。采用全双向耦合热-水-力学隐式有限元法(FEM)进行仿真。对于不同物理过程的不同方程，采用了混合阶拉格朗日型单元。对于力的平衡，使用二阶单元，对于其他的方程，使用线性单元。土体压缩引起的孔隙度变化耦合在水合物的分解、流动和热方程中。为了避免求解大奇异矩阵的逆问题，提出了一种多场解耦计算方法。采用向后差分对瞬态过程进行离散化，并采用阻尼牛顿-拉弗森(Newton-Raphson)法在各时间步长上得到一个收敛解，该解由仿真的收敛性自动控制。模型的相关参数如表 10.8 所示。

表 10.8 模型中各参数值

参数	值/单位
c_0/MPa	0.04
a	1.86
b	1
φ	22.5°
E_e/MPa	25
E_h/MPa	245
水合物生成量(N_h)[22]	6
土密度(ρ_s)[20]/(kg/m³)	2650
水合物密度(ρ_h)[22]/(kg/m³)	800
初始孔隙度 n_0[20]	0.418
气体摩尔质量(M_g)/(g/mol)	16.042
水摩尔质量(M_w)/(g/mol)	18.016
毛细管力(P_c)	$-P_0\left[\left(\dfrac{S_w - S_{wr}}{1 - S_{wr}}\right)^{-\frac{1}{\lambda}} - 1\right]^{1-\lambda}$
毛细管压力系数模型(f)[23]	0.45
气体输入值(P_0)[23]/kPa	100
固有渗透率[11]	$k_i = k_{i0}\exp\left[\gamma\left(\dfrac{n}{n_0} - 1\right)\right]$
初始固有渗透率(k_{i0})[20]/mD	2
相对渗透率	$k_{rw} = \left(\dfrac{S_w - S_{wr}}{1 - S_{wr}}\right)^{n_w}$
	$k_{rg} = \left(\dfrac{S_g - S_{gr}}{1 - S_{wr}}\right)^{n_g}$
束缚水饱和度(S_{wr})[23]	0.3
束缚气饱和度(S_{gr})[23]	0.05
水的比热(C_{Tw})[18]/[T/(kg·K)]	4.02+0.000577

续表

参数	值/单位
气体的比热(C_{Tg})[18]/$[T/(kg \cdot K)]$	1.24+0.00313
土的比热(C_{Ts})[25]/$[J/(g \cdot K)]$	1.0
水合物的比热(C_{Th})[26]/$[J/(g \cdot K)]$	2.08
热导率[27]	$K_T = K_{dry} + \left(\dfrac{1}{S_w^{\frac{1}{2}}} + \dfrac{1}{S_h^{\frac{1}{2}}} \right)\left(K_{wet} - K_{dry} \right)$
干热导率(K_{dry})[23]/$[W/(m \cdot K)]$	1.0
湿热导率(K_{wet})[23]/$[W/(m \cdot K)]$	3.1
比面积(A_{hs})[27]	$0.879 \dfrac{1-n}{r_p} S_h^{2/3}$
颗粒半径(r_p)[27]	$\sqrt{\dfrac{45k_{i0}\left(1-n\right)^2}{n^3}}$
水化反应系数(K_{d0})[28]/$[mol/(m \cdot Pa \cdot s)]$	3.6×10^4
活化能(ΔE)[28]/(kJ/mol)	81.0
吸热(ΔH)[29]/(J/mol)	$56599 - 16.744T$
相平衡	$P_{eq} = \exp\left(a_1 - \dfrac{a_2}{T} \right)$
a_1[30]	38.98
a_2[30]	8533.8

注：c_0 表示固有黏聚力；a、b 表示用于插述黏聚力随饱和度变化的参数；φ 表示摩擦角；E_e 表示固有弹性模量；E_h 表示因水合物赋存而提高的弹性模量。

10.4.1　孔压、温度及饱和度分布

图 10.23 为水合物储层开采一年的产气率和产水率变化。由产气速率曲线可以发现水合物储层的产气率在降压 30d 内先急剧增加，50m 长井的最高产气量为每天 777m³。随后在井下压力保持不变后，产气率开始降低，随着孔隙压力的传递，水合物储层的压力梯度减小，产气量开始下降，最后产气率变得稳定并维持在每天 108m³ 左右。与天然气产量一样，水产量先增加到每天 7m³，然后急剧下降，50d 后，由于远处供水充足，产水量开始不断增加。

图 10.24 为水合物储层及开采井附近区域的孔隙压力分布随时间变化情况，右上角为井筒周围压力分布。从图中可以看出，最大的水合物储层压降发生在井筒附近。在水合物分解过程中，井筒周围的孔隙压力分布呈圆形。从井筒到远场，孔隙压力分布逐渐从圆形改变为椭圆形，其长轴方向平行于水合物储层，这是由于水合物储层和不含水合物层之间，有效渗透率的差异导了分解中远场供水不同，最后导致了孔隙压力分布不均。同时，在远场中孔隙压力分布主要以受重力控制的压力梯度为主。由于水合物储层渗透率较低，压降传递范围并不大，降压作用区的半径在与边坡平行方向分布在 32m 以内，在垂直方向分布在 21m 以内。

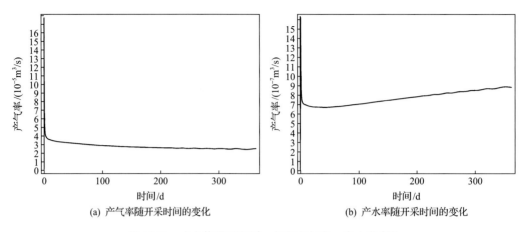

(a) 产气率随开采时间的变化　　　　　　(b) 产水率随开采时间的变化

图 10.23　水合物储层开采一年的产气率、产水率变化

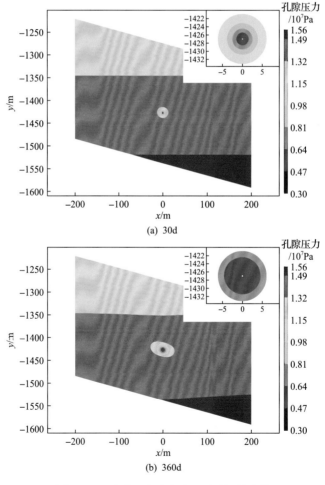

图 10.24　孔隙压力分布随开采时间的变化

　　图 10.25 为水合物储层及开采井附近区域水合物饱和度分布随时间变化，水合物饱和度的初始分布与边坡平行。随着压降的传递，水合物饱和度的分布大多呈圆形，但由

于重力作用，水合物分解后顶部供水大于底部供水，水合物饱和度的分布并不严格以井筒为中心。由于开采区域顶部水压力恢复的速率要比开采区域底部快，水合物的分解速率在开采区域的顶部比底部要慢。此外，水合物分解主要发生在井筒附近，模拟的水合物分解前沿更接近井筒，这主要是因为低渗透率阻碍了压降向外传递，而压降是驱动水合物分解的关键因素。在降压初期水合物分解较快，但随着井筒压力达到目标压力并保持恒定，水合物分解速率逐渐放缓，产气率和产水率趋于稳定，如图 10.23 所示。

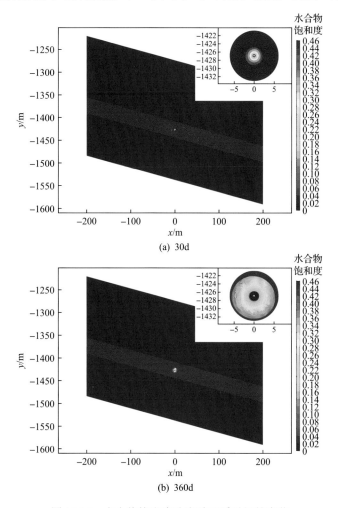

图 10.25　水合物饱和度分布随开采时间的变化

　　图 10.26 为水合物储层及开采井附近区域产气过程中温度分布随开采时间的变化，由于水合物分解是吸热过程，水合物分解区域温度会降低。而温度低于初始值的区域大小与水合物分解区域大小非常相似，这说明温度的变化主要受到水合物分解的控制，环境供热在维持水合物连续分解过程中起着重要作用。水合物的分解速率不仅与压差有关，而且与储层之间的传热性质有关。然而，储层的低渗透率阻碍了热对流，从而进一步影响了水合物分解的热供应，低渗透导致的热供应不足是水合物分解受限的另一个主要原

因。在井筒附近，温度的分布主要呈圆形，井筒以外的温度分布主要受到地热梯度控制。

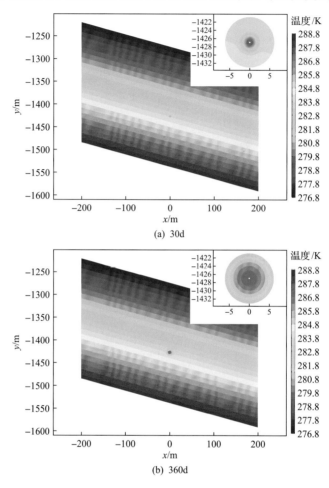

(a) 30d

(b) 360d

图 10.26　温度分布随开采时间的变化

10.4.2　有效应力和储层位移场

图 10.27 为储层及开采井附近区域产气过程中的米塞斯应力分布随开采时间的变化，米塞斯应力是一种等效应力，可以快速确定模型中的最危险区域。初始米塞斯应力反映了重力对边坡的影响，由于边坡是倾斜的，米塞斯应力集中在边坡和基层之间的界面上。在水合物开采过程中，米塞斯应力随着孔隙压力的减小而增大，随着降压区域的扩展，水合物储层发生了应力集中现象。由于应力的重新分布，在井筒附近的米塞斯应力要比其他区域大很多。在经过一年的天然气生产后，井筒附近的米塞斯应力高达 5.2MPa。在水合物分解区域，水合物储层发生了应力松弛现象，从而导致了米塞斯应力在不同方向上的分布差异。水合物分解区域顶部和底部的米塞斯应力低于水合物分解区域的另一侧，这可能是重力、降压带来的共同压实作用，使水合物分解区域顶部和底部的沉积物密度增大，从而侧向剪切了部分分解区域的沉积物。

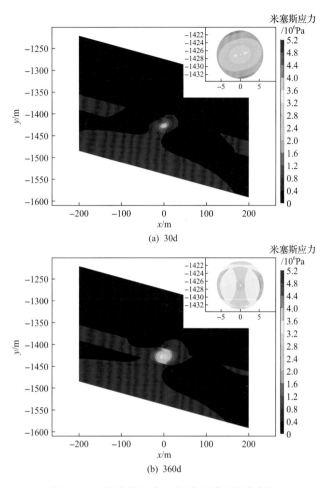

(a) 30d

(b) 360d

图 10.27 米塞斯应力分布随开采时间的变化

图 10.28 为水合物储层及开采井附近区域产气过程中，平均有效应力分布随开采时间的变化。由于水合物层与非水合物层具有不同的模量，初始的剪切发生在水合物层与非水合物层之间的界面处。因此，如图 10.27 和图 10.28 所示，界面处的米塞斯应力和平均有效应力并不是平稳连续的。在水合物开采过程中，随着压降的传递，井筒附近的平均有效应力逐渐增大，井筒附近的平均有效应力呈圆形分布，与孔隙压力分布相似。然而水合物的分解会引起井筒附近的应力松弛，从而降低井筒所受的载荷。在水平方向上，井筒应力分布并不均匀，不利于井筒的稳定。

在 360d 的产气过程中，储层等效塑性应变并没有急剧增加，主要是在井筒周围分布，最大应变约为 1.4%，这主要是由储层应力松弛导致的。从整个边坡来看，没有出现较大的塑性应变。因此，在该边坡处进行一年的降压产气对边坡的稳定性影响较小。图 10.29 为位移场分布随开采时间的变化，虽然在一年内的产气过程中，边坡没有明显的稳定性问题，但井筒周围的沉积物垂直移动约 0.16m。这一发现意味着，随着水合物的持续开采，井筒附近储层可能向下移动约 0.16m，这表明当射孔段位于水平井筒时，开采井可能发生弯曲。因此，在使用水平井进行天然气生产时，需要对套管和井筒进行一定的处理，以提高井筒的稳定性。

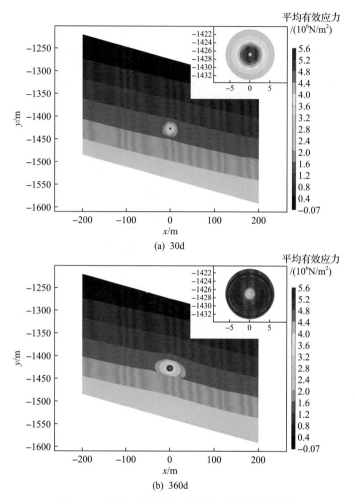

(a) 30d

(b) 360d

图 10.28 平均有效应力分布随开采时间的变化

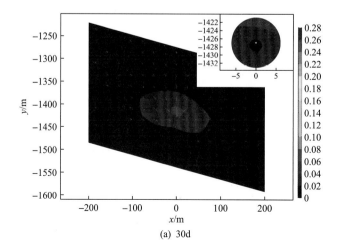

(a) 30d

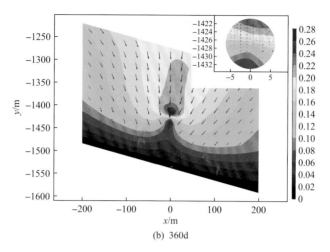

(b) 360d

图 10.29 位移场分布随开采时间的变化

参 考 文 献

[1] 孙翔. 考虑水合物分解影响的沉积物力学行为数值模拟研究. 大连: 大连理工大学, 2017.

[2] Sun X, Guo X, Shao L, et al. A thermodynamics-based critical state constitutive model for methane hydrate bearing sediment. Journal of Natural Gas Science and Engineering, 2015, 27: 1024-1034.

[3] Collins I F, Hilder T. A theoretical framework for constructing elastic/plastic constitutive models of triaxial tests. International Journal for Numerical and Analytical Methods in Geomechanics, 2002, 26(13): 1313-1347.

[4] Ziegler H, Wehrli C. The derivation of constitutive relations from the free energy and the dissipation function. Advances in Applied Mechanics, 1987, 25: 183-238.

[5] Collins I, Houlsby G. Application of thermomechanical principles to the modelling of geotechnical materials. Proceedings of the Royal Society of London Series A: Mathematical, Physical and Engineering Sciences, 1997, 453: 1975-2001.

[6] Uchida S, Soga K, Yamamoto K. Critical state soil constitutive model for methane hydrate soil. Journal of Geophysical Research: Solid Earth, 2012, 117(B3): B03209.

[7] Lin J S, Seol Y, Choi J H. An SMP critical state model for methane hydrate-bearing sands. International Journal for Numerical and Analytical Methods in Geomechanics, 2015, 39(9): 969-987.

[8] Hashiguchi K. Subloading surface model in unconventional plasticity. International Journal of Solids and Structures, 1989, 25(8): 917-945.

[9] Masui A, Miyazaki K, Haneda H, et al. Mechanical characteristics of natural and artificial gas hydrate bearing sediments. International Conference on Gas Hydrates, Vancouver, 2008.

[10] Kimoto S, Oka F, Fushita T, et al. A chemo-thermo-mechanically coupled numerical simulation of the subsurface ground deformations due to methane hydrate dissociation. Computers and Geotechnics, 2007, 34(4): 216-228.

[11] Rutqvist J, Tsang C-F. A study of caprock hydromechanical changes associated with CO_2-injection into a brine formation. Environmental Geology, 2002, 42(2-3): 296-305.

[12] Klar A, Soga K, Ng M Y A. Coupled deformation-flow analysis for methane hydrate extraction. Géotechnique, 2010, 60(10): 765-776.

[13] 邵龙潭. 土力学研究与探索:土力学理论新体系 5 讲. 北京: 科学出版社, 2012.

[14] Coussy O. Mechanics of Porous Continua. New York: Wiley, 1995.

[15] 王勖成, 邵敏. 有限单元法基本原理和数值方法. 北京: 清华大学出版社, 1997.

[16] Brown P, Hindmarsh A, Petzold L. Using krylov methods in the solution of large-scale differential-algebraic systems. SIAM Journal on Scientific Computing, 1994, 15: 1467-1488.

[17] Moore P K, Petzold L R. A stepsize control strategy for stiff systems of ordinary differential equations. Applied Numerical Mathematics, 1994, 15(4): 449-463.

[18] Uchida S. Numerical investigation of geomechanical behaviour of hydrate-bearing sediments. Cambridge: University of Cambridge, 2013.

[19] Sun X, Wang L, Luo H, et al. Numerical modeling for the mechanical behavior of marine gas hydrate-bearing sediments during hydrate production by depressurization. Journal of Petroleum Science and Engineering, 2019, 177: 971-982.

[20] Wan Y, Wu N, Hu G, et al. Reservoir stability in the process of natural gas hydrate production by depressurization in the Shenhu Area of the South China Sea. Natural Gas Industry B, 2018, 5(6): 631-643.

[21] Sun X, Luo T, Wang L, et al. Numerical simulation of gas recovery from a low-permeability hydrate reservoir by depressurization. Applied Energy, 2019, 250: 7-18.

[22] Yin Z, Moridis G, Chong Z R, et al. Numerical analysis of experimental studies of methane hydrate dissociation induced by depressurization in a sandy porous medium. Applied Energy, 2018, 230: 444-459.

[23] Li G, Moridis G J, Zhang K, et al. Evaluation of gas production potential from marine gas hydrate deposits in Shenhu Area of South China Sea. Energy & Fuels, 2010, 24(11): 6018 6033.

[24] Myshakin E M, Seol Y, Lin J S, et al. Numerical simulations of depressurization-induced gas production from an interbedded turbidite gas hydrate-bearing sedimentary section in the offshore India: Site NGHP-02-16(Area-B). Marine and Petroleum Geology, 2018, 108: 619-638.

[25] Moridis G J, Collett T S, Dallimore S R, et al. Analysis and interpretation of the thermal test of gas hydrate dissociation in the JAPEX/JNOC/GSC et al. Mallik 5L-38 gas hydrate production research well. Berkeley: Lawrence Berkeley National Laboratory, 2005.

[26] Sloan J E D, Koh C A, Koh C. Clathrate Hydrates of Natural Gases. Boca Raton: CRC Press. 2007. https://www.routledge.com/Clathrate-Hydrates-of-Natural-Gases/Sloan-Jr-Kon/p/book/9780849390784.

[27] Moridis G J. User's Manual for the Hydrate v1.5 Option of TOUGH+ v1.5: A code for the simulation of system behavior in hydrate-bearing geologic media. Berkeley: Lawrence Berkeley National Laboratory, 2014.

[28] Yin Z, Moridis G, Tan H K, et al. Numerical analysis of experimental studies of methane hydrate formation in a sandy porous medium. Applied Energy, 2018, 220: 681-704.

[29] Kamath V, Holder G. Dissociation heat transfer characteristics of methane hydrates. AIChE Journal, 1987, 33(2): 347-350.

[30] Moridis G J. TOUGH+HYDRATE v1.2 User's Manual: A code for the simulation of system behavior in hydrate-bearing geologic media. Berkeley: Lawrence Berkeley National Laboratory, 2014.

第 11 章
天然气水合物开采管道输运安全

水合物开采过程的产物主要是天然气和水，有时含有少量砂等固体物质，在管道输运过程中，常以气-液-固多相流的形式在管道内流动。如果管道内的压力与温度满足水合物的生成条件，则会在管道内再次生成水合物并形成水合物堵塞。管道内的水合物堵塞成为管道输运的主要风险来源。研究管道输运安全对水合物开采工程具有重要意义[1]。管道内多相流动过程复杂，研究水合物开采产物在管道内的流动特性，可以明确管道内的水合物堵塞过程，并采取适当措施预防管道内堵塞的发生。此外，一旦管道内发生了水合物堵塞，需要对堵塞位置、堵塞程度进行及时判别。因此对管道内水合物堵塞进行监检测至关重要。本章主要围绕水合物开采管道的流动特性和堵塞监检测技术两个方面论述，为水合物开采管道的输运安全提供参考。

11.1　管道流动特性与堵塞机理

由于海洋水合物开采后的输运管道内气、水共存，当温度及压力环境达到水合物生成条件时，管道内就会生成水合物。管道内水合物聚集、沉降，最终导致管道堵塞，给天然气管道运输带来安全问题和经济损失。本节从天然气输运管道内的水合物浆液流变特性以及管道内水合物堵塞发生过程两部分进行介绍，分析管道内水合物堵塞过程及其影响机制。

11.1.1　天然气水合物浆液流动特性

水合物开采管道内主要包含天然气、水，有时也含少量砂粒。管路的高压低温环境会导致水合物生成，实际管道中是两相或者三相流动。如果液相和固相混合比较均匀，可以把它们假设为液相进行分析，认为管道内是气、液两相流动。就管道内气液两相流来说，其流动形态多种多样，界限也不十分清晰，很难明确区分流态，有关文献曾将管道内气、液两相流划分为几十种流型。大多数学者认为，气、液两相流动可以分为泡状流、团状流、层状流、波状流、段塞流、环状流和雾状流 7 种流型。其中层状流和波状流只出现在水平和稍微倾斜的管中，对于竖直管道来说，气、液两相流只有 5 种流型。影响流型的因素有很多，其中最主要的有相含率、相流速、相物性和管道的形状。已有理论研究和实践证明，最具破坏性的流型是段塞流，海底管道特殊的形状及水合物生成可能导致出现严重段塞流。严重段塞流动表现为周期性、大幅度的压力波动及间歇出现较长的液塞，由此产生的剧烈流量变化和压力波动可能造成下游装置关闭、停产，甚至摧毁管道或生产装置。

除了段塞流之外，还需要考虑由水合物生成导致的开采管道堵塞问题。水合物生成早期，管路中水合物颗粒形成后，以悬浮物的形式存在于主体液相中，呈浆液形式流动，其流动黏度特性与传统油气体系有很大的差异，表现出极强的复杂性，受温度、压力、流速、剪切速率、含水率、颗粒直径、颗粒变形性、颗粒间的黏附力及管道形状等诸多因素影响。其中黏度作为反映流体流动阻力的基本参数，对流体流动类型的影响至关重要，需要掌握不同条件下水合物浆液流动的黏度特性变化规律，为管道中水合物颗粒发生团聚的判断提供理论依据。关于水合物浆液流动特性的研究，已经取得了很大进展，包括实验方法和理论分析等方面，但目前尚没有形成公认度较高的水合物浆液黏度预测模型。

管道内水合物浆液流变分析设备，主要包括流变仪和高压循环管路。常规流变仪作为测量流体流变性的常规方法，一直以来，在石油行业得到广泛应用，因此，在早期的水合物浆液流变性研究中也得到较多应用。水合物的低温高压形成条件对设备的运行条件要求较高，因此多选用常压或者低压水合物，如过氧化苯甲酸叔丁酯(TBPB)、四氢呋喃(THF)、四丁基溴化铵(TBAB)、环戊烷、CO_2 等形成的水合物浆液进行研究。由于压力条件不同，形成的水合物也有本质差异，学者又开发了低温高压流变仪，用来研究高压下水合物浆液的黏度特性，分析温度、压力、剪切速率、不同组分以及阻聚剂注入量等影响[2-4]。流变仪的测量结果与管道内的真实流动情况有一定差异，有学者认为高压循环管道能够更为真实地模拟管道流动，实验结果更加接近现场生产数据，因此设计并展开了高压循环管道内水合物浆液流动实验[5-9]。

本章将结合高压水合物浆液流变系统和全可视循环管路系统，对管道内水合物浆液流变特性进行介绍。如图 11.1 所示，所涉及的高压水合物浆液流变系统，可以实现水合物浆液在高压流变仪内原位生成，获得水合物生成过程中浆液黏度变换规律，并测量不同状态下所获得水合物浆液的流变特性。全可视循环管路系统将在 11.2.1 节详细介绍。

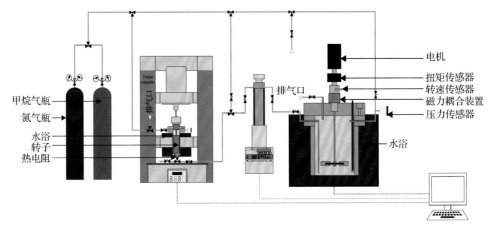

图 11.1　高压水合物浆液流变实验系统图

不论采用高压流变仪还是高压循环管道进行流变实验，水合物浆液一般呈现剪切稀释性，具有屈服应力，且随水合物体积分数变化。通常可以用 Power-Law 模型、Bingham 模型或 Herschel-Bulkley 模形来描述，常用模型中将流变参数与水合物体积分数相关联，存在应用的局限性。文献中，根据水合物浆液黏度特性实验构建的经验关系式见表 11.1。

表 11.1　水合物浆液黏度与屈服应力经验相关式

研究者	本构方程	水合物	经验关系式
Wang 等[10]	Bingham	THF	$\tau_y = 92.91 - 444.85\varphi - 536.39\varphi^2 + \mu\gamma$
Nuland 和 Tande[3]	Bingham	天然气	$\tau_y = 10^6 \dfrac{\mu_0}{1-1.94\varphi}\left[\dfrac{F\varphi}{1-(1-F)\varphi}\right]^3 \bigg/ \left[1-1.94(1-F)\varphi\right]$
	Power-Law	天然气	$\mu = \exp\left(-4.7798 + 0.2777\varphi + 24.375\varphi^2\right)\gamma^{-0.4352\varphi - 3.2395\varphi^2}$
Ahuja 等[11]	Power-Law	环戊烷	$\mu = 4100(\varphi - \varphi_c)^{2.5}$ $\tau_y = 630000(\varphi - \varphi_c)^{2.5}$
Shi 等[12]	Power-Law	TBAB 与 THF	$\mu = \mu_0 31000\varphi^{2.375}\gamma^{-0.2302\ln\phi - 0.88}\exp(0.0017\gamma_0)$
Delahaye 等[13]	Herschel-Bulkley	CO_2	$\tau_y = 1900\left(2\varphi^{5.4}\gamma_w^{-0.77(1+\ln\varphi)}\right)$

注：τ_y 为屈服应力，Pa；φ 为水合物体积分数；μ_0 为油相黏度，Pa·s；F 为无量纲系数；μ 为水合物浆液黏度，Pa·s；$\dot\gamma$ 为剪切速率，s^{-1}；φ_c 为临界水合物体积分数。

Power-Law 模型又称 Ostwald-de Waele 经验式，可用来描述浆液的黏度流动曲线，在第一、第二牛顿区间，即中等剪切速率段，表现出近似是一条直线的规律，是描述剪切速率时最简单的经验关系：

$$\tau = K\left|\dot\gamma\right|^{n-1}\dot\gamma \quad 或 \quad \mu = K\left|\dot\gamma\right|^{n-1} \tag{11.1}$$

式中，τ 为剪切应力，Pa；K 为稠度系数，Pa·s^n；n 为幂指数，无量纲，表示与牛顿流体偏离的程度；$\dot\gamma$ 为剪切速率；μ 为黏度，Pa·s。这个模型将牛顿流体行为、假塑性和胀流性流动行为概况为一体。当 $n=1$ 时，描述牛顿流体的流变性（$K=\mu$）；当 $n<1$，描述加速性流体剪切稀释的流变性；当 $n>1$ 时，描述胀流性流体的流变性。

利用高压流变仪对甲烷水合物浆液进行流变检测的结果表明，水合物浆液一般具有剪切变稀的流变性，当水合物体积分数为 28%时，在剪切速率 $10\sim500\text{s}^{-1}$，水合物黏度与 Power-Law 模型拟合度很好，此时 n 为 0.12852，如图 11.2 所示。

Bingham 模型是一类描述具有屈服应力的流体流变性的本构方程，此模型中具有屈服应力，仅当材料所受剪切应力超过屈服应力时才会流动，而小于屈服应力时材料具有弹性固体的行为，具体表述形式如下：

当 $|\tau| \leqslant |\tau_y|$ 时：

$$\dot\gamma = 0 \tag{11.2}$$

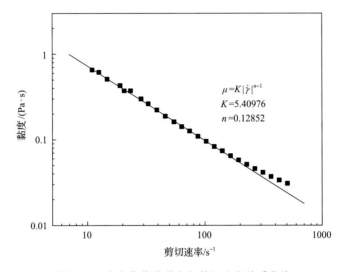

图 11.2　水合物浆液黏度与剪切速率关系曲线

当 $|\tau| > |\tau_y|$ 时：

$$\tau - \tau_y = \eta_p \dot{\gamma} \tag{11.3}$$

式中，τ_y 为屈服应力；η_p 为塑性黏度，等于流动曲线斜率。显然，Bingham 模型是一个二参数模型，剪切应力与剪切速率呈线性关系，但与牛顿流体不同，它需要加一个最小的力才能流动，这个力就是通常所说的屈服点或屈服值。

对于 Bingham 塑性流体流变行为的物理解释为：宾汉塑性流体在静止时具有三维的结构，该结构具有刚性，能够抵抗小于其屈服应力的任何应力，当受到的应力小于屈服应力时，结构变形恢复；当受到的应力超过屈服应力时，结构破坏，体系在剪切应力 $\tau - \tau_y$ 的作用下表现出牛顿流体的流变行为。

但对大多数流体来说并非如此，有浆液流动时更像 Power-Law 流体的行为，Herschel-Bulkley 模型描述超过屈服应力后的流变曲线与幂律模型相同的流体流变曲线。

当 $|\tau| \leqslant |\tau_y|$ 时：

$$\dot{\gamma} = 0 \tag{11.4}$$

当 $|\tau| > |\tau_y|$ 时：

$$\tau - \tau_y = K |\dot{\gamma}|^{n-1} \dot{\gamma} \tag{11.5}$$

式中，K 和 n 的意义与 Power-Law 模型相同。

影响水合物浆液黏度性的因素很多，包括温度、压力、流速、剪切速率、含水率、颗粒体积分数、颗粒直径、颗粒变形性、颗粒间的黏附力和油气体系表观黏度等。因此，建立综合考虑多因素的水合物浆液黏度预测模型难度较大。因水合物浆液属于悬浮体系，早期研究者提出，利用悬浮液黏度模型去关联乳液体系下水合物浆液黏度模型。爱因斯坦最早开展了硬球悬浮液黏度的理论研究，计算由 Stokes 流动引起的硬球周围的额外能量耗散，并根据此结果关联硬球颗粒体积分数与悬浮液体系表观黏度间的关系：

$$\eta_{\mathrm{r}} = 1 + 2.5\varphi \qquad (11.6)$$

式中，η_{r} 为相对黏度；φ 为分散相体积分数。

但该关系式的建立有三个重要的假设前提条件：①分散相浓度非常低且彼此之间无相互作用；②无非"水力"作用，如双电层、范德瓦耳斯力、布朗运动等；③分散相颗粒为规则球形。因此，爱因斯坦方程适用于分散相浓度极低的情况，一般不超过 0.015。

对于高浓度的悬浮液，研究人员提出了一系列理论模型或经验公式，包括 Talyor 模型、Richardosn 模型、Mooney 模型、Brinkman 模型、Krieger-Dougherty 模型、Pal 模型等。虽然其中大多仅考虑了分散相浓度的影响，但是依然在水合物研究中应用广泛，特别是 Krieger-Dougherty 模型，作为固体悬浮液最常用的相对黏度模型之一，经常用于与水合物浆液黏度数据进行比较[14]。Krieger-Dougherty 模型具体表述形式如下：

$$\eta_{\mathrm{r}} = \left(1 - \frac{\varphi}{\varphi_{\mathrm{m}}}\right)^{-2.5\varphi_{\mathrm{m}}} \qquad (11.7)$$

式中，φ_{m} 为最大堆积体积。

除了 Krieger-Dougherty 模型，Mill[15]模型也成为水合物研究中的很重要的一个模型，该模型考虑了悬浮液填料和最大填料比例。具体地说，该模型考虑了束缚在颗粒之间的固定流体(滞留液)。滞留液减少了悬浮液的数量，从而增加了系统的整体黏度。2002 年，Camargo 和 Palermo[6]通过对原油体系水合物浆液黏度的实验研究，在 Mills[15]模型的基础上，提出水合物浆液黏度理论模型，可以在一定程度上解释水合物悬浮液的非牛顿流体性质。该模型考虑了水合物颗粒间的内聚力与剪切力之间的平衡，并认为这两种力的共同作用决定了悬浮在液相中的水合物团聚体的大小。第一种力是水合物颗粒间的内聚力，它增大了水合物团聚体的尺寸。第二种力是剪切力，其作用是破碎水合物团聚体，从而降低水合物团聚体的平均粒径。此外，Camargo-Palermo 模型假设水合物聚集物表现为球形粒子，得到用于预测水合物浆体相对黏度的 Camargo-Palermo 方程：

$$\left(\frac{d_{\mathrm{A}}}{d_{\mathrm{P}}}\right)^{4-f} - \frac{F_{\mathrm{a}}\left[1 - \dfrac{\varphi}{\varphi_{\max}}\left(\dfrac{d_{\mathrm{A}}}{d_{\mathrm{P}}}\right)^{3-f}\right]^2}{d_{\mathrm{P}}^{\,2}\mu_0\dot{\gamma}\left[1 - \varphi\left(\dfrac{d_{\mathrm{A}}}{d_{\mathrm{P}}}\right)^{3-f}\right]} = 0 \qquad (11.8)$$

$$\varphi_{\mathrm{eff}} = \varphi\left(\frac{d_{\mathrm{A}}}{d_{\mathrm{P}}}\right)^{3-f} \qquad (11.9)$$

$$\mu=\mu_0 \frac{1-\varphi_{\text{eff}}}{\left(1-\dfrac{\varphi_{\text{eff}}}{\varphi_{\text{max}}}\right)^2} \tag{11.10}$$

式中，d_A 和 d_P 分别为水合物聚集体直径和原始水合物颗粒直径；μ 为水合物浆液黏度；μ_0 为连续油相黏度；f 为水合物颗粒分形维数；φ_{max} 为立方堆积最大颗粒体积分数；φ 为水合物体积分数；F_a 为水合物颗粒间吸附力；$\dot{\gamma}$ 为剪切速率；φ_{eff} 为水合物有效体积分数。

一般情况下，利用 Camargo-Palermo 模型预测水合物浆体的相对黏度，需要求解式(11.8)来确定水合物聚集体直径 d_A。一旦水合物聚集体直径确定，水合物有效体积分数 φ_{eff} 可以使用式(11.9)计算。水合物浆的相对黏度可以使用相对黏度模型计算。Camargo-Palermo 模型中，使用了 Mill 模型，如式(11.10)所示。其中需要注意的是，如果式(11.8)中水合物聚集体直径小于原始水合物颗粒直径 $d_A < d_P$，认为水合物颗粒未发生聚集，则水合物有效体积分数等于所形成的水合物体积分数，即 $\varphi_{\text{eff}}=\varphi$。还有一些学者在 Camargo-Palermo 模型的基础上做了系数上的平衡，进行了少量的调整与改进，虽然该模型在工业界得到了应用，但已发表的研究成果依然有限，不足以说明它的准确性[6,16]。

除上述关于水合物浆液黏度的理论模型外，Pauchard 等[17]假设 IFP-Lyon 多相流实验环道内水合物浆液流动为均值层流，依据 Hangen-Poiseuille 定律，给出了根据压差和流量数据反算水合物浆液黏度计算式，即

$$\mu=\frac{\pi D^4 \Delta P}{128 Q L_s} \tag{11.11}$$

式中，D 为管径，m；ΔP 为压差，Pa；L_s 为长度，m；Q 为总体积流量，m^3/s。作者在全可视化循环管路中进行了水合物浆液流动实验，对压差和流动形态进行检测，发现随着水合物生成，压差增大，黏度升高，并在水合物生成后期产生了明显的段塞流(详见 11.2.1 节)。

水合物浆液流变特性研究是解决开采管路流动安全的关键问题之一，其研究方法主要包括高压循环管道和运用流变设备的基础实验研究，以及基于悬浮液流体体系机理的理论研究。由于不同研究者所选用的水合物客体分子不同，生成的水合物种类不同，所应用的实验设备和实验条件也有所差异，水合物浆液的黏度特性仍需开展深入实验研究。同时，由于水合物颗粒与硬质球的本质差异，基于悬浮液流体体系的水合物黏度预测模型还需要不断改进与完善。综上所述，对水合物浆液流动特性的研究还需要大量的实验和理论研究相结合，才能提出普适度较高的黏度预测模型，更好地为开采管道中水合物风险控制技术的应用提供强有力的指导。

11.1.2 管道水合物堵塞机理

气、水两相流在管道内输运过程中，当温压条件满足水合物生成的相平衡条件时，管道内便可能发生水合物生成、水合物小颗粒聚集、水合物大颗粒沉降、水合物聚集成

块等过程,并最终造成管道堵塞。管道内水合物堵塞发生过程的各个阶段如图 11.3 所示,通常认为,管道内水合物堵塞过程包含以下四个阶段。

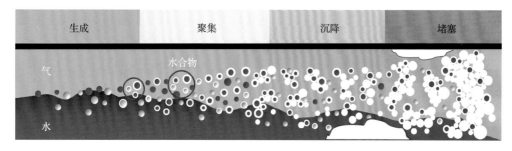

图 11.3　管道内水合物堵塞过程示意图

1) 生成过程

当管道内为气、液两相流动且环境条件满足水合物生成相平衡条件时,管道内水合物的生成过程表现为水滴生成为水合物的过程。图 11.4 为用 X 射线 CT 观测的水滴表面水合物生成形貌图。水滴表面的水合物生成过程主要分为两个阶段:①水合物在气、水界面处生成,形成一层连续的水合物膜,水合物的生长速率受水合物生成控制;②形成的水合物膜阻碍了气、水接触,水合物的生长速率受到气、水通过水合物膜的扩散速率控制。基于此,本节提出了水滴表面水合物生长动力学模型,如图 11.5 所示。该模型做出以下假设:①水合物的生成过程为化学反应过程;②气体和水扩散通过水合物壳的过程是准稳态过程。因此,确定水合物生成的反应速率常数可以预测水合物颗粒的生成过程[18]。

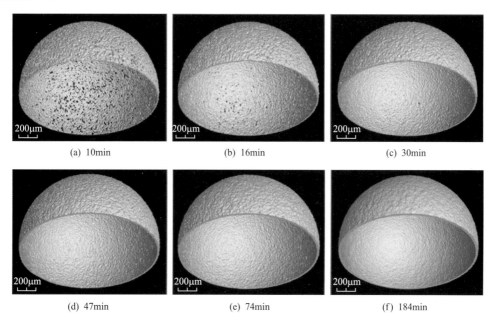

(a) 10min　　　　　　　(b) 16min　　　　　　　(c) 30min

(d) 47min　　　　　　　(e) 74min　　　　　　　(f) 184min

图 11.4　X 射线 CT 观测的水滴表面水合物生成形貌图

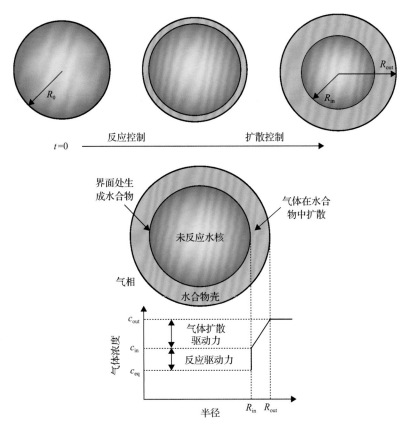

图 11.5　水滴表面水合物生成动力学模型示意图

R_{in}-生成过程水滴的半径；R_{out}-生成过程中水合物壳外表面的半径；c_{out}-外表面气体的摩尔浓度；
c_{in}-水-水合物界面处气体的摩尔浓度；c_{eq}-内表面气体的摩尔浓度

水滴表面气体消耗速率 r_g 可以表示为

$$r_g = 4\pi R_{in}^2 K_r (c_{out} - c_{eq}) \tag{11.12}$$

式中，R_{in} 为生成过程中水滴的半径；K_r 为水合物生成的反应速率常数；c_{out} 为外表面气体的摩尔浓度；c_{eq} 为内表面气体的摩尔浓度。

水滴表面水合物生成所消耗水的速率(r_w)可以通过水滴体积变化速率获得，可表示为

$$r_w = -\frac{d}{dt}\left(\rho_w \frac{4}{3}\pi R_{in}^3\right) = -4\pi R_{in}^2 \rho_w \frac{dR_{in}}{dt} \tag{11.13}$$

式中，ρ_w 为水的摩尔密度。

气体消耗速率 r_g 与水消耗速率 r_w 有比例关系，n 为水合数：

$$r_g = \frac{1}{n} r_w \tag{11.14}$$

因此，水合物生成的反应速率常数 K_r 可以表示为

$$K_{\mathrm{r}} = \frac{\rho_{\mathrm{w}}}{n(c_{\mathrm{eq}} - c_{\mathrm{in}})} \frac{\mathrm{d}R_{\mathrm{in}}}{\mathrm{d}t} \tag{11.15}$$

获得水合物颗粒的反应速率常数有助于掌握水合物颗粒的生成生长规律,可对管道内水合物颗粒生成提供理论依据,并根据生成限制条件制定水合物生成预防措施。然而,水合物颗粒在管道内生成后,便会发生水合物颗粒的聚集过程。

2)聚集过程

水合物颗粒在输运管道中生成后,随着水合物颗粒数量的逐渐增加,颗粒间的相互作用导致颗粒逐渐聚集成块。典型的颗粒聚集过程包括布朗运动聚集、静电作用聚集和毛细液桥作用聚集,而其中起主导作用的是毛细液桥作用,如图 11.6 所示。本节基于 Rabinovich 等[19]的毛细液桥理论,获得改进后的水合物颗粒间的毛细液桥力计算公式,基本方程为[20]

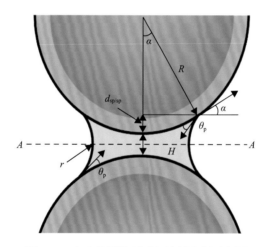

图 11.6　水合物颗粒间毛细液桥作用示意图

$$\frac{F_{\mathrm{a}}}{R^*} = 2\pi r\gamma \sin\alpha \sin(\theta_{\mathrm{p}} + \alpha) + \frac{2\pi r\cos\theta_{\mathrm{p}}}{1 + \dfrac{H}{2d_{\mathrm{sp/sp}(H,V')}}} \tag{11.16}$$

$$R^* = \frac{2R_1 R_2}{R_1 + R_2} \tag{11.17}$$

$$d_{\mathrm{sp/sp}(H,V')} = \frac{H}{2} \times \left(-1 + \sqrt{1 + \frac{2V'}{\pi R_1 H^2}} \right) \tag{11.18}$$

$$V' = \pi R_1^2 \alpha^2 H + 0.5\pi R_1^3 \alpha^4 \tag{11.19}$$

式(11.16)~式(11.19)中,F_{a} 为颗粒间作用力;r 为液桥的曲率半径;γ 为液体在颗粒界面处的表面张力;θ_{p} 为液体与水合物颗粒表面的接触角;R_1 为上方颗粒的半径;R_2 为下方颗粒的半径；R^* 为等效半径是两个颗粒半径的调和平均数；$d_{\mathrm{sp/sp}(H,V)}$ 为浸没深度；V 为毛细液桥体积；α 为毛细液桥的支撑角；H 为颗粒间距。

水合物颗粒间通过毛细液桥力聚集后，毛细液桥会转化为水合物，导致小颗粒逐渐转化为大颗粒，并进一步加速水合物的聚集过程，从而引发大颗粒水合物的沉降过程。

3) 沉降过程

当管道内生成聚集的水合物颗粒尺寸较大时，特别是在气相流动为主导的管道内，颗粒的重力作用导致颗粒发生沉降。本节针对水合物颗粒沉降过程的改进理论模型，对水合物颗粒在管道内的受力过程进行分析，水合物颗粒在管道内流动过程竖直方向所受的力包括：流体流经颗粒而产生的升力 F_l、颗粒重力 F_g、颗粒所受浮力 F_b。当小的水合物颗粒聚集成较大水合物颗粒时，随着水合物颗粒半径 r_p 变大，颗粒重力逐渐变大。当颗粒所受重力大于颗粒所受升力与浮力的合力时，流体流动难以维持颗粒的输运过程，最终导致颗粒的沉降，如图 11.7 所示。

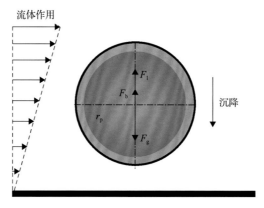

图 11.7　水合物颗粒沉降过程示意图

颗粒在管道中沉降过程所受升力为[21]

$$F_l = 4.24\rho_f v'^2\left(\frac{r_p u_*}{v'}\right)^{3.12} \tag{11.20}$$

式中，ρ_f 为流体密度；v' 为流体的运动黏度；u_* 为摩擦速度，可通过下式计算：

$$u_* = \sqrt{\frac{f_F}{2}}U \tag{11.21}$$

式中，f_F 为范宁摩擦因子；U 为管道内的流体整体平均流速。此外，浮力和重力计算公式为

$$F_b = \rho_f V g \tag{11.22}$$

$$F_g = \rho_p V g \tag{11.23}$$

式中，V 为水合物颗粒体积；g 为重力加速度；ρ_p 为水合物颗粒密度。当水合物颗粒受力满足式(11.24)时，便会发生水合物颗粒的沉降过程：

$$F_g - (F_b + F_l) \geqslant 0 \tag{11.24}$$

明确水合物颗粒在管道内的沉降过程，可以获得维持颗粒在管道内持续输运并不会发生沉降的最小平均流速 U。因此，可通过调控管道内的流速达到预防水合物颗粒的沉降过程发生。本节模型与其他模型[22]的比较如图 11.8 所示，本节模型具有更高的精确度。

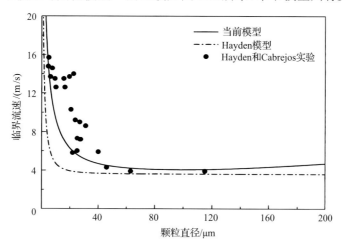

图 11.8 水合物颗粒沉降模型验证

4) 堵塞过程

当水合物颗粒经历生成—聚集—沉降过程后，大量的水合物颗粒沉降于管壁。当管道内流体无法移除附着于管壁上的水合物颗粒时，残留的水合物颗粒间相互固结，最终形成块状水合物堵塞管道。为判定附着于管壁上的水合物颗粒是否能够移除，本节构建了水合物颗粒表面移除模型，如图 11.9 所示，沉降于表面的水合物颗粒通常有毛细液桥的存在，影响水合物颗粒的移除过程。

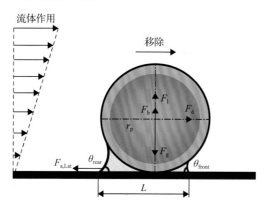

图 11.9 水合物颗粒表面移除过程示意图

图 11.9 中，F_d 为流体对颗粒作用的拖曳力，$F_{a,Lat}$ 为液桥产生的横向液桥力，θ_{front} 和 θ_{rear} 分别为毛细液桥的前角和后角，L 为液桥长度。拖曳力计算公式可表示为[23]

$$F_d = \frac{1}{2} n_w \rho_f C_D A_p U_p^2 \tag{11.25}$$

式中，n_w 为壁面系数；C_D 为拖曳系数；A_p 为颗粒在流体流动方向的横截面积；U_p 为作用于颗粒表面的流体流速。横向液桥力计算公式可表示为[24]

$$F_{a,Lat} = k L \gamma_l \left(\cos\theta_{rear} - \cos\theta_{front} \right) \tag{11.26}$$

式中，k 为液桥的无量纲形状参数。根据颗粒受力情况，当水合物颗粒受力满足式(11.27)

$$F_d - \left(F_g - F_l - F_b \right) f_f - F_{a,Lat} \geqslant 0 \tag{11.27}$$

式中，f_f 为表面的摩擦系数[25]。沉降后的水合物颗粒便会移除，不会堵塞管道，否则颗粒会残留于管道壁面，并最终形成大量的水合物堵塞。

通过明确水合物颗粒在管道内的移除过程，可以获得防止颗粒在管道内堆积并最终导致堵塞的最小平均管道流速。因此，同样可通过调控管道流速的方法，达到预防水合物颗粒堵塞的过程。本节对颗粒的移除过程进行实验验证，并与本节中提出的模型进行对比，结果如图 11.10 所示[22,25]。通过对比结果可知，本节颗粒移除理论模型与实验结果一致性良好。

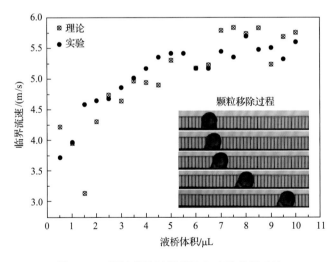

图 11.10　颗粒移除过程理论与实验结果对比

管道内水合物堵塞的发生过程经历生成—聚集—沉降—堵塞，严重威胁管道输运过程的流动安全。在整个管道内水合物堵塞过程中，通过调控管道内气水比和管道流速等运行参数，均可在一定程度上防止水合物堵塞过程的发生。研究水合物颗粒在管道内完整的输运过程的作用机理，能够有针对性地对水合物颗粒作用的各个过程阶段进行防治，保障开采后的天然气管道输运过程安全高效地进行。

11.2 管道堵塞监检测技术

水合物堵塞对天然气管道的安全运行危害巨大，严重时有可能造成重大安全事故，带来严重的经济损失和生态灾难，管道堵塞监检测技术是预防和解决这些问题的有效手段之一。管道堵塞监检测技术可用于监测管道流动状态的发展趋势、部分堵塞和完全堵塞等多种情况。当堵塞物质开始累积、并未完全堵塞管道时，可及时检测出部分堵塞位置和堵塞程度，发出管道堵塞预警信息。当管道完全堵塞时，可快速检测出堵塞位置，提供解堵的准确信息。目前，按照堵塞检测过程中所采用的测量手段，可将检测方法分为透射检测法、应力应变测量法、压差监测法、压力波法以及声波/超声波法。

透射检测法是一类检测方法的统称，这类方法的共同特点是检测过程中，通过发射或者接收能够照射穿透管道的放射线、电磁波或磁力线，对管道内部进行成像，从而获得管道的堵塞参数信息。透射检测法可以根据所采用透射源性质的不同，分为 γ 射线检测法、X 射线检测法、磁力线检测法、示踪扫描法和电磁波检测法等。透射检测法由于采用了直接成像的方式来获取管道内部的堵塞信息，具有检测精度高、误报率低、对输送介质适应性强的优点。但是，该方法实施时仪器需要靠近管道的外壁面，以对管道进行连续成像，应用受到管道铺设位置的限制较大，对埋地管道和海底管道实施不便。此外，还存在造价高昂，对人员健康有潜在危害的缺陷。

应力-应变法检测原理是：当管道内的流体流经截面发生变化的管道时，管内压力会发生变化，从而导致管壁应变发生变化，通过检测管壁应变变化可有效判定管道堵塞情况。基于应力-应变测量的管道堵塞检测方法，理论上能够对管道中的完全堵塞或非完全堵塞进行检测，具有检测精度高、对输送介质适应性强的优点。但是进行检测时需要在管道的外壁设置应变测量仪器，对于埋地管道实施不便，且可能对管道的外防护层造成损害；需要预知管道的大致堵塞位置，否则对全线进行检测的经济性差、检测效率低。

近年来，压差监测法、压力波法以及声波/超声波法逐渐引起人们的注意和重视，本节重点对压差监测技术、压力波检测技术、声波检测技术和超声波检测技术进行介绍。

11.2.1 压差监测技术

天然气输运管道堵塞发生后，堵塞段的上下游管线会产生明显的压差信号，基于该原理提出压差监测技术。当堵塞在管道内生成之后，管内压力会产生明显的变化，基于输运管道稳定流动和不稳定流动过程中的压力变化规律，提出了多种管道堵塞检测方法，如背压法、压力特性曲线法和水力坡降曲线法等，可有效地用于管道中的堵塞监测[26]。背压法适用于稳定流动过程，主要是用于监测非完全堵塞的严重程度。通过对比常规未堵塞压力数据和当前生产压力数据，能够获得管道堵塞处的流通面积并判定堵塞的严重程度，但不能得到堵塞的具体位置和长度[27]。压力特性曲线法适用于管道不稳定流动过程，通过将常规未堵塞压力曲线和当前压力曲线进行对比，可获得非完全堵塞的位置和长度，但对堵塞位置和堵塞面积的计算精度不高[28]。而水力坡降线曲线法适用于完全堵塞和非完全堵塞，通过监测管道水力坡降线出现的奇异点，对管道产生的堵塞进行定位，不需要与管道常规未堵塞压力曲线进行对比,但不能检测多点堵塞[29]。对水合物堵塞来说,管道内压差监测技术的关键工作是,依据管道中水合物堵塞发生的机理,建立水合物堵塞特性评价模型。

在输运管道正常生产过程中,管内气体流动会产生摩擦损失,使得沿线压力降低,管道两端的压差信号在一个有限区域内波动,而当堵塞在管内某一段出现后,会产生剧烈的压降损失,导致压差信号产生明显的阶跃性变化,因此压差监测方法利用管线压差信号变化监测管内堵塞的生成,提供堵塞预警信号,有利于建立天然气管道水合物堵塞的压差监测模型。对于天然气输运管道,根据流体力学理论,可利用伯努利方程求压力损失。对于圆管流动的流体,管道两横截面间的总流动损失 h_w,包括沿程阻力损失 h_f 和局部阻力损失 h_s,即

$$h_w = \sum h_f + \sum h_s = \frac{\Delta P}{\rho g} \tag{11.28}$$

式中,ρ 为管内流体密度。沿程阻力损失 h_f 是由流体的黏性力造成的能量损失,可利用达西-魏斯巴赫公式计算,即

$$h_f = \lambda \frac{l}{d} \frac{v^2}{2g} \tag{11.29}$$

式中,l 为所计算管道两横截面间的距离;λ 为沿程损失系数;v 为管内流体流速。当管内为湍流状态时,λ 的值可以通过查莫迪图确定;当管内为层流状态时,λ 既可以利用查莫迪图确定,也可以根据公式计算得到。

沿程局部阻力损失 h_s 主要是流体的相互碰撞和形成的漩涡等因素造成的,是发生在流动状态急剧变化时急变流中的能量损失,可以按照式(11.30)计算

$$h_s = \xi \frac{v^2}{2g} \tag{11.30}$$

因此计算沿程局部阻力损失的关键在于确定沿程局部损失系数 ξ,不同沿程局部损失的损失系数计算不同。对于 90°弯管损失系数 ξ_w 的计算可根据式(11.31)

$$\xi_w = 0.131 + 0.163 \left(\frac{d}{R} \right)^{3.5} \tag{11.31}$$

式中,R 为弯管的曲率半径;d 为弯管内径。

流体在大截面管道流向小截面管道时,会产生突缩损失。通过式(11.32)可计算突缩损失系数。

$$\xi_s = 0.5 \left(1 - \frac{d_2^2}{d_1^2} \right) \tag{11.32}$$

式中,d_1 表示突缩之前的大截面管道内径;d_2 表示截面缩小之后的小截面管道内径;ξ_s 表示按大截面流速计算的局部损失系数。

流体在小截面管道流向大截面管道时，会产生突扩损失。通过式(11.33)可计算突扩损失系数

$$\xi_{k} = \left(1 - \frac{d_2'^2}{d_1'^2}\right)^2 \tag{11.33}$$

式中，d_1' 表示突扩之前的小截面管道内径；d_2' 表示截面突扩之后的大截面管道内径，ξ_k 表示按小截面流速计算的局部损失系数，同时管道突然扩大的局部损失要大于突然收缩的局部损失。

本节根据上述流体力学基础理论，采用实验室已有流动环路，设计了一些简单的实验，建立了压差监测模型。初步压差监测模型的假设初始条件如下：

(1)水合物堵塞发生在天然气输运管道中，水合物均匀附壁增长；

(2)管道内的天然气为不可压缩流体；

(3)不考虑热量损失，管道内气体等温流动。

图 11.11 为天然气输运管道压力损失模型示意图。假设管道总长为 l，内径为 d，管道是由不锈钢材质铸成，输运管道存在一段弯管，弯管曲率半径为 R。在管线中间某位置存在长为 l_1 的水合物堵塞，由于已经假设管道内水合物是均匀附壁增长的，水合物附壁增长后会缩小管道直径，减少流通面积，形成大小为 d_1 的堵塞段水力直径。管道进气口端压力为 P，流动气体在达到堵塞段之前流速为 v，非完全堵塞段内气体流速为 v_1。

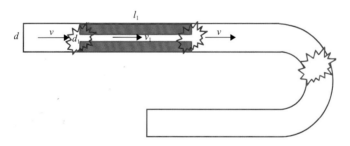

图 11.11　天然气输运管道压力损失模型示意图

由图 11.11 可知，该输运管道模型的压力损失包括沿程阻力损失、堵塞段入口处突缩损失、堵塞段出口处突扩损失以及弯管阻力损失，根据这些损失可求得整个输运管段的压力损失，进而推导出管道内存在堵塞时压降的变化。以流体力学一系列关于能量损失的计算公式为基础，考虑图 11.11 中管道模型的流动损失，包括沿程阻力损失、堵塞段入口处突缩损失堵塞段出口处突扩损失以及弯管阻力损失，天然气输运管道流动总损失计算公式如下：

$$h_{w} = \lambda \frac{(l-l_1)}{d}\frac{v^2}{2g} + \lambda_s \frac{l_1}{d_1}\frac{v_1^2}{2g} + \xi_s \frac{v^2}{2g} + \xi_k \frac{v^2}{2g} + \xi_w \frac{v^2}{2g} \tag{11.34}$$

式中，λ 为堵塞管段沿程损失系数；λ_s 为水合物堵塞段沿程损失系数；ξ_w 为 90°弯管损失系数。

结合公式(11.28)，可以得到管道总压降 ΔP 公式，即

$$\Delta P = \left[\lambda \frac{(l - l_1)}{d} \frac{v^2}{2} + \lambda_s \frac{l_1}{d_1} \frac{v_1^2}{2} + \xi_s \frac{v^2}{2} + \xi_k \frac{v^2}{2} + \xi_w \frac{v^2}{2} \right] \rho \tag{11.35}$$

利用式(11.35)可计算获得天然气管道压力损失模型的管道两端压差。天然气管道水合物堵塞压差监测模型是基于堵塞产生后管道压差发生变化，如在生产过程中通过对压差的监测发现管道压差由ΔP_1突增到ΔP_2，说明管内可能出现堵塞。根据本节所述压差检测模型，找到此种压差变化对应的堵塞可能，然后采取合理的解决措施，防止事故发生。因此该模型有利于保障输运管道的正常运行，监测堵塞的发生，提供预警信号。

在实际天然气输运过程中，水合物的生成导致管道内的流动过程非常复杂，常规的压差预测模型并不能准确预测管道内的实际流动过程的压差情况。为此，本节围绕一套全可视化循环管路[30]，对管路内水合物生成过程的压差监测实验进行说明，如图 11.12 所示。

图 11.12　全可视化循环管路

通过压差变化结合水合物浆液流态变化图像，实现实时监测并定性分析压差变化与水合物堵塞过程[31]，如图 11.13 所示。

水合物在循环管路的流动过程中，经历了生成、聚集、沉降并最终形成堵塞的过程，虽然这些过程会在管路内同时进行，但各个阶段均有其主导的水合物存在模式。图 11.13 中的压差变化经历四个阶段，各个阶段分别对应：在水合物生成阶段（Ⅰ），水合物生成流体黏度升高并导致压差缓慢升高，此时管道内流体为分层流；在水合物聚集阶段（Ⅱ），水合物颗粒间聚集流体黏度进一步升高，并导致压差迅速升高，管道内流体开始出现段塞段；在水合物沉降阶段（Ⅲ），水合物颗粒开始沉降，导致压差小幅度下降并伴有剧烈波动，管道内流体逐渐以块状水合物状态进行输运；在水合物堵塞（完全沉降）阶段（Ⅳ），水合物颗粒的完全沉降导致管道内压差逐渐降为 0，水合物完全沉降附着于管道壁面。在各个阶段的压差变化过程中，可以发现压差变化的转折点（A、B、C），而各个阶段的压差变化均有一定规律。

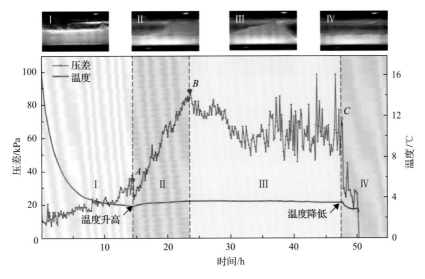

图 11.13 压差变化及水合物浆液流态变化图像

因此，在实际输运天然气过程中，虽然不能通过压差信号变化准确预测管道内流体流动状态和水合物堵塞程度，但通过压差的变化趋势也可以定性分析管道内水合物处于何种堵塞阶段，并采取相应防控措施。

11.2.2 压力波检测技术

压力波法又被称为瞬态压力法，是指在管道内人为制造一个压力波动，使得管内的流体由稳态变为瞬态，然后分析瞬态压力响应信号，获取管道堵塞有关信息[32]。其中瞬态是指管道系统由一个稳定状态变化到另一个稳定状态之前的中间状态。在管道内产生瞬态压力信号的方法一般是打开或关闭管道出口处的阀门，使管内道流体由稳态变为瞬态，然后关闭或打开该阀门，使管道内由瞬态变化为稳态的过程，进而产生压力波动信号。当管道横截面积由于存在堵塞、阀门或孔板等发生变化时，入射压力波会在这些位置发生反射，然后利用反射波与入射波的时差来计算堵塞的位置，利用其振幅的变化来计算堵塞率(堵塞截面积的百分比)。

1)压力波传播特性

输气管道中压力波传播特性包括波速和堵塞响应规律。计算压力波传播速度，结合采集的压力波信号曲线，可得到管道内堵塞位置及堵塞长度；计算压力波在管道内衰减系数及压力波振幅的变化，可得到管道内堵塞程度。在输气管路中压力波以声速在管道内传播，Chen 等[33]在计算压力波的传播速度时采用声速方程，其表达式为

$$C = \sqrt{\eta R^* T} \tag{11.36}$$

式中，η 为气体的定压比热 C_p 与定容比热 C_v 之比；R^* 为管内气体的气体常数；T 为温度。计算波速还可以通过实验中采集到的压力波信号得到。由于动态压力传感器之间距离已知，采集时间确定，波速也可以通过下式计算：

$$C = \frac{\Delta L_{AB}}{\Delta t} \tag{11.37}$$

式中，ΔL_{AB} 为两传感器之间的距离；Δt 为传播时间。

Meng 等[34]通过研究输气管路中压力波传播特性，将其应用于钻井开采中。其压力波传播速度表达式如下：

$$C = \frac{\omega}{\sqrt{\frac{\rho_0}{2\eta P_0}}} \left\{ \left(\omega^2 - \frac{\rho_0 g^2 \sin^2\theta}{4\eta P_0} \right) + \left[\left(\omega^2 - \frac{\rho_0 g^2 \sin^2\theta}{4\eta P_0} \right)^2 + \left(\frac{\tau u_0 \omega}{\rho_0 D} + \frac{2\omega}{D}\sqrt{\frac{2v_g\omega}{\rho_0}} \right)^2 \right]^{\frac{1}{2}} \right\}^{-\frac{1}{2}} \tag{11.38}$$

式中，ω 为角频率；v_g 为气体黏度；ρ_0 为气体浓度；u_0 为气体流动速率；θ 为倾角；τ 为管壁摩擦系数；D 为管路内径；g 为重力加速度；P_0 为管内压力。

为提高堵塞检测距离，往往要增大发射功率或降低衰减，常见的做法是提高入射波振幅或降低发射频率。而当压力波振幅过大时，传播过程中的非线性效应便不能忽略。

因此，本节基于非线性声学理论，提出了大振幅单峰脉冲压力波衰减模型，该模型将压力波传播过程分为三个阶段[35]。当 $0 < \sigma \leq m_1$ 时，压力脉冲波的振幅还没受到非线性效应造成的波形畸变的影响，有

$$\frac{P_x}{P_0} = \frac{u_x}{u_0} = \exp(-\beta X_s \sigma) = \exp(-\beta x) \tag{11.39}$$

式中，X_s 为冲击波的形成距离；x 为传播距离；β 为衰减系数；P_x 为传播距离为 x 处压力波的振幅；P_0 为入射波的振幅；u_x 为传播距离为 x 处流体微粒的最大振动速度；u_0 为震源处流体微粒的最大振动速度；σ 为无量纲数，表达式为

$$\sigma = \frac{x}{X_s} = \varepsilon Ma k x \tag{11.40}$$

式中，Ma 为振源处的马赫数；ε 为非线性系数；k 为波数。

当 $m_1 < \sigma \leq m_2$，波形畸变会明显影响到压力波振幅，因此有

$$\frac{P_x}{P_0} = \frac{u_x}{u_0} = \frac{2\sqrt{\sigma \exp(-\beta X_s \sigma) - 1}}{\sigma} \tag{11.41}$$

当 $\sigma > m_2$ 时，波形畸变对振幅的影响已渐渐消失，在此阶段，P_x/P_0 的值仍可用式 (11.39) 计算。另外 σ 为无量纲数，表达式为

m_1 和 m_2 为超越方程 (11.42) 的两个根，超越方程表达式如下：

$$2\exp(\beta X_s \sigma) - \sigma = 0 \tag{11.42}$$

图 11.14 为压力波衰减实验结果与模型计算结果对比。横坐标为无量纲数 σ，纵坐标为不同位置压力波的振幅与入射波振幅的比值。图中曲线为模型计算结果，$0<\sigma\leqslant m_1$ 为第一阶段；$m_1<\sigma\leqslant m_2$ 为第二阶段；$\sigma\geqslant m_2$ 为第三阶段。而波形畸变段对振幅的影响主要集中在第二阶段，图中第二阶段虚线为不考虑波形畸变的计算结果，实线为考虑波形畸变的计算结果，可以看出考虑波形畸变可以大大提高模型的计算精度。另外图中右上角分别为 $\sigma=0$ 和 $\sigma=4.6$ 时真实的波形和计算的波形(蓝色实线为真实的波形，红色虚线为计算的波形)，这进一步证明了模型的准确性。

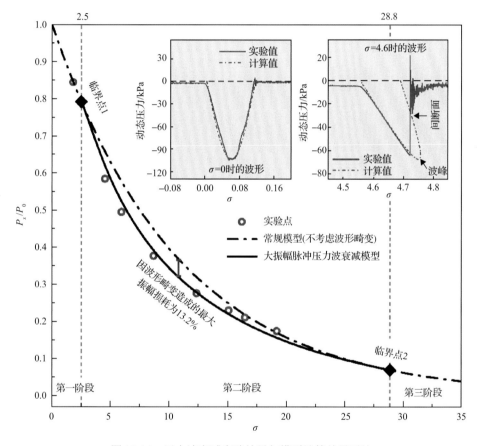

图 11.14 压力波衰减实验结果与模型计算结果对比

2)压力脉冲波法堵塞检测

下面以具体堵塞检测实验结果为例，进一步说明在上述压力波衰减模型的基础上所提出的压力波堵塞检测计算方法[36]。

堵塞检测实验结果如图 11.15 所示。实验管道全长 220m，管道沿线布置了两个高频动态压力传感器，分别记为 D_1、和 D_2，管内的静态压力为 2.0MPa。图中，P_1 为高频动态压力传感器 D_1 测得的入射波，P_2 为高频动态压力传感器 D_2 测得的入射波，P_3 为 D_2 测得的堵塞前沿的反射信号，P_4 为 D_2 测得的堵塞后沿的反射信号。由于堵塞前沿的截面积由大变小，其反射波 P_3 与入射波相同，为负压波；而堵塞后沿截面积由小变大，其反

射波 P_4 与入射波相反，为正压波。然后正压波 P_4 在长为 15.7m 的部分堵塞段内来回反射，直至衰减为 0，而 P_5 正是其第一轮反射后的波。P_6 为 D_1 测得的堵塞前沿的反射信号，P_7 为 D_1 测得的堵塞后沿的反射信号。由于 D_1 非常靠近电磁阀，其测得的信号为反射波及其继续传播后遇到电磁阀再发生反射的反射波双重叠加后的结果，其振幅约为真实的堵塞反射波的两倍。再往后的反射信号则是由管路入口处闸阀产生的反射波。随后，压力波在管道入口和出口间来回反射传播，直至衰减为 0。

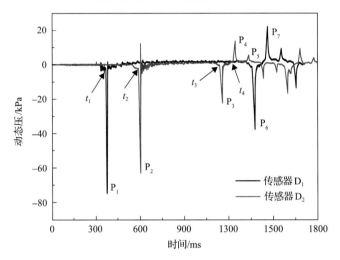

图 11.15 长度为 15.7m、堵塞率为 75% 的长距离连续性部分堵塞检测实验结果

根据 P_1 和 P_2 的时间差，可以计算出压力脉冲波的传播速度：

$$C = L_1 / (t_2 - t_1) = 75.95\text{m} / (0.59\text{s} - 0.37\text{s}) = 346.8\text{m} / \text{s} \tag{11.43}$$

式中，L_1 为传感器 D_1 和 D_2 之间的距离；t_1、t_2 分别为入射波 P_1、P_2 的到达时间。根据堵塞前沿反射波 P_3 的到达时间 t_3 可计算出堵塞前沿到传感器 D_2 间的距离：

$$L_2 = \frac{1}{2} \cdot C \cdot (t_3 - t_2) = 0.5 \times 346.8\text{m} / \text{s} \times (1137.5\text{ms} - 589.4\text{ms}) = 95.04\text{m} \tag{11.44}$$

而堵塞前沿到传感器 D_2 的实际距离为 95.20m，因此，堵塞段前沿的定位误差为 −0.17%。另外，根据堵塞后沿反射波 P_4 和堵塞前沿反射波 P_3 之间的时间差，可计算出堵塞段长度：

$$L_3 = \frac{1}{2} \cdot C \cdot (t_4 - t_3) = 0.5 \times 346.8\text{m} / \text{s} \times (1229.0\text{ms} - 1137.5\text{ms}) = 15.87\text{m} \tag{11.45}$$

式中，t_4 为反射波 P_4 的到达时间。

堵塞段实际长度为 15.70m，因此，堵塞段长度的检测误差为 1.10%。根据堵塞前沿反射波 P_4 的振幅与入射波振幅的比值可计算出堵塞率，需要先计算衰减系数：

$$\alpha = -\frac{1}{L_1}\ln\left(\frac{P_2}{P_1}\right) = -\frac{1}{75.95\text{m}} \cdot \ln\left(\frac{-63.07\text{kPa}}{-74.68\text{kPa}}\right) = 0.0022\text{m}^{-1} \quad (11.46)$$

式中，P_1 为入射波 P_1 的振幅；P_2 为入射波 P_2 的振幅。

压力波在堵塞管道内的传播过程如图 11.16 所示。压力波通过电磁阀产生后进入管道后，先被传感器 D_1 检测到，为 P_1，随后被传感器 D_2 检测到，为 P_2，然后传播到靠近堵塞前沿的位置，为 P_2'，然后遇到堵塞前沿后压力波发生部分反射，反射波为 P_3'，P_3' 沿着相反方向传播后又到达传感器 D_2 的位置，为 P_3。

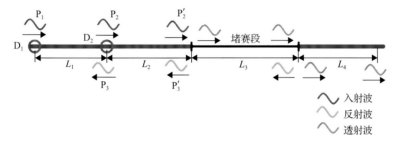

图 11.16　压力波堵塞管道内传播过程示意图

堵塞率可根据下式计算[36]：

$$x = \frac{2P_3 \cdot (L_1 + 2L_2)}{2P_1\sqrt{X_s \cdot (L_1 + 2L_2) \cdot \exp\left[-\alpha \cdot (L_1 + 2L_2)\right] - X_s^2} + P_3 \cdot (L_1 + 2L_2)} = 74.67\% \quad (11.47)$$

堵塞段的实际堵塞率为 75%，因此实验中堵塞率的检测误差为–0.44%。综上所述，压力波法堵塞检测具有操作简单、检测时间短、成本低和抗干扰能力较强等优点，具有较好的可靠性与实用性。本节所使用的计算方法及模型对于较为规则的连续长堵塞有较高检测精度，而对于不规则的复杂堵塞(例如水堵等)在堵塞长度及堵塞率的检测精度上还有待验证，这也是下一步要解决的问题。

11.2.3　声波检测技术

声波检测是一种无损检测手段，其检测设备安装方便，检测距离长，检测数据客观可靠，无需人员干预，但对其检测数据的分析较为复杂。声波在管道中传播，如果圆管的直径与波长的比小于 0.5，管内即无横向振动，可以作为一维系统，管内只有沿管长传播的平面声波。常见的声波检测的做法是以低频声波作为激励信号，在管道首端发射激励信号，使用接收探头接收回波信号，对输出的声学信号进行分析，从时域频域图中分析信号的频率、幅值等特点，采用信号处理的方式获得信号中的更多细节信息，提取能够有效区分不同管道运行工况的特征值，对不同工况下的特征值进行分类，最终得出管道运行工况[37]。声波自发射端至接收端之间性质发生了改变，当声波到达管道尾端，一部分声波会透过管道继续传播，而另一部分声波则被反射，形成反射波，所以声波在检测领域的运用首先要研究声波的传播原理。

1)声波堵塞检测原理

声音的传播是生活中最为常见的物理现象，其传播过程与力、光等物理量都有相似之处，声波在传播路径上常会遇到各种各样的"障碍物"，会引起声波的反射、折射与透射。设媒质Ⅰ和媒质Ⅱ的特性阻抗分别为 $\rho_1 c_1$ 和 $\rho_2 c_2$，如果一系列声压为 P_i 的平面声波从媒质Ⅰ垂直入射到分界面上，由于分界面两边的特性阻抗不一样，通常会有一部分声波反射回去，另一部分透入媒质Ⅱ中。

当声波在管道内传输，出现堵塞工况时，相对于无堵塞截面，堵塞位置的管道横截面积产生了突变，设未堵塞截面面积为 S_1，堵塞截面面积为 S_2，由于 S_2 小于 S_1，相当于声波传播遇到了"硬"边界，S_2 相对于前面的 S_1 成为一个声学负载，会引起部分声波发生反射和透射，堵塞截面示意图如图 11.17 所示。

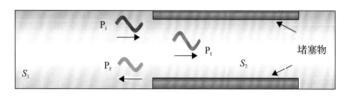

图 11.17　堵塞截面示意图

设在面积为 S_1 管中传来一入射波 P_i，遇到声学负载后产生反射波 P_r 和透射波 P_t，上述三种波不是互相独立的，而是存在一定的数学关系，这种关系发生在管道截面变化的界面处，存在如下两种边界条件：

(1)声压连续：

$$P_i + P_r = P_t \tag{11.48}$$

(2)因为截面有突变，截面处的质点不再是单向的，体积速度连续，即截面附近的声场是非均匀的，质点不会在截面处集聚，根据能量守恒，截面处体积速度总应连续：

$$S_1\left(v_i + v_r\right) = S_2 v_t \tag{11.49}$$

式中，v_i 为入射波对应质点的振动速度；v_r 为反射波对应质点的振动速度；v_t 为透射波对应质点的振动速度。

由此可见，声波在堵塞截面处的反射波与截面积变化比值有关，反射波的强度反映堵塞物大小，同时也影响透射波的强度，使管道中声传播的能量、频率、模态产生改变，利用声波的特性变化，通过信号处理与分析，可以实现对堵塞的检测和定位。

2)堵塞定位检测

图 11.18 为基于低频声波的管道堵塞检测系统示意图。在进行声波堵塞检测时，使用任意波形发生器产生线性调频信号，线性调频信号经过功率放大器放大后，激励低频换能器产生低频线性调频声波，低频线性调频声波从管道的一端向管道内发射，由于发射的声波的频率小于管道的一阶截止频率，声波将在管道中以平面波的形式传播，没有

扩散衰减，声波可以沿管道长距离传播。声波在管道内传播，当遇到堵塞物时，管道内介质的声阻抗发生突变，会引起一部分声波能量发生反射，产生反射波，反射波会沿着管道向发射端返回，剩余的声波会沿着管道继续向前传播。当声波遇到完全堵塞时，会产生一个反射波；当声波遇到非完全堵塞时，在堵塞点的起点和终点都会产生反射波，而且堵塞起点产生的反射波和终点产生的反射波相位相反。反射回来的声波会被传声器接收，通过对接收到的声波信号进行分析计算，可以确定管道内堵塞物的位置和堵塞情况。

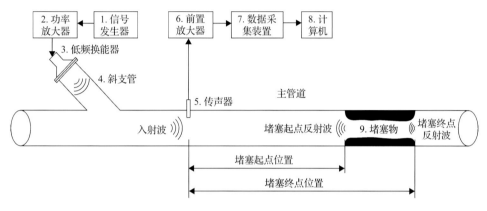

图 11.18　基于低频声波的管道堵塞检测系统示意图

图 11.19(a) 为某实验管路上发生连续堵塞时的声波检测实验结果，实验压力为 0.6MPa，堵塞段开始位置距离声发射换能器 139.42m，堵塞段长度 41.05m，堵塞段管径为正常管径的 1/2，相当于堵塞面积为管道总面积的 75%。根据接收到的声波信号中两个反射波的相位相反，判断为连续堵塞，再根据堵塞起点反射波和入射波的时间差，可计算出堵塞段开始位置，根据堵塞终点反射波和堵塞起点反射波的时间差，可以计算出堵塞段的长度。通过改变激励信号频率和激励信号宽度改变入射声波的特征，从而研究入射声波特征对声波检测结果的影响，检测结果见表 11.2。

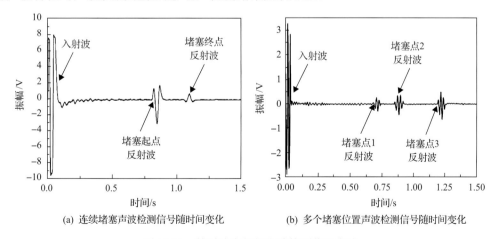

(a) 连续堵塞声波检测信号随时间变化　　　　(b) 多个堵塞位置声波检测信号随时间变化

图 11.19　管道堵塞低频声波检测信号变化

表 11.2　声波堵塞检测实验结果

实验编号	频率/Hz	脉冲宽度/ms	堵塞开始位置/m	堵塞开始位置误差/%	堵塞段长度/m	堵塞段长度误差/%
1	20	20	139.60	0.28	41.36	0.75
2	20	20	139.39	0.13	41.61	1.37
3	20	20	139.67	0.33	41.46	0.99
4	50	20	139.36	0.11	41.86	1.98
5	50	20	139.36	0.11	41.86	1.98
6	50	20	139.22	0.00	41.92	2.12
7	50	50	139.36	0.11	41.64	1.44
8	50	50	139.30	0.06	41.54	1.20
9	50	50	139.34	0.10	41.59	1.31
10	100	20	139.18	−0.02	41.95	2.20
11	100	20	139.17	−0.03	41.86	1.97
12	100	20	139.16	−0.04	42.00	2.32

声波检测堵塞方法还可以用于检测管道内连续多个堵塞点的位置，图 11.19(b)为某实验管路上发生 3 个位置堵塞时的声波检信号，可以根据不同堵塞物声波反射信号的传播时间，实现多个堵塞位置的定位。堵塞点 1 距离声源的实际距离为 115.62m，检测结果为 115.80m，定位误差为 0.16%；堵塞点 2 距离声源的实际距离为 136.17m，检测结果为 136.45m，定位误差为 0.21%；堵塞点 3 距离声源的实际距离为 202.20m，检测结果为 201.71m，定位误差为−0.24%。

11.2.4　超声波检测技术

除了堵塞位置及堵塞程度检测，有时还需要对堵塞截面轮廓进行检测。目前国内针对水合物堵塞截面轮廓检测方面的研究较少，而且现有的大多数检测手段需要在非工作状态下进行[38]，不考虑管道内部气流的影响[39]。然而，水合物堆积过程的发生通常是在短时间内突然出现，因此，在管道工作状态下的现场实时检测才更具有意义。考虑到复杂多变的内部环境，水合物堆积厚度检测的整个过程最好从外部进行，这样既能保证设备的正常运行，又能避免干扰。本节提出了一种水合物堆积轮廓测量装置。该仪器采用便携式移动设计，为水合物开采输运过程中管内水合物堆积堵塞预警和安全防范提供了一种新的有效手段。

1) 主要结构及工作原理

声波换能器是本系统的最重要部件之一。声波检测方法可以分为两大类：接触式测量和非接触式测量。接触式测量方法对于管道内水合物堆积截面的检测存在很多限制。例如，在移动过程中无法保证耦合剂的均匀涂抹，声波绕射对信号带来干扰。因此本装置采用的声波换能器是聚焦式超声换能器，如图 11.20 所示。图 11.20(a)描述了聚焦超声换能器的工作原理，这种特殊的设计可以有效降低衍射和多重反射信号的干扰。图 11.20(b)和图 11.20(c)分别是传感器和防水连接器的实物照片。

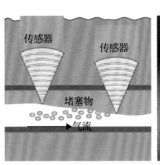

（a）工作原理示意图　　　　（b）聚焦超声换能器　　　　（c）防水连接器

图 11.20　聚焦超声换能器

图 11.21（a）是接触式测量方法接收到的声波信号，由于接触界面的存在，超声波在管道的内外表面不可避免地会产生信号的强烈反射，最终导致水合物堆积界面反射信号与管道壁面反射信号的重叠，无法进行准确分辨。而非接触式测量方法中，聚焦探头可以增强在焦点处的反射信号强度，从图 11.21（b）中可以看出，换能器与管道的距离越远，信号反而越强，这是因为换能器与管道的实际距离逐渐接近焦距，聚焦探头可以使声波信号在焦点处发生汇聚从而产生强烈反射，导致了信号强度的增加。这样可以有效降低绕射波和多重反射波带来的干扰。

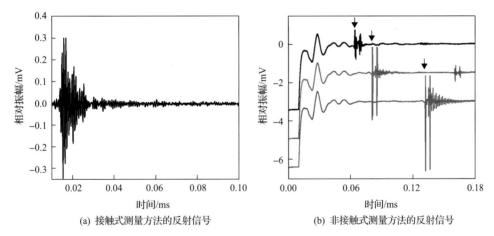

（a）接触式测量方法的反射信号　　　　（b）非接触式测量方法的反射信号

图 11.21　两种超声波截面轮廓检测方法反射信号对比

图（b）黑色、红色、蓝色曲线分别表示探头距管道外壁 40mm、50mm、90mm 处测得的反射信号

常规的超声检测方法主要有超声波透射法和超声波反射法。水合物管道内的堆积可能出现在任意位置，单发单收式的超声波透射法仅能判断出堆积的存在，无法判断出堆积发生在发射端还是接收端，因此本实验采用的是超声波反射法。这里采用的水浸探头是一种单晶纵波探头，带有一个在声学特性上与水相匹配的厚度 d 为 1/4 波长的匹配层

$$d = \frac{\lambda}{4} \tag{11.50}$$

这种探头是为了完成水下超声波测试而特别设计的。这种设计提供了一种均匀耦合的方法，1/4 波长的匹配层能加强声能的输出，防腐蚀的不锈钢外壳配有镀铬黄铜制连接器，屏蔽功能可以有效提高信噪比。

超声波的穿透能力和衰减均与频率相关，不同频率的超声波在介质中具有不同的传播特性。通常情况下，高频信号的波长短，分辨率高，但信号强度较易衰减；低频信号的强度高，穿透能力强，但相对的信号分辨率降低。因此，选择合适的超声频率来测量是非常重要的。预先的频率筛选实验表明，过低的频率会导致目标信号与干扰信号重叠。图 11.22 为不同频率的检测信号对比，相同的实验条件下，在发射频率为 0.2MHz、0.5MHz、1MHz 的反射波形中，很难直接确定目标信号的位置，因为目标信号被管道壁面的长波长反射信号掩盖。当频率增加至 5MHz 时，相应的反射信号波长变短，干扰信号所波及的时域范围也相应变窄，目标信号可清晰地在波形信号中分辨，与此同时目标信号的衰减已非常明显，考虑到更高的频率会进一步降低超声波的穿透能力、增加目标信号的衰减程度，所以在保证可分辨目标信号的前提下，5MHz 要优于更高的频率。

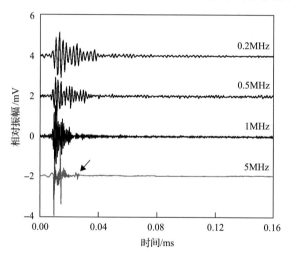

图 11.22 同一实验条件下不同频率信号的比较

在进行实际测量时，换能器需要一个环形轨道来实现绕管道的运动，以实现 360° 轮廓的测量，设备组成如图 11.23 所示。图 11.23(b)是环形导轨示意图，在进行信号采集时，可将滑块固定于环形轨道上，导轨上设置有角度标尺，以确定换能器的角度位置信息，测得每一点的堆积厚度后，连接这些点就可画出水合物在管道内堆积截面的 360°轮廓曲线。测量点设置的越多，获得的堆积轮廓点位越多，画出的堆积轮廓越准确。理论上无法无限次测量管道圆周每一点的堆积信息，测量点位越多，所需时间越长，实际测量次数需要根据具体情况进行综合考虑。由于装置整体的尺寸取决于环形导轨，在满足现场测试要求的前提下，为了保证设备整体的便携式特性，环形轨道的直径应尽量小。

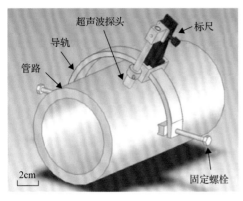
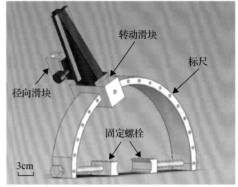

(a) 设备组成示意图   (b) 便携式导轨示意图

图 11.23   水合物堵塞截面超声波检测装置

2) 定位与信号反演方法

在对水合物堆积进行测量时，先将环形导轨通过固定螺栓安装在待测管道的堆积位置。调整固定螺栓使待测管道处于导轨的几何中心。导轨上的滑块可以在导轨上绕待测管路自由滑动，当滑动到需要测量的位置时，可以用螺栓穿入通孔将滑块的位置固定，这样使声波探头在测量某一固定位置的堆积厚度时，不会因为滑块的轻微移动造成对接收信号的干扰。整个滑动轨迹覆盖管路圆周 180°，每次完成一个完整的 360°圆周测量需要拆卸一次，也可以采用两套设备相互配合，这样更有利于节省时间，提高测量效率。在滑动起始点和终点之间设置了若干个标志位，这些标志位均匀分布。当滑块移动到任意位置时，都能获得相应的角度位置信息。水合物堆积厚度的计算方法如式(11.51)所示：

$$r = D - R' - s \tag{11.51}$$

式中，r 为水合物堆积厚度；D 为换能器焦距；R'为管壁厚度；s 为换能器发射端与管壁垂直距离。在测试过程中，发射和反射信号的传播都要经过水、金属管和水合物。换能器的运动将改变各介质的行程距离，当换能器远离管道时，在水中的传播距离增大，水合物中的传播距离减小。相反，当换能器靠近管道时，超声波在水中传播的时间变短，而在水合物中传播的时间变长。因此，由于不同介质中波速和传播距离的不同，传感器的实际焦距也会发生变化。实际焦距的理论计算方法如下：

$$D = D_0 \times \frac{v_{\text{water}}}{v_{\text{medium}}} \tag{11.52}$$

式中，D_0 为换能器的原始焦距，是换能器的固有属性，D_0 的物理意义是在纯水介质中焦点与换能器发射端之间的距离；v_{water} 为水中的波速；v_{medium} 为实际介质中的波速。将式(11.52)代入式(11.51)得

$$D_0 = R' \times \frac{v_{\text{pipe}}}{v_{\text{water}}} + r \times \frac{v_{\text{hydrate}}}{v_{\text{water}}} + s \tag{11.53}$$

式中，v_{pipe} 为金属管中的波速；$v_{hydrate}$ 为水合物中的波速。由于 D_0、R'、v_{pipe}、v_{water}、$v_{hydrate}$ 是已知常数，可以直接测量，最终的堆积厚度可以表示为

$$r = \frac{v_{water}}{v_{hydrate}} \left(D_0 - R' \times \frac{v_{pipe}}{v_{water}} - s \right) \tag{11.54}$$

式中，s 为使用图 11.23(b)所示的黑色标尺测量得到的变量。式(11.54)即为堆积厚度的计算方法。

3) 堆积厚度校准与模拟测量结果

由于超声波在冰与水合物中的传播特性相似，模拟堆积选择用冰代替水合物进行了一系列的验证实验。图 11.24 是 12cm 直径的碳钢圆筒内模拟水合物堆积轮廓测量结果示意图。环绕圆筒 360°旋转可通过手动控制实现。在实验中，为了便于观察和测量实际的堆积轮廓，用碳钢圆筒代替了封闭的管道。图 11.24(a)为筒体照片，内壁上的白色冰状物为待测堆积物。在可视化循环系统内水合物颗粒开始沉积，到形成堆积的实际情况，用均匀的块状水合物模拟待测堆积物更易操作，且与水合物真实堆积情况十分接近。

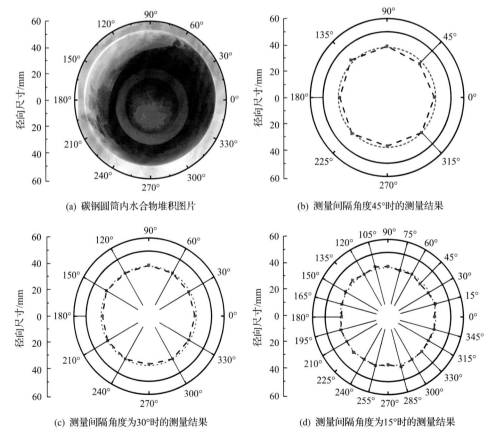

(a) 碳钢圆筒内水合物堆积图片　　　　　　　(b) 测量间隔角度 45°时的测量结果

(c) 测量间隔角度为 30°时的测量结果　　　　(d) 测量间隔角度为 15°时的测量结果

图 11.24　碳钢圆筒内不同检测间隔的堵塞轮廓测量

图 11.24(b)～(d)为堆积轮廓测量结果。蓝色点划线表示从碳钢圆筒内部直接测量的

真实堆积轮廓，红色数据点表示实验测试结果。通过连接所有红色数据点获得的黑色虚线是对堆积轮廓的预测结果。为了探究测量数据点和间隔角对结果的影响，图 11.24(b)～(d)分别表示了移动间隔为 45°、30° 和 15° 时的测量结果。相应的，红点数据点的数量分别为 8、12 和 24。对比表明，数据点越多，预测结果越接近真实堆积轮廓线。因此，测量精度与测量次数呈正相关。从理论上讲，无法在有限的时间内测量圆周上每一点的堆积情况。当间隔角减小到一定程度时，精度的微小提高会导致消耗的时间成倍增加。因此，实际检测过程应根据具体情况综合考虑。

综上，本节为天然气输运管道水合物堵塞设计了一种新型的超声波检测装置，确定了水合物在环绕管道内壁不同位置的堆积厚度，利用换能器环绕管道的移动，实现了环绕管道内壁 360° 水合物堆积轮廓的检测，是水合物开采和天然气输运早期预警和安全防范的一种有效手段。

参 考 文 献

[1] Sloan E D. Natural Gas Hydrates in Flow Assurance. Holland: Elsevier Science, 2011.

[2] Liu Z X, Song Y C, Liu W G, et al. Rheology of methane hydrate slurries formed from water-in-oil emulsion with different surfactants concentrations. Fuel, 2020, 275(1): 117961.

[3] Nuland S, Tande M. Hydrate slurry flow modeling. 12th International Conference on Multiphase Production Technology, Barcelona, 2005.

[4] Webb E B, Rensing P J, Koh C A, et al. High-pressure rheology of hydrate slurries formed from water-in-oil emulsions. Energy Fuels, 2012, 26(6): 3504-3509.

[5] Andersson V, Gudmundsson J S. Flow properties of hydrate-in-water slurries. Annals of the New York Academy of Sciences, 2000, 912(1): 322-329.

[6] Camargo R, Palermo T. Rheological properties of hydrate suspensions in an asphaltenic crude oil. The 4th International Conference on Gas Hydrates, Salt Lake City, 2002.

[7] Ding L, Shi B, Liu Y, et al. Rheology of natural gas hydrate slurry: Effect of hydrate agglomeration and deposition. Fuel, 2019, 239: 126-137.

[8] Turner D J, Kleehammer D M, Miller K T, et al. Formation of hydrate obstructions in pipelines: Hydrate particle development and slurry flow. Fifth International Conference on Gas Hydrates, Houston, 2005.

[9] Urdahl O, Lund A, Mørk P, et al. Inhibition of gas hydrate formation by means of chemical additives-i. Development of an experimental set-up for characterization of gas hydrate inhibitor efficiency with respect to flow properties and deposition. International Journal of Multiphase Flow, 1995, 50(5): 863-870.

[10] Wang W C, Fan S S, Liang D Q, et al. A model for estimating flow assurance of hydrate slurry in pipelines. Journal of Natural Gas Chemistry, 2010, 19(4): 380-384.

[11] Ahuja A, Zylyftari G, Morris J F. Yield stress measurements of cyclopentane hydrate slurry. Journal of Non-Newtonian Fluid Mechanics, 2015, 220: 116-125.

[12] Shi B H, Gong J, Sun C Y, et al. An inward and outward natural gas hydrates growth shell model considering intrinsic kinetics, mass and heat transfer. Chemical Engineering Journal, 2011, 171(3): 1308-1316.

[13] Delahaye A, Fournaison L, Jerbi S, et al. Rheological properties of CO_2 hydrate slurry flow in the presence of additives. Industrial Engineering Chemistry Research, 2011, 50(13): 8344-8353.

[14] Majid A A A, Wu D T, Koh C A. A perspective on rheological studies of gas hydrate slurry properties. Engineering, 2018, 4(3): 321-329.

[15] Mills P. Non-newtonian behaviour of flocculated suspensions. Journal de Physique Lettres, 1985, 46(7): 301-309.

[16] Sinquin A, Palermo T, Peysson Y. Rheological and flow properties of gas hydrate suspensions. Oil & Gas Science and Technology, 2006, 59(1): 41-57.

[17] Pauchard V, Darbouret M, Palermo T, et al. Gas hydrate slurry flow in a black oil. Prediction of gas hydrate particles agglomeration and linear pressure drop. 13th International Conference on Multiphase Production Technology, Edinburgh, 2007.

[18] Zhao J F, Liang H Y, Yang L, et al. Growth kinetics and gas diffusion in formation of gas hydrates from ice. Journal of Physical Chemistry C, 2020, 124(24): 12999-13007.

[19] Rabinovich Y I, Esayanur M S, Moudgil B M. Capillary forces between two spheres with a fixed volume liquid bridge: Theory and experiment. Langmuir, 2005, 21(24): 10992-10997.

[20] 王盛龙. 水合物开采过程气-水运移及颗粒聚集机理研究. 大连: 大连理工大学, 2018.

[21] Zeng L Y, Najjar F, Balachandar S, et al. Forces on a finite-sized particle located close to a wall in a linear shear flow. Physics of Fluids, 2009, 21(3): 33302.

[22] 付锦. 输气管道内水合物颗粒极限沉淀速度理论与实验研究. 大连: 大连理工大学, 2019.

[23] Rabinovich E, Kalman H. Incipient motion of individual particles in horizontal particle-fluid systems: B. Theoretical analysis. Powder Technology, 2009, 192(3): 326-338.

[24] Gao N, Geyer F, Pilat D W, et al. How drops start sliding over solid surfaces. Nature Physics, 2018, 14(2): 191-196.

[25] Liu Z Y, Fu J, Yang M J, et al. New model for particle removal from surface in presence of deformed liquid bridge. Journal of Colloid and Interface Science, 2020, 562: 268-272.

[26] 邓志彬. 天然气管道堵塞检测理论方法研究. 成都: 西南石油大学, 2016.

[27] Scott S L, Satterwhite L A. Evaluation of the backpressure technique for blockag detection in gas flowlines. Journal of Energy Resources Technology, 1998, 120(1): 27-31.

[28] Hasan A R, Kouba G E. Transient analysis to locate and characterize plugs in gas wells. SPE Annual Technical Conference and Exhibition, Denver, 1996.

[29] 刘恩斌, 李长俊, 刘晓东, 等. 油气管道堵塞检测及定位技术研究. 哈尔滨工业大学学报, 2009, 41(1): 204-206.

[30] Liu Z Y, Yang M J, Zhang H Q, et al. A high-pressure visual flow loop for hydrate blockage detection and observation. Review of Scientific Instruments, 2019, 90(7): 074102.

[31] Liu Z Y, Farahani M V, Yang M J, et al. Hydrate slurry flow characteristics influenced by formation, agglomeration and deposition in a fully visual flow loop. Fuel, 2020, 277: 118066.

[32] 王哲. 压力波法输气管道水合堵塞检测系统. 大连: 大连理工大学, 2018.

[33] Chen X, Ying T, Zhang H Q, et al. Pressure-wave propagation technique for blockage detection in subsea flowlines. SPE Annual Technical Conference and Exhibition, Anaheim, 2007.

[34] Meng Y F, Li H T, Li G, et al. Investigation on propagation characteristics of the pressure wave in gas flow through pipes and its application in gas drilling. Journal of Natural Gas Science and Engineering, 2015, 22: 163-171.

[35] Chu J W, Yang L, Liu Y, et al. Pressure pulsewave attenuation model coupling waveform distortion and viscous dissipation for blockage detection in pipeline. Energy Science & Engineering, 2019, 8: 260-265.

[36] Chu J W, Liu Y, Song Y C, et al. Experimental platform for blockage detection and investigation using propagation of pressure pulse waves in a pipeline. Measurement, 2020, 160: 107877.

[37] 李洋. 基于声学检测方法的埋地排水管道堵塞状况识别研究. 昆明: 昆明理工大学, 2019.

[38] Prastika E B, Gunawan A I, Dewantara B S B, et al. The enhancement of 3 MHz ultrasonic echo signal for conversion curve development for acoustic impedance estimation by using wavelet transform. Emitter International Journal of Engineering Technology, 2018, 6(1): 105-123.

[39] 姚海元, 李清平, 程兵, 等. 管道内水合物堵塞块移动速度计算模型的建立与分析. 中国海上油气, 2013, 25(3): 83-85.